강원도 땅이름의 참모습 색인집

―≪朝鮮地誌資料≫ 江原道篇―

김홍삼 편

景仁文化社

일러두기

1. 이 책은『강원도 땅이름의 참모습－≪朝鮮地誌資料≫ 江原道篇－』(신종원 책임편집, 景仁文化社, 2007)을 색인한 것이다.
2. ≪朝鮮地誌資料≫의 내용을 모두 파악하고자 하는 분들을 위해 먼저 전체색인을 실었다. 이어 전공이나 관심분야를 고려하여 ≪朝鮮地誌資料≫에서 정한 항목인 면별·종별·지명·언문으로 각기 따로 나누었다. 지명은 한자를 쓰는 것이 원칙이나 간혹 한글로 쓰인 것이 있는데, 이는 그대로 지명에 실었다. 반면 언문은 한글로 쓰는 것이 원칙이나 한자로 쓰인 경우가 몇 있는데, 이도 그대로 언문에 등재하였다.
3. 지명의 순서는 다음의 글자 차례에 따랐다.
   ① 초성 : ㄱ ㄲ ㄴ ㅥ ㅦ ㄵ ㄷ ㄸ ㄹ ㅭ ㅁ ㅮ ㅱ ㅂ ㅲ ㅳ ㅃ ㅄ ㅴ ㅵ ㅶ ㅷ ㅸ ㅹ ㅅ ㅺ ㅻ ㅼ ᄰ ㅽ ㅆ ᄵ ㅾ ᄶ ㅿ ㅇ ᅅ ᅆ ㆀ ㆁ ㅈ ㅉ ㅊ ㅋ ㅌ ㅍ ㆄ ㅎ ㆅ ㆆ
   ② 중성 : ㅏ ㅐ ㅑ ㅒ ㅓ ㅔ ㅕ ㅖ ㅗ ㅘ ㅙ ㅚ ㅛ ㆇ ㆈ ㆉ ㅜ ㅝ ㅞ ㅟ ㅠ ㆊ ㆋ ㆌ ㅡ ㅢ ㅣ ᆜ ᆝ ㆍ ㆎ
   ③ 종성 : ㄱ ㄲ ㄳ ㄴ ᇅ ㅦ ㅧ ㄵ ㄶ ㄷ ㄹ ㄺ ㅪ ㄻ ㄼ ㄽ ㅀ ㄾ ㄿ ㅁ ㅮ ㅯ ㅱ ㅂ ㅄ ㅸ ㅅ ㅺ ㅼ ㅽ ㅆ ㅿ ㅇ ㆁ ㅈ ㅊ ㅋ ㅌ ㅍ ㆄ ㅎ ㆆ
4. 같은 발음일 때에는 쪽수가 앞서는 것을 우선 실었다. 같은 쪽수에 한자와 한글지명이 있는 경우에는 ≪朝鮮地誌資料≫의 예를 따라 한자지명을 앞세웠다.
5. 한 쪽에 같은 지명이 두 번 있는 경우에는 한번만 쓰면 확인할 때 아래의 지명을 빠뜨릴 수 있어서 같은 쪽수를 또 실었다.
6. '데ㅣ기ᄀᆡ' '며ㅣᄂᆡ' '뭐ㅣᄃᆡ' '십니소ㅣ' '식ㅣㅅ터' '점ㅣ말' '지ㅣ쇼' '차ㅣ골' 등의 'ㅣ'는 장음으로 파악하여 순서를 매겼다.
7. 한자지명은 현재의 문법규칙에 맞추어 자리를 정하였다. 한글지명은 당시에 기록한 그대로 실어주었다.

<목 차>

□ 일러두기

□ 전체색인 ▷ 1 ◁

가 ········ 3
나 ········ 27
다 ········ 34
라 ········ 49
마 ········ 50
바 ········ 61
사 ········ 76
아 ········ 107
자 ········ 135
차 ········ 153
카 ········ 159
타 ········ 160
파 ········ 162
하 ········ 165

□ 면별색인 ▷ 181 ◁

가 ········ 183
나 ········ 183
다 ········ 183
마 ········ 184
바 ········ 184
사 ········ 184
아 ········ 185
자 ········ 185
차 ········ 185
타 ········ 185
파 ········ 185
하 ········ 185

□ 종별색인 ▷ 187 ◁

가 ········ 189
다 ········ 190
마 ········ 190
바 ········ 191
사 ········ 191
아 ········ 192
자 ········ 193
차 ········ 194
타 ········ 194
파 ········ 195
하 ········ 195

□지명색인 ▷ 197 ◁

가 ········ 199
나 ········ 213
다 ········ 216
마 ········ 225
바 ········ 231
사 ········ 239
아 ········ 258
자 ········ 275
차 ········ 286
카 ········ 291
타 ········ 291
파 ········ 292
하 ········ 294

□언문색인 ▷ 305 ◁

가 ········ 307
나 ········ 315
다 ········ 319
라 ········ 325
마 ········ 325
바 ········ 330
사 ········ 336
아 ········ 347
자 ········ 356
차 ········ 362
카 ········ 363
타 ········ 364
파 ········ 365
하 ········ 365

전체색인

가...

加逕谷 363
佳谷澗 178
佳谷里 120
柯谷市 781
柯谷川 787
佳谷坪 303
柯邱 273
佳邱里 263
柯邱洑 134
佳邱於口酒幕 263
柯邱坪 132
佳邱坪 260
가근골 307
가나쏠 737
가난쭈루 716
가난쭈루보 718
加南 291
加南坪 294
가넌ᄀᆡ 329
가느골 174
가는고ᄀᆡ 154
가는골 265, 347, 514, 698
가는ᄀᆡ 703, 706
가는ᄀᆡ들 703
가는다리 343
가는ᄃᆡ 444
가늘편 415
가능골 611
加尼山 230, 605
가는골 464
가ᄂᆡ 413
가ᄂᆡ고ᄀᆡ 402, 415
가ᄂᆡ쥬막 415
가ᄂᆡ진 413
加多飯洑 690
加多飯坪 688
佳潭里 175
加淡峙 432
佳潭坪 175
加大田 163
加德谷 347
價德谷 518
加德坪 821
駕洞 470, 631
佳洞里 537
가두둘보 703
가두들 702, 708
가두루 662
가둑벌 716, 745
가둑벌쥬막 718
可屯洑 472
가둔지 163
가둔지고ᄀᆡ 455
柯屯地里 807
가둔지버덩 845
가둔지벌 467
가둔지보 472
가둔지뜰 297
加屯之坪 297
可屯坪 467
加屯坪 845
可屯峴 455
가뒤골 488
가득별 640
嘉得坪 640
가ᄃᆡ골 367
加蘿谷 775
가라치 513
加羅皮里 831
가락고ᄀᆡ 455
佳樂洞 519
可樂峙 764
가람 775
가람말 610
가람물 608
가랍직 461
가랑동 564
가랑울나들이 607
加來谷 293
가레골뜰 310
佳麗洲洑 105
가력이버덩 421
가로ᄀᆡ 258
加路里 413
加路酒幕 415
加路津 413
加老峙 842
加路峴 402, 415
가론뜰 303
가루고ᄀᆡ 612
가루ᄀᆡ 493
가루ᄀᆡ버덩 248
加里谷 310
加里谷坪 310
가리골 310
가리ᄂᆡ 178
가리ᄂᆡ보 178
加里嶺 423
가리막골 494
加里峰 342, 418
가리봉 403, 418
가리산 230, 408
加里山 253, 403
加里山里 408
가리산영 423
가리여울 498
佳里旺山 165
佳里川 178
佳里川洑 178
加利灘 498
加里坡面 297, 298, 299,

300, 301
가리파찌 300
가리파지 344
加里坡峙 298, 300, 344
가리파치 298
가ᄅᆡ고ᄀᆡ 199, 200
가ᄅᆡ골 353, 393, 438, 452, 519, 525, 537, 547, 595, 610
가ᄅᆡ골ᄀᆡ울 453
가ᄅᆡ골못 454
가ᄅᆡ돌골시ᄂᆡ 598
가ᄅᆡ무기 226
가ᄅᆡ쏠 315
가ᄅᆡ양지ᄂᆡ 232
가ᄅᆡ양지쥬막 234
가ᄅᆡ양지포구 231
가ᄅᆡ올나드리 411
가ᄅᆡ울 87, 182, 293, 412
가ᄅᆡ울고ᄀᆡ 176, 211
가ᄅᆡ울골 245
가ᄅᆡ울물 411
가ᄅᆡ울보 176
가ᄅᆡ울뜰 175
가ᄅᆡ울어구쥬막 412
가ᄅᆡ울쥬막 176
佳林嶺 527
佳林洑 703
佳林山 523
佳林坪 702
가마골 197, 236, 316, 610, 631
가마니 440
가마리등 842
駕馬里峙 842
가마바위쥬막 196
駕馬峰山 244
加馬山 138
가마소들 288
가마쇼 207, 436
가마울뜰 348
駕馬月坪 348
加馬只 328
可莫谷 355
가막골 355
加莫洞里 799
加莫洞洑 794
加幕洑 91
가만보 696
加蠻伊 440
街名 235
加帽介 461
가모ᄀᆡ 461
柯木店 764
加木亭坪 846
가목졍이 846
柯木峴 60, 780
가무ᄂᆡ 179
가무ᄂᆡ쥬막 179
가무원 696
가미기 328
加美山 435
가ᄆᆡ골 181, 378, 560
가ᄆᆡ덕이뜰 248
가ᄆᆡ봉 412, 731
가ᄆᆡ산 435
가ᄆᆡ소 556
가ᄆᆡ쇼 422, 425, 476
가ᄆᆡ쇼나드리 425
가ᄆᆡ실 615, 650
가ᄆᆡ실골 676
가ᄆᆡ쏠 556, 564
가ᄆᆡ월 643
가ᄆᆡ텟거 577
加棒山 764
加富村 782
佳士里 667
袈裟山 773
가산 197
佳山洞 431
가산말 725
可三里 602
佳上里 105
柯剡坪 765
가셥지 345
가셥지골 346
가시ᄂᆡ보 306
가시ᄂᆡ뜰 303
可時樂谷 464
가시락골 464
可信洞里 805
可信洞酒幕 804
加薪山 345
加薪山谷 346
加實谷 488
加實嶺 67
가싀거리쥬막 258
嫁氏沼 99
加兒里 408
加巖谷 315
佳野里 745
佳約峴 461
佳淵里 189
가연리 189
加五介 635
加五介酒幕 319
가오리고ᄀᆡ 682
加五里峴 682
佳伍作里 136
加五作坪 488
佳伍作峴 130, 137
가온ᄃᆡ고ᄀᆡ 154
가와리 216
柯旺洞 564

加佑里 167
가우작고ᄀᆡ 130
가운ᄃᆡ보 454, 472
가운ᄃᆡ쥬막 408
가운ᄐᆡ골 639
歌原洞 696
歌原洑 696
可原洑 703
佳原坪 702
가월리 220
加陰峙 432
駕矣德山 531
加耳峰 419
가이봉 419
가일고ᄀᆡ 228
佳日嶺 228
佳日里 228, 278
가일리 228
佳日峴 279
加入峴 412
가작다리 552
佳鵲山 552
가작ᄌᆡ 842
佳鵲峴 842
가잠이 736
佳才谷 621
佳在洞 190
佳田里坪 182
家前坪 676
柯亭 610
柯井洞 608
柯井津 607
가젼니뜰 182
가족고ᄀᆡ 259
가좌곡ᄀᆡ울 178
가줄언리 214
가죽나무고ᄀᆡ 194
佳芝谷 596
歌芝洞 65
加之洞 163
佳芝山城 600
가직지산 397
가진ᄀᆡ 657, 659
加津里 362
가ᄌᆡ골 621
가ᄌᆡ동 190
佳蒼谷 128
歌唱山 621
駕川 786
駕川山 759
加峙 333
可治樂洞 355
가치락쏠 355
가치람뜰 294
가치람이 291
加七里 824
佳灘里 659
가ᄐᆡ울 175
加坪 421
柯坪 662, 708, 779, 783, 786
柯坪里 564, 745, 832
柯坪洑 709, 788
柯坪野 716
柯坪店 718
佳下里 105
駕鶴亭 364
加項山 535
加峴 224, 350
佳峴里 492
佳興里 512
각고ᄀᆡ 626
却吉里 207
각길리 207
각ᄀᆡ울 106
각달고ᄀᆡ 345
각담쥬막 432
角洞里 598
角洞津 596
각시고ᄀᆡ주막 148
각씨바위 486
角氏岩 486
各氏峴酒幕 148
各浦洞 106
각허나드리쥬막 655
角墟酒幕 655
角峴 626
角峴洞 623
角後山 775
角希峙 657
각ᄒᆞᆫ치 626
間階岩 322
間谷 212, 418, 486
間公洞 71
間機坪 735
간는드루 662
간ᄂᆡ울 213
간ᄂᆡ울강 213
간ᄂᆡ울쥬막 213
干多門谷 427
간다문이골 427
間畓坪 70
間洞 83, 623, 833
間洞里 529
間洞洑 107
間洞坪 501
澗羅溪 738
澗羅谷 737
間兩峨峙 841
間嶺 379, 424
間里 122
간마리 366
澗名 100, 101, 193, 218, 220

간모봉 342, 416
間茂谷 317
間芳坪里 794
간산골 431
間城谷 280
間順甲 546
間余峙 350
間月洞 470
간으골 633, 658
看乙村 453
간을편 453
간을평 413
間矣洑 377
間以坪 376
間占方里 532
間堤 103
間鳥谷 464
간ᄌᆡ 303
看尺面 451, 452, 453, 454, 455
間川洑 91
間村 73, 95, 130, 212, 217, 243, 340, 429, 468, 496, 496, 583, 593, 757, 817, 829
間村里 262, 811
艮村里 366
間村洑 497
間村坪 260
間峙 637
間灘 99
間灘洑 67
間坪 144, 147, 166, 266, 640
間坪里 167
澗浦亭洑 565
澗浦坪 722
間楓洞里 796
間峴 61, 727
艮峴 303
갈강바위쏘ᄀᆡ 85
葛巨里 308
갈거리 308
葛境伊 542
葛桂峙 526
葛溪峙里 802
葛古介 493
葛古介坪 491
葛谷 54, 270, 591, 621, 756, 759
葛谷屯地 272
갈곡들 334
葛谷山 332
갈곡산 332
葛谷峴 403
갈골 128, 232, 389, 416, 492, 526, 529, 537, 562, 614, 621, 828
갈골고ᄀᆡ 533
갈골ᄂᆡ 846
갈골령 530
갈골버덩 420
갈골보 795
갈공니 298
葛公里 298
葛公山 794
葛芎伊 440
갈궁이 440
갈금이 656
乫金伊 662
葛其里 195
갈기리 195
갈노고ᄀᆡ 842
갈ᄂᆡ절 655
葛洞 208, 232
葛洞里 489
葛洞洑 489
葛洞坪 488
葛屯里 214
갈둔리 214
葛洛谷 590
葛來山 652
葛嶺 700, 789
갈리봉 342
葛林 530
葛林村 529
갈ᄅᆡ골 453
갈ᄅᆡ쇼날루 422
葛馬谷 787
渴馬洞 664, 823
渴馬坪 382
葛末面 813, 814, 815
갈머리 292
갈모이 470
갈목고ᄀᆡ 474
葛木峴 474
葛文里 624
葛文山 622
葛薇峰 764
갈미봉 839
葛美坪 524
갈ᄆᆡ 689
갈ᄆᆡ울 455, 469
갈ᄆᆡ울보 459
갈바우골 299
갈밧골 131, 464, 734
갈밧골고ᄀᆡ 432
갈밧구미쥬막 426
갈밧묵이 405
갈밧쏠 534
갈방니 529
葛防里洑 798
갈방물 529
乫坊坪位字堤堰 816

갈버덩 377, 393
갈버둥이 607
갈벌 713, 729, 832
갈벌두루 744
갈별 628
葛山谷 52
葛山里 784
葛山슬 630
葛山峙 644
葛山峴 75
葛仙谷 628
갈션골 628
갈ᄊᆞᆯ 208, 670
葛岩坪 334
葛夜山 774
갈오ᄀᆡ 332
乫五坪念字堤堰 824
渴牛谷 760
갈월 81
葛月里 220
葛月山 622
葛陰里 801
葛陰里山 796
갈이무지 544
羯夷王山 660
葛伊川 603
갈ᄋᆡ골 642
갈ᄋᆡ나무골 462
갈ᄋᆡ버덩 150
갈ᄋᆡᄊᆞᆯ 131
갈ᄋᆡ울고ᄀᆡ 475
갈ᄋᆡ피리 831
竭字洑 852
갈자보 852
葛田 768
葛田谷 53
葛田洞 299, 470
葛田里 123, 84
葛田洑 473
葛田山 757
葛田陰地洑 473
葛田坪 467
갈ᄌᆡ 700
葛川 626
葛川里 832
葛峙 781
갈터 431
갈터쥬막 432
葛坪 607, 628
葛坪里 729
葛豊里 176
葛豊驛 175
葛峴 332, 731
葛縣洞 80
葛峴里 814
갈현ᄊᆞᆯ 80
葛峴酒幕 815
葛洪沼 641
갈홍ᄌᆡ 644
葛洪峙 644
葛花里 513, 513
甘谷里 830
甘谷里堤堰 851
甘藿 751
감나무골 698
감나무ᄌᆡ 841
坎南谷 836
감남골 836
감ᄂᆡ산 517
감ᄂᆡ영 522
甘大洞 697
감돌니 82
감돌리 87
감동골 830
감동ᄀᆡ 504
甘洞里 574
甘洞山 98
甘杜里 258
甘屯里 120
甘屯里嶺 196
감둔이영 196
甘嶺洞 488
甘嶺峴 502
甘露峰山 372
甘露寺 105
甘栗里 691
甘勿岳面 275, 276, 277, 278, 279
감박산 294
甘礡山 360
감박ᄌᆡ 296, 351, 360
甘朴峴 351
감북들 232
甘城峴 106
감셩고ᄀᆡ 106
堪臥里 216
甘雨里 444
감우리 444
甘雨所里 821
감ᄋᆡ골 836
감ᄋᆡ쇼 476
甘蔗谷 716
柑子洞 608
甘在谷 146
甘藷坪 764
甘井洞 197, 515, 516
감졉니 544
감졍이골 197
감ᄌᆡ 653
감ᄌᆡ골 608
甘川嶺 522
甘泉里 802
甘泉里嶺 797
甘川山 517

甘湯濱山　48
감투봉　523
鑑湖　398
감호ᄀᆡ　398
鑑湖里　232, 398
갑둔니　414
甲屯嶺　199
甲屯里　414
갑둔이고ᄀᆡ　199
甲卯峰　89
甲峰　503
甲峰山　772
甲富基　783
甲字坪　775
甲川里　180
甲川面　180, 181
갓골　447
갓모봉　89, 461, 463
갓모산　353
갓못봉　632
갓무바우들　467
갓무봉　135
갓바우　321, 525, 834
갓바우보　852
갓바우산　374
갓바위ᄯᅳᆯ　302
갓ᄇᆡ　684
갓장골　460
갓ᄌᆡ　460
갓치둥이보　479
姜可峴　726
康介垈谷　52
강건네신포보　726
강것네쌜　722
姜景垈　220
강경이더　220
江曲村　520
강골　725
강골고ᄀᆡ　727
江九嶺　683
강구ᄌᆡ　683
강남고ᄀᆡ　645
洚大溪　769
江敦里　512
강동날우　596
江洞里　725
江洞前坪　723
江洞峴　727
강들　449
江陵邑市場　553
講林峴　645
江名　56, 70, 189, 192, 210, 212, 213, 218, 220, 220, 221, 223, 224, 229, 232, 235, 386, 575, 724
江門里　569
降仙里　829, 843
降仙面　828, 829, 835, 840, 843, 843, 844, 846, 847, 849, 850
降仙峴　227
江城洞　72
강션리　829, 843
강션면　828
강셩ᄌᆡ　227
강신ᄌᆡ　333
降神峴　333
江淵沼坪　540
江越新浦洑　726
江越坪　722
江亭里　399
江亭村　568
강정　568
강창고ᄀᆡ　205
江倉谷　192
강창골　192
江倉垈　189
江倉里　192
강창터　189
江倉峴　205
江川溪澗　703, 704
江川溪澗名　156, 159, 161, 162, 166, 169, 176, 178, 179, 180, 181, 182, 183, 243, 249, 250, 254, 255, 257, 266, 267, 272, 277, 280, 290, 295, 296, 301, 304, 305, 311, 315, 318, 324, 329, 337, 341, 345, 356, 390, 391, 394, 396, 398, 406, 407, 411, 413, 421, 422, 425, 428, 429, 434, 436, 442, 443, 450, 452, 453, 457, 458, 476, 478, 511, 514, 515, 518, 524, 529, 531, 536, 540, 541, 592, 598, 603, 604, 607, 618, 629, 641, 648, 652, 655, 657, 660, 666, 677, 679, 681, 682, 684, 686, 689, 691, 763, 763, 766, 769, 774, 786, 787, 811, 817, 819, 821, 822, 846, 847
江川溪名　141, 142
江川名　139, 144, 152, 638, 764, 765, 765, 778, 792, 793, 802, 804, 806
姜村　468
江村溪澗名　261
강촌말　468
綱太谷　534
江坪　449
강한니　298

江漢里　298
江海坪　564
江海坪洑　565
江湖坪　561
介谷　779
開金谷　378
開內村　96
介垈　190
介洞嶺　137
開東坪　336
開蓮里　87
開靈谷　257
開靈洞　258
開論谷　328
盖鉢山峴　296
開沙里洑　352
盖沙伊洑　137
開山谷　271
介山坪　844
開三野酒幕　777
介三坪　787
開上里　81
開西坪　754
介水洞　163
開顏山　435
芥岩芝谷　50
開野洞里　796
開野洞洑　795
開野沼　148
開雲谷　325
開雲橋　349
開雲里　414
開雲峴　270
開子理口尾　460
介田里　174, 289
介田里酒幕　291
介田酒幕　174
開中里　81
開川坪　770
介村　458
盖峙　270
開通洞　457
開下里　81
蓋香山　293
盖峴　269
객고지　623
客望　707
鉅谷　456
거넌들　208
거넌들보　312
거니야고ᄀᆡ　415
鉅洞溪　457
擧頭谷里　195
거들　195
居禮江　478
巨鹿里　729
巨麓峙　764
巨論　330
거론　330
巨里庫野　708
巨里垈　328
巨里垈坪　326
巨里實　614
거리ᄯᆡ　328
거리ᄯᆡ들　326
巨里村　760
거린다리　642
車馬里　831
거마리　831
거머리　685
거머쇼　406, 524
거머솟물　511
거멍터　321
巨木坪　689
거무나무골　838
거무ᄂᆡ　298
거무소　396, 662
거무정쏠　143
거문가니　281
거문간리　206
巨文谷　410
거문골　246, 342, 669
거문구미보　479
거문굼미　574
거문ᄀᆡ　703, 706
거문들　334
巨門陵山　117
巨文里　168
巨文里溪　166
巨文里酒幕　168
거문지기　89
巨門直洑　91
거미ᄃᆡ　652
거북골　575
거북둔지　468
거북산　332
居士田　163
擧山　293
巨山里　608
擧石街酒幕　848
擧石里　598
擧石坪　442
擧城洞　57
擧城里　58
거석들　442
거수문리　216
거수앗　163
琚瑟峙　160
巨瑟峙　185
거시고ᄀᆡ　739
거시라치ᄌᆡ　160
巨始峴　739
거실치　185
巨實浦里　258

거싀쏠 150
居安里 631
居安酒幕 629
擧岩里 119
擧岩酒幕 115
巨野洑 277
擧於谷 441
巨於里 650
巨於里谷 648
거운나들이 607
巨雲里 608
巨雲津 607
巨隱里坪 310
巨隱洑 312
巨音垈 344
巨仁橋洞 642
巨逸里 681
巨池介洞 82
巨津里 372
巨察溪 65
巨察洞 65
巨察洞酒幕 66
巨察里 123
거치늬 204
거치텀이나루 446
巨親峰 97
거칠고긔 297
거칠기즤 644
巨七峰 419
거칠봉 419
巨七彦里 656
거커리 168
거커리쥬막 168
巨豊驛 738
걱지긔울 82
乾金里 251
건긔나들리 655
건나루 373
建南洞 576
건남이동 576
建南津 585
건너는나루 91
건너뜰 640
건너뜰보 305
건넌골 212, 410
건넌들 199, 310
건넌들보 86, 208
건넌보 852
건넌산 374
건넘이긔 585
건네들 477
건넷들말 478
건느골 217
건는골 217
乾泥酒幕 414
건니쥬막 414
乾泥峴 415
乾達嶺 383, 397
乾達里 381
乾達川 383
건드릐 381
건드릐영 383
건들에 197
乾鳳嶺 372, 397
乾鳳寺 372
건비 147
乾率里 147
乾柹 553, 554, 558, 560, 569, 571, 573, 578, 585, 588
건예강 478
乾伊洞 256
乾伊峴 256
建仁嶺 761
乾者介里 112
乾芝洞 122
건지봉 739
乾趾山 739
乾地峴 60
乾川谷 418
乾川嶺 455
乾川里 506, 654, 655, 807
乾川驛 80
건천골 418
걸은고긔 200
걸은리 203
傑隱峴 200
儉居洞 440
검거울 440
검귀들 680
검귀리 681
검금 534
검단니 331
儉丹里 238
黔丹里 331
검두즤 645
검듸 185
검듸즤 290
劍峰江 724
劍峰坪 724
檢城里 818
黔岩山 595
검운산 451
검은늬평 739
檢井洞 194
黔川溪 757
檢屹串津 813
것치럼이 444
경어리 648, 650
게골 448, 695
게목 364
게셩니 478
게셩산 477
게야 300

게임들 315
계조굴 853
憩峴里 122
憩峴酒幕 116
格葛里 431
격갈리 431
擊鼓舞地山 293
擊鼓舞地峴 317
格洞 289
隔洞里 84
繭 86
見朴面 754, 755
堅防洑 569
甄峰 835
見佛里 834
견불리 834
見召里 569
견헌산 314
甄萱山 314
결둔이직 758
結雲 635
決雲酒幕 252
結雲村 516
決雲峙 253
鉗谷 416
겸심무덤이 286
鎌岩坪 404
鯨谷 838
京起坪洑 104
경기평쩌리 104
京起坪酒幕 104
慶祥里 796
慶祥里洑 795
慶祥里川 794
慶善宮洑 813
鏡水 255
京水垈村 96
鏡水川 255
庚申坪 257
鯨岩谷 554
敬庄里 303
경장이뜰 302
敬庄坪 302
景前 706, 707
梗田谷 53
京井澗 100
敬亭山 333
경정산 333
逕周坪 276
경징이 303
瓊春碑 592
慶坡里 799
鏡浦 552, 560
鏡浦酒幕 560
徑峴 140
溪 117
溪澗 79
溪澗名 766
桂谷里 745
鷄冠山 218
계관산 218
戒洞 448
桂龍山 68
鷄林坪 315
溪名 57, 65, 129, 133, 150, 202, 205, 209, 216, 218, 221, 222, 223, 224, 226, 227, 227, 229, 232, 238, 377, 383, 576, 717, 724, 725, 738, 755, 756, 756, 757, 757
界名 209
鷄鳴洞 94
鷄鳴山 230
계명산 230
鷄鳴野 116
鷄鳴峙 843
鷄鳴坪 819
桂木里 107
溪方山 162
桂芳山 433
계방산 433
溪沙 603
鷄山谷 54
鷄山峙 555
啓星里 478
啓星山 477
桂沼洞 640
계시울 640
階岩溪 324
髻岩谷 69
鷄岩里 243
雞岩里洑 794
雞岩里酒幕 794
鷄岩洑 415
階岩酒幕 324
鷄岩津 242
階岩峴 323
桂野 300
계야뜰 298
桂野坪 298
桂陽山 48
季王山 69
鷄雄山 484, 486
桂原 766
桂月里 391
桂月坪 389
溪長里 161
繼祖窟 853
鷄足山 600
鷄足山城 600
桂村里 164
鷄峙 575
癸亥年陳 644

계희년묵이 644
故家谷 52
古澗 100
古建伊坪 377
高古山 600
古谷 555
古窟谷 63
古窟洞 623
古闕里 819
姑歸沼 566
古基 783
古吉里 157
고기쏠 131
古乃里 799
古乃未峴 176
고네미고기 176
고늬 664
高短谷 466
고단골 466
古丹里 580
高丹驛 580
高垈 273
古臺溪 566
古垈洞 623
古垈洞坪 70
高垈里 129, 513, 797
高岱村 524, 527
高垈峴 487
高德谷 439
古德洞 111
고덕이 111
高德峙 160
고덕치 615
고도토미 216
古獨洞 546
고동골 128
고동골고기 130
고동어 737
高頭巖 603
고둔골 166, 463, 615
고둔골기울 223
고드늬 684
고든골 222, 417, 418, 514, 544, 547, 585
고든골령 154
고든골영 539
고든드르메 558
고든치 644
고든치쥬막 645
고들고기 178
高登谷 428
고등골 393, 428
古等洞 699
고등보 699
古登川 192
고랑들 336
古浪坪 336
고러듸 317
古呂垈 317
高嶺 701
高岺里 387
高岺驛 386
고론고기 455
古崙山 535
고른 226, 226
高陵山 50
古里谷 322
고리골 322
고리쏘기 84
古林里 667, 742
고림정 742
고릐골 838
고릐숲 360
古馬洞 567
고마루 158
古滿峙 726
고만치고기 726
高孟洞 512
古毛谷面 183, 184, 185
고목골 348, 435, 656
古木洞 435
枯木山 758
古木伊 545, 549
故武谷 348
고무날우 714
顧田實 643
姑味城里 396
姑味城酒幕 397
古味呑面 110, 111, 112
고바우 111, 377
고바위쥬막 111
古方山里 147
고방이직 581, 582
古倍嶺 433
高白山 838
高法山 353
古屛峙 582
古福谷 214
고복골 214
高峰 558
高峰里 90
高峰洑 91
高峰山 362
高峰峙 555
고부랑직 630
고분골보 795
고분다리 175
고분다리쥬막 176
古碑 329, 701
고비덕 643
高飛德 661
高飛德嶺 522
高飛德村 519
古碑名 67, 75, 80, 188, 217,

242, 361, 368, 369, 371, 380, 393, 398, 408, 424, 433, 435, 445, 450, 477, 480, 486, 534, 592, 629, 637, 651, 657, 669, 671, 678, 680, 682, 684, 686, 688, 690, 692, 715, 727, 736, 746, 751, 762, 765, 766, 766, 769, 774, 789, 792, 798, 810, 853, 854
高飛木 495
高飛也谷 346
고비야골 346
고비운니 444
高飛雲里 444
高飛院洑 550
高飛村 643
古非峴 383
고ᄇᆡᆨ산 838
庫舍 630
고사골 408
古寺洞 82
古沙洞 408
고사리골 307, 515, 543
고사리골ᄂᆡ 311
고사리골쥬막 311
古士里峙 776
庫舍洑 629
高寺山 320
古沙岩 457
告祀酒幕 445
고사창뜰우 405
古司倉坪 405
高山 289
고산 289
孤山 706
鼓山 839
高山谷 615
고산골 615
고산들 215
孤山坪 215
고삽둔지 238
高插面 118, 125, 126
고샷쥬막 445
고샹늡 694
古石山 622
古石巖 624
古石員洑 798
孤石亭 815
姑城 107
古城洞 576
古城山 81, 162, 360, 381
姑城山 116
古城津 80
고셩강 80
鼓沼 764
古所味坪 702
고송고ᄀᆡ 832, 841
古松峴 841
皷守谷 524
고숨골 601
古習里 227
고습리 227
고시랑이 457
古時里 180
고시릐고ᄀᆡ 222
高失厓谷 418
고실ᄋᆡ골 418
古深江 478
고심ᄂᆡ 478
고심ᄂᆡ쥬막 459
고심이들 702
高深川店 459
고ᄉᆞ리고ᄀᆡ 645
고샿골 662
高岩 111
鼓岩谷 212
庫岩山 386
鼓岩山 788
古岩山 819
高岩酒幕 111
古岩坪 276
고약골 198
古約洞 198
고얌밧ᄌᆡ 582
高陽谷 444
고양골 444
高陽山 259, 315, 660
고양산 315
古驛村 217
古驛村酒幕 217
고역촌 217
고운고ᄀᆡ 225
高原洞 696
高原洑 696
古月山 838
고월산 838
古隱洞 193
高隱洞 601
古音洞 663
古音坪 676
高鷹峰 398
古伊洞 516
고일 232
高一谷 761
高日里 232
고일ᄌᆡ 644
古日峙 644
高一峙 761
고자모통 453
古壯里 602
高長白谷 440
古壯洑 605
고장비골 440

古莽山　694
高才溪　529
高才里　529
高才坪　528
高才峴　530
庫底里　733, 736
庫底場　733, 736
庫底川　732
庫底浦　736
古蹟　114, 118, 371, 715
古跡洞　514
古積里　782
古蹟名　220, 223, 226, 230, 235, 237, 237, 244, 573, 751
古蹟名所　79, 80, 81, 88, 91, 107, 188, 189, 189, 190, 190, 190, 379, 380, 384, 566, 600, 630, 683, 704, 762, 764, 853
古蹟名所名　75, 364, 366, 386, 388, 390, 394, 398, 415, 553, 557, 578, 651, 655, 678, 680, 682, 686, 688, 690, 692, 792, 793, 813, 815
高積山　835
고제　736
鼓齊巖　363
고적지　835
고정이들　615
고졔바우　363
古柱木谷　439
高柱岩　281
高柱巖　363
고쥬목골　439
고쥬바우　363
고지고기　600
古芝峴　600
古直洞里　802
高直嶺　372
古直木里　799
고직이영　372
古津嶺　372
고질기　387
高窒嶺　222
고직　701
高昌谷　662
高尺里　158
古淸　355
古靑里　203
高靑洑　850
고청이　355
고쳥모류　203
고쳥보　850
高草　707
庫村　321, 620
古塚谷　720
고총엣골　720
고츔골　286
高峙　423, 756
姑峙嶺　522
古呑嶺　225, 445
古呑上里　226
고탄상리　226
古呑下里　226
고탄ᄒᆞ리　226
古塔名　219, 221
古土谷　163
高土谷　628
고토실　628
古土日　654
古坪　640
顧坪洑　117
姑浦　785
高品洞　286
古峴　767
姑峴　841
姑峴里　826
古隍山　398
谷　114, 116, 117, 695, 698, 700, 701, 706
곡갈봉　210
曲谷　265, 463, 596
曲橋里　175
曲橋酒幕　176
谷口　658
谷口幕　599
曲窟　82
곡굴목이고기　235
曲窟項峴　235
曲琴里　619
谷金洑　703
谷金坪　702
曲乭里　530
谷洞　93, 573
谷磨差　610
谷梅南里　307
谷名　50, 51, 52, 53, 54, 55, 63, 64, 69, 70, 82, 98, 156, 160, 165, 166, 188, 189, 189, 190, 191, 192, 193, 194, 195, 196, 197, 199, 200, 201, 202, 204, 205, 206, 207, 208, 210, 211, 212, 213, 214, 215, 217, 218, 219, 220, 221, 222, 223, 224, 227, 228, 231, 232, 233, 235, 236, 237, 238, 242, 245, 246, 247, 254, 257, 259, 260, 265, 270, 271, 275, 276, 280, 360, 363, 367, 368, 370, 372, 377, 378, 381,

382, 386, 387, 389, 392, 393, 395, 396, 398, 484, 486, 486, 486, 487, 488, 490, 491, 494, 497, 498, 500, 503, 504, 552, 554, 555, 560, 567, 571, 575, 581, 585, 586, 590, 591, 595, 596, 601, 606, 611, 612, 614, 616, 617, 627, 628, 633, 634, 639, 640, 648, 652, 657, 660, 664, 666, 669, 712, 716, 720, 721, 728, 732, 734, 737, 741, 744, 746, 747, 749, 754, 755, 756, 757, 758, 759, 760, 761, 771, 772, 775, 777, 778, 779, 780, 781, 792
谷美洞 164
嚳峰 418
曲石峙 600
曲沼江 277
曲水 356
곡슈 356
谷食村 66
谷室里 365
曲雙谷 439
曲長谷 409
谷苧洞 65
谷定洞 65
曲竹洞 261
鵠地坪 288
谷川 450
谷村 278, 330, 458
谷村里 267
谷村店 459
鵠峙 558
谷浦 142
谷浦池 143
曲海洞 696
曲峴洑 137
曲峴坪 135
谷禾洞 71
昆大坪 501
곤되불 845
鵾頭峙 572
곤말 213
곤메일평 845
곤사리골 396
昆岩里 743
鵾淵洞 123
鵾淵酒幕 117
鵾于坪 721
昆矣洞 289
곤의동 289
곤이며리지 572
坤坐 499
곤지람 743
골고지 184
골기리 697
골기리골 581
骨吉里谷 581
골ᄀᆡ 142, 665
골ᄀᆡ울 450
골깃못 143
골논 363
골마차 610
골막 691
골막골 378
골말 330, 458
골말쥬막 459
骨帽峰 362
골문약이 339
골미 164
골미강 218
骨美谷 247
骨美谷川 250
골미나루 218
골미봉 362, 715
골미상리 218
골미즁리 218
골미ᄌᆡ 644
골ᄆᆡ남이 307
골방쳔 449
골ᄉᆡ터 339
골어구 658
골어구쥬막 599
골이안쏠 55
骨長洞 697
骨長浦 697
骨只里 665
骨只里洑 665
곰골 108, 465
곰너미ᄌᆡ 290
곰넘니산 477
곰돗치 456
곰동쏠 150
곰등ᄂᆡ 192
곰메덕골 510
곰바리 663
곰밧 831
곰ᄇᆡ골 410, 410
곰ᄇᆡ골물 411
곰ᄇᆡ골쥬막 412
곰ᄇᆡᆫ영 412
곰실 193, 691
곰에눈셥니 538
곰에산 590
곰지기 301
곰진ᄂᆡ 190
곰테ᄌᆡ 582
곱돌고ᄀᆡ 253, 493
곱돌ᄌᆡ 600
곱돌영 433

곱빗영 433
곱쌀골 439
곱장골 409
곳네미고ᄀᆡ 264
곳둔치 345
곳운골 198
곳집말 321, 620
孔谷 199, 309
貢谷 270
貢谷峙 274
공골 142, 148, 199, 215, 233, 526
공골고ᄀᆡ 235
공골주막 143
公口谷 778
公根面 182, 183
恭基里 615
公洞 71
恭洞 142, 148
孔洞 233
公洞里 526
恭洞酒幕 143
孔洞峴 235
공듕바우 363
恭羅峙 238
公山 322
공산 322
公西谷 491
貢稅洞 694
공석이 694
公孫坪 136
공수ᄀᆡ평 393
公須洞 144
公須洞前川 144
공수왓치 832
公壽院幕 599
公須田里 832
公須津 362
公須灘里 81
公需坪 686
公需浦坪 393
公順院 634
公順院酒幕 637
公順川 724
공신산 319
公心山 319
공쇨 309
공이ᄌᆡ 636
孔子嶺 604
孔雀谷 265
孔雀山 244, 264
孔雀村 267
孔雀峙 252
公將洞 818
공졔 554
空中山 772
空中巖 363
공지ᄂᆡ 190, 190, 195
孔之川 190, 195
貢進谷 280
공탄 81
孔坪 242
孔坪洑 242
串直伊山 387
誇富谷 427
과부쇨 427
果隅 274
科七峰 149
科湖里 807
藿 568, 682, 684, 690, 692, 789
藿(若目) 561, 563, 566, 578, 585, 588
곽격쥬막 291
郭廣員洑 88
藿峙村 250
館古介峙 842
관고ᄀᆡ 423, 486, 842
觀谷 191
官谷 201
冠谷 460, 462
館谷里 677
관골 201, 462
冠垈里 413
官垈里 794
冠帶洑 782
冠帶巖 368
館垈坪 115
冠垈坪 413
觀德堂 189
관덕당 189
觀德里 330
觀德山 838
관덕산 838
관덕이 330
觀德亭山 48
관데벌 628
舘洞 520
官洞里 811
關東防營 810
關東淵 524
관두루 467
관두루보 474
關頭坊 576
冠頭山 165
官屯洑 742
관ᄃᆡ 413
관ᄃᆡ벌 413
舘里 529
冠帽峰 135, 416, 463, 491, 632
冠帽山 839
關坊名 576, 678, 680, 682, 683, 685, 688, 692, 743,

810
관불 449
관불빗나루 450
觀佛津 450
冠山 835
觀上里 80
관쏠 191
冠岩 321, 525
冠岩洞 495
관암두 649
官岩里 511
冠岩洑 305
관암보 305
冠巖山 374
冠岩坪 302
貫若峰 484
관약지 484
관역고기 193
觀音谷 128
觀音垈 649
觀音洞 557, 822
觀音洞里 803
觀音洞川 802
觀音里 558
관음사 86, 446
觀音寺 651, 739
관음작골 128
觀音峙 626
관읍치 824, 826
觀應寺 446
관장골 471
寬壯洞 471
官長木山 581
官場坪 694
冠田谷 52
關前洑 782
館前坪 773
觀鳥峴 264
觀池川 272
觀察使姜銑淸政碑 776
觀察使申在植善政碑 776
觀察使李裕身 774
觀察使鄭元鎔不忘碑 762
觀察使鄭元容善政碑 435
觀察使朱錫冕善政碑 776
觀察使淸德碑 424
觀察使韓益相善政碑 789
寬川 340
冠川江 213
冠川里 213
冠川酒幕 213
關坪 467
舘坪 698
關坪洑 474
舘坪洑 700
管浦里 812
冠浦里 824
冠浦酒幕 826
貫革垈 267
貫革垈酒幕 269
貫革山 110
貫革峴 193
冠峴 423
官峴 486
舘後里 798
광게골 417
光格 289
광격 289
光格酒幕 291
廣溪谷 417
廣谷 676
광골 684
廣橋店 390
廣橋酒幕 740
廣九谷 624
광나루 834
광나루쥬막 848
光垈 304, 340
廣垈谷 316
廣大谷 382
鑛臺谷 652
廣大洞 84
廣大洞酒幕 85
光大峰 451
廣大山 531, 719
光大沼 584
光垈酒幕 305
廣大津 648
廣大川 115, 708
廣大坪 434
廣垈峴 290
光垈峴 296
광덕고기 237
廣德里 237
광덕리 237
廣德山 719
廣德峴 237, 497
廣洞里 533
廣磴山 49
廣登坪 129
광디거리 84, 85
광디골 382, 585
광디바우 368
광디바우산 719
광디버덩 434
광디봉 451
廣嶺幕 708
光明垈 332
광명터 332
광무지 840
光武峙 840
광바우쇼 476
廣防里 656
廣腹澗 101

廣分浦　511
廣比院　708
光三里　488
光三里洑　489
光三坪　491
廣石　766
廣石谷　762
廣石里　513, 659, 830
廣石津　657
廣石坪　102, 247, 735
廣石坪洑　249
廣石峴　701
廣水洞　261
光岳山　222
광악산　222
廣岩　258, 349, 461
廣巖谷　640
廣岩洞　124
廣岩沼　476
廣岩酒幕　259, 351
廣野坪　70
光陽洞　556
廣於峰　420
廣億洞　538
廣雲嶺　637
광원　434
廣院里　434
廣院里酒幕　434
광이산　534
光耳山　773
狂人山　534
廣汀谷　571
光丁里前川　847
廣汀洑　572
光丁坪　845
廣濟坪　628, 632
광정리압물　847
광정평　845
廣州洞　506
光珠田　431
光珠峙　433
廣州坪　505
광쥬앗고ᄀᆡ　433
광쥬젼　431
廣津里　834
廣津沼江　641
廣津酒幕　848
廣川　254, 344, 670
廣川里　255, 281
廣川洑　515, 703, 789
廣川酒幕　256
廣峙　767
광치고ᄀᆡ　404
廣峙洞　136
廣峙嶺　137
廣峙酒幕　136
廣峙峴　404
廣灘　110, 236, 505, 656
廣灘江　518
廣灘谷　408
광탄리　209
廣灘里　619
光灘里　620
光泰　768
광터　304, 340
광터고ᄀᆡ　296
광터쥬막　305
광테벌　632
廣板谷　410
광판골　410
光板里　209
廣坂坪　260
廣坪　193, 786
廣坪洞　514
廣坪里　366, 807
廣浦　379, 585
廣浦里　373
廣浦洑　143
廣浦碑　746
廣浦川　739
廣品里　684
廣峴里　92
廣興寺　686
掛㺃坪　773
괘나루　365
괘나루뒨ᄂᆡ물　366
괘ᄂᆡ다리쥬막　740
괘ᄂᆡᆫ물　739
괘목기　831
掛目峙　577
掛榜山　574
槲屛山　764
掛佛坪　569
掛耳峙　778
괘자골말　274
掛津　365
掛津後川　366
권산진　223
괴골　302, 618
槐南洞　567
괴냄이　567
槐洞　618
槐蘭里　587
괴마자ᄲᅮ리　402
槐木亭坪　335
괴목졍들　335
괴ᄆᆡᆯ　567
괴비고ᄀᆡ　383
괴산　226
괴안니들　338
槐安里　624
槐陰谷　779
괴일　555
괴일지　577

槐亭 313
괴피나들리 411
槐花里 726
槐花後坪 724
槐屹坪 338
괸돌 133, 167
괸돌장 90
交柯 769, 770
校谷 254
橋谷 301, 381, 420, 427, 639, 695
교곡게 422
橋谷溪 422
橋谷洞 767
橋谷山 97
校宮洑 200
교궁보 200
校基 164
橋洞 125, 213, 308, 354, 431, 469, 642
校洞 255, 386, 583
橋洞里 262
校洞里 553, 564
橋洞酒幕 471
校洞塔 566
橋洞坪 393
蛟龍谷 372
蛟龍洞 277, 486
蛟龍洞酒幕 278
蛟龍洞津 276
橋名 189, 233, 368, 584
轎峰 504
校上里 366
橋巖里 373
橋巖市場 379
轎岩峴 296
교위형국산 48
轎子峰 412
橋田里 492
轎店 577
校中里 366
校下里 366
交合里 631
橋項 108, 195, 288, 322
橋項里 174, 567
橋項酒幕 371
橋項坪 612
橋峴幕 758
괴나리골영 372
九家洞 570
九溪洞 822
九溪里 714
九溪酒幕 714
九皐 705
九皐面 82, 83, 84, 85, 86
九皐坪 702
龜谷 575
九曲洞 167
九曲里 212
九曲沼 505
九曲峴 290
舊校洞 830
구구리 212
구나무골 52
구남무골 575
구냥동 411
구녕뜰 242
구녕뜰보 242
舊斷髮嶺 539
龜塘里 105
舊垈 307
舊垈谷 191
狗垈谷 207
舊垈坪 338, 405
구도미보 165
九頓里 365
九同山 500
九洞村 96
구두독 365
구두미 163
龜屯 468
구ᄃᆡ울 343
仇羅味里 562
구라우뜰 302
舊來峴 60
구럭골 720
구럭쏠평 722
구럭이지 669
구렁가ᄅᆡ들 611
구렁말 243
구렁말못 415
구렁자리 405
구레골쥬막 471
구레등이평 713
狗嶺 394
狗嶺谷 393
구례골 471
舊例坪 713
九龍江 70
九龍谷 301, 664
九龍橋坪 128
九龍洞 93, 94, 153
九龍洞里 801
九龍洞洑 795
九龍洞沼 99
九龍峪 841
龜龍寺 323
九龍山 69
九龍沼 99, 496, 566, 584, 778
九龍岩 688
九龍淵 390
구룡영 841
九龍川 176

九龍灘　226
九龍浦　460
구룬　156
구룬고기　474
구룬니　468
구룸ᄌᆡ산　666
구름다리들　336
구름우리ᄌᆡ　609
구름ᄌᆡ　668
구름쵸버덩　452
구리고기　174, 224
구리기　224
구리기고기골　224
구리기고기못　224
구리기보　655
구리목　526
구리목령　514
구리목영　527
구리ᄯᅳᆯ쥬막　180
구리안　754
구리여울　458
九裡項嶺　514
구릿ᄌᆡ　701
구릿ᄌᆡ슐막　704
구마니　413, 453
구마니보　454
구마니포구　450
九馬洞　768
구마리　431
구만니　349
구만니들　227, 612
구만니쥬막　450
鷗灣里　211
九萬里　227, 331, 413, 431, 453
구만리　227, 331, 457
구만리버덩　209
九萬里洑　454
구만리장　209
구만리장터쥬막　210
九萬里酒幕　192, 450
九巒里酒幕　210
九萬里坪　612
九萬里浦　450
九萬峰山　244
九巒市場　209
구만이　192, 211
구만이쥬막　192
九巒坪　209
九萬坪　227, 457
구말들　336
九抹峰　595
九覔谷　778
구무쇼쥬막　756
九尾　317, 705
구미　317, 689
九美　665
구미고기　318
舊薇谷　309
九尾洞　298
구미들우　467
구미등산　727
九尾洑　145
九味山　727
九味所　667
九味沼嶺　806
九味沼川　806
구미솔　298
구미솟　649
구미ᄯᅳᆯ　302, 303
九味安里　794
鳩尾亭　649
龜尾村　267
龜尾峙　581
九尾坪　135, 144, 302, 303
口尾坪　467
九尾峴　318
九密坪　336
舊坊內　181
龜背山　242
舊洑　221, 499, 641
구보　221
狗洑　687
九峰里　90
九峰山　196, 447
구봉산　447
具夫皆谷　228
九扶谷　763
구부기골　228
구분골　463
九沙里　355
구사리　355
구사목거리쥬막　566
九沙洑　249
構沙項店　566
龜山　332
九山谷　418
구산골　418
邱山里　557, 689
邱山里三街里酒幕　690
邱山洑　700
邱山驛　558
龜石里　84
九石里　167
九錫里　232
九錫里洑　231
구석말　603
龜石洑　88
龜石村　268
九石村　280
九仙臺　398
九仙峰　398
九成洞　93
九成岩坪　295

九歲谷 417
구셕리 232
구셕말 84
구셕이보 231
구셩암뜰 295
龜沼 99
龜水谷 698
九水里 643
구숙골 653
狗宿洞 557
狗宿里 671
구숭골보 795
구슈골 524
구슈봉산 191
九瑟洞 653
구시골 698
九詩洞 272
求是洞 342
구시울 79, 342
九新谷 424
구신니고기 424
구실고기 78
구실골 204
구실미 288
구실영 688
구실쥬막 79
九十九谷 346
구식달이 262
九岳谷 98
九岳村 96
九岳峴 103
龜安里 109
龜岩 98
龜巖 340
龜岩里 112
九岩里 139
狗岩里 681
鳩巖沼 99
鳩岩川 272
龜岩坪 135
九岩坪 302
舊岩坪 334
구양들 320
구억들 335
구억찌 300
九億坪 335, 336
구억평 336
九億峴 300
舊驛坪 722
구왁쏠 132
구용담 460
구용샤 323
구용탄 226
九雲橋 189
구운기 221
九雲里 468
구운발이 696
九雲洑 493
九雲於口酒幕 471
구운에구쥬막 471
九雲浦 221
九雲峴 474
九雄沼 329, 422
구웅쇼 329
九月山 403
九銀坪 338
九音谷 456
九耳項 526
구일노리터 403, 405
九日洞 86
九日坪 405
구장거리 717
구장써리술막 718
九宰登 732
九切里 580
九節山 200, 280
九節瀑 368
鳩接坪 734
九亭 327
九鼎江 413
邱井面 579, 579, 580
狗啼巖 363
九齊岩谷 309
구젹바우뻘 734
구절산 200
구정 327
구정별류 544
구졔바우 363
구졔바위쏠 309
구졔비 181
九鎭谷 310
九眞谷 465
구진쏠 310
구진에지골 465
구직 303, 525
구직뜩이 732
旧川 552
九川洞 399
九川洞谷 398
九川洞川 398
九川洞峴 397, 398
舊川坪 681
狗塚酒幕 373
舊峙 525
九坡嶺 798
龜浦 163
九抱洞 313
구포동 313
龜浦洑 165
九抱山 314
구포직 314
九霞洞 749
九鶴山 297
구학산 297

九項嶺 527
龜項里 732
鳩峴 134
九峴 303
狗峴 370
九峴里 685
九化谷 132
九華谷 456
구화골 456
救恤碑 853
국고기 701
菊谷 128
菊基 444
국길 210
國吉谷 210
國島 715
國島里 126
國祀堂 83
國祀堂洑 88
國祀堂酒幕 85
國士峰 203
국사봉 203
國師峰 639
國仕峰山 191
國祠峰山 375
國師山 338
국사산 338
國三伊 543
국수당이거리 85
국수반쏠 83
菊樹峰 463
菊秀峰 633
菊秀峰嶺 394
국술당이 83
국술당이못 86
국슈봉 89, 463
국슈봉산 375
菊岩 95
菊巖澗 100
麯岩山 488
國有封山 157
國葬嶺 502
菊亭谷 490
菊亭洞 492
菊亭嶺 493
國地洞 623
國地山 622
국터 444
軍器里 79
軍器坪 242
군기 552
郡內面 48, 49, 50, 51, 52, 53, 54, 55, 56, 57, 57, 58, 59, 60, 61, 61, 62, 63, 114, 119, 128, 129, 129, 130, 131, 156, 156, 157, 174, 175, 242, 243, 244, 360, 361, 362, 402, 403, 404, 405, 406, 407, 407, 408, 438, 439, 440, 441, 442, 443, 444, 445, 446, 484, 485, 486, 590, 591, 592, 593, 594, 648, 649, 650, 651, 737, 738, 738, 739, 792, 798, 799, 828, 830, 831, 839, 840, 843, 843, 844, 847, 848, 849, 851, 853, 854
郡內洑 174
군너미영 528
군니지 609
군ᄂᆡ면 828
군ᄂᆡ보 174
軍垈 762
群刀里 308
群刀里洑 312
군두리 308
군두리보 312
軍杜里場市 260
軍頭峰 486
群頭山 286
군두산 286
軍屯山 293
군둔산 293
군들고기 208
君登山 632
君登峙 630
군량두루 442
軍粮谷 144, 348
軍糧垈里 235
軍粮洞 144, 826
軍粮洞溪 411
軍糧村 281
軍糧坪 280, 442
軍糧峴 87
君利嶺 609
羣仙江 575
郡守谷 427
群水垈 431
郡守沈宜弘碑 774
郡守安玘煥不忘碑 777
郡守李龜榮不忘碑 776
郡守李載徹善政碑 75
郡守崔允鼎善政碑 776
郡守許梅善政碑 67, 75
군슈골 427
군슈터 431
군양골 348
군양터 235
君彥 658
군ᄋᆞᆼ골 301
軍踰嶺 115, 528
軍踰里 120
군ᄋᆞᆺ들 338

君子峴 208
裙田峙 582
군지골 486
君至浦 92
君至浦洑 93
君至浦酒幕 92
군징이주막 92
軍炭里 813
郡下洑 792
郡下場 792
軍餉里 831
軍餉酒幕 815
軍餉坪 320
굴결이 281
窟谷 54, 189
屈谷 347, 420
掘谷 575
굴곡들 334
굴골 347, 420
굴기지 705
굴깃들 702
굴ᄀᆡ 832
굴ᄂᆡ 613
굴ᄂᆡ들 612
窟屯峙 59
굴뒷골 378
굴량쏠 87
굴렁말 413
굴머실뜰 295
屈尾山 772
굴미실 292
굴바우 206, 403
굴바우골 439
굴바우못통이 403
굴바우뜰 181
屈峰山 212
굴봉산 212
굴쏠 189
굴쑥고ᄀᆡ 297
굴아 749
굴아우 340, 670
굴아우ᄌᆡ 671
窟岩 206, 403
굴암 615
窟岩谷 50, 439, 792
屈岩谷 403
窟岩洞 670
窟岩峙 671
屈巖坪 181
窟岩坪 334
屈陽山 98
굴억이 666
屈億峙 669
굴운다리 189
굴음ᄌᆡ 604
窟前 615
屈只 281
屈只川 280
窟川 613
窟川坪 612
窟後谷 378
굼방골 233
굼병쇼 411
굼병골 456
굽정산 418
굿ᄀᆡ 504
굿쑬 84
弓谷 518
궁골 148, 430
궁군통이 568
궁굴버덩 428
弓弓基村 568
弓基 778
궁ᄀᆡ 364
弓弩谷 146
弓潭 364
宮垈 269, 662
弓垈坪 310
宮洞 148, 430
宮洞坪 428
弓洞峴 149
궁들 617
宮路坪 102
弓滿 349
궁말 313
弓方谷 197, 233
궁방말 322
弓方山 772, 779
宮房川 786
弓方村 322
궁벙이 197
宮洑 617
궁소 99
弓矢谷 293
궁ᄲᅩ 617
弓藏洞 602
弓田里 811
弓芝峰 759
弓川里 174
宮村 313, 768
宮坪 617
宮浦 585
權金山 838
權金城 843
권금셩 843
권김산 838
勸農谷 238
권농골 238
權山江 218
權山上里 218
權山中里 218
權山津 218, 223
蕨谷 396
蕨洞 515, 543

귀골　538
歸內谷　316
귀ᄂᆡ골　316
貴屯里　412
귀둔버덩　411
貴屯坪　411
貴洛里　525
貴來面　352, 353, 354, 355, 356
貴良洞　278
貴良峴　279
귀리쌜　658
貴木沼　584
貴水谷　146
귀실고ᄀᆡ　205
귀ᄉᆡ둔지뜰　248
귀쏠　86
귀앙여을　406
貴玉山里　807
鬼浴山　804
歸雄洑　306
귀웅이보　306
귀융쇼　422
귀잉소　209
귀임이들　334
龜坪　339
귀평　339
귄골　732
궐곳　659
귓둔리　412
귕골　223
鮭　727
奎峯山　367
奎山　639
규신달기주막　577
橘花洞　659
그테골　516
그풍말　738
극ᄀᆡ　191
極樂菴　159
極樂峴　390
極浦　191
근골　586
近南面　700, 701, 702, 703, 704, 705, 706
근너들　614
근네골　836
近德面　767, 768, 769, 770, 771, 772, 773
近道山　772
芹洞　152, 492
芹洞里　121
斤洞里　796
近北面　688, 689, 689, 690, 697, 698
近山　772
近西面　684, 684, 685, 686
近避谷　741
근ᄑᆡ골　741
金　115, 118, 181, 223, 234, 389, 597
금　223, 234
錦江　304, 598
錦江里　679
金崗里　832
금강리　832
金剛山　392, 538
金剛院里　543
금강이　304
金剛川　166
錦溪　704
琴谷　246, 669
金谷　614, 621, 763
金谷里　123, 360, 502, 516, 532, 534, 587, 683, 818
金谷洑　534
金谷川　618
金鑛　480
금광　480
金光里　579
金光坪　580
金龜里　109
금단리　238
金丹村　583
琴垈　185
金垈谷　197, 343, 434
金垈谷洑　352
琴垈峴　290
金德谷　517
琴洞　72
金洞　80
琴洞酒幕　74
金頭嶺　345
금두ᄌᆡ　345
栞頭峙　645
金屯地坪　524
金籐谷　439
金藤谷　440
금등골　439, 440
금ᄃᆡ울보　352
금ᄃᆡ월　197
金蘭窟　740
金蘭里　740
金蘭洑　740
金蘭坪　739
金蘭浦　740
金幕谷　772
禁夢庵　592
金武沙坪　442
금무싀들　442
今勿山　270
今勿山面　270, 271, 272, 273, 274, 275, 306, 307, 308, 309, 310, 311, 312,

313
금바우 293
금바우산 595
金盤山 719
금발리 404
金鉢坪 404
錦屛山 228
금병산 228
금불고기 297
琴佛峴 297
禁碑坪 788
錦山 68, 694
禁山澗 101
禁山里 105
錦山里 216
금산리 216
金山里 557
錦山峴 678
金石洞 106
錦城里 362, 391
錦城山 778
金城坪 343
금셕ᄉᆞᆯ 106
禁實里 278
金岳里 147
金岳里洑 149
金岳峴 74
琴岩 293
金玉洞 298
錦雲山 451
金藏洞 545
金藏山 686
琹田峙 582
금정골 194
金津里 582
金津浦口 584
錦川 272
錦川溪 133
金川里 684
金川里酒幕 685
金川坪 370
金川坪洑 366
金出峙 594
錦充谷 627
금츙골 627
金破亭洑 202
금파정이보 202
金八里 123
禁牌洑 781
金坪里 112, 125
錦圃里 365
琴浦川 267
金風洞 829
金鶴洞嶺 798
金鶴洞里 802
金鶴洞山 797
金鶴山 279, 815
錦鶴前洞里 569
錦鶴后洞里 569
金峴洞 166
錦花亭 373
거푼기 110
基谷 585, 658, 664, 758, 761
碁谷 635
基谷江 638
基谷山 836
杞谷村 783
基谷峴 423
妓女潭 792
箕洞 82, 83
基洞 556, 667, 830
기럭고기 727
起龍峰 420
기룡봉 420
起龍山 402
기룡산 402
기름미산 417
麒麟面 426, 427, 428, 428, 429, 430, 431, 432, 433
麒麟山 338, 684
기린산 338
기림바우쥬막 655
騎馬山 574
崎名 223
幾木谷 346
기바우거 843
箕番洞 106
基別隅坪 640
기사문리 833
其沙門里酒幕 848
기사문리쥬막 848
箕山里 124
箕山里溪 117
箕城里 691
岐城面 797, 798, 802
箕城堤 692
岐城川 802
箕城坪 691
기셩둘 691
기ᄉᆡ울 83
騎驛谷 720
기와골 586
기와둔지 195
기와집말 631
岐王洞 267
기우룬 158
기우룬보 159
祈雨山 648
基日 667
基日坪洑 853
기일평보 853
旗竹嶺 726
箕峴 85

琪花里 158
琪花洑 159
긴고기 85, 304
긴골 490
긴골들 337
긴골묵 327
긴나무들 338
긴등 345
긴지 193
길거너멋영 533
桔梗 607
길고지지 594
吉谷 132, 316, 784
吉谷洑 782
吉谷站 781
吉谷川 786
吉谷村 273
吉谷坪 788
길골 199, 316
吉金峙 582
길기미지 582
길눈나들이 607
吉洞 546, 549, 662
吉洞嶺 527
吉嶺峴 746
길마지쏘기 84
길쏠 662
吉峨峙 343
길아치 343
길영고기 746
吉雲洞 608
吉云里 667
吉雲津 607
吉音溪 169
吉音洞 170
吉音酒幕 170
길ᄋᆡ뤼 321
길지고기 459
길지령 111
吉峙嶺 111
吉合伊 153
吉峴 102, 459
金景秀洑 742
金橋坪 428
김녕골 567
金良所坪 420
金禮順碑 762
金龍洞 567
김베루버덩 428
金炳淮碑 792
金炳學碑 792
金富洞 414
金富嶺 424
金侍郎谷 640
김시랑골 640
김싱에골 247
김양쇼버덩 420
金容善碑 792
金維碑 792
金在獻碑 792
깁푼골 427
깁헌ᄌᆞ리뜰 201
깃골 242
깃더박이영 726
기가말 561
기간이 612
기고기 370
기골 181, 407
기골고기 402
기굴쇼 199
기금박골 378
기나루 313
기나리 182
기납니 175
기납뜰 175
기두둑뜰 132
기더봉 388
기라골 388
기런이골 576
기론고기 328
기룬 414
기말 530
기말보 798
기면리 408
기모시 189
기목 388, 736
기목산 734
기목쎌 722
기목이 169
기목이보 171
기무더미쥬막 373
기미지 351
기방우 681
기보 687
기사리보 352
기사리뜰 128
기산평 844
기쇠 330
기ᄉᆞ리보 130
기쏠 745
기쏠고기 137
기쏠평 747
기쏭둘 336
기써박니 190
기안골 435
기안버덩 393
기암골 463
기여울 505
기오기쥬막 319
기왓 174
기왓쥬막 174
기운골 325
기운다리 349
기임보 703

ᄀᆡ임평 702
ᄀᆡ자리 557
ᄀᆡ자리구미 460
ᄀᆡ잔이 671
ᄀᆡ쳔니 289
ᄀᆡ쳔니쥬막 291
ᄀᆡᄌᆡᆨ골 393
ᄀᆡᄌᆡᆨᄊᆞᆯ 150
ᄀᆡᄌᆡᆫ영 394
ᄀᆡ치 330
ᄀᆡ치골 728
ᄀᆡ치ᄀᆡ울 197
ᄀᆡ치나루 337
ᄀᆡ터골 207
ᄀᆡ통골 457
ᄀᆡᆷ발고ᄀᆡ 296
ᄀᆡᆷ벌 457
ᄀᆡᆷᄌᆡᆨ고ᄀᆡ 432
ᄀᆡᆺ골 378
ᄀᆡᆺ들 592
ᄀᆡᆺ보 143

나…

羅谷 631
羅谷洞 698
羅谷酒幕 700
나근ᄂᆡ골 698
나기지고ᄀᆡ 210
나날ᄌᆡᆨ 586
羅洞 210
蘿洞 313
나라실 679
나라실ᄂᆡ 679
나라실들 679
나루모ᄅᆡ기 374
나루심 380
나르쇠 243
나ᄅᆡ두둑 598
나ᄅᆡ벌 505
나며일 659
나무고ᄀᆡ 839
나무ᄀᆡᄊᆞᆯ 82
나부모루 500
나분돌 830
나분둘 513
나분들 513
羅飛穴 349
나비혈 349
羅山坪 616
나실 698
나실쥬막 700
囉叭山 388
나팔산 388
洛山洑 371
洛山寺 843
洛山坪 370
樂水谷 500
洛水洑 362
낙슈봉보 362
낙아지고ᄀᆡ 208
落鴈峙 208
樂安峴 210
樂壤面 89, 90, 91
樂豊橋 584
樂豊市場 584
蘭谷里 559
蘭谷面 523, 524, 524, 525, 526, 527, 528
蘭松坪 315
난숄들 315
날골 593
날근역쥬막 217
날근절ᄊᆞᆯ 82
날근집터골 191
날근터 307, 313, 405
날근터들 338
날밀 559
날앙이 634
날오실 634
南哥谷 465
남가골 465
南江 139, 141, 386, 442
남강 442
남경지나루 446
南谷里 580
남교 422
嵐橋里 422
嵐校驛 422
남교역 422
南內二作面 206, 207, 208, 209
南內一作面 203, 204, 205, 206
남녀산 348
南大谷 712
南大川 364, 484, 553, 569, 572, 677, 704, 769, 792, 846, 847
南大川津 701
覽德洞 255
南德堤 254
藍島 339
南洞 57, 573
남두루벌 518
南屯里 807
南屯里嶺 806
남ᄃᆡ골 712
남ᄃᆡ쳔 846, 847
남ᄃᆡ쳔버덩 844
南呂山 348
南呂山酒幕 351
南里 407, 730

남리 407
남리다리목 406
南里市場 408
남리장 408
南里前川 406
南面 114, 115, 119, 120, 137, 138, 139, 139, 140, 141, 159, 159, 160, 392, 393, 394, 395, 412, 413, 414, 415, 455, 456, 457, 458, 459, 460, 494, 495, 496, 497, 621, 622, 623, 624, 625, 626, 627, 655, 656, 657, 682, 682, 683, 684, 794, 795, 796, 801, 828, 832, 833, 842, 843, 845, 847, 848, 849, 850
남면 828
南面峙 582, 765
楠木村 525
南燕峙 839
南門街 326
남문거리 326
南門里 569, 830
南門里前溪 847
남문박 830
남문압보 377
南門坪洑 377
남밧골 413
남밧골버덩 413
님빗골쥬막 415
남밧치 146, 148
남벌어니고ᄀᆡ 475
南屛山 156
南普峴 545
南府內面 191, 192, 193
南山 325, 503, 504, 680, 719, 737, 792
남산 325
南山溪 156
南山谷 648
南山垈里 79
남산들 338
南山嶺 423
南山里 175
남산말 322
南山洑 176, 682
남산ᄭᆡ 156
南山外二作面 210, 211, 212, 213
南山外一作面 209, 210
남산이ᄌᆡ 423
南山前川 681
南山堤 682
南山村 322
南山坪 338, 680, 728
南上坪 276
南西坪 368
南石亭川 394
南城內里 569
南城內市場 569
南城外市場 569
南星川 116
南松峴 350
남송고ᄀᆡ 350
嵐峀 706
南峀隍山 372
南阿里 687
남악이ᄌᆡ 318
南岳峴 318
南菴 762
南崖里 620
南涯里 750, 834
南崖山 563, 666
南涯酒幕 750, 848
南崖浦 770
南涯浦 843
南涯峴 751
南野洑 738
南陽谷 494
南陽里 582
南陽村 783
藍轝峰 792
남여산쥬막 351
南五里 292
남오리 292
남오리ᄹᅳᆯ 295
南五里酒幕 296
남오리쥬막 296
남오리ᄌᆡ 351
南五里坪 295
南五里峴 351
南原峴 475
南伊島 213
南二里面 570, 571
남이셤 213
南一里面 569, 570
남ᄋᆡ리 834
남ᄋᆡ쥬막 848
남ᄋᆡ지 525
藍田谷 146
藍田洞 148, 413
藍田酒幕 415
南丁谷 408
南亭子酒幕 445
南亭子津 446
南亭子浦口 445
남정골 408
남정지쥬막 445
남정지표구 445
南佐里 79
南中峙 599
南津 648
南倉村 272

南川　79, 361
南川橋里　799
南川坪　844
남천물　361
남천뭍　364
남천보　362
南草　154, 159, 657
南村　525
南村里　120
南坪　564
南坪里　661
南坪洑　663
南下里面　680, 681, 681, 682
南鶴洞　526
南項津里　574
南項浦　573
南峴洞　570
납덕골　649
納德洞　649
納乭　667
납돌모기　701
납돌앗　667
納實里　222
납실리　222
納雲乭　667
납운돌벌　735
낫바우　404
狼谷　720
낭골　720
浪九尾洑　149
浪九尾坪　147
浪屯地　543
낭밧골말　278
朗越里　122
浪汀里　388
浪下里　527
內佳日里　228
內瓊液池　591
內谷　205, 246, 293, 322, 382
乃谷　601
內谷洞　184
內谷里　274, 570
奈谷里　831
內谷坪　721, 728, 744
內公根　183
內恭基　615
內供鶴里　822
內君里　713
內君里古城　715
內基山　712
內機坪　735
內南山　484
內達谷　624
內達里　414
內垈里　814
內垈村　815
內德里　822
內道田　763
內洞　82, 122, 152, 268, 392, 469, 485, 495, 548, 576, 815
內洞里　90, 194
內洞洑　229
內洞員洑　109
內洞酒幕　471
內洞峙　253
內洞坪　229, 744
內斗滿　635
內杜門谷　55
奈屯　469
奈屯峴　475, 475
內洛里　90
內濂城里　748
內里　598
內馬山洞　469
內沔里　396
內武才嶺　394
內茂峙　540
內墨室　272
內沕淄里　829
內牛占　649
內芳川　449
內烽洞　695
內峰吾洞　470
內覓谷　52
內府司院　281
內山洞　331
內山里　112
內三里面　435, 436
內揷峴酒幕　412
內相里　120
內仙味里　687
內城洞里　800
內城山　705
內松館里　527
內松坪　728
內藪洑　107
內需司洑　822
內水坪　501
內藪皮　106
內新垈　339
內新里　121
內新川村　620
內新坪　634
乃實村　643
乃實峙　644
內於城里　823
內汭坪　702
內外局坪　732
內雲田里　391
內雄浦　379
內原　84, 741

內院 342
內院谷 490
內院里 126
內原一行貝洑 86
內貝坪 135
內楡邑村 524
內楡井里 819
內一里面 433, 434, 435
內紫霞洞 520
內場 515
內長田 761
內直洞 521
內倉里 668
內泉通里 812
內村 73, 218, 506, 542, 546, 549, 603
乃村面 256, 257, 258, 259
內村洑 550
內村坪 442
內塔洞 523
內塔嶺 527
內土沃洞 469
內土沃洞峴 475
內坪 147, 528, 676, 698, 768
內坪洞 391
內坪洑 366, 700
內浦酒幕 637
內浦坪 376, 505
內豊泉里 819
內鶴里 820
內項洞 661
內海坪 221
內峴里 831
內好梅 288
內檜洞溪 411
內灰峴里 803
內後谷 254
內後洞 255
冷水幕 708
冷水亭酒幕 704
冷井 485
冷井谷 50, 54
冷地谷 439
冷泉酒幕 774
너근늬 340
너다리 562
너다리골 611, 701
너다리버덩 393
너다리평 376
너더리 92, 824
너더리늬 822
너더리방축 850
너더리보 143
너더리쥬막 356
너들언 111
너럿골 538
너렁바우 349
너렁바우쥬막 351
너레골 408
너레바우 628
너려골 391
너례골 533
너례비봉 420
너르늬 344
너른기 379
너름골 586
너리골 676
너ᄅᆡᄀᆞᆯ 382
너머말 213
너문골고기 219
너문구렁말 642
너벙바위쥬막 259
너벙이 656
너부늬써리 85
너부렁이 193
너분기 511
너분나들리 236
너분등 129
너분바우 461
너분바우쏠 640
너분여울 110, 518, 619, 656
너분터고기 290
너분터골 316
너삼평 376
너우늬보 703
너테나무정 512
너푼법골 353
넌넌골 556
널늬 670
널늬방우 708
널막골 110
널목고기 198
널미 235
널분기벌 735
널안 453
널에골 744
넙덕산 719, 719
넙직 708
넙퓹리 684
넛밧골보 200
네다리보 474
네목이고기 189
넷날창터 108
녀늬골 245
녁골 430
년엽산 200
老佳峙 760
魯間山 772
老介 314
蘆介坪 315
魯耕洞 782
魯溪 666
老姑江 192

老姑峰　209
老古山城　688
老孤城　287
노고셩　287
老姑沼江　641
老姑沼洑　305, 641
노고쇼보　305
老姑川　846
老姑村　546
老姑峙　209
老姑峴　370
弩谷　52
蘆谷　64, 416
路谷　199
魯谷　211
魯谷洞　784
蘆谷面　778, 779
芦谷面　779, 780, 781
蘆谷峴　490
노ᄀᆡ　314
노ᄀᆡ들　315
노나무　664
노나무골　581
魯南洞里　807
老內洞　267
노ᄂᆡ실　684
노ᄂᆡ골　265
芦洞　123, 492, 614
蘆洞　128, 389, 526, 562, 670, 828
路洞　166
櫓洞　217
노동　217
老洞　567
蘆洞嶺　530, 533
魯洞里　81
蘆洞里　529, 796, 802
蘆洞洑　795
蘆洞川　846
蘆洞坪　420
노ᄃᆡ골　456
노ᄃᆡ골보　460
노라우ᄯᅳᆯ　348
노랑이턱골　185
老來谷　246
老來谷川　249
노루고ᄀᆡ　600
노루고ᄀᆡ들　612, 625
노로목　555, 567
노루골　611
노루ᄀᆡ　319
노루되미　103
노루목　538, 661
노루목고ᄀᆡ　85, 403, 731
노루목골　537
노루목ᄀᆡ　536
노루목이고ᄀᆡ　171
노루목이ᄌᆡ　435
노루소　377
노루치ᄌᆡ　312
노르목　372
노른가리　654
노ᄅᆡ골　596
노ᄅᆡᄀᆡ　291
노ᄅᆡᄯᅳᆯ　302
老里坪　302
魯林　332
魯旀里　658
魯木谷　581
櫓木里　654
魯峰里　587
鷺飛谷　764
魯沙坪　666
魯沙坪酒幕　668
魯山　156
노상두루　732
路上里　485
路上野　732
路上村　251
노습　332
老僧谷　387
노ᄉᆡ벌쥬막　668
노ᄉᆡ쎌　666
魯岩里　570
露岩山　563
노양골쥬막　434
魯陽洞酒幕　434
老楊木垈　545
蘆月　289
路踰峴　135, 141
老隱洞　611
老隱里　684
노일　211
魯日里　667
魯日洑　668
老將谷　319, 410, 448
노장골　319, 387, 410, 448, 659
老長里　262
老丈峰　388
老壯山　244
老長坪　260
露積谷　456
露積洞洑　460
露積峰　203, 342, 461, 615, 633, 759
露績峰　380
蘆田谷　53, 131, 534, 734
芦田谷　464
蘆田洞酒幕　426
蘆田峙　432
蘆田項坪　405
蘆簟　90
노젹봉　342, 461

노젹산 203
芦坂坪 364
芦坪 377
蘆坪 393, 640, 713, 744
蘆坪峙 645
노픈두들 696
노픈들보 696
노픈터 129, 524, 527
노평이 364
路下 321
路下里 485
弩峴 200, 269
老峴 291, 319
弩峴坪 56
芦花谷 455
芦花洞洑 459
鹿洞 94
菉荳亭 573
鹿門山 275
鹿門峴 279
鹿尾嶺 536
碌磻洑 605
綠樹谷山 435
녹슈골 435
녹시릐들 612
鹿巖山 286
鹿隱足里 820
鹿茸 607
鹿項坪 181
論谷 355
논골 196, 208, 238, 382, 416, 542
논골벌 450
논골보 451
논골평 721
논들 609
論味巨里酒幕 480
論味里 478
論山里 828
논쏠 191
논쏠평 747
논장니압나드리 425
論章里川 425
논지구미 407
論化洞 831
놀기봉산 381
놀리평 102
놀머리 478
놀뫼 587
놀미골 510
놀미둔지 221
놀미령 510, 536
놀밋영 521
놀악말 225
놀우목직 644
놀우뫼 340
놉픈덕골 439
놉풀직 707
놉흔절산 320
놋들직 645
놋뜰 640
놋장쏠 547
놋졈영 749
놋졈이영 743
놋픈터 513
농거리쥬막 792
농거리직 842
隴巨里峙 842
隴掛峙 841
籠邱里 125
農幕谷 287
농막골 287
농바우골 628
農所村 73
籠巖谷 628
籠岩里 192
籠巖里 799
籠岩里酒幕 792
籠岩洑 145
磊谷 150
雷雲里 161
뇨쏠 310
농눕썩 145
농에머리 145
樓谷 180, 403, 456, 575, 627
累金洑 703
累金村 705
累金坪 702
누낙골 466
樓臺山 49
樓洞 95
樓落谷 466
누른고기 363, 842
누른골 556
누른기 365
누리듸 649
樓門 292
누문 292
누문뜰 295
樓門坪 295
樓飛峴 67
樓山 317
漏水池 393
누에머리 744
누웅가리 298
누치소 421
눅골 403
눈고기 840
눈고기방축 851
눈늡 215
訥串坪 810
訥串坪洑 810
訥魚 813

訥言里 263
訥言坪 260
訥雉里 814
눕말 717
눗치쇼 484, 498
뉘룬 608
뉘릴골 575
뉘문나들이 607
뉴달리산 477
뉴ᄉᆡ 328
뉴ᄉᆡ쏠 325
뉵판바우쏠 325
느나지 631
느님골 537
느다리 609
느더리고ᄀᆡ 350
느들앙이 457
느랏 664
느랏ᄌᆡ 197
느럽ᄌᆡ 621
느렁골 716
느롭ᄌᆡ 586
느르ᄀᆡ 185
느르ᄀᆡ쥬막 184
느름나무골 219
느름ᄂᆡ 559
느름정장 136
느름정이쥬막 275
느름정주막 136
느릅골 543
느릅정리 687
느릅정이 670
느릅ᄌᆡ 355, 609
느릅ᄌᆡ고ᄀᆡ 412
느리을이 557
느ᄅᆡᄯᅳᆯ 180
느ᄉᆡ울 272
느정이골 131
느지목이 723
느지목이고ᄀᆡ 727
느진ᄀᆡ평 488
느진목이 108
느진목이고ᄀᆡ 479
느진복이 83
늑덕골 525
勒洞 471
勒洞酒幕 471
는다리두루 728
늘근산 381
늘다리쥬막 802
늘덕이 98
늘데덜 204
늘름ᄌᆡ골 410
늘릅정이 414
늘막ᄀᆡ울 747
늘막령 536
늘막영 749
늘막이 748
늘목영 424, 839
늘목이 342
늘목이ᄌᆡ 345
늘미ᄂᆡ 797
늘아우골 215
늘앗ᄌᆡ고ᄀᆡ 199
늘업실고ᄀᆡ 201
늘운모기 637
늘운쥬막 434
늘읍고ᄀᆡ 106
늘읍나무구미 457
늘읍니 524
늘읍삼니 453
늘읍정이 466, 468
늘읍정이보 471
늘읍정이쥬막 471
늘터벙덩 356
늠말 306, 307
늡걸리강 724
늡고ᄀᆡ 220
늡골 714
늡골고지 715
늡셰버덩 452
늡셰보 454
늡평 368
늣곳평 488
늣달쏠 325
늣목 670
늣목ᄌᆡ 758
䏻朴谷 440
늣박골 440
능고ᄀᆡ 323
陵谷 52, 156, 298, 302, 316, 327, 466, 554
陵谷山 68
능골 156, 298, 316, 327, 466
능근네 520
陵內 353
능ᄂᆡ 353
陵垈洞 350
陵洞 72, 166, 542, 813
凌洞 487
菱洞里 531, 799
陵洞里 593, 796
능ᄃᆡ동 350
능말 303, 593
능모루 79
능모루말 322
능모루쥬막거리 324
능목ᄌᆡ 645
能木峙 645
능몰우ᄀᆡ울 180
陵山谷 639
능산이쏠 639
능산ᄌᆡ 644

陵山峙 644
陵上洞 519
능ᄊᆞᆯ 78, 166, 302, 554
陵安山 49
陵隅酒幕 324
陵隅村 322
陵月里 748
陵月洑 749
陵越村 520
能田里 656
능지골 632
綾地洞 632
菱支沼 250
陵村 303
陵村里 124
陵村酒幕 594
凌波臺 366
凌波亭 755
凌虛洑 136
陵峴 323, 497
菱湖里 387
니평리 408
니홍말 323
닌졔강 229
닐남고ᄀᆡ 228
ᄂᆡ골 219
ᄂᆡ셔들 676
ᄂᆡ실말 643
ᄂᆡ실ᄌᆡ 644
ᄂᆡ압 705
ᄂᆡ원 342
ᄂᆡᆯ골 245
ᄂᆡᆼ지골 439

다...

多大谷 245
多大洞 66, 814
多大洞里 803
多大里 121
多大坪 64
多大坪洑 67
茶洞里 748
茶洞洑 749
다둔니 355
多屯里 355
다라고ᄀᆡ술막 745
多羅谷 772
다라막이고ᄀᆡ 510
다라목이고ᄀᆡ 235
다라치고ᄀᆡ 238
茶樂谷 596
다락골 180, 456
다락무 317
다란이 371
다랏 613
다랑베루 406
多浪涯 406
다름고ᄀᆡ 475, 486
다름다리 233
다름ᄌᆡ 433
다리고ᄀᆡ 746
다리골 213, 308, 381, 427, 695
다리골버덩 393
다리목 174, 322
다리목들 612
다리몰 288
다리바우 373
다리바우장 379
다리복쥬막 371
다리ᄊᆞᆯ 301, 354
다리울여울 458
多里宗 298
다리질 298
다림목니 108
다ᄅᆡ 649
다ᄅᆡ골 581
다ᄅᆡ막영 521
다ᄅᆡ산 611, 627
다ᄅᆡ뜰 658
多木嶺 497
다방고ᄀᆡ 840
多方峴 840
다분이ᄌᆡ 709
多石谷 55
多所 404
다소니 106
다쇼막이 404
多數洞洑 107
多水里 161
多水洑 162
多數碑洑 351
다슈비보 351
多五郎里 317
다오랑이 317
다우니고ᄀᆡ 731
多田坪 749
다진고ᄀᆡ 87
茶川 689
다텻ᄌᆡ 574
닥나무ᄊᆞᆯ 196
닥바우보 794
닥바우쥬막 794
닥바위나루 242
닥밧골 347, 416
닥밧구미보 471
닥밧말 713
닥밧보 198
닥산ᄌᆡ 555
닥ᄌᆡ 575
단고둥이 616
檀谷 441

丹邱　343
단구　343
丹邱驛　351
단구역　351
丹林　662
檀木洞　95, 640
檀茂實　286
단무실　286
斷髮嶺　539, 804
檀峰　301
丹鳳山　265, 787
丹岩洞　506
丹岩洑　506
단여울　619
壇引村　443
丹田坪　337
端亭　329
단젼들　337
단지목고ᄀᆡ　213
丹地坪　722
丹之項峴　213
丹灘里　619
丹楓谷　601
丹楓山　600
단풍올이　600
檀峴　134
달강이　636
達介　449
達介谷　771
달거리고ᄀᆡ　479
달거리산　477
달골　395
달골고ᄀᆡ　394, 397
달구리등　843
달구미　616
달기리　705
달기병이　655
달ᄀᆡ　449
달ᄀᆡ빙　657
달ᄀᆡ지고ᄀᆡ　218
달리골　420, 431
달리미산　719
달리울　457
달ᄅᆡ　317
달ᄅᆡ나루　318
達林峙　433
達馬山　68
達摩山　78, 835
달마산　835
달마지봉　463
달밤이　691
達芳村　763
달산령　151
달산쏠　150
달수역　679
달ᄯᅳ기산　638
달아고ᄀᆡ　745
달아치　842
달악골　627
달오ᄀᆡ　168
달오ᄂᆡ골　106
달운이　133
達隱里　402
達隱山洑　715
달음바우쏠　641
達邑洞　94
달읍밧　636
달이골　469
달이골쥬막　471
달이쏠　639, 642
달잇치　492
達田里　119
달증ᄀᆡ　705
達峙防築　387
달탄　665
달판이지　671
달펑이ᄀᆡᆫ　547
達孝里　679
達孝酒幕　679
淡溪山　579
淡垈洞　623
潭名　238, 364
담바우　293
담밧들　676
담ᄇᆡ　154, 159, 160, 162
淡山里　570
담산이　570
담안　330
담인말　443
담터　525
담터골　623
潭屹　330
畓街員洑　109
畓谷　53, 196, 382, 416
沓谷　780
畓谷坪　721
畓谷坪洑　280
畓機村　251
畓機村洑　248
畓洞　191, 208, 238, 257, 542, 818, 830
畓洞谷　69
畓洞洑　451
畓洞坪　450
畓洑　851
답ᄇᆡ　657
荅岩山　98
荅岩村　96
踏雲嶺　709
畓田里　124
踏錢面　727, 728, 729, 729, 730, 731
畓坪洞　609
踏楓里　257

畓峴洑 489
닷등골 660
닷등ᄭᅩᆯ 662
唐街洞 698
唐街酒幕 699
당경산 388
당고ᄀᆡ 181, 205, 304, 370, 423, 474, 637
堂谷 53, 143, 320, 447, 462, 616, 669, 758
唐谷 232, 308, 635
堂谷川 450
唐谷峴 370
당골 232, 320, 447, 462, 616, 635
당골ᄀᆡ울 450
當口尾山 477
당구미산 477
當歸 795
당당이들 334
堂堂坪 334
堂洞 95, 573
堂洞里 811
堂屯堤 104
堂屯地里 805
唐屯地洑 109
당뒤 298, 705
당들 348
堂里谷 309
堂名 195
당모루 105, 353
당모루쥬막 104
당모루평 728
唐毛站坪 728
棠木酒幕 136
당묘벌 518
堂本坪 101
堂峰 425
당봉 425
당부리 243
塘北 705
堂北里 553
堂山 114, 244, 558
堂山里 250
唐山坪 266, 518
당상구미 846
堂上坪 846
당ᄭᅩᄀᆡ 663
당ᄭᅩᆯ 143, 308, 669
당아지고ᄀᆡ 510
唐峨只峴 510
唐峨峴 530
당압말 443
당압말ᄀᆡ울 442
堂隅 353
塘隅洞 72
당우들 335
堂隅里 105
堂隅里酒幕 104
堂隅坪 335
당이골 309
當場峰 419
당장봉 419
堂在山 50
堂在峴 60
塘底洑 782
塘底坪 786
堂前里 443
堂前里川 442
堂前津 100
當亭峴 375
堂祭山 49, 63
당졍고ᄀᆡ 375
唐旨山 773
당ᄌᆡ 193, 525, 630
당ᄌᆡ포구 192
당짓말 519
당짓영 522
堂峙 423, 525
棠峙 571, 630
唐峙 767
唐峙嶺 522
唐峙村 519
唐太宗碑 329
당ᄐᆡ죵비 329
堂坪 257, 348
塘坪員洑 88
堂浦村 96
堂下山 68
唐峴 193, 205, 304, 552
堂峴 304, 474, 496, 637, 663
堂峴里 801
唐峴浦口 192
堂後 298
大加馬里山 477
大家池 757
大角洞 111
大渴馬谷 191
大甘城谷 51
大康里 399
大康驛 398
大康峴 397
垈巨坪 276
大慶津川 804
大慶坡里 799
大慶坡酒幕 792
大鷄足谷 595
大谷 54, 64, 138, 146, 192, 201, 237, 242, 247, 309, 319, 345, 346, 353, 377, 416, 440, 470, 486, 503, 517, 523, 586, 591, 624, 634, 676, 734, 741, 771, 839

垈谷　294, 316
代谷　346
大谷洞　520
大谷里　252, 685
垈谷洑　479
大谷山　68, 362
大谷酒幕　182
垈谷津　231
大谷村　257
垈谷村　478
大公山　561
大官垈　182
大關嶺　555, 671
大光里　818
大光酒幕　819
大橋洞　71
大橋洑　352
大橋川　476, 811, 821
大九屯峙　264
大口尾坪　370
大丘山　772
大口山　838
大弓洞　538
大弓山城　557
大鬪垈　418
大基　603, 662, 779
大基里　580, 670
大基前澗　603
大基酒幕　252
大基村　251
大基峙　253
大基坪　248
大南山　836
大畓洞　546
大垈　289
大垈谷　367
大垈里　369, 725
大垈面　369, 370, 371
大垈洑　198
大垈坪　147, 260
大德山　633
大德村　289
垈洞　58, 92, 322, 354
大同街里　291
大同里　129
大同里洑　130
大同里酒幕　130
大同里津　231
大同里浦口　231
大洞洑　748
垈洞酒幕　356
大同坪　129, 364
大落只酒幕　777
大兩峨峙　356, 841
大兩鞍峙　313
大連內　456
大路谷　721
大龍山　193, 199, 200
大里　769
大利谷　601
大林坪　701
大痲　154
大磨瑳洞　608
大於日坪　845
垈名　216, 233
大明洞　256
大茂地盖　426
大門里　124
大美洞　164
大美山　162
大彌山城　244
大美坪　336
大白山　758
大白跡　546
大凡汗谷　52
大洑　248, 254, 266, 703
大洑谷　837
大洑坪　266
大福橋里　817
大寺谷　50, 427
大沙堤　341
大沙堤坪　338
大沙芝谷　460
大山洞　184
大揷谷　214
大上里　160
大仙舞洞　207
大成山　464, 465, 494
大城隍堂城　80
大城隍峙　841
大所也地谷　409
大松里　306
大松里酒幕　311
大松峰　487
大松亭酒幕　368
大水院洞　576
大勝嶺　423
大勝山　418
待時來谷　606
大深谷　528
大十里谷　51
大牙玉谷　346
大岩山　424
大巖坪　376
大野里　598
大野堰洑　597
大也峙　599
大野坪　597
大嚴台嶺　74
大五雲　492
大兀山　259
大王堂谷　326
大王峴　329
大牛嶺　709

帶雲山　622
大月里　261
大月酒幕　263
大位里　822
大位酒幕　822
大楡嶺　755
大有里　512
大應谷　498
大仁　706
垈日峴　279
大將谷　503
大壯谷　837
大壯洞　556
大壯山　337
大積谷　410
大積谷山　337
大田洞　601
大田里　559
大田坪洑　454
大店　562
大井里　152
大井坪宇字堤堰　810
大鳥洞　823
大棗木谷　195
大鳥坪　844
大鳥坪洑　850
大地谷　114
大支山　654
大津　768
大津里　380, 587
大津酒幕　384
大津站　384
大昌里　552
大昌驛　552
大川　442, 716
大川洑　257
大千石谷　838
大捷碑　486
大淸谷　382
大淸洑　851
大草谷　378
大村　73, 213, 632, 634
大村酒幕　275, 279
垈村酒幕　408
大村坪　466
大柤谷　441
大楸谷　534
大峙　300, 586, 775
大峙洞　642
大峙嶺　527
大峙里　783, 833
大峙坪　524
大峙峴　645
大灘　505
大炭屯　342
大炭屯嶺　344
大土古味　468
大板里　188
大八溪　625
垈坪　132
大坪　176, 372, 413, 706, 707, 768, 786
大坪谷　310
大平橋　343
大平橋洑　352
大坪里　206
大坪里酒幕　252
大坪洑　207, 369, 373, 415
大坪川　250
大浦里　829
大浦里後堤堰　850
大浦城　844
大下里　160
大河峴里　84
大鏧谷　510
大鏧洞　512
大學山　264
大墟　404
大峴　290, 350, 507, 731
垈胡垈　543
大湖山　836
帶湖亭　386
大胡坪　845
大和里　163
大和面　162, 162, 163, 164, 165
大和驛　164
大和場　165
大化之坪　320
大和站　164
大皇堂　190
大興里　414, 768
大興寺　696
宅村　829
더거리뜰　348
더덕골　347
더뒤미고기　412
더듬이고기　432
더렁말　544
더벅산　191
더벙터　478
더수령이고기　141
더운골　837
더운십　233
德加洞　83, 308
덕가동　308
德加羅谷　627
德迦山　301
덕가산　301, 309
德加山　309, 590
덕가여울　83
德街坪　348
德葛山　600
德葛坪　411

德葛項里 233
德葛峴 600
德巨里 195
덕거리 195, 211, 685
덕거리들 311
德巨里洑 312, 352
덕거리보 312, 352
德巨里坪 311
덕고기 287, 312, 319, 323, 333, 333, 350, 475, 476, 612, 630, 738
덕고기산 333
德高山 175, 179, 320
덕고산 179
德古峙 630
德谷 133, 287, 417, 466, 528
德谷山 333
德谷酒幕 134
德谷坪 773
德谷峴 333
덕골 362, 417, 466
德橋里 429
德邱山 265
德今洞 699
德崎川 724
덕난니 340
덕난니시너 341
덕논들 334
덕니 530
덕달리 429
德達峙 582
德洞 90, 237
德頭里 227
덕두리 227
德頭里洑 271
德斗院里 215
덕두원리 215
德屯洑 472
德屯山 460
덕둔지 460, 461
德屯地 461, 658
德屯池洑 143
덕둔지보 472
德蘭溪 341
德蘭里 340
德嶺洞嶺 539
德論坪 334
德里 125, 211
德馬嶺 536
덕마리 208
德萬 764
德滿里 208
德望坪 114
德木嶺 533
德木山 531
덕무 396
德武谷 627
덕무골 408, 627
德茂嶺 397
德朴山 719
덕밧골 602, 746
德方面 571, 572, 573, 574
덕벌 531
德峯山 772
덕비기너 469
德紗坪 774
덕산 407
德山 504, 595, 768
德山溪 505
德山基 650
德山洞 593
德山里 396, 407, 684
德山酒幕 397
덕산터 650
德山峴 398
德上里 614
德秀峰 712
德新 707
德實里 562
德實洑 563
德心峙 760
덕안니 340
德岸山 719
德縈洞 548
덕외들 335
德外坪 335
德隅里 267
德祐峴 630
德鬱山 835
덕울산 835
德原坪 531
德月山 574
德隱里山 639
德仁里 685
德在谷 310
德在山 50, 68
德積洞 408
德田谷 614
德田洞 602, 746
德田所 444
德岾谷 51
德岾山 48
德井山 571
덕젼쇼 444
덕젼이골 614
德只坪 844
덕지 731
덕지봉 712
덕지산 310, 531
덕지천 724
德昌峴 157
德陟谷 461
德川里 668

德川堰洑 597
德村 478
德峙 604, 731, 839
德峙谷 728
德灘川 257
德坪 197, 784
덕포 362
德浦上里 593
德浦中里 593
德浦下里 593
德豊里 784
德下里 613
德峴 236, 312, 319, 323, 350, 475, 476, 514, 530, 540, 544
德峴里 269, 579
德峴山 531
德峴店 738
德峴堤 736
德橫川 469
德屹里 340
덤바위골 315
덧건네골 461
덧고ᄀᆡ 206, 224, 236, 282
덧골 237, 465
덧골고ᄀᆡ 475
덧목산 535
덧버덩이 197
덧ᄌᆡ목이 350
데겡이버덩 844
데ㅣ기ᄀᆡ 450
陶溪里 684
陶溪里酒幕 685
道界峙 764
都古木谷 294
도고목쏠 294
道高峙 594
道谷 288, 320
陶谷 836
道谷酒幕 290
道谷坪 625
都公坪鳥字堤堰 810
道光垈 250
도구머리 292
渡口名 585
都舊首 292
도굴골 462
도긔용 346
陶器 149, 686
陶器洞 95
倒騎龍山 346
도기바우 755
道南谷 744
道納里 521
島內 636
道內 706
島內江 638
도ᄂᆡ강 638
道德谷 54
道德洞 496
도덕모루ᄌᆡ 184
道德洑 497
道德山 477, 617
도덕산 477
道德灘津 813
道德峴 184
도도리ᄌᆡ 323
道陶里峴 323
盜獨洞嶺 514
道敦里 160
道敦坪 159
都洞 120, 576
桃洞 210, 832
陶洞 833
都洞口酒幕 455
도동막ᄌᆡ 317
道同幕峴 317
陶洞洑 851
都洞池 454
陶洞坪 845
道洞峴 577
도두ᄀᆡ골 247
도락골 328
道樂洞 328
道浪里 818
도랑소 428
道浪場川 817
道浪酒幕 819
道梁洞 71
道梁川 428
道令洞 516
道路目洑 108
屠龍谷 510
도룡골 300
道龍峰 419
都龍沼洑 312
도룡소보 312
道龍貝洑 109
도룬들보 655
도룽골 829
도리돌 484
도리돌보 474
道理洞 470
道理洞洑 474
도리들두루 467
道理沼 278
道理沼江 277
桃李坪 467, 484
桃林村 492
도마둔지들 311
刀馬屯之洑 312
도마둔지보 312
刀馬屯之坪 311
道麻里 579

道馬山 779
道馬峙 238
도마치 238
도마치ᄌᆡ 616
道梅內 632
島名 190, 213, 364, 365, 777
渡名 566
도목골 461
桃木亭酒幕 848
도뫼 579
道默谷 461
賭文街酒幕 230
道門面 828, 828, 829, 835, 839, 843, 843, 844, 846, 848, 849, 850, 853
도문면 828
도밋ᄂᆡ 704
도ᄆᆡ안 632
道發里 380
渡洑谷 575
道本川 704
道峰 552
道佛峴 678
陶沙谷 183
道士谷 648, 650
都沙洞 144
都事洞 166
도사울 144
道山 695
도산ᄌᆡ 695
도삼밧골 456
道上面 761, 762, 763, 764, 765, 766, 767
兜率山 131
都宋洞溪 453
都宋洞里 453
도숑골못 454
도숑골어귀쥬막 455
도숑동ᄀᆡ울 453
도숑동이 453
道守谷 427
道水岩川 413
도슈골 427
도슈암쳔 413
嶋實岱坪 260
都十里 282
도식골 648, 650, 654
도악기ᄌᆡ 690
道岳嶺 690
刀岩 546
道岩里 670
道岩面 669, 670, 671
陶庵先生遺墟碑 408
도암션싱유허비 408
刀岩川 541
도얏주막 577
道陽谷峴 445
도여울 80
道五介 317
道五介酒幕 319
道五介川 305
도오ᄀᆡ 317
도오ᄀᆡᄂᆡ 305
도오ᄀᆡ쥬막 319
道用谷 300
桃源洞 623
道隱山 375
道音坪 846
道伊洞 623
道伊洑 626
도일 288
道日谷 581
道一里 735
도일쥬막 290
道藏谷 51, 204, 606
道長谷 247, 448, 591
道場谷 347
道壯谷 601
都藏谷 728
도장골 204, 226, 347, 448
道藏洞 58, 71, 518
道長洞 94, 623
道壯洞 226
都藏洞 512
道庄山 772
도장쏠 581
도장ᄌᆡ 188
島田坪 411
陶店谷 378
陶井堤 225
陶井池 223
도정지 223
都地街里 805
도지거리쥬막 230
도지들 315
都直里 583
渡津 114, 117, 117, 156, 701
渡津名 70, 71, 80, 99, 100, 139, 159, 161, 174, 242, 276, 290, 304, 315, 318, 337, 341, 386, 407, 411, 413, 422, 429, 446, 450, 478, 484, 591, 596, 606, 607, 617, 628, 648, 657, 660, 666, 677, 679, 681, 682, 684, 686, 689, 691, 717, 803, 810, 813, 843
道贊里 261
道贊里酒幕 263
道贊坪 338
道昌里 502, 785
道採洞 430

桃川江　638
都淸里　714
都廳村　185
道靑坪　696
도청말　185
桃村　139
道村　272
島村　785
桃村里　803
陶村書院　305
道村坪　271
島村坪　788
桃村峴　140
도촌서원　305
道峙　767
도치고동리　230
道致谷　212
道峙谷　314
도치골　210, 212, 314
도ᄎᆡ울　430
桃灘川　396
도테눈이고ᄀᆡ　78, 106
도토리봉　301
도톨ᄌᆡ　552
도투골　746
桃坡里　805
桃坡里洑　804
渡坪　199
島坪　786, 844, 845, 845
到彼里　822
到彼坪　821
道下面　773, 774
道峴　67
道峴山　97
桃花谷　188, 765
桃花洞　80, 201, 520, 602
도화리골　188
桃花幕嶺　522
桃花峙　761
獨可洞　216
독가마쏠　216
獨脚坪　713
독감ᄋᆡ쏠　534
독고ᄀᆡ　423
독고리　532, 695
獨高峰　286
獨谷　132
櫝谷　447
독골　320, 576, 712
독골ᄌᆡ　577
獨橋川　110
獨洞洑　88
독됴봉　196
獨巫坪　498
독바우　377
독별우　751
獨洑街坪　295
독보거리뜰　295
纛沙谷　195
纛沙峴　196
獨山　590, 719, 720
讀書堂里　811
獨松亭酒幕　848
독송정이쥬막　848
獨松坪　734
독ᄉᆡ　843
獨隱谷　416
독은골　416
獨子谷　728
獨將谷　581
獨藏谷　606
독장골　500, 520
독장골고ᄀᆡ　533
讀田谷　196
獨店　323
獨占谷　247
독점골　52
독젼쏠　196
독졈　197, 323
독졈고ᄀᆡ　199
독졈골　837
獨主谷　69
독진이고ᄀᆡ　609
독진이나들이　607
獨進津　607
獨進峴　609
禿峙　165, 178
獨峙　663
독탑우다리평　713
篤土谷　462
독토골　462
獨峴　423
豚谷　465
돈너미고ᄀᆡ　749
돈네미　238
돈네미영　736
敦泥峙　667
敦垈江　618
敦垈里　620
敦垈酒幕　621
敦垈津　617
敦洞　769
돈두루　146
돈두루ᄂᆡ　249
돈두루뜰　248
돈ᄃᆡ날우　617
豚放谷　552
豚飛谷　439
돈쏠　619
豚踰嶺　736
豚踰峴　726
豚頂山　97
돈정졔　225
頓地峴　490

豚峙嶺 230
豚峴 475
乭介坪 335
乭鉅洞 458
돌거리 438
乭鉅店 459
돌게지 152
돌경이 344
돌고ᄀᆡ 146, 205, 290, 604, 626, 669
돌고ᄀᆡ쥬막 184
돌고지방축 361
乭串之 133
乭串之酒幕 134
돌ᄀᆡ산 839
돌다리 562, 635
돌다리쥬막 650
돌답을들 338
돌룡봉 435
돌리골 470
돌모루 321, 328
돌모루ᄀᆡ울 324, 329
돌모루두루 744
돌모루보 852
돌모루쥬막 324
돌목ᄂᆡ 704
돌목보 677
돌목이 128, 170
돌물우들 326
돌미다리벌 741
突尾山 97
돌바우보 178
돌바우뜰 177
돌방곳치 724
乭方坪 724
돌별ᄐᆡ버덩 421
돌보 563, 735
乭洑坪 735
돌봉 500
돌비야고ᄀᆡ 510
돌ᄇᆡ나무정이 467
돌ᄇᆡ나무정이보 472
돌산 131, 734, 736
돌산령 151
돌산영 134
돌션골 696
돌셤 381
乭孫谷 456
乭水洑 749
돌수보 749
돌슈베리 699
돌ᅀᅩ지 354
돌ᄶᅡ리 649
돌ᄶᅥ거리쥬막 177
돌아지 460
돌움격 97
돌ᄋᆡ골 832
돌잠ᄌᆡ보 460
돌좌슈두루 729
돌ᄌᆡ 698
돌탑 219, 221
돌터거리쥬막 296
돌터골 439
돌톱고ᄀᆡ 318
돌톱말 458
돌툽안쥬막 459
돌틉이 614
돌평이ᄌᆡ 577
湥浦洞 110
湥浦里 529, 530
湥浦坪 528
乭峴 290
突峴 297
돔드루 846
돗고리영 533
돗골 477
돗넘이고ᄀᆡ 726
돗네미영 733
돗장이 681
돗텃골 439
돗테목이 459
돗ᄐᆡ쏠 658
洞 694, 695, 696, 697, 698, 699, 705, 706
동가나무 314
東柯亭 314
東街川 428
東江 592, 607, 629, 666
桐江 648
동강나루 591
東江洞 642
東江津 591
東開山 425
동거리나드리 428
동거리보 86
동건두루 501
東京里 313
동경이 313
동경이절 344
東溪 592
東溪洞 469
洞古谷 363
동고골 363
동고ᄀᆡ 194
東古峴 194
東谷 51, 320
冬谷 447
동골 348
東龜岩山 386
동ᄀᆡ골 425
동ᄀᆡ울 469
東內面 193, 194, 195, 196
동녹골 373
동님 453

동님기울　452
동님뒷못　454
東垈　142
東坮　286
東垈里　745
東臺下堤堰　776
冬德里　563
동돌뫼　306
東乭村　306
東洞　57
童童山　275
東頭洑　149
東頭巖　363
東頭村　263
東頭坪　147
동둔말　745
동듸　142
동ᄃᆡ　286
東來山　676
東麗谷　457
洞里　119, 120, 121, 122, 123, 124, 125, 126
東里　387, 407, 730, 738
동리　407
洞里名　129, 130, 150, 152, 153, 360, 362, 365, 366, 367, 369, 371, 372, 373, 374, 380, 381, 562, 762, 763, 775, 784, 785
東里市場　386
洞里村名　133, 136, 139, 142, 144, 147, 148, 156, 157, 158, 159, 160, 161, 163, 164, 166, 167, 168, 169, 170, 174, 175, 176, 177, 178, 179, 180, 181, 182, 183, 184, 185, 243, 250, 251, 252, 255, 256, 257, 258, 261, 262, 263, 267, 268, 269, 272, 273, 274, 277, 278, 280, 281, 282, 386, 387, 388, 391, 392, 394, 395, 396, 398, 399, 407, 408, 412, 413, 414, 422, 425, 426, 429, 430, 431, 434, 443, 444, 449, 453, 458, 459, 468, 469, 470, 471, 478, 511, 512, 513, 515, 516, 518, 519, 520, 521, 524, 525, 526, 527, 529, 530, 531, 532, 533, 536, 537, 538, 541, 542, 543, 544, 545, 546, 547, 548, 592, 593, 598, 599, 601, 602, 603, 607, 608, 609, 610, 611, 612, 613, 613, 614, 615, 618, 619, 620, 621, 622, 623, 624, 625, 630, 631, 634, 635, 636, 641, 642, 643, 644, 648, 649, 650, 652, 653, 654, 655, 656, 658, 659, 660, 661, 662, 663, 664, 665, 666, 667, 668, 669, 670, 671, 677, 679, 681, 682, 683, 684, 685, 686, 687, 689, 691, 761, 763, 764, 766, 767, 768, 769, 770, 781, 782, 783, 784, 787, 811, 812, 813, 814, 815, 816, 817, 818, 819, 820, 821, 822, 823, 824, 824, 825, 826
東林　453
東林溪　452
東林山　510
東林後池　454
東幕　289, 353, 768
동막　289, 353, 650, 684
東幕谷　246
洞幕谷　378
동막골　234, 309
東幕洞　57, 234, 309, 332, 355
동막동　150
東幕里　814
洞幕山　137
동막산　332
동막쏠　355
동막쥬막　685
東幕峙　270
洞幕峴　140
東幕峴　540
同每其川　442
東面　63, 64, 65, 65, 66, 67, 386, 387, 408, 409, 410, 411, 412, 446, 447, 448, 449, 450, 451, 652, 653, 654, 655, 793, 794, 799, 800, 828, 832, 838, 839, 841, 842, 843, 843, 845, 847, 848, 849, 851
동면　828
洞名　57, 58, 65, 66, 71, 72, 78, 80, 82, 83, 84, 86, 87, 89, 90, 92, 93, 94, 95, 106, 108, 110, 111, 188, 189, 190, 191, 193, 193, 194, 195, 196, 197, 198, 199, 201, 207, 208, 209, 210, 212, 213, 216, 217, 219, 220, 221, 222, 223, 224, 225, 226, 227, 228, 232, 233, 234,

236, 237, 238, 238, 485, 488, 489, 492, 493, 495, 496, 498, 502, 506, 553, 556, 557, 559, 560, 561, 564, 567, 570, 571, 573, 576, 583, 584
동메보 794
동모지 665
동무들 612
童舞地 659
童舞坪 612
東門街 326
동문거리 326
동문박 360
東門外市 843
동ᄆᆡ기ᄀᆡ울 442
동ᄆᆡ실 413
동발여울고ᄀᆡ 61
桐柏山 347
東邊里 119
東邊面 821, 822
東峰 345
동봉두리 345
동ᄇᆡᆨ골 347
東沙洞 273, 457
東山 438, 777
동산 438
東山里 167, 717, 799, 834
동산리 834
東山里洑 794
洞山里酒幕 848
東山尾洞 584
洞山市 843
東山外二作面 198, 199, 200, 201, 202, 203
東山外一作面 196, 197, 198
동산장 843
동산쥬막 848
동산ᄌᆡ 351
洞山峙 644
東山峙 754
童山坪 612
銅山峴 351
동삿골 457
動石洞 390
動石峙 762
冬雪嶺 815
東水洞 129
洞水落 339
東陽谷 439
동양골 439
동역골 440, 457
東役洞 440
桐梧峙 432
東玉谷 836
동옥골 836
冬溫里 814
동용봉 419
동우골 320
東雲谷 435
東月山 758
東楡井里 819
東邑面 78, 79
童子院里 748
童子院坪 747
東蚕山里 691
東田里 191
銅店 268, 331
銅店谷 763
銅店嶺 89
銅店里 87
銅店鐵石 762
銅店峴 333
洞庭里 619
東亭里 740
동좌고ᄀᆡ 474
東左峴 474
동지 443
東指谷 514
東芝屯 354
동지둔니 354
東芝野 215
東芝化 443
東津 648
東進谷 294
東進谷坪 295
동진골 294
동진골뜰 295
東辰洞 340
동진동 340
동ᄌᆡᆨ들 215
東倉 108
東倉谷 245
東村 73
東村里 449
동치ᄀᆡ버덩 141
東致浦坪 141
東炭甘里 802
東坡嶺 153
東坡里 677
東坪 501
銅坪酒幕 180
銅浦里 224
洞咳嗽谷 734
銅峴 174, 224, 701
凍峴 225
銅峴谷 224
銅峴酒幕 704
銅峴池 224
東湖里 587
銅湖里 832
桐華洞 340
동화동 340

桐華洞山 338
동화모룽이 349
동화산 338
桐花隅 349
東活里 781
동회소ᄉᆞᆯ 734
되고ᄀᆡ 423
되골들 625
되골보 626
되롱골 372
되룡소골말 281
되안니고ᄀᆡ 341
되안니쥬막 311
되야니 306
되야니ᄌᆡ 312
되양골고ᄀᆡ 445
되음벌 147
되찬이들 338
된ᄀᆡ 717
된덕고ᄀᆡ 252
된ᄆᆡ봉 398
된봉 552, 558
된셤버덩 405
된ᄌᆡ 423
될에지 139
될에지고ᄀᆡ 140
됫둔지 532
됴롱고ᄀᆡ 429
됴리보 237
됴산 332
ᄃᆞᆼ장골 420
ᄃᆞᆼ정ᄀᆡ 288
ᄃᆞᆼᄌᆞ리 210
ᄃᆞᆼᄌᆞ리고ᄀᆡ 210
頭高里山 755
杜谷 211
杜谷里 177
斗尼峰 209
杜垈 431
두덕골 636
斗德洞 636
杜德坪 343
斗獨 322, 332
두독 322
두둑 332
두둑바우 750
杜得坪 713
두득평 713
두들갈ᄋᆡ 707
두ᄃᆡ 431
두루미쥬막 560
두루산 237, 719
두루솔밧평 723
두룽산 719
頭流山 237, 719
頭流峙 528
斗六其山 535
豆栗洞里 796
두르미 559
杜陵洞 599
杜陵嶺 153
杜陵洑 626
杜陵山 275, 633
杜陵酒幕 585, 626
豆梨谷 347
두리봉 209, 211
斗里峰 325
頭里峰 487
斗利峰 639
斗里峰谷 448
두리봉골 448
斗里峰山 137
斗里川 272
斗林村 513
斗滿里 158
斗滿里酒幕 638
斗滿山 157
두만이주막 638
杜明沼 305
두명쇼 305
頭毛沼 108
頭毛沼洑 109
斗牧洞 642
杜木洞里 794, 807
두뫼강 704
杜舞谷 301
斗武谷 427
두무골 209, 427, 465
斗蕪洞 106
杜武洞 209
斗武洞 414, 465
두무동 414
杜茂洞 601
杜武沼 422
두무쇼 422
두무ᄉᆞᆯ 106, 301
斗茂峙洞 608
두묵골 389
두묵ᄀᆡ 152
杜墨洞 389
斗墨山 590
杜門洞 58
杜門洞峴 74
斗文川 704
두물나드리 249, 566
두물ᄉᆡ 511, 515
斗尾谷 276
두미기 750
頭尾坪 846
두미평 846
斗蜜嶺 134
두밀ᄌᆡ 290
杜蜜峴 290
頭背山 362

荳白里　750
荳白酒幕　750
頭峰山　256
豆腐德谷　345
두부덕쏠　345
斗山　571
斗山里　574
두소물　434
斗岩里　750
頭野山　487
斗牛山　438
두우산　438
斗元里　179
斗圍峰　655
豆音谷里　194
두음실　194
頭陰坪　147
頭應山　719
杜日洞　166
豆田谷　732
豆田洞里　513
斗前村　704
斗之谷　539
두지골묵　326
斗芝洞　326
斗之洞　548
斗支洑　738
斗支坪　737
두즤쏠보　738
두짓골　737
蠹川　648
斗川洞　698
斗川酒幕　699
斗村　530
斗村面　253, 254, 255, 256
頭陀山　763, 777
頭陀山城　762
頭陀淵　148
두터바위ᄂᆡ　311
두터씌　343
두ᄐᆡ소　148
斗坪　215, 605
斗浦　506
杜浦洞　152
斗墟谷　517
斗虛洞里　519
斗峴　253
둑실　177
둑ᄉᆡ골　195
둑ᄉᆡ골고기　196
둑지모루주막　148
屯金山　632
屯內面　179, 180
屯垈里　748
屯德洞　430
屯德里　251, 262
둔덕말　430
屯德坪　248
둔뎐밧　631
屯屯尾洑　271
둔디골　194
屯坊內　179
둔방ᄂᆡ압물　179
屯山　706
둔일　211
屯田谷　835
屯田洞　829
屯田里　167
屯田崑山　48
屯田洑　352, 473
屯田村　631
屯田坪　349
屯店酒幕　777
둔뎐골　829, 835
둔뎐보　352, 473, 738
둔뎐뜰　349
屯之加內洑　454
둔지가ᄂᆡ보　454
屯之洞　194
둔지들　288
둔지못퉁　272
屯之山　633
屯地村　251, 268
屯地坪　248, 260, 288, 376, 747
遁之坪　580
屯陣山　270
屯陣隅酒幕　274
屯倉　298
둔창　298
둔충말　179
둘원니　179
둘이봉　325
둥덜리　212
둥덜리강　212
둥덜리포구　212
둥둥바우　363
뒤갈골　639
뒤고기　328, 329, 423, 545
뒤골　204, 214, 219, 227, 286, 300, 316, 319, 340, 402, 403, 453, 576, 602, 611, 834
뒤골고기　455
뒤골기울　452
뒤골못　453
뒤골뜰　287
뒤골쥬막　398
뒤기들　679
뒤기미　834
뒤기川防　680
뒤늡　423
뒤ᄂᆡ물　361
뒤당별　627

뒤덕골 440
뒤덜고ᄀᆡ 206
뒤두렁 404
뒤두루 442
뒤두무ᄀᆡ울 442
뒤두터ᄂᆡ 315
뒤들 237, 628, 688
뒤들보 238, 628
뒤들우 466
뒤들장 754
뒤말 453
뒤버덩 428, 431
뒤버루쥬막 848
뒤번지골 166
뒤빙이 203
뒤빙이고ᄀᆡ 193
뒤산들 336
뒤ᄭᅩᆯ 133, 150, 164, 196, 293, 310, 343
뒤ᄭᅩᆯ주막 134
뒤ᄭᅵ 620
뒤ᄯᅳ루 161
뒤ᄯᅳ루보 663
뒤ᄯᅳᆯ 191
뒤ᄯᅳᆯ버덩 161
뒤ᄯᅳᆯ보 161, 352, 352
뒤ᄯᅳᆯ우 484, 501
뒤ᄯᅳᆯ쥬막 161
뒤일 654
뒤ᄌᆡ 492, 594
뒤ᄌᆡ고ᄀᆡ 493
뒤퉁봉 89
뒨ᄂᆡ 174, 293
뒨ᄂᆡᄀᆡ울 296
뒨ᄂᆡ들 335
뒨ᄂᆡᄯᅳᆯ 295
뒨메 221
뒨목골 131
뒷거ᄅᆡ 467
뒷골 363, 378, 456, 463, 520, 728
뒷굼쥬막 559
뒷ᄀᆡ 724
뒷ᄀᆡ울 457
뒷ᄂᆡ 558, 655, 704
뒷ᄂᆡ쥬막 657
뒷동산 719
뒷두루 516
뒷두ᄅᆡ 705
뒷둔지ᄯᅳᆯ 247
뒷들 326, 702
뒷버덩 364
뒷버루 834
뒷벌 722, 723, 723
뒷산 156, 362
뒷ᄲᅡᆼ 697
뒷ᄯᅳ루 661
뒷ᄯᅳᆯ신ᄋᆡ 377
뒷ᄯᅥ벌 659
뒷ᄌᆡ 586
듀원들 287
듀포 354
듕동 326
듕바이 288
듕츙이평 333
드렁골 494
드레골 441
드르ᄂᆡ바우산 563
드른덕이 427
드릉산 275
드말들 342
得利江 450
得丙谷 238
득병골 238
淂雲坪 844
得地隅酒幕 148
들격ᄭᅩᆯ 55
들고지보 356
들ᄀᆡ평 335
들돌거ᄅᆡ쥬막 848
들둔 160
들렝ᄭᅩᆯ 218
들말 329, 355
들무골주막 148
들무ᄀᆡ 525
들무ᄭᅩᆯ 148
들미 293
들에골물 133
들에ᄭᅩᆯ 131
듬ᄂᆡ보 597
듬운영 715
登谷 627
登谷峴 351
등골 627
등골고ᄀᆡ 351
騰起山 680
登垈谷 463
登大峙里 800
登垈峴 474
등뒤고ᄀᆡ 455
등뒤골 451
등뒤골ᄀᆡ울 452
등뒤골쥬막 455
등듸울 463
등듸울고ᄀᆡ 474
登路驛 748, 750
登龍垈 467
登龍山 162
登梅洞 148
登梅洞酒幕 148
登梅枝 170
燈明城 577
燈明塔 578
登峰谷 664

등안니 339
騰楊寺 779
등용에터 467
登雲嶺 715
登峴里 814
登禾山 737, 739
登禾堤 740
登屹 339
等興里 92
等興洑 92
디둔지 194
ᄃᆞᆫ고ᄀᆡ 671
ᄃᆞᆺ골 204
ᄃᆡ각쏠 111
ᄃᆡ골 160, 346, 834
ᄃᆡ골령 555
ᄃᆡ구산 838
ᄃᆡ궐터 418
ᄃᆡ근네 642
ᄃᆡ근네보 641
ᄃᆡ나루 694
ᄃᆡ남산 836
ᄃᆡᄂᆡ골 593
ᄃᆡᄂᆡᄌᆡ 599
ᄃᆡ동거리 291
ᄃᆡᄃᆡ터 725
ᄃᆡ롱산 193
ᄃᆡ룰보 460
ᄃᆡ리골 512
ᄃᆡ리목 195
ᄃᆡᄅᆡᄌᆡ 582
ᄃᆡ문터 829
ᄃᆡ문터ᄀᆡ울 846
ᄃᆡ미ᄯᅳᆯ 336
ᄃᆡ밋ᄌᆡ 840
ᄃᆡ바우 424
ᄃᆡ바우평 376
ᄃᆡ바지 190
ᄃᆡ별우ᄯᅳᆯ 640
ᄃᆡ사졔 341
ᄃᆡ산 184
ᄃᆡ삽골 214
ᄃᆡ삽이ᄀᆡ울 216
ᄃᆡ셩산 464, 465
ᄃᆡ슈리 306
ᄃᆡ슈리쥬막 311
ᄃᆡ슨산 418
ᄃᆡ승영 423
ᄃᆡ시ᄅᆡ골 606
ᄃᆡ쏙갈 365
ᄃᆡ쏠 189
ᄃᆡ아욱골 346
ᄃᆡ악골 512
ᄃᆡ야들 597
ᄃᆡ야보 597
ᄃᆡ왕ᄌᆡ 329
ᄃᆡ용산 199, 200
ᄃᆡ월 139
ᄃᆡ인말 458
ᄃᆡ장산 337
ᄃᆡ장이고ᄀᆡ 85
ᄃᆡ장이쏠 83
ᄃᆡ젹골 410
ᄃᆡ졍에집골 382
ᄃᆡᄌᆡ 110
ᄃᆡ쳥골 382
ᄃᆡ쳥보 851
ᄃᆡ쵸나무거리쥬막 192
ᄃᆡ쵸나무골 448, 452
ᄃᆡ추골 623
ᄃᆡ츄골 617
ᄃᆡ츄나무골 195
ᄃᆡ치고ᄀᆡ 645
ᄃᆡ치쩍 300
ᄃᆡ터버덩 421
ᄃᆡ평다리 343
ᄃᆡ평다리보 352
ᄃᆡ포셩 844
ᄃᆡ호산 836
ᄃᆡ호터 543
ᄃᆡ황당 190
ᄃᆡ흥니 414
ᄃᆡᆨ말 829
ᄃᆡᆷ드루 366
ᄃᆡᆺ골압도랑 847
ᄃᆡᆺ밋 705
ᄃᆡᆼ당이 402
ᄃᆡᆼᄃᆡᆼ이골 326

라…

라가지 210
락산사 843
람ᄋᆡ긔 843
량지울고ᄀᆡ 87
러름터 344
령쳔 337
로루골 833
로루골보 851
로루목이 828
로루목이지 594
론골 355
론미 828
론보 851
론쏠 830
론ᄋᆡ골 831
롤미쥬막 480
롯졈 223
롱거리ᄌᆡ 841
류무ᄯᅳᆯ 192
류무평보 193
르럭골 389
르읍뎡이 631

릇목영 842
릉금지 599
리광벌 110
리이실 323

마...

麻 78, 88, 106, 109, 160, 162, 165, 171, 580, 678, 688
馬加地里 800
마거리고기 329
馬去里峴 329
馬結伊 519, 521
馬谷 276, 452
麻谷 316, 593
馬谷里 119, 208
摩谷山 836
馬谷峙 208
마곳 593
마구구미 572
마구니미기울 442
馬口來尾川 442
麻窟坪 735
馬窟峴 74, 412
마근거리 289
麻斤谷 347
마근골 347
마근다미고기 356
麻斤村 289
麻根坪 337
마기들 336
馬旗坪 336
馬內峴 205
마논들 336
마눕둘우 722
摩泥村里 805
마니고기 205
마니물 442
馬潭坪 713
마당목이 654
마당바우 206
마당바우쇼 429
마당소 421
마당오리 150
馬德 652
馬頭地 770
馬騰岺 839
마라우 740
마람니 180
마람니지 180
마람터 654
마람터보 565
마랑골보 852
馬郞洞洑 852
馬來水 442
마련이 108
馬嶺 222
마로리 413
馬路驛 414
마로역 414
馬路酒幕 415
마로쥬막 415
馬路津 413
마로진 413
馬龍里 513
馬龍山 510, 684
馬龍淵 810
마룡이고기 511
馬龍峴 511
馬輪里 126
마름쏠 138
마름쏠고기 141
마리고기 533
麻利谷 595
마리드류 775
馬里峴 701
마리들 625
마리미 637
마리미주막 637
마명지 558
馬鳴峙 558
마물니 181
馬尾 631
馬尾谷 606
馬尾洞 570
馬尾坪 681
馬背洞 526
馬背山 98
馬背岩山 244
馬背峙峴 510
馬墳 190
馬墳洞 699
馬墳坪 276
馬轡谷 728
馬死谷 55
馬死灘 429
馬山 49, 63, 105, 139, 214, 244, 259, 292, 319, 369, 375, 419, 463, 495, 574, 605, 719, 728, 743
마산 214, 319, 419, 463
馬山谷 417
마산드루 844
마산들보 850
馬山里 175
麻山里 516, 691
麻山洑 768
馬山洑 850
馬山酒幕 140
馬山坪 295, 713, 770, 844
麻三川里 203
馬上坪 587

磨石沼洑 852
마수고ᄀᆡ 634
馬首峴 634
마아우 340
마악골 667
馬岳山 690
馬鞍陵山 50
馬鞍山 682
馬巖洞 643
馬巖里 180, 619
馬岩里 740
馬巖洑 617
馬巖野 617
馬巖川 618
馬巖峴 180
馬岩峴 555
마어 715, 731, 736, 741, 751
마여울 443
馬淵 108
馬淵里 120
馬淵員洑 109
馬淵坪 722
磨玉洞 174
馬位洑 703, 738
마위솔보 738
馬位坪 139, 377, 501
馬音洞 166
馬音墟洑 565, 565
馬耳山 259
馬耳峙 432
馬耳峴 433
마일ᄌᆡ 836
馬場洞 641
馬場嶺 475
馬場里 120, 349
馬場洑 151
馬藏山 484
馬場岩 406
마장영 475
마장이 349, 365
馬場坪 150
馬跡里 225
馬跡山 229
麻田谷 53, 586, 734, 778
馬轉谷 504
麻田洞 95, 250, 344, 542
麻田洞里 533
馬轉里 636
麻田里 659, 726
麻田幕 599
馬轉洑 369
馬轉峙 555, 637
馬轉坪 368
麻田浦 597
馬轉峴 145
麻田峴 423
馬蹄谷 716
馬蹄峴 243
마젹리 225
마젹산 229
마젼동 344
麻佐里 365
馬走谷 456
馬走峴 459
마죽골 456
마쥬골고ᄀᆡ 459
마지골 716
마지골뜰 297
麻之洞 298
麻之洞坪 297
마지라 619
마지라ᄂᆡ 618
마지라들 617
馬池里 160
마지리보 617
馬池洑 160
마지솔 298
馬直里 380
馬直川 383
마즁이 641
마ᄌᆡ 349
마ᄌᆡ고ᄀᆡ 350
마ᄎᆞ금 380
磨嵯 667
馬嵯嶺 657
磨嵯里 609
磨釵里 725
摩嵯酒幕 668
麻次津 380
마차진고ᄀᆡ 731
麻次津酒幕 384
磨嵯峙 669
磨釵峴 731
摩蒼山 605
馬川 604
麻川洞 784
馬峙 279, 651
馬灘 443
馬灘洞 72
馬灘野坪 70
馬灘津 70
馬佩谷 539
馬佩洞 547
馬佩嶺 539
馬坪 625, 779
馬坪里 167, 221, 775
마평리 221
馬坪里酒幕 222
麻布 78, 81, 86, 88, 90, 135, 151, 154, 553, 554, 558, 560, 571, 573, 578, 657, 789, 817, 819, 848, 848, 849, 849, 849, 849,

849, 849, 849, 849, 850, 850
馬浦谷 517
馬皮洞 521
馬皮嶺 522
馬河里 158
馬咸坪 637
馬咸坪酒幕 637
마ᄒᆞᆺ 158
馬項谷 419
馬項洞 658
馬項酒幕 660
馬峴 235, 256, 340, 349, 350, 475, 497
馬峴里 494
馬峴洑 496
마호ᄃᆡ 403
莫谷 294
幕谷 462, 601, 614
幕谷澗 324
幕谷坪 428
莫谷坪 488
막골 215, 288, 462, 614
막골도랑 324
막골드루 428
막근가ᄅᆡ들 337
幕金洑 703
幕金酒幕 704
幕金村 704
幕金坪 702
幕基山 605
幕洞 71, 167, 349, 547
幕屯地村 262
幕山峴 507
막쏠 139, 294
莫陽洞 623
莫云之坪 342
幕隱谷 131, 494
幕作洞 82
幕帳谷 138
幕帳谷酒幕 140
막장골주막 140
막정지들 342
莫馱谷 455
막터산 605
막틔골 455
萬景山 48
萬貢垈村 250
萬橋里 742
萬橋店 743
만낭ᄀᆡ 340
만낭ᄀᆡᄀᆡ울 305
만낭ᄀᆡ보 305
萬年谷 712
萬年德山 517
만다쏠고ᄀᆡ 296
萬垈洞 150
萬垈山 314
萬垈坪 266, 336
萬垈峴 296
萬道里 502
晩到里 531
萬道坪 501
晩洞洑 369
만듸 314
만ᄃᆡ들 336
만ᄃᆡ월 150
晩浪溪 305
晩浪浦 340
晩浪浦洑 305
萬論坪 336
萬里島 777
萬里城 751
萬里峴 533
만말 512
萬物抄 388
萬拜峰 792
萬伐山 265
晩山里 367
萬山里 683
萬成橋碑 733
萬手寺 304
萬壽菴 754
만슈암 304
晩陽里 730
萬淵里 824
晩遇洞 642
晩遇里 587
만우쏠 642
晩月洞 325
滿月山 165
만ᄋᆡ 192
만ᄋᆡ아쥬막 192
晩亭谷 131
晩池洞 608
萬支山 659
晩進嶺 479
萬川洞 251
滿川洞 281
滿川洞洑 280
萬川坪 280
晩壑洞 95
晩壑峴 102
晩項 670
晩項洞 72
晩項岑 842
晩項峙 103
萬項峙 582
晩項坪 723
晩項峴 108, 727
萬戶臺 403
萬興洑 107
末加美谷 775
末傑里 198

말걸리　198
말고기　222, 235, 475
말고기쥬막　222
末谷里　834
末谷面　774, 775
말골　208, 452
말골고기　208
말곱비골　728
抹橋　164
抹橋酒幕　165
말구리　145, 183, 368, 636, 735
말구리고기　412
말구리지　555, 637
抹九峙　669
말구터보　369
말근담이　364
말기도랑　847
말기골　517
말누　694
말니고기　432, 433
말ᄂᆡ　698
말ᄂᆡ쥬막　699
말뒤역보　202
말등바우　406
말등바위　526
말머리골　419
말목　658
말목쥬막　660
말무기　695
말무덤이　190
말무듬　699
末茂里　387
말무치　387
말무치버덩　386
말미　175, 292, 631
말미골　606
末味山　743
말미뜰　295
말바드리　756
末洑　851
말산　571
말산골　417
말아쇼　406
말암동　643
말암쏠　131
말압　704
말우들　215, 587
말음　706
말음ᄋᆡ지　438
말쥬근나드리　429
末峙　637
말치　637
末峙洞　642
말터골　517
抹坪　695
말픠　391
말픠고기　390
末峴　474, 479
末輝里　542
맛고기　436
맛밧기　597
맛밧쥬막　599
맛치곳치　725
맛치지　651
網巾川　429
望京臺　603
망근나드리　429
望金臺洑　134
望金臺坪　133
망기　365
망기골　837
망기드루　366
망녕지　568
望丹里　278
望丹津　276
망답벌　79
望畓坪　79
망덕리　215
望德峯　787
望德山　574, 579
望浪山　669
望良谷　452
望靈峙　841
망막바위강　443
望祥面　585, 586, 587, 588
望石峙　319
望仙臺　114
망셕골지　319
望所隅　489
望所隅洑　489
望所墟坪　505
망슈원　613
망앙골　452
望洋里　691
望洋里站　692
望洋亭　704
望洋酒幕　707
망양지　842, 842
望洋峙　568, 842, 842
망영고기　841
망영골　712
忘憂洞　556
望月山　116
望日里　123
망ᄋᆡᆺ골　360
望岑洑　771
望岑坪　770
望田洞　258
望田里　602
望宗里　292
望宗里酒幕　296
망죵이　292
망죵이쥬막　296

望津江 235
망진강 235
망지 586
望峙 586
望浦谷 837
望浦里 365
望浦坪 366
望河 659
望海谷 360
梅溪里 122
梅谷 330
梅谷坪 335
梅南谷 308
梅南里 185, 307
梅臺洞 599
梅良谷 328
梅李坊 787
梅峰嶺 153
每奉山 759, 760
梅沙里 340
梅山 531
梅野市 707
梅雲里 619
梅日里 180
梅亭洞 697
梅枝 323
梅枝山 320
梅下 330
梅花谷 456
梅花洞 431, 667
梅花里酒幕 432
梅花山 176, 270, 639
梅檜洞里 801
梅檜洞洑 793
貊國城墟 226
麥山 652
貊王古都 230
麥田洞 93
孟歌谷 447
孟哥洑 137
盲溪 57
孟垈里 236
孟理山 197
머골 416
머구너미 525
머구짓ᄀᆡᆫ 515
머ᄂᆡ골 451
머드렁골 741
머드렁이 667
머들덩골 417
머들ᄋᆡ지 264
머리골 755
머리ᄌᆡ 657
머엇골 536
머위바위골 601
머일 834
머주ᄀᆡ 834
머지니 174
머페령 533
머ᄏᆡ 539
먹골나들이 606
먹덕이산 531
먹방골 393
먹사ᄅᆡ쥬막 804
먹ᄉᆞᆯ 106
먹우넘이 430
먹우ᄌᆡ 839
먹으너미 432
먹즘 629
먹진 582
먹진ᄀᆡ 584
먹호진 587
먼골 409
먼골ᄀᆡ울 411
먼의실 634
멀구미 513
멀며 656
멧다리 164
멧다ᄅᆡ주막 165
멧둔고ᄀᆡ 475
멧질 677, 831
멍덕봉 579
멍덩바티 93
멍먹이 84
멍무ᄂᆡ골 367
멍ᄋᆡ울 470
멍정골 82
멍지ᄂᆡ 224
멍지ᄂᆡ들 224
멍지목고ᄀᆡ 238
메게 175
메골고ᄀᆡ 423
메ᄂᆡᄉᆞᆯ 669
메리치 718
메치 731, 740
멘나무골 346
멧멧친령 151
멧쓱기임망영 368
멩이골산 531
祢乃屯之 307
며누리 560
며ㅣᄂᆡ 447
며ᄂᆡᄀᆡ울 315
며ᄂᆡᆺ둔지 307
尓登谷 601
黍之里 174
며치골 224
綿乃谷 669
面垈里 237
麵洞 83
면두바우보 415
綿屯 592
綿屯嶺 159
면ᄃᆡ리 237

面名　57, 65, 71, 129, 133, 136, 139, 142, 144, 147, 150, 152, 156, 157, 159, 161, 162, 166, 169, 713, 717, 725, 729, 732, 735, 738, 739, 742, 745, 748, 750, 828
면박　699
面防峴　840
면비고기　282
面社坊名　511, 515, 518, 524, 529, 531, 536, 541, 677, 679, 681, 682, 684, 686, 689, 691
綿玉峙里　833
면옥치리　833
綿田洞　699
綿紬　91, 813, 821, 822, 824
면직보　473
綿川　315
綿川里　807
綿川洑　806
綿花　86
綿花谷　55
면화직　178
綿花峙　178
멸륜　399
멸말울　641
滅梅峙　621
멸학이직　650
滅鶴峙　650
멧둔직　159
멧등이골　601
멧치　727, 751
明溪洞　576
明溪洞店　577
明溪坪　576
鳴皐里　718
明串里　139
明堂谷　246, 418
명당골　418
明堂坪　766
明德里　92
明德山　633
明洞溪　305
明洞里　261
明洞洑　305
明洞峙　252
明洞坪　271, 302
鳴羅谷　620
明流洞　236
明倫洞　399
明理峴　269
鳴馬洞　641
明幕洞　309
명막동솔　309
명막바우보　184
螟蟆岩洑　184
명못　635
明文岩里　748
鳴鳳山　308, 314, 314
명봉산　308, 314, 314
鳴沙　364
命生里山澗　598
命生村　598
名所　733, 751
名所名　715, 737, 740
名勝洞　443
명승동　443
鳴巖谷　177
明吾之里　233
명우기　139
鳴牛里　536
鳴牛山　365
明月里　215, 236
명월리　215
明莊谷　517
命長山　49
命長峴　61
明在　469
明在洑　473
明在坪　467
明在峴　475
明田里　624
明田川　626
明田坪　625
明紬　80, 81, 86, 154, 553, 554, 558, 560, 571, 573
明珠寺　843
明珠山　835
明紬川　660
明珠項　762
明珠峴　765
명쥬사　843
명쥬산　835
명지골　833
명지늬　661
명지늬보　663
明池洞　833
명지목고기　479
名地目峴　238
明芝山　759
명지여울　407
明芝頂峴　61
明之川　224
明池川坪　224
明地項嶺　479
㑞盡項　761
명직　469
명직고기　475
명직들우　467
명파고기　383
明波里　381

明波洑　384
明波驛　384
明波酒幕　384
明波峴　383
明湖　635
메겻　592
메낫골보　459
메누리고기　274
메리치　715, 736
메릿골　456
메치골　224
모게　579
摹古山　600
牟谷　53, 443
帽谷　353, 586
牟谷洑　277
모ᄂᆡ골　560
慕德里　519
牟洞　89
茅洞　556
茅屯地村　532
모락이　327
萩苒峰　203, 207
모란봉　207, 210
牡丹峰　210
모로골드루　845
毛老洞　255
모로박쥬막　415
毛老峙　168
毛老坪　845
모릉이쥬막　431
모리고기　205
모리산　220
毛里峴　205
모ᄅᆡ고기　534, 571
모ᄅᆡ기쥬막　379
모ᄅᆡᄂᆡ　631
모ᄅᆡᄂᆡ기울　296
모ᄅᆡᄂᆡ기울ᄂᆡᄎᆡᆨ이　296
모ᄅᆡ두둑　735
모ᄅᆡ들　315
모ᄅᆡ버덩　428
모ᄅᆡ소　529
모ᄅᆡᄯᅮ루　528
모ᄅᆡᄌᆡ　350, 355, 356, 558, 840
모ᄅᆡᄌᆡ고기　459
모ᄅᆡᄌᆡ골　451
모마루　659
帽峰山　244
모산　332
牟山　585
茅山堤堰　774
毛上里　613
모솔방축　559
모수물고기　188
모수울　559
모시골　676
모시울　823
모ᄉᆡ골　560
慕顔洞　553
帽岩坪　467
牟厓里　233
茅野　592
毛藥里　327
毛五里　207
모오리　207
모ᄋᆡ　233
모자당고기　188
母慈堂峴　188
毛作里　643
毛場坪　754
茅田　783
茅田里　578
茅田洑　578
茅田店　577
茅田川　576
茅田坪　576
茅亭里　380
茅亭酒幕　384
毛津江　221
모진강　221
茅峙　636
毛雉谷　381
모치골　381
모칫골　519
毛兎洞　538
모토미　519
茅坪　421, 543, 549
牟坪　658
茅坪里　176
毛下里　613
모하자리　288
毛下坪　288
모헌들　335
茅峴坪　335
毛毫里山　220
木界里　579
木界驛　580
木谷里　519, 821
목기　154
목단산　203
目里實　323
木綿　574
木物　154
목벌　725
목욕골　237
沐浴洞　237
牧牛山　595
牧牛峙　839
목잉이들　628
木賊谷　418
木賊洞　93, 110
木田面　117, 123, 124

木田野坪 70
木川谷 82
木炭 88, 90, 849, 850, 850
木花谷 456
木花洞洑 459
몰ᄀᆡ울 191
몰ᄂᆡ지 636
몰ᄅᆡᄌᆡᄀᆡ울 202
몰ᄆᆡᆺ 323
沒雲臺 655
몰ᄋᆡᄌᆡ고ᄀᆡ 202
못골 157, 327, 611
못골산 613
못두둑 178
못막운이 321
못ᄌᆡ 636
못축게 193
못톨골 538
몽동이뜰 302
夢眞山 374
猫谷 302
墓谷 596
묘논골 378
廟洞 84, 92
廟洞谷 64
墓幕谷 591
墓幕洞 132
猫山 97, 226
妙水峴 188
묘ᄊᆞᆯ 84
猫巖 377
妙藥谷 418
묘약골 418
무계ᄊᆞᆯ 150
巫谷 491
霧谷 732
武金洞 498
茂南谷 441
무남골 441
무남니 177
무네미 354
무ᄂᆡ일 653, 653
武當溪 478
巫堂谷 346, 347
무당골 346, 347, 491
무당ᄀᆡ울 478
무당못 479
巫堂山 68
무당소 207
茂垈谷 294
무더리 152
무덤실평 500
무도리 625
茂獨洞嶺 806
舞洞 615
무동골 620
舞童山 160, 622
舞洞山 616
무동실 615
舞童村 620
武杜谷 462
무두골 462
무두둑 735
無等山 105
武郎谷 448
무랑골 434, 448
무랑ᄌᆡ 167
舞龍治理 251
무른ᄃᆡ미 449
武陵溪 161, 566, 652, 763
무릉계 192
武陵谷 628
武陵里 107
무릉못 597
武陵池 597
武陵泉石 762
武陵峙 630
무릉치 630
무리ᄀᆡ 526
茂里實酒幕 351
무리실쥬막 351
茂林坪 732
畝名 233
舞鳳山 265
舞鳳村 250
舞鳳村川 249
茂山溪 341
무산시ᄂᆡ 341
무산에골 539
武相谷坪 295
무상골 292
무상골뜰 295
武相洞 292
무상동들 337
武相洞坪 337
舞仙臺 366
舞仙峰 420
무션봉 420
巫沼 207, 479
茂松里 365
무쇠 578, 651
무쇠골 243
무쇠말 235
무쇠점 136
무쇠졈 323
무ᄡᅬ 534, 797
무ᄡᅬ말봉 517
無數谷 320
無愁幕 133, 308
無愁幕峴 135
무슈막 308
무슈막골 320
무실 628
無阿洞 234

무악골 234
무안고ᄀᆡ 259
巫岩山 197
무암산 197
무어골보 793
武藝屯洑 821
武旺谷 349
무왕골 349
武用谷 596
無雲里 757
舞月洑 696
武夷洞 170
무ᄋᆡ버덩 386
舞將谷 410
霧藏谷 744
무장골 410
畝長面 822, 823, 824
무장아지골 744
舞裁山 203
蕪第山 528
무정ᄅᆡ 230
無住菴 81
舞朱彩谷 462
무죽ᄌᆡ 746
무쥬ᄎᆡ골 462
무지ᄀᆡ다리 368
무지암 81
무진고ᄀᆡ 328
無盡亭 566
武辰峴 328
무ᄌᆡ 324
무ᄌᆡ산 203
茂靑嶺 688
무칠에기고ᄀᆡ 490
무터골 294
무틈지기ᄌᆡ 773
蕪坪 204
무푸러고ᄀᆡ 224
무푸ᄅᆡ 158
무푸ᄅᆡᄌᆡ 688
무푸에졍이보 200
무풀에쏠 152
霧霞峴 555
무학골 617
無解谷峙 562
武峴 324
毋孝洞 823
撫恤 769
무힐ᄌᆡ 562
묵게 847
墨溪 847
墨溪里 175
墨谷里 119
묵ᄀᆞᆺ비 536
묵논쏠 308
墨垈 321
墨洞里 607, 807
墨洞津 606
묵들 315
墨幕里 84
묵ᄇᆞᆺ고ᄀᆡ 558
묵ᄇᆞᆺ고ᄀᆡ쥬막 559
墨防谷 393
墨房山 68
墨坊山 265
墨泗川里 805
墨泗川酒幕 804
墨山 500, 656
墨店 629
墨坪 315
墨浦嶺 533, 539
墨湖市 587
墨湖津 587
墨湖津里 587
文景隅 274
文景隅酒幕 274
문고ᄀᆡ 318, 350, 361
門谷 601
文谷里 661
文曲下溪 757
문근네 830
門內谷 98
門內洞 94
文內洞里 516
門內村 96
문너미 832
문니산 419
문더러니 343
문뎐나루 304
文童里 107
文斗谷 648
文斗峙 650, 657
文杜坪 511
文屯里 620
문들 281
文登里 152
文登洑 153
門嶺 778
文利谷 372
문ᄅᆡ골 213
文幕 314, 339
문막 314, 339
文望谷 435
문망골 435
門門峙 762
문바우 207, 440
문바우보 366
문바우영 733
문바웃영 731
門箔山 68
문ᄇᆞᆺᄌᆡ 669
文倍里 212
文倍峴 212
문ᄇᆡ고ᄀᆡ 212

문ᄇᆡ리 212
文峯里 123
文峰村 255
文山 632
文山洞 560
文山里 120
文書谷 347
문서골 347
文秀洞 325
文殊洞 496
文首洞 557
文殊洑 497
文水洑 852
문수보 852
文守院 527
文水坪 498
問崇谷 575
문숭골 575
문슈쏠 325
문신ᄋᆡ뜰 498
문씨방고ᄀᆡ 375
문ᄊᆡ 165
문안 831
問安谷 659
문안골 659
門岩 207, 504
門岩谷 245, 440, 554, 732
門岩嶺 731
門巖嶺 733
文岩里 73
門岩里 787
門巖洑 366
門岩山 531
門岩亭里 570
門岩站 781
門崖谷 69
文魚 737, 751
문어 737
문여울 624
汶淵津 304
文玉洞 556
文義谷 213
聞耳山 419
文章谷 510
文田峙 669
文廷里 230
문ᄌᆡ 178
文川里 608
文峙嶺 731, 733
文峙里 729
文灘里 624
文浦里 613
文筆峰 97
門峴 318, 350, 361, 375, 755
門懸 343
文峴里 258, 813
文興谷 606
문흥이골 606
文希洞 158
물가막 708
물갈먹이 660
勿甲里 829
물갑리 829
물건ᄂᆡ 694
물고ᄀᆡ 224
물골 360, 417, 721
물골압ᄂᆡ 847
물괴울나루 231
물구리 184
물구비 314, 520
물구비나루 315, 341
물굼 661
물근네쥬막 848
물랑ᄋᆡ골 449
물량ᄋᆡ쏠 146
勿老谷津 231
勿老谷川 232
勿老谷浦口 231
물머 632
物名山 700
물미 139
물미나루 139
물미포구 139
물방골 393
물방ᄀᆡ벌 518
물방ᄂᆡ 724
물방아보 130
물방아쏠 131
물방애들 625
물방에골 720
물방의골 678
물방ᄋᆡ골 165, 387, 392, 395, 513, 542
물방ᄋᆡ들 846
물방ᄋᆡ보 851
물방ᄋᆡ쏠ᄂᆡ 541
물방ᄋᆡ뜰 128
물부리골 591
물비리산 648
물비산 664
물쏠 164, 831
물쑤비 110
物牙谷 640
물안니 184, 300
물안니고ᄀᆡ 455
物安里 184
勿安里 300
물암골 465
勿殃谷 452
물앙골 403, 409, 410, 452, 463, 534, 593
물앙산 516
물앙ᄋᆞ골 640

물앙ᄋᆡ간ᄯᅮᆫ지 405
물앙ᄋᆡ골 462
물앙ᄋᆡ나들리 406
물어구쥬막 234
물에골 525
물외ᄡᆞᆯ 642
물운담벌 531
물웃말 148
물은담리 224
물이울ᄂᆡ 232
물이울포구 231
물임터 170
물잉이골 426, 427
물춘니 667
물춤덕이 447
물치구미 407
물치ᄂᆡ 846
沕淄里 829
물치리 829
沕淄市 843
물치장 843
沕淄酒幕 847
물치쥬막 847
沕淄川 846
물푸레ᄌᆡ 630
勿汗里 654
물히 183
물히보 182
뭄푸레골 514
뭄푸ᄅᆡᄌᆡ 616
뭇나무골 403
뭉ᄋᆡ 387
뭐ㅣᄃᆡ 449
뭐일 449
므ᄂᆡ 340
믈골고ᄀᆡ 235
믈앙골 403
믕등이ᄀᆡ울 305
믕등이보 305
미가리 188
미가리고ᄀᆡ 188
美可峴 188
米谷 596, 668
美橋 430
미교 430
美邱 603
미나리ᄡᆞᆯ 152
미낙골 466
美內谷 633
弥乃面 313, 314, 315
미너미고ᄀᆡ 613
미늠이ᄌᆡ 594
미다리 631
미덕고ᄀᆡ 476
薇德嶺 476
美德坪洑 473
미덕평보 473
美洞 448
미동 448
尾洞酒幕 140
尾屯池 195
味落谷 466
美樂里 665
米來嶺 701
미량이ᄡᆞᆯ 325
미력골 378
미력당니 548
미력당이 484, 537, 538
미력당쥬막 445
미력봉 387
彌力堂谷 325
미력당골 325
彌力堂洑 88
미력들보 472
美老里 562
美老里坪 560
未老面 777, 778
味老員洑 109
麋鹿洞 825
미룻산 68
미르목 161
미륵고ᄀᆡ 475
彌勒谷 378
彌勒堂 484
彌勒堂酒幕 445
미륵들 467
彌勒嶺 474, 475
彌勒洑 687
彌勒山 352
미륵산 352
미륵알ᄋᆡ보 472
미륵양지말 468
彌勒陽地村 468
彌勒坪 467, 686
彌勒坪洑 472
미를고ᄀᆡ 474
美廩峙 594
미리ᄌᆡ 555
米幕坪 676
米面里 670
미ᄆᆡᆨ이 840
薇峰山 245
美四里洑 352
미사리보 352
미산 734
미산뒤벌 735
미산뻘 734
嵋山前坪 734
嵋山後坪 735
美藪山 68
彌矢嶺 379, 424
미실영 424
彌阿谷 131
미역 751

미역골 189
尾羽峴 103
美月山 259
미음밧버덩 411
美音田坪 411
米矣峙 671
美子谷 609
미자골 609
美才峴 507
미ᄌᆡ 184
미ᄌᆡ들 183
米川 648, 649, 652
米川洞 832
米川酒幕 655
薇村 307
薇村溪 311
薇村酒幕 311
美灘面 157, 157, 158, 159
美灘場 158
味峴 436
薇峴 645
민미 560
민보터 835
湣山 756
蜜 78, 106, 109
密溪 498
밀골들 597
密洞里 598
密洞坪 597
밀버덩 233
밀버덩보 231
밀아절골 131
密陽里 342, 833
밀양리 833
密陽里洞 325
밀양이 342
密易堂洑 641
蜜坪 233
蜜坪洑 231
蜜峴 424
蜜壺澗 101
ᄆᆡᆺ엿봉 638
ᄆᆡ기덩골 53
ᄆᆡ나미 185
ᄆᆡ남니 307
ᄆᆡ남ᄊᆞᆯ 308
ᄆᆡ남이고ᄀᆡ 78
ᄆᆡ눈니 697
ᄆᆡ덕이 727
ᄆᆡ돌소보 852
ᄆᆡᄃᆡ리 236
ᄆᆡ룡산 528
ᄆᆡ미골 649
ᄆᆡ미쇼 686
ᄆᆡ미ᄊᆞᆯ 95
ᄆᆡᄆᆡᆨ이 568
ᄆᆡ바우골 389
ᄆᆡ바우산 837
ᄆᆡ방이 624
ᄆᆡ봉 135, 416, 425, 435, 560, 628, 632, 633, 638, 639
ᄆᆡ봉령 561
ᄆᆡ봉산 293, 297, 315, 345, 460, 580
ᄆᆡ봉ᄊᆡ 141, 296, 719
ᄆᆡ봉ᄶᅵ골 287
ᄆᆡ봉영 394, 433, 671, 842
ᄆᆡ봉ᄌᆡ 214, 318, 438, 439, 440, 461, 463, 599, 698
ᄆᆡ봉ᄌᆡ산 203, 727
ᄆᆡ부리산 657
ᄆᆡ산ᄊᆞᆯ 301
ᄆᆡ살리 340
ᄆᆡᄊᆞᆯ 330
ᄆᆡᄊᆞᆯ들 335
ᄆᆡᄶᅵ고ᄀᆡ 446
ᄆᆡ암들 612
ᄆᆡ양골 328
ᄆᆡ지 323
ᄆᆡ지산 176, 639
ᄆᆡ지허리고ᄀᆡ 510
ᄆᆡ치 415
ᄆᆡ칠골 477
ᄆᆡ하 330
ᄆᆡ화 160
ᄆᆡ화골 431
ᄆᆡ화리쥬막 432
ᄆᆡ화산 320
ᄆᆡᆨ국터 226, 230
ᄆᆡᆷᄶᅳ 554
ᄆᆡᆺ지 456
ᄆᆡᆼ리산 197
ᄆᆡᆼ가십골 447

바...

바남불이 603
바다리별 607
바두골 635
바두골강 638
바드라니 661
바람밧치산 418
바람부니골 419
바람부리 428, 555, 845
바람부리주막 663
바람치영 527
바랑골 319, 382, 464, 747
바랑골도랑 324
바랑산 669
바르미 366
바름이 313
바리산 731

바렷 653
바문리 233
바싀 668
바아쏠 153
바아쓸 336
바우골 402, 402
바우설산 433
바우소보 853
바우쏠 292
바우쏠들 295
바우쏠쩍 297
바위물 188
바일고기 208
바튼골 347
박갓집푼기 142
朴谷洞 697
朴谷里 681
薄谷洑 852
薄谷坪 846
박곡평 846
박골보 852
박금이쩍 297
박기평 376
朴乃源碑 450
박다라미 570
朴丹洞 543
朴檀嶺 522
박달고기 134
博達谷 606
朴達谷 721
박달골 441, 606, 640
박달곳치 402, 721
박달니 426
朴達嶺 111
博達嶺 433
朴達峇 840
박달리 236
박달봉 301
朴達山 292
박달산 292
박달영 433, 840
朴達村 426
朴達項洑 471
박달항보 471
朴大谷 237
박듸골 237
박만리 457
博山 727
朴桑谷 490
朴相矣垡 616
礴石峴 225
礴石峴 351
박셕고기 225, 351
박실 697
박씨나드리 524
朴氏灘 524
박씨터쩌리 85
朴泳教碑 798
박우에고기 841
박울들 754
博月里 570
朴陰峴 545
博衣岩里 213
박이미 213
朴將谷 409
박장골 409
朴將山 98
薄田坪 102
박정셩골 652
朴僉知山 362
朴險峴 297
博峴 841
磻溪 339
盤溪里 717
盤谷 343
盤谷里 176, 391
盤谷峴 390
般動 85
반두덕영 433
半斗毒嶺 433
반두둑 176
伴鳴亭坪 569
반바우 369
반부둑영 841
반부둑쥬막 847
盤扶坪酒幕 847
磻石谷 370, 382, 744, 764
盤石幕 708
盤石巖 628
斑石坪 79
伴仙亭 651
盤松里 602
盤松上里 219
盤松下里 219
盤松峴 220
반숑고기 220
반숑상리 219
盤巖里 369
半雄峙 767
반월니쥬막 733
半月郎坪 457
半月里 733
半月里酒幕 733
半月山 678
半月形 613
반장니 414
半場里 414
半場里坪 310
半場員洑 312
반장이 406
반장이들 310
반장이보 312
半場坪 406, 491
半占峙 650

半亭　764
泮亭里　392
反停里酒幕　654
半程伊　163
半亭店　572
半程坪　162
반절이　339
반정이　654
盤注坪　770
盤砥峴　67
班坪　396
般坪峇　841
發甘坪　845
鉢高德　656
拔谷　417
발근밧　624
발근밧ᄂᆡ　626
발근밧들　625
발근장골　517
발ᄀᆡ미드루　845
발ᄀᆡ뜰　294
발ᄀᆡᆯ동　576
발담보　249
발람ᄋᆞ치　644
發雷里　212
발뢰리　212
발리ᄆᆡ　228
발림미　230
鉢卯谷　246
발미　207
발미쥬막　207
鉢山　228, 438, 590
鉢山里　230
鉢亞谷　319
鉢亞谷澗　324
발암부리　436
발앙골　133
發陽地谷　51
發魚灘　458
鉢淵川　390
발으야기　458
발은고ᄀᆡ　209
발은치　87, 89
發陰　313
發音可峙　103
鉢伊峰　388
鉢伊山　731
발이ᄌᆡ　701
鉢田里　654
발컬주막　577
拔坪村　521
發浦坪　294
發翰里　587
발한리　587
밤고ᄀᆡ　577, 645
밤골　182, 308, 404, 409
밤골쥬막　181
밤나무고ᄀᆡ　394
밤나무골　181, 402, 409, 462, 590
밤나무소　394
밤나무정이　323, 349
밤나무터　470
밤나무터보　473
밤나무평　376
밤ᄂᆞᆼ기　506
밤뒤　631
밤바무정이쥬막　324
밤밧골　196
밤상골　601
밤성골　143
밤셩산　463
밤시골　700
밤쌋　717
밤쎄　332
밤쎄ᄀᆡ울　337
밤작골　191
밤ᄌᆡ　577, 582
밤치　157, 609
밤치ᄌᆡ　159
밧갓마산골　469
밧갓퇴골　469
밧건달리　414
밧것잘미　705
밧고든골　521
밧군중　713
밧남산　484
밧달골　624
밧두루　371
밧두만　635
밧모롱　415
밧무ᄌᆡ　394, 540
밧박우에　841
밧셔우지　236
밧섭ᄑᆡ　83
밧솟ᄃᆡ쏠　547
밧숯ᄀᆡ　379
밧ᄉᆡ들리　634
밧여울물　518
밧장　515
밧져울　411
밧치밧　709
밧치밧들　708
밧치울　201
밧타리골　219
方哥谷　456
方佳垈　262
方哥垈谷　254
方可時　461
방가시　461
方角山　632
방갓골　456
芳江谷　328
방강골　328

方古介　806
方古介峴　196
방고ᄀᆡ　224, 609
방고지　196
方谷　293
房谷　348
方谷溪　452
芳谷峙　208
방골　293, 348, 431, 444
방골ᄀᆡ물　488
방골ᄀᆡ울　452
방구ᄆᆡ　449
방구ᄆᆡ들　450
방구엽산　727
방긔골　462
防己谷　462
芳基谷　756
방기리들　343
方吉坪　343
방ᄀᆡ　444
坊內里　564
坊內洑　157
坊內前川　179
方丹里　237
방단리　237
訪道橋　557
放嶋川　272
芳洞　431, 548
方洞　561
방동고ᄀᆡ　219
芳洞里　489, 740
方洞里　560
芳洞洑　489
方東山酒幕　74
方洞酒幕　560
芳洞峴　219
방두둑　652
方斗坪　404
芳林里　164
芳林驛　164
芳林酒幕　165
芳林川　162
芳林坪　162
方幕里　624
방만니　458
方盲谷　50
方目里　537
方目山　535
方畝　343
方無介谷　448
방무ᄀᆡ골　448
芳茂山　595
芳菲里　691
防山　145
芳山　332
方山谷　143, 144
方山谷酒幕　145
方山面　145, 146, 147, 147, 148, 149
方山川　147
方席坪　822
방송하리　219
방ᄉᆞᆯ　560, 659, 740
방ᄯᅮ덩이　404
방아고ᄀᆡ　323
방아골　196
방아ᄉᆞᆸ　635
坊我室　331
방아실　331
방아ᄉᆞᆯ　196
방아울　213
방아ᄌᆡ　356
방아터골　211
芳崖谷　595
防崖山　98
放鶩洞　164
방어　715, 731, 736, 741, 751
防禦谷　451
防禦谷溪　452
방어골　451
방어골ᄀᆡ울　452
方於池　66
方禦峙　270
方淵谷　535
방우ᄌᆡ　563
방울고ᄀᆡ　200
방울ᄌᆡ　219
방이두둑　343
芳伊坪　176
방일고ᄀᆡ　213
방임버덩　162
방ᄋᆡ다리　829
방ᄋᆡ달리　430
방ᄋᆡ달리쥬막　432
방ᄋᆡ실고ᄀᆡ　394
方丈面　93, 94, 95, 96, 97, 98, 99, 100, 101, 102, 103, 104, 105
方丈坪　754
芳節里　593
芳堤里　667
芳堤酒幕　668
芳川里　449
芳川里酒幕　450
芳川驛　450
방쳔　449
方秋洞　94
防築溪　205
防築谷　52, 370, 403, 415
방축골　403
防築洞　824, 830
防築嶺　502
防築里　360

방축막이주막 668
防築洑 379, 788
防築堰 157
防築酒幕 668
防築池 59
方築峴 318
芳忠里 798
방축계 205
방축고기 318
방축골 381, 415, 556, 581, 586, 830
방축기 379
방축말 834
榜峙 767
芳坪里 742
芳坪里酒幕 794
芳浦 444
芳浦里 803
芳荷谷里 213
방하다리주막 730
防河店 730
芳荷峴 213
放鶴谷 69
방학골 567
放鶴洞 299, 567
放鶴林 635
방학쏠 299
防旱池 193
方峴 102, 609
舫峴 224
芳峴 761
芳峴洞 449
芳峴酒幕 450
芳峴坪 450
芳峴浦 450
訪花溪 238
方化谷 496
방화다리들 227
방화들 336
訪花坪 227
方花坪 336
방회졔 238
背囊谷 464
背登嶺 527
拜美山 633
背尾川 429
培峰里 381
拜山 632
背陽加里洑 351
拜陽谷 591
拜雲嶺 609
培障店 726
培障坪 723
拜再洞 545
培峙 604
培峙谷 601
倍峙嶺 455
背峙峴 760
拜向谷 635
拜向谷酒幕 638
背後谷 451
背後谷溪 452
背後谷酒幕 455
背後嶺 455
白澗里 292
白澗里坪 295
白谷 596
白橋 323
白橋里 559
白檀谷 177
白橽里 177
百潭寺 424
栢垈 274
白德山 627
伯洞 288
栢洞里 502
百蓮菴 353
白蓮菴 755
白龍里 121
白龍浦 524
栢里洞 251
栢里酒幕 252
白馬山 563
百萬村 458
百萬坪 457
白木 86
栢木谷 54, 410
栢木洞 196
栢木前村 96
栢木坪 356, 405
百倍峴 279
白屛山 707, 755
白伏嶺 765
白鳳山 765
栢山 500, 510, 523
白山谷 201
柏山谷 755
柏山里 725
白石村 573
白石坪 192, 572
百石坪 819
白石峴 205
白善政碑 62
栢松谷 528
栢峀山 244
白牙谷 183
白牙山 523
栢岩 661
白岩谷 151, 836
栢岩洞 158
白巖碑 690
百菴山 531
白岩山 686
白岩堤堰 386

白楊洞里　801
白楊浦洑　493
白楊浦坪　491
白魚店　730
白魚川　729
白易山　802
白易山里　803
白鉛谷　716
白玉浦　170
白玉浦洑　171
白雨潭　650
白羽山　256
白雲潭　238
白雲洞　170, 548
白雲洞山　418
白雲嶺　59, 67
白雲里　158
白雲寺洞　613
白雲山　297, 345, 347, 353, 613
白雲岩里　743
白雲亭洑　352
白雲坪洑　565
白月山　766
伯夷山　655
白日洞　163, 553, 670
白日峙　620, 621
白日峙洞　618
百一峴　200
栢子　112
栢子谷　199, 427
栢子洞　292, 331, 414
栢子木谷　439
柏子山　118, 652, 760
栢子亭店　558
百場山　294
白蹟溪　478
百跡洞　542
白磧山　461
白跡山　535
栢田洞　511
栢田山　484
栢田峴　510
白正溪　476
白丁谷　439
百鼎峰　749, 751
柏種里　733
白紙　849, 849, 849, 850, 850
百川里　395
百川里酒幕　394
栢村　268
栢村里　373
栢峙　243, 279, 565
栢峙溪　277
栢峙村　278
栢灘川　250
白土峴　490
柏坪里　650
白鶴里　820
白鶴山　819
白赫嶺　527
白峴　141, 376, 594
栢峴　153, 188
栢峴里　152
栢峴洑　153
白峴酒幕　594
白虎登　503
白虎山　48
栢后里　537
버덜말보　472
버덤말쥬막　412
버덩　56
버덩골　106
버덩말　169, 458, 468
버덩말보　170
버드ᄂᆡ　380, 656
버드라치고기　511
버드렁골　280
버드리　564
버드ᄅᆡ골　50
버들고기　321, 479, 666
버들고기쥬막　324
버들골　159, 181, 227, 448, 517, 535, 543, 653
버들골압물　181
버들기　170
버들밧드루　370
버들앗보　605
버들앗치　520
버들치　636
버렁기　722
버루숫치　717
버리골　364
버시리쏠　664
버텅골　54
벅구통골　721
벅셔정써리　104
번거무산　306
樊口　163
번기　379
번기버딩　428
번둔평　405
번들　668
磻岩里　237
番陽洞　106
蕃積谷　758
번질들　702
번지　327
番峙　599
翻坪　668
翻浦　379
茯佳里　228
伐開谷　440

벌논들 335
筏垈谷 420
茷屯里 228
伐屯里谷 218
벌둔리골 218
벌ᄃᆡ골 420
伐列堤 552
伐論坪 335
벌마차 610
벌말 307, 740
벌문약이 339
伐味坪 128
벌바우산 531
벌박암리 213
벌방천 449
伐山洑 280
벌식터 339
벌염셩 748
伐梧洞坪 364
伐應坪 722
筏川洑 249
筏村 250
벌통ᄀᆡ 525
범갓장에골 535
범고ᄀᆡ 539, 797
범골 460, 517, 554
범골물 745
泛鷗山 517
범너미ᄌᆡ 304
범든바우골 319
범머리여울 638
범바우 654
범바우골 131, 382
범바우산 835
범바우뚱 402
범바우평 376
범밧 691
범벅골 345
범부 831
凡夫里 831
凡北村里 121
泛沙坪 677
凡祥洞 697
범암리 237
범에덧거리 613
범우리 670
범우리쏠 583
범울리고ᄀᆡ 577
범자븐골 746
泛波亭 306
泛波亭坪 339
法舊箭谷 721
法弓里 602
法起庵 389
법당뒤골 392
法堂後谷 392
法洞 354
법동 354
법두 177
法魯里 273
法背嶺 726
법빗영 726
法星山 441
법셩산 441
法首峴里 801
法周里 177
법진니川 696
法泉 330
法泉津 337
법프실 602
法興寺 629
法興寺事蹟碑 629
벗밧 662
벗빗영 522
벗충이 407
벙바우평 376
벙중골 571
베 848, 849, 850
베락바우쇼 407
베루보 851
베리골 598
베실은니ᄂᆡ 341
베쥽움골 652
벨알 81
벳ᄂᆡ 682
벳ᄂᆡ골 682
벳바우평 376
벼리실 656
벽낙니고ᄀᆡ 609
碧落峴 609
碧山面 741, 742, 742, 743
霹岩 98
碧岩峴 333
碧帳谷 64
碧灘里 658
碧灘驛 660
碧波嶺 165, 660
弁峰 210
邊峴 460
별가일 228
별감고ᄀᆡ 333
별강고ᄀᆡ 333
別江峴 333
別九坪 277
별ᄀᆡ울골 440
鼈洞里 203
鼈岩溪 205
鱉岩峴 193
別崖谷 415
別陽洞里 800
別於谷里 656
別於谷洑 657
別業里 281
別隅洑 271

별의골 415
鼈項洞 520
鼈項嶺 522
볍홍절 629
볍홍절사적비 629
볏바우지 162
병감고긔 314
餠谷 382
병골 286
兵馬谷 510
병목 649
병목안 712
兵墨谷 51
丙坊坪 388
餠峰 403
柄山里 126, 574
屛岩谷 286, 465
병오지 233
兵衛洞 708
並伊武只里 544
屛底山 772
丙丁峰 503
兵之坊 182
幷至酒幕 663
兵站所 587
屛風谷 447
병풍골 447
병풍바우골 465
병풍바위골 286
屛風山 447, 451, 535
병풍산 447, 451
屛風峙 671
甁項里 649
柄項峴 841
丙峴 314
베리늬 619
베리실보 657
베삽들 706
洑 114, 115, 116, 117, 694, 696, 697, 700, 703, 707, 709
洑可地洑 107
보가터 221
寶蓋山 817
洑巨里 308, 349
보거리 349
보고긔 479
普光里 557
普光庵 389
보근네 642
洑內津 606
寶垈里 221
普德洞 503
報德寺 592
寶屯池 96
洑屯地洑 312
保屯地山 244
步屯峙 774
보람이 553
寶來洞 169
寶來峰 171
洑嶺 479
보리뫼 585
보리산 652
菩理阿洞 234
보리악골 234
보리평 406
보릐골 443
보림이평 552
洑莫谷 456
보막골 456
寶幕里 805
洑幕里 821
寶幕里洑 804
보막이 425
洑幕酒幕 819
洑幕村 425
洑名 81, 82, 85, 86, 86, 88, 89, 91, 92, 93, 104, 105, 107, 108, 109, 110, 130, 134, 136, 137, 140, 143, 145, 149, 151, 153, 157, 158, 159, 160, 161, 162, 165, 168, 170, 171, 174, 176, 176, 178, 179, 180, 181, 182, 184, 190, 193, 198, 200, 201, 202, 207, 208, 216, 221, 222, 229, 231, 236, 237, 238, 254, 362, 365, 366, 369, 371, 373, 377, 383, 384, 388, 415, 451, 454, 459, 460, 471, 472, 473, 474, 479, 486, 489, 493, 496, 497, 499, 502, 506, 562, 563, 565, 569, 572, 573, 578, 650, 655, 657, 660, 663, 665, 668, 671, 715, 718, 726, 730, 733, 736, 738, 739, 740, 741, 742, 745, 748, 749, 751, 774, 792, 793, 794, 795, 797, 798, 803, 804, 806
寶味洞洑 92
보믜기 211
보믜기골 409
보사지 86
菩薩寺 86
보섭지 424
甫水洞 328
보슈골 328
普施庵谷 418
보시암골 418
보안나들이 606

保安里　190
보안리　190
普雲庵　389, 390
洑越洞　642
寶月菴　63
步月川　216
보월천　216
甫音谷　280
甫伊坪　406
補竹坪　773
寶菜峴　435
洑村　211
洑村里　823
洑築谷　409
保土木　494
보통곡들　335
甫通谷坪　335
甫通崎　223
보통니슐막　733
普通里　304
寶通里　733
寶通里酒幕　733
보통베루　223
보통이　304
보통이ᄀᆡ울　341
보통이뜰　302
普通酒幕　305
普通川　341
寶通川　739
普通坪　302
寶通坪　732
普玄洞　395
普玄洞酒幕　394
普賢寺　557
普賢坪　557
복거리　308
福巨伊坪　732
福庫溪　227
복고ᄀᆡ울　227
福谷　254, 257
伏谷　309
복골　748
복골ᄂᆡ　846
卜今里　304
卜今里坪　303
복금이　304
복금이뜰　303
卜臺坪　702
福德源　603
福洞　255
伏洞　542
福洞里　748
福洞川　846
복두군니지　609
복두군이　603
복두근이　695
福頭山　236, 788
복두산　236
福斗山　695
福斗峙　609
茯苓　793, 813, 824
福滿洞　124
복사골　201
복상나무정쥬막　848
복쐴　309
福長澗　100
福長洞　93
福祚洞　185
복죠골　185
福注峇　841
福柱山　465
福主菴　497
복쥬산　465
복지ᄀᆡ영　841
腹飽山　348
福慧庵　811
復興谷川　745
卜喜谷　441
복희골　441
本宮　281
본궁고ᄀᆡ　202
本宮峴　202
本今勿山　306
本吉坪　702
본다밧골　293
本敦　687
本里　144, 537
本里川　144
본목　729
본복고ᄀᆡ　476
本福嶺　476
本部面　325, 326, 327, 328, 329
本楮田洞　293
本峴　327
볼구　398
볼ᄅᆡ지　435
볼미동산　363
볼ᄋᆡ골　96
봇둔지보　312
峰　118
峰開谷　455
奉介坪　315
鳳溪　666
鳳鷄山　657
蓬谷　50, 55, 309, 321, 382, 438
鳳谷　438
蓬谷村　274
봉골　438
봉ᄀᆡ들　315
봉ᄀᆡ집골　455
鳳喃垈　431
봉남ᄃᆡ　431

봉님들 336
鳳堂德里 801
鳳堂德伊 526
鳳垈 344
鳳臺山 203
奉大川 315
鳳坮坪 342
鳳德里 430
봉덕이 430
鳳洞 495
鳳頭谷 325
鳳頭崑 669
봉두ᄀᆡ 315
봉두ᄉᆞᆯ 325
봉ᄃᆡ들 342, 343
蓬萊山 590, 600, 605
鳳林坪 336
峯名 198
峰名 199, 203, 207, 208, 209, 209, 210, 211, 214, 215, 218, 219, 220, 222, 226, 227
鳳鳴里 181
鳳舞峴 363
鳳尾 340
봉미 340
봉미들 338
鳳尾里 489
蜂蜜 135, 154, 198, 198, 817
봉바우골 462
鳳腹寺 180
烽山 63, 694
鳳山里 120
蓬山里 665
蓬山里洑 665
烽山洑 107
봉살미 325
봉상ᄀᆡ벌 524
奉常里 824
鳳翔村 273
鳳翔治山 244
鳳翔浦坪 524
鳳巢垈 258
烽燧渡津 386
烽燧洞 524
烽峀洞 697
烽燧嶺 111
烽燧里 387, 689
烽燧山 137, 369, 688
烽峀浦 697
烽燧浦口 386
烽燧峴 376
봉슈령 111
봉ᄊᆡ버덩 376
蜂岩 95
蜂巖澗 100
鳳岩谷 462
鳳岩里 123, 812, 823
鳳岩洑 271
蜂岩山 49, 531
鳳陽洞 823
鳳陽里 105
鳳梧谷峴 445
봉오골고ᄀᆡ 445
봉오골산 477
봉오리ᄌᆡ 214
烽吾山 477
鳳梧山 712
봉오ᄌᆡ 465, 712
봉오ᄌᆡ산 333
봉우 139
봉우고ᄀᆡ 600
烽于谷 528
봉우ᄀᆡ 697, 697
봉우산 137
봉우ᄯᅮᆨ 402, 145, 209
봉우ᄌᆡ 79, 176, 348, 387, 517, 661, 663, 694, 726
봉우ᄌᆡ나루 386
逢雨峙 571
봉우터 394
峰宇峴 536
봉위지영 510
鳳遊洞 72
鳳儀山 188
봉의산 188
鳳儀峴洑 352
봉의현보 352
逢壹里 360
鳳逸里 525
鳳逸寺 527
봉자산 131
棒棧里 807
棒棧里酒幕 806
鳳庄里 291
鳳庄洑 291
봉장이 291
봉장이보 291
봉장이ᄯᅳᆯ 294
봉장이쥬막 290
鳳庄酒幕 290
鳳庄坪 294
蓬田伊 544
蓬田前川 541
蓬田峴 436
鳳頂菴 424
鳳川 290, 295, 329
鳳川溪 345
봉천ᄂᆡ 290, 295, 295, 329, 345
鳳村里 785
蜂春里 495
鳳峙 767

烽峙嶺　510
鳳峙坪　376
봉터　344
蜂桶谷　417
봉통이쥬막　305
蜂通峙　604
蜂桶浦里　525
鳳坪　782
蓬坪面　169, 169, 170, 171
鳳峴　341
봉현　341
蓬峴　363, 383, 555
봉현ᄂᆡ　341
鳳峴里　374
蓬峴里　513
蓬縣里　548
烽峴山　333
蓬峴酒幕　384
鳳峴川　341
蓬湖里　371
烽火谷　465
熢火垈　384
烽火洞　545
烽火洞里　796
烽火峰　88, 628, 715
烽火山　48, 68, 69, 79, 91, 145, 162, 176, 348, 362,, 585, 638, 836
峯火山　270
봉화쏠　524
봉화쑥　91, 836
봉화ᄌᆡ　638, 715
烽火峙　209, 423, 552, 663
峰火峙　402
烽火峙山　517
봉화터　384
烽火坪　64
烽火峴　600
봉황고ᄀᆡ　423
鳳凰臺　413
鳳凰坮浦口　192
봉황ᄃᆡ　137
봉황ᄃᆡ산　203
봉황ᄃᆡ포구　192
鳳凰山　110, 137, 325, 727
鳳凰沼　421
봉황소　421
烽候臺　790
釜巨里　818
부검영　433
釜揭員洑　803
夫兼嶺　433
釜谷　197, 236, 316, 378, 610, 650, 676, 836
富谷里　814
梟谷峴　279
富貴垈洞　93
富貴垈里　232
부귀터골　232
府南　767, 768
部南面　828, 831, 840, 843, 844, 845, 847, 849, 851, 854
부남면　828
府南坪　770
部南坪　844
府南浦　770
府內面　188, 189, 190, 191, 510, 511, 511, 512, 513, 775, 776, 777, 839
부달리　687
富大谷　447, 734
釜洞　556, 560
梟洞　633
釜洞里　181, 367
不動池　59
釜洞村　615
不動峴　60
부ᄃᆡ골　734
부ᄃᆡ독　447
부ᄃᆡ쏠보　86
부람드루　844
富寧洞　818
部嶺山　606
扶老只　538
扶老只嶺　530, 536
扶老只里　529
富論洞　329
부론동　329
富論面　329, 330, 331, 332, 333, 334, 335, 336, 337
부루기고ᄀᆡ　446
扶樓基嶺　446
梟林谷　634
富林驛　422
駙馬洞　93
부목ᄌᆡ　264
富畝洞　250
富墨峴　269
府伯朴乃貞不忘碑　765
浮飛峙　604, 604
府使金秉淵善政碑　776
府使金祐鉉不忘碑　776
府使閔斗鎬善政碑　433
府使閔師寬善政碑　776
府使閔台鎬善政碑　433
府使沈公著不忘碑　789
府使沈公著善政碑　776
府司院里　200
부사원리　200
府司院酒幕　282
府司院峴　282
府使李能應善政碑　789
府使李相成善政碑　776

府使李聖肇善政碑 776
府使李容殷善政碑 433
府使李最中碑 774
府使李最中善政碑 776
府使丁彥璜善政碑 776
府使趙秉文善政碑 776
府使趙秉協善政碑 433
府使趙濈清政碑 776
府使洪名漢碑 774
釜山 63
缶山 69
釜石洞 642
浮石里 123
釜石酒幕 196
釜沼 99, 207, 422, 436, 476, 496, 556
桴沼 436
釜沼津 70
扶蘇峙 842
부소치 842
扶蘇峙里 833
부소치리 833
滏沼坪 288
凫沼峴 206
父水門江 277
凫藪坪 501
浮水峴 432
부슈고ᄀᆡ 432
富室谷 416
부실골 416
釜巖江 443
婦岩谷 504
鮒魚池 415
부엄우골 721
부엉바우고ᄀᆡ 350
부엉바우골 348
부엉바위보 797
부엉바위쥬막 797
부연니 440
釜淵洞 425, 564
釜淵津 57
釜淵川 425
芙蓉山 451
부용산 451
浮雲洞 618
扶月里 828
釜越村 643
부이역 422
扶直伊 440
부ᄌᆡ터골 425
부차골 555
부차나루 198
부창고ᄀᆡ 234
부창나루 231
富昌驛 231
부창역 231
부창이들 334
富昌酒幕 234
부창쥬막 234
富昌津 198, 231
夫昌坪 334
富昌峴 234
凫川 442
부쳐등이보 305
부쳐터 616
婦峙 274
釜治酒幕 74
부충니ᄀᆡ울 182
부ᄎᆡ고ᄀᆡ 350
부ᄎᆡ골 439
부ᄎᆡ바우산 528
부ᄎᆡ안지골 347
부터골 299
凫坪 528, 572
부평각골묵 327
浮萍洞 327
富坪場 414
부평장 414
凫坪酒幕 153
缶項 610
凫項洞 636
缶項村 268
缶項峴 253, 555
富墟山 425
婦峴 767
副護軍朴公之生碑 762
芙湖洞 785
부흥더미 712
부흥바우보 180
富興寺面 341, 342, 343, 344, 345
富興山 63, 712, 720
부흥ᄶᆡᆨ 325
부흥ᄌᆡ 318
富興坪 428
復興峴 318
富興峴 325
北江 144
北寬亭 813
北吉里 169
北內二作面 226, 227, 228
北內一作面 223, 224, 225, 226
북다리니고ᄀᆡ 297
北大川 754
北大坪 659
북덕골 331
北德洞 331
北洞 57
北洞里 583
북동ᄌᆡ 839
北遯山 579
北屯地里 805
北屯地酒幕 804

北里 407
北面 143, 144, 144, 145, 160, 161, 161, 162, 415, 416, 417, 418, 419, 420, 421, 422, 423, 424, 543, 549, 609, 610, 611, 612, 613, 614, 615, 616, 617, 660, 661, 662, 663, 796, 797, 801, 802, 819, 820, 821
北面洑 550
北面前川 541
北門街 326
북문거리 326
북바우골 212
북바우쏠 643
北方谷 247
北坊嶺 193
北方里 203
北方面 279, 280, 281, 282
북방우산 707
北方峙 253
北盆里 834
北盆里酒幕 848
北貧前川 540
北山外面 230, 231, 232, 233, 234, 235
北城 554
北峀谷 457
北水山 504
북슈골 457, 524
北實谷 666
北巖洞 643
北岩山 707
북엄니 831
北崦峇 841
北崦里 831
북엄영 841
北二里面 553, 554
北日里 654
北一里面 552, 553
北丁谷 280
北程嶺 490
北亭子坪 361
北亭坪洑 369
北中面 228, 229, 230
北地境里 391
北地境店 390
北津 660
北津酒幕 663
北倉 542, 549
北倉場 549
北川 174, 361, 655
北川里 655
北川酒幕 657
北村里 120
北坪 661, 702, 705
北坪里 831
北坪洑 663
北下里面 678, 679, 679, 680
分垈谷 346
분덕지 594
分德峙 594, 610
分林谷 596
墳絲坪 500
分水嶺野 118
分州峙 759
芬芝谷 308
芬芝谷峴 350
分地嶺 117
분지물 152
分池水里 152
분지울 308
분지울고ᄀᆡ 350
분터골 346
分土谷 51, 132, 591
粉土谷 224
분토골 224
分土洞 299, 355
粉土洞 316
분토동 316
分土里 120
粉土里 784
분토쏠 355
불건봉이고ᄀᆡ 200
불고ᄀᆡ 709
불골 617
불근덕이 293, 333, 617
불근봉리 217
불근산니 470
佛基 616
불당고ᄀᆡ 445, 455
佛堂谷 61, 114, 128, 131, 190, 191, 204, 231, 353, 378, 381, 426, 441, 464, 466, 487, 487, 503, 503, 513, 721, 744, 746
불당골 204, 214, 231, 353, 381, 426, 441, 464, 466, 721, 746
佛堂山 332
불당산 332
佛堂峴 445, 455
불도곡들 334
佛道谷坪 334
不忘碑 380, 380, 853
불목이 87
佛彌谷 680
佛米谷 838
불미골 838
불미산 744
佛眉峙 609
불쌍골 191

佛阿洑　703
佛阿坪　702
佛岩山　528
佛影寺　709
佛原洑　305
佛子谷　555
佛亭峴　795
佛坐谷　347
불탄마　699
不下山　571
不下峙　577
佛峴　709
佛峴洑　709
불화ᄶᆡ　571
붐베　725
붑안　340
붓도문　829
붓복골　829
鵬岩街　104
붕어바위　485
붇당ᄭᅩᆯ　190
붇바틔기영　368
블통골　417
븜파정　306
븜파정둘　339
비거린산　627
飛雞里　780
飛鳩坪　773
비기ᄂᆡ　469
비ᄂᆡᄉᆡᆫ진소　429
碑頭　313
비두너미　313
비두목ᄌᆡ　644
飛頭木峙　644
碑屯地坪　524
비둘고ᄀᆡ　134
비들압슐막　704
비ᄃᆡ들　336
飛來峰　700
飛來亭　398
飛良里　679
飛良川　679
飛良坪　679
裴禮谷　695
飛露谷　410
毘盧峰　639
飛耒員　286
飛龍洞　658
飛龍山　265, 793
비루골　410
碑立酒幕　104
碑名　61, 62, 552, 566, 573, 575, 580, 587, 776, 777
飛鳳山　128, 286, 402, 605, 648
비봉산　286
飛鳳瀑　390
飛山洞　258
碑石街　235, 718, 726
碑石街洞　567
碑石街酒幕　148, 151
碑石巨伊　549
碑石里　80
碑石名　733
碑石員坪　405
飛仙坮　853
碑成谷　771
秘星山　632, 633
비셕　853, 854
비셕거리　726
비셕거리슐막　718
비셕둔지　235
비션거리쥬막　104
비션ᄃᆡ　853
비셩거리　567
飛水口尾　444
비수구미　444
飛矢坪　780
比雅洞　133
비아목　314
飛蛾坪　336
扉隅幕　599
飛雲嶺　726
飛仁洞川　261
飛前酒幕　704
飛前村　705
飛只里　689
飛火里　784
貧郊洑　718
貧郊野　716
斌來山　772
賓美山　610
빈미ᄌᆡ　610
賓美峙　610
賓山　146
濱陽山　487
賓于谷　772
蘋池內　643
빈지ᄂᆡ　652
빈지두력　233
斌之畝　233
濱地洑　852
빈지보　852
賓陳乃酒幕　654
빌들압　705
빗돌거리　405
빗돌거리주막　151
빗장골　836
빗접골　517
빙고고ᄀᆡ　446
氷庫垈　404
빙고ᄶᆡ　297
氷庫峙　297
氷庫峴　446

氷谷　138, 463, 465
빙ᄀᆡ들　613
氷洞　784
氷冷谷　402
氷幕谷　465
빙막골　465
빙밋방쳔　291
氷岩谷　465, 787
氷崖山　211
빙어바우골　465
氷魚沼　476
빙어쇼　476
빙에산　211
氷藏谷　514
氷長里　825
빙ᄌᆡ　356
砯下洑　291
氷峴　356
ᄇᆡ거리산　615, 617
ᄇᆡ고ᄀᆡ　228, 718
ᄇᆡ골산　622
ᄇᆡ나드리　161, 484, 628, 631
ᄇᆡ나무골　204, 212, 228, 286, 347, 382, 409, 417, 419, 560, 648
ᄇᆡ나무골고ᄀᆡ　328
ᄇᆡ나무들　238, 311, 689
ᄇᆡ나무보　605
ᄇᆡ나무ᄭᅩᆯ　83, 138
ᄇᆡ나무정　148
ᄇᆡ나무정주막　148
ᄇᆡ나무졍니　185, 543
ᄇᆡ나무졍이　106, 167
ᄇᆡ나무졍이보　168
ᄇᆡ나무졍이쥬막　184
ᄇᆡ나무즐리　411
ᄇᆡᄂᆡ골　616
ᄇᆡᄂᆡ기골　747
ᄇᆡᄂᆡᄀᆡ울　305
ᄇᆡ다리　559
ᄇᆡ다리두루　744
ᄇᆡ다리드루　371, 846
ᄇᆡ다리평　712
ᄇᆡ달리　828
ᄇᆡ두둑　164
ᄇᆡ둑ᄌᆡ　214
ᄇᆡ말　327, 833
ᄇᆡ말들　326
ᄇᆡ머리　443
ᄇᆡ머리고ᄀᆡ　445
ᄇᆡ무소　429
ᄇᆡ미　661
ᄇᆡ바우골　744
ᄇᆡ부른산　338, 348
ᄇᆡ산　632
ᄇᆡᄭᅩᆯ　354
ᄇᆡᄭᅮ미　478
ᄇᆡᄭᅮ미쥬막　479
ᄇᆡᄯᅮᆫ지쥬막　217
ᄇᆡ암고ᄀᆡ　182
ᄇᆡ암골　556
ᄇᆡ암나루쥬막　296
ᄇᆡ암베루보　306
ᄇᆡ앙골　635
ᄇᆡ오ᄀᆡ　170, 484, 486
ᄇᆡ오ᄀᆡ보　171
ᄇᆡ옷　158
ᄇᆡ울　344
ᄇᆡ일ᄭᅩᆯ　553
ᄇᆡ졍이물　729
ᄇᆡ졍이주막　730
ᄇᆡ지고ᄀᆡ　188
ᄇᆡ치고ᄀᆡ　455
ᄇᆡᄌᆡ　356, 635, 669
ᄇᆡᄌᆡ비　611
ᄇᆡᄌᆡ쥬막　434
ᄇᆡ향골주막　638
ᄇᆡᆨ간니　292
ᄇᆡᆨ간니ᄯᅳᆯ　295
ᄇᆡᆨ골　695
ᄇᆡᆨ돌울이산　487
ᄇᆡᆨ산골　201
ᄇᆡᆨ셕ᄯᅳᆯ　192
ᄇᆡᆨ연너메　353
ᄇᆡᆨ연암골　716
ᄇᆡᆨ운동산　418
ᄇᆡᆨ운산　297, 345, 347, 353
ᄇᆡᆨ운절　613
ᄇᆡᆨ운정보　352
ᄇᆡᆨ일언니고ᄀᆡ　200
ᄇᆡᆨ일언니쥬막　252
ᄇᆡᆨ자정쥬막　558
ᄇᆡᆨ장골　439
ᄇᆡᆨ장산　294
ᄇᆡᆨ증게　476
ᄇᆡᆨᄌᆞ골　427
ᄇᆡᆨᄌᆞ동　414
ᄇᆡᆷ골　506
ᄇᆡᆷᄂᆡ평　382
ᄇᆡᆷ머리봉　381
ᄇᆡᆷᄋᆡ　192
ᄇᆡᆷᄌᆡ　562
ᄇᆡᆺ고ᄀᆡ　152, 153
ᄇᆡᆺ골　163
ᄇᆡᆺ두루　151
ᄇᆡᆺ들　702
ᄇᆡᆺ말강　618
ᄇᆡᆺ말날우　617
ᄇᆡᆺ머리ᄯᅳᆯ　139
ᄇᆡᆺᄌᆡ　162
ᄇᆡᆼ가리보　351
ᄇᆡᆼ골　395
ᄇᆡᆼ골포구　213

빙기리 218
빙기리기울 218
빙어장주막 726
빙어장평 723

사...

鰤 715, 731, 736, 741, 751
사갑들 316
泗甲村 258
四甲坪 316
四見洞 71
四見洞酒幕 73
四見津 71
四兼里坪 311
사겸이들 311
四境谷 53
沙溪洞 698
沙溪里 369
巳谷 50, 54
寺谷 54, 189, 201, 204, 238, 242, 246, 247, 309, 342, 345, 346, 381, 386, 409, 417, 426, 438, 439, 441, 446, 447, 448, 461, 464, 465, 514, 555, 581, 591, 596, 624, 627, 658, 660, 662, 759, 761, 771, 783, 837
寺谷溪 377, 505
寺谷山 68
沙谷小泰 466
寺谷村 780
沙谷村 783
寺谷坪 334
沙谷坪 494
沙橋谷 456
篩橋谷 535
沙橋里 829
四橋洑 474
沙口味 402
사그막 698
沙近橋山 774
사근닉 164
사근다리 369, 829
沙斤川 164
四琴山 778
사금아기 147
사기 149
沙器幕 329, 355, 635
사기막 329, 355
沙器幕溪 377
沙器幕谷 195, 741
사기막기울 377
沙器幕洞里 562
沙器幕里 216, 820, 825
沙器幕坪 376
沙器幕黃海洑 562
사기말 355
사기말골 216
沙器店谷 837
沙器店基 764
沙器店里 532
沙器店酒幕 148
砂器店村 273
沙器店峴 356
사기점고기 356
사기점골 837
沙器村 355
砂金 272, 516, 522, 523, 637, 651, 651, 651, 651, 655, 655, 660, 663, 663, 715, 718, 794, 797, 803, 806
사나골 265
사나물 619
사나물고기 621
사나물쥬막 621
沙南 288
沙南坪 287
沙納谷 737
寺內谷 280
史內谷 466
史內嶺 476
史內面 236, 237, 238, 239
寺內山 97
莎內酒幕 118
沙內坪 146, 728
沙泥峙 839
사다리집골 456
祠堂谷 145
士堂谷 462
四當谷 838
사당골 462, 838
祠堂坪 147
寺垈 354
寺垈谷 308, 319, 346
四大路里 816
寺垈山 97
沙大灘酒幕 66
沙德山 441
사덕산 441
莎德峴 235
寺洞 58, 72, 95, 106, 110, 234, 263, 286, 298, 299, 300, 316, 429, 470, 504, 520, 610, 642
師洞 268
蛇洞 506
巳洞 556
寺洞里 512, 532, 802
泗東面 531, 531, 532, 533, 534

寺洞洑 107
寺洞前野 56
寺洞前川 57
寺洞酒幕 264
泗東川 531
寺洞坪 260
沙頭 355
사두 355
蛇頭嶺 445
蛇頭里 443
蛇頭峰 381
沙頭浦 515
沙屯堤 254
沙屯地 281
莎屯地酒幕 269
莎屯地川 267
沙屯坪 735
사ᄃᆡ평 569
沙羅峙 767
사랍이 737
사랑말버덩 229
舍廊沼 207
舍廊村坪 229
사려울 194
寺岺 493
泗嶺谷 749
泗嶺嶺 751
사령이 324
泗嶺川 749
沙里 220
사리들 220
사리말 220
沙里坪 220
士林 299
사림 299
사림뜰 297
士林坪 297
사ᄅᆡ들 617
사ᄅᆡ뜰말 619
簑笠峰山 534
沙幕 485
沙幕谷 331
沙灣谷 614
沙灣洞 613
四面坪 571
사면평 571
寺名 232, 372, 379, 384, 557, 563, 566, 573, 755, 757, 758, 779
四明山 141, 143, 447
사명산 447
사모골 586
사문ᄌᆡ 586
士文峙 586
四美川 648
사바터 306
四方街酒幕 408, 426
사방거리 442, 469
四方巨里 469
四方巨里酒幕 471
사방거리쥬막 258, 408, 426, 471
四方掛 102
四方垈 306
사방모루ᄀᆡ울 202
사방모루보 202
사방모루쥬막 202
四方山 332
사방산 332
獅猇山 780
四方隅溪 202
四方隅洑 202
四方隅酒幕 202
四方地里 812
四方坪 442
사보랑산 320
瀉峰 301
射峰山 320
沙峰山 712
師夫郎山 320
사부랑산 320
沙飛里 396
沙飛酒幕 396
沙蔘 607
사상ᄀᆡ 635
泗湘浦 635
仕上峴 200
四西里 793
四仙亭 388
沙沼 529
沙沼川 261
寺水谷 591
泗洙川 156
司瑟谷 606
獅膝峰 392
사슬아치 549
沙瑟峙 634
사시란 649
四實溪 227
사실고ᄀᆡ 475, 502
絲實谷 448
사실골 417, 470
사실골보 473
사실기 634
사실나무골 448
沙實洞 470
沙實洞洑 473
사실앗치 142
사실앗치보 143
沙實峴 207, 475
사심목이뜰 181
사심바외 286
斜陽谷 302
泗陽洞 544

사양지평 376
사엄 396
사여고기 226
似如嶺 226
사여령 751
사여울 443
蛇硯洑 306
沙悅里 194
사올진 562
史外面 235, 236
사운들 338
仕雲川 341
仕雲坪 338
士元基 761
士遊潭 638
舍音垈 654
사이지 637
사일 184
沙日院里 800
沙日院酒幕 794
사자니 629
獅子洞 221
獅子洞溪 222
사자목이 555
獅子山 162, 177, 627
獅子川 629
獅子峙 555
四鵲山 265
沙場名 364
沙場浦洞 520
思梓里 717
思梓里店 718
사쟈골 221
사쟈동기울 222
沙田 323
沙田谷川 745
沙節里 184
射亭里 619
射亭洑 572
射亭坪 569, 572
沙堤谷山 337
사제곡산 337
沙堤面 337, 338, 339, 340, 341
士宗里 757
사지막나들이 606
四支幕洞 608
四支幕津 606
四支幕峴 609
사지목이 836
社稷堂 292
사직당 292
社稷堂坪 405
사진니 750
沙津里 374
蛇津酒幕 296
寺刹 117, 696, 709
寺刹名 63, 81, 86, 111, 135, 159, 168, 169, 180, 216, 249, 266, 304, 315, 323, 328, 344, 389, 393, 394, 424, 446, 507, 527, 549, 550, 592, 629, 651, 655, 678, 680, 682, 683, 686, 688, 692, 739, 743, 762, 769, 777, 794, 811, 817, 821, 843
司倉洞 443
사창동 443
社倉洞 816
司倉洞酒幕 668
社倉里 124
司倉里 188, 252
사창리 188
社倉酒幕 117
射窓坪 102
司倉坪 248
沙川 561, 631
沙川江 152
沙川溪 296
斜川橋 584
沙川里 262
莎川里 278
泗川里 381, 799, 807
沙泉里 396
仕川里 830
沙川面 561, 562, 563
沙泉酒幕 397
沙川津 628
沙川灘 425
沙川坪 315
蛇川坪 382
絲川峴 143
斜青谷 53
射廳里 84
射廳沼 91
사천이압나드리 425
莎草街 163
莎草街酒幕 165
莎草峰 719
寺村 632
沙村 784
沙村里 374
沙村酒幕 379
사쵸거리 163
사쵸거리쥬막 165
蛇峙 562
沙峙 636
沙峙里 414
沙灘 257
死灘 443
沙汰洞 133
士泰洞 471
沙汰項 142

沙汰項酒幕 143
사틱골 225
사틱구미 403
사틱목이 142
사틱목이주막 143
사틱울 471
賜牌洑 496
寺坪 101
沙坪 428, 528
沙坪里 431, 619
사평리 431
寺坪洑 104
沙坪洑 149, 782
沙坪野 617
莎坪村 603
獅項山 836
寺墟峴 226
사허현 226
獅峴 103
蛇峴 182
沙峴 202, 350, 355, 356, 459, 502, 534, 558, 571, 840
柶峴 217
射峴 324
寺峴 424
沙峴溪 202
沙峴谷 451
沙峴里 123, 388
沙峴面 828, 829, 830, 835, 840, 843, 844, 846, 848, 849, 850, 851, 853
사현면 828
사호랑 733
사호랑물 732
沙湖里 733, 750
沙湖酒幕 750
沙湖川 732
沙興 313
사흥 313
삭갓봉 222, 590, 590, 604, 639
삭갓봉이 222
삭갓지 570, 579
削東嶺 223
朔田谷 246
削峴 212
蒜 91
山 114, 115, 116, 117, 118, 694, 695, 697, 698, 700, 706, 707
山溪里 583
山溪村 583
산고기 145
山谷里 449
山谷名 128, 131, 132, 135, 137, 138, 141, 143, 144, 145, 146, 149, 150, 151, 175, 176, 177, 179, 180, 181, 182, 183, 286, 287, 293, 294, 297, 301, 302, 308, 309, 310, 314, 315, 316, 319, 320, 325, 326, 332, 333, 337, 338, 341, 342, 345, 346, 347, 348, 352, 353, 402, 403, 404, 408, 409, 410, 412, 413, 415, 416, 417, 418, 419, 420, 424, 425, 426, 427, 428, 433, 434, 435, 436, 438, 439, 440, 441, 446, 447, 448, 449, 455, 456, 457, 460, 461, 462, 463, 464, 465, 466, 477, 510, 513, 514, 516, 517, 518, 523, 524, 528, 531, 534, 535, 536, 538, 539, 676, 678, 680, 682, 684, 686, 688, 690, 762, 763, 763, 763, 764, 764, 764, 765, 765, 766, 766, 766, 767, 787, 788, 810, 813, 815, 817, 819, 835, 836, 837, 838, 839
산골고기 296
山骨峴 507
山橋 631
山崎洞 224
山南面 746, 747, 748, 748, 749
山內面 86, 87, 88, 89
산노골 836
山農洞 444
山畓谷 378
山堂谷 221, 347
산당골 221, 347
山堂山 49
山大月里 560
山道谷 575
山道谷店 577
產洞 470
山頭 298
산두 298
산뒤 579
산드릭 532
산드릭영 536
산드릿영 533
山靈月 610
山爐谷 836
山論里 730
山論坪 723
산롱골 444
酸梨谷 640
酸梨洞 250, 623

酸梨里　81
酸梨木谷　416, 513
산마루고기　108
山幕谷　409, 466, 567, 639
산막골　232, 315, 409, 451, 466, 618, 636, 639
山幕洞　232, 315, 618, 636
山幕名　451
山幕伊前川　541
山幕川　541
산만이골　614
산말우고기　105
山名　48, 49, 50, 63, 68, 69, 78, 79, 82, 89, 91, 96, 97, 98, 105, 108, 110, 156, 157, 159, 160, 162, 165, 169, 174, 188, 191, 193, 194, 195, 196, 197, 199, 200, 201, 202, 203, 204, 206, 208, 209, 211, 212, 214, 215, 218, 220, 221, 222, 223, 226, 226, 228, 229, 230, 231, 236, 237, 242, 244, 245, 253, 256, 259, 264, 265, 270, 275, 279, 280, 360, 362, 365, 367, 369, 370, 372, 374, 375, 381, 386, 387, 388, 392, 395, 397, 398, 451, 452, 484, 486, 487, 488, 491, 494, 497, 498, 500, 501, 502, 503, 504, 552, 554, 558, 560, 561, 563, 571, 574, 579, 580, 581, 585, 590, 594, 595, 600, 601, 605, 606, 610, 611, 612, 613, 614, 615, 616, 617, 621, 622, 627, 632, 633, 638, 639, 648, 652, 655, 657, 660, 664, 666, 669, 712, 715, 716, 718, 719, 720, 727, 728, 731, 732, 733, 734, 737, 739, 741, 743, 744, 746, 749, 754, 755, 756, 756, 757, 758, 759, 760, 761, 772, 773, 774, 775, 777, 778, 779, 780, 781, 792, 793, 794, 796, 797, 802, 804, 805
산막이　567
山本里　230
山北谷　70
山北洞　71
山北里　579
山北洑　373
山北野　56
山北津　71
蒜山　574
山蔘　797
山城　577, 695
山城谷　639
山城村　664
山城峴　463
산성골　639
산성지　463
山水谷　347
山水洞　268, 330, 353, 821
산슈골　347
산슈쏠　330, 353
山神祭谷　498
山也谷　319
산야골　319
산야골보　853
山野洞洑　853
山藥　793
산약골　190
山藥洞　190
山陽洞　553
山羊峰　639
山陽坪　225, 376
산양평　225
山月嶺　533, 536
山月里　532
山矣谷　634
산의실　634
山栢谷　627
山岾里　73
山井里　619
山井里酒幕　621
山井峴　621
山祭谷　486
山祭堂谷　310
山祭堂洑　852
山祭堂峰　415
山祭堂山　191
山祭洞　543
山祭岩谷　309
산졔골봉우리　415
산졔당보　852
산졔당산　191
산졔당쏠　310
산졔바위쏠　309
산졔터골　486, 498
山宗峴　105, 108
山竹基　778
산지기　163
山地德潤　457
山旨里　109
산지바우쏠　640
山地巖谷　640
산지터기울　457
山芝浦　163
山川祭谷　50, 51

山湯谷 575
山台峴 731
산턱골 627
산ᄐᆡ동고ᄀᆡ 731
産香谷 514
山峴洞 184
山峴里 506
山峴坪 183
山篁里 553
산황이 553
살감뜰 287
살갑 288
살괫말 568
살구두둑 344
살구미 402
살구실 161
살ᄀᆡ벌 648
살낙쏠 294
살논두루 723
살ᄂᆡ 524, 526, 527, 735
살ᄂᆡ골 758
살ᄂᆡ물 735
살담고ᄀᆡ 61
살ᄃᆡ울 327
살려울 328
살목ᄀᆡ물 511
살문이골 775
살ᄆᆡ기들 676
살우봉 595
살ᄋᆡ 830
살ᄋᆡ골 832
살ᄋᆡ비보 149
살ᄋᆡ비평 146
살청니쥬막 707
삼 154, 160, 162, 165, 171
三街溪 341
三街洞 111
三街里 233, 620
三街里溪 324
三街里谷 320
三街里酒幕 621
三街洑 134
三街店 565
三街酒幕 423
三街坪 132, 338
三角山 68
三巨里 87, 182, 278, 489
삼거리 233
三巨里洑 88
三巨里酒幕 181, 279, 432
삼거리쥬막 432
三巨里峙 424
三巨里坪 295, 488
三巨伊 546, 549
三巨伊前川 541
三巨坪 276
三溪里 732
삼골 316
삼광들 326
三光坪 326
三斤岩里 262
三南里 796
三南酒幕 795
三年垈 263
三年洞 198
삼ᄂᆡ 203
삼다리고ᄀᆡ 234
삼달고ᄀᆡ 474
三達峴 474
三大路里 816
三德山 707
三島 733
三洞 273
三同街 170
삼동거리 170
三同巨里 233
三同巨里洑 479
三洞坪 271
三登坪 735
三良里 602
三論坪 335
三馬峙 274
삼바리보 852
삼박게 726
三朴山 772
삼발리지 840
三發洑 852
三發峙 840
三發坪洑 852
삼발평보 852
삼밧골 533, 542, 734
삼밧골물 745
삼밧산 595
삼밧치고ᄀᆡ 423
森坊谷山 332
삼방골고ᄀᆡ 333
삼방골산 332
三芳里 784
三方山 156, 615
三芳山 788
森坊峴 333
三培里 183
三培峴 239
森柏谷 761
삼베 135, 151, 154, 657
三洑 810
三宝洞 343
삼보쏠 343
三峰洞 642
三峰里 824
三峰山 96, 367, 513, 595, 773
三峰案 603
삼부골고ᄀᆡ 328

三富洞峴 328
三釜淵 815
三飛谷 837
삼비골 837
三山 500
三山里 563
三山峰 628
三西里 793
三石堂 195
三仙峙 731
三星 340
三省堂 243
三星堂 500
三星堂洑 366
三星里 365, 814
三聖峯 676
三星峯 688
三城坪 343, 844
三星坪 364
삼셤 733
삼셩이 340
삼셩평 343
삼셍이드루 844
三東島 364
森松里 825
三水巖 90
三水巖山 89
三僧菴谷 837
삼승암골 837
三神洞 323
三神山 259, 484, 498
三岳谷 771
三岳山 215
삼악산 215
三億東嶺 540
三億洞里 545
삼연골 198
三永洑 578
三叉川 65
三叉川洑 67
三五里村 96
三玉嶺 609
三玉里 607
三旺洞 556
三印峰 88
三人坪 64
三日浦 387, 388
三田洞 325
蔘田山 595
蔘田峴 403
三丁垈洑 479
三鼎山 159, 595, 614, 617, 627
三亭峙 558
三鼎峙 565
三井平洞 670
三丁峴 253
三齊峙 270
삼젼솔 325
삼정ᄌᆡ 558
삼정터보 479
三宗里 655
三蹲峙 842
삼쥰이고ᄀᆡ 842
三池洞里 816
三千峰 487
삼치거리쥬막 426
三峙嶺 397, 426
삼치영 426
三峙酒幕 426
三峙峴 726
三灘津 100
三台洞 225
三台洞里 805
三台里 725
三台峰 301, 778
蔘台峰 491
삼ᄐᆡ봉 301
三浦里 206
삼포말 206
蔘圃坪 146
三韓洞溪 229
三峴 103, 718
三峴洞 94, 670
三兄弟峙 312
삼형졔고ᄀᆡ 312
三和寺 762
三興亭 670
三興亭洑 671
插谷村 274
霎橋里 179
插橋峴 234, 256
插屯里 618
插屯洑 618
삽둔보 618
插月峴 209
삽작모릉리쥬막 599
삽ᄌᆡ 388, 412
삽쵸 460
鍤峙 754
삿갓봉 227, 534, 746
삿둑ᄀᆡ 515
삿져리 184
上加德洞 309
上佳山里 825
上佳佐谷 178
上看尺里 453
上葛麻谷 183
上㔟云里 825
上甲里 122
상갑버덩 428
상갓솔 98
上渠洂 766
上乾川里 230

상건천리 230
上傑里 203
上階岩 322
上高飛院 546
上谷 51, 585
上光丁里 833
上廣川 163
相交谷 441
상교골 441
上橋洞里 512
上九里 126
上九萬里 532
上九井 492
上九峴 318
上軍杜里酒幕 263
上郡面 695, 696, 697
상굿소 99
上弓宗 179
上琴垈 180
上岐城里 803
上岐城洑 803
上岐城酒幕 802
上吉星里 816
上吉峙嶺 726
상나무골 381
상나무말 362
上南山里 681
上內山里 818
상니 81
上多屯里 317
上多田里 750
上茶川里 689
上茶川酒幕 690
上達里 677
上達里酒幕 677
상달면 677
上畓 430
상답 430
상답나드리 411
上畓川 411
上畓坪 428
上垈 635
上大利里津 446
上大美院 178
上垈村 643
上垈坪 498
上德邱洞 699
上德洞 307
上德寺 502
上德田谷 721
上道谷 321
上道里 407
상도리 407
上道里市場 408
上道門里 829
상도장 408
上洞 291, 583, 648
상동 326
上洞谷 69
尙洞谷 191
상동골 191
上洞里 422, 525
상동리 422
上東面 131, 132, 133, 133, 134, 135, 600, 601, 602, 603, 604, 605, 676, 677, 678
上洞庭 706
上杜陵 625
上頭里 109
上斗玉 313
上斗村 506
上樂豊里 583
상랑터 108
上芦谷 468
上論味里 478
上論味里洑 479
上龍谷 185
上龍水坪 723
上流川里 819
上柳浦里 230
上栗里 683
上里 129, 360, 484, 799
上里面 677
上梨木里 725
上里洑 592, 745
上里酒幕 594
上臨溪 664
上臨溪驛 665
上馬山里 824
上萬里 512
上萬山 468
上孟芳 769
上鳴岩里 201
상명암리 201
上牟田 169
桑木谷 418
橡木嶺 264
桑木坪 247
上沒雲 653
上茂谷 317
上舞龍洞 144
上舞龍洞洑 145
上舞龍洞川 144
上茂周釆谷 721
상밤틔 683
上芳谷里 211
상방곡리 211
上芳洞 214, 469
上芳林洑 165
上芳坪里 794
上栢山 500
上洑 91, 115, 190, 261, 451, 454, 471, 472, 472, 479,

502, 638, 730, 806, 851, 851
상보 190
上洑里 121
上寶里 387
上普門 344
上福洞 829
上峰 293, 294
상봉 293, 294
橡峰 301
上蓬洞 548
上北洞 653
上北占里 545
上芬芝谷 308
上飛里 262
相思谷 491
上沙谷里 495
上泗東里 532
上沙里 691
上沙里酒幕 692
相思木谷 449
상사목골 449
上絲瑟峴 764
上沙川 691
上沙川洞 292
商山 446
상산고ᄀᆡ 475, 476
上山谷 395
상산ᄂᆡ 846
上山垈坪 741
上山洞 83
上山里 121
商山里 799
商山洑 850
상산보 850
上山北里 371
상산여울 443
상산이 83
上山田里 179
上山岾洞 72
상산ᄌᆡ 446, 553
商山川 846
商山峙 553
常山灘 443
常山峴 475
商山峴 476
上桑洞 108
上上里 799
上湘坪 147
上湘坪洑 149
上西面 460, 461, 462, 463, 464, 465, 466, 467, 468, 469, 470, 471, 472, 473, 474, 475, 476, 477
上石項 652
上蟾江 318
上城南 299
上城底里 677
上細洞里 537
上細足里 823
상성남 299
上小坤里 547
上所里 492
上所洑 493
上蘇台里 687
上松館里 526, 527
上松里 392, 593
上松林里 564
上松川洑 852
上水南里 177
上水南酒幕 177
上水內里 139
上水內津 139
上水內浦口 139
上水洞 126
上水白里 183
上秀岩谷 535
上水野 55
上水汗 506
上水回里 59
上水回川 56
上述里 125
上詩洞里 578
上食岾里 66
上食岾坪 64
上新垈里 745
上新順里 818
上新院里 542
上新正里 519
上新坪 634
上安味里 163
上安味洑 165
上鞍坪 713
上安興 178
裳巖谷 98
裳巖山 374
上藥岩山 48
上陽洞 58
上陽里 826
上陽穴里 833
上於城里 823
上淵街谷 720
上梧里 803
上梧灣 613
上玉濱川 57
上瓮里 126
上瓦要山里 811
上瓦村 73
上旺道里 832
上王洞 182
上外先里 812
上牛望里 130
祥雲里 833, 843
상운리 833, 843

祥雲里前溪 847
祥雲里酒幕 848
상운버덩 845
상운압늬 847
상운쥬막 848
祥雲坪 845
상원 344
上院谷 299
上原谷 639
상원골 299, 639
上元唐洞 699
上院洞 396
上院寺 169, 216, 344
상원사 216
上元山 660
上院菴 111
上元庵 389
上原通坪 723
上元浦里 125
上月城洑 739
上月川 847
上月川里 834
上越坪 132
上楡谷里 798
桑陰里 714
桑陰里古城 715
桑陰前洑 715
上陰坪 413
上衣岩里 207
上長面 755, 756, 757, 758
上長浦酒幕 319
上楮田里 59
桑田谷 69
上田灘里 519
上占方里 532
上頂岩谷 490
上汀月里 395
上操琴里 686
上宗坪 722
上佐峙 270
上注里 121
上竹街酒幕 432
上竹川 430
上中里 816
上中村 631
상지경 399
上支石里 532
上地位里 87
上珍里 119
上珎富里 168
上珎富酒幕 168
上榛峴里 801
上榛峴洑 795
上集室 470
上蒼峰里酒幕 275
上川 407
上泉谷里 197
上川基 780
上川前 705
上泉田里 230
上草邱 327
上草里 394
上初北面 516, 517, 518, 518, 519, 520, 521, 522, 523
上草院 183
上草院酒幕 182
上村 184, 307, 320, 458, 458, 644, 783
상촌나들이 606
上村里 236
上村津 606
상촌 184, 320
上鄒儀里 797
上致財谷 464
上漆田里 192
上漆田前酒幕 192
上炭里 396
上炭酒幕 397
上塔里 800
상터 635, 636, 643
上吐洞 694
上土里 823
상토봉 418
上土城里 815
上退溪里 192
上退溪里酒幕 192
上板橋坪 723
上板里 807
上板里酒幕 806
上沛川里 725
上坪 156, 200, 232, 405, 457, 467, 501, 505, 659, 763
上坪洞 618
上坪里 388, 515, 516, 831
上坪洑 222, 473, 538, 740
桑坪洑 249
上坪新洑 853
上坪前川 847
上浦里 90, 812
上浦村洞 57
上品谷里 197
上楓洞里 796
上下燈台 341
상하등잘 341
上下岩山 498
上鶴里 820
上咸白山 758
上海三垈 306
上海三垈酒幕 311
上虛川洞 584
上峴 205, 604
上縣里 548

上玄岩里 215
裳峴坪 303
上花南嶺 59
上花里 725
上禾岩里 73
上回山里 820
上檜耳里 547
塞番地 611
새암장 722
塞檐峴 356
샘ᄯᅳᆯ못 657
ᄉᆡᆺ고ᄀᆡ 727
ᄉᆡᆺᄀᆡ 722
生谷 596
生女峰 97
笙潭 317
笙潭坪 316
生桃谷 571
生麻 86, 93, 112
生鰒 751
生山 353
牲山 438
牲山城載 446
生陽洞 292
生陽峴 351
生雲里 175
生雲酒幕 176
生雲坪 175
生場里坪 311
生場員洑 312
生昌驛 485
生鐵 534
生呑里 649
샤실골ᄀᆡ울 227
샵밧들 676
샹토일 694
西江 592
西江酒幕 594
西江津 591
西巨論里 194
서거론리 194
西巨論里峴 194
서거론이고ᄀᆡ 194
西谷 51
西龜岩山 386
書基谷 785
西起峰山 374
서낭당이 139
서낭당이주막 151
서낭당이포구 139
書堂谷 591, 627, 712
書堂洞 576
書堂洑 565
書堂村 568
書堂峙 581
書堂坪洑 366
西大川 792
鋤乭谷 456
西浪塘坪 377
西里 387, 730, 738
西鯉里 823
西鯉沼 822
西林里 832
西林山 595
西面 68, 69, 70, 71, 71, 72, 73, 74, 75, 116, 122, 123, 141, 142, 142, 143, 391, 392, 497, 498, 499, 500, 617, 618, 619, 620, 621, 657, 658, 659, 660, 707, 708, 709, 792, 793, 800, 801, 828, 831, 832, 837, 838, 840, 841, 845, 847, 848, 849, 852, 853
瑞目里 258
西門街 327
西門里 360, 831
婿房沼 99
西邊里 119
西邊面 810, 811, 812, 813
棲奉谷 759
西士川上里 212
西士川下里 212
鼠山 226
西山谷 591
西山峙 594
西山下坪 441
西上面 218, 219, 220, 221, 222, 223
西石 313
瑞石面 259, 260, 261, 262, 263, 264
西仙里 831
西城 554
西城里 365
西沼 429
西水浦里 820
서실ᄋᆡ보 145
서실ᄋᆡ포구 144
書岩洞 584
瑞岩坪 348
書於味 453
書於味洑 454
鋤業里 499
西域谷 456
西役洞 440
西域洞前川 541
瑞域里 714
瑞域川 713
西椽里 105
鋤吾芝川 235
鋤吾浦 190
瑞玉洞 453
西旺里 718

西旺坪　722
서욱기　190
瑞雲里　656, 796
瑞雲里洑　657
瑞雲岩里　743
瑞雲驛　795
書院基　557, 654
書院里　224
書院坪　626
西楡井里　821
西應洞　470
西自谷里　814
西作洞　330
西蚕山里　691
西楮谷　363
黍田谷　276
黍田洞　278
西亭里　740
西濟灘　443
書造谷　223
徐中洞　573
西芝屯　354
西芝嶺　356
西芝山　332
西芝峴　333
西津江　514
西川溪　169
西川洞　158, 170
西川洑　158
西川坪　157
西川峴　171
西翠嵐山　535
西炭甘里　802
西灘津　422
西抱谷　114
叙霞洞　659
西下二作面　217, 218
西下一作面　214, 215, 216,
217
棲鶴　763
棲鶴谷　758
西墟里　388
西湖里　144
西湖里洑　145
西湖里浦口　144
西湖酒幕　422
西湖坪　428
瑞和里市場　426
瑞和面　424, 425, 426
西華山　686
西希谷　131, 151
西希嶺　151
石盖山　839
石鉅里溪　280
石巨里洑　454
石鉅里酒幕　282, 296
石居士墓　75
石巨坪　334
石鉅峴　318
石結伊　438
石逕里　344
石逕寺　344
石高介　146
石谷　247
石串　354
石串洑　356
石光山里　820
石橋　635, 649
石橋谷　448
石橋里　119, 562, 829
石橋里店　114
石橋洑　563
石橋酒幕　650
石橋川　846
石橋坪　741
石龜　562
石內洑　782
石達山　319
石潭里　814
石潭村　278
石垈谷　439
石坮里　725
石坮洑碑　727
石臺庵　817
石島里　730
石同巨里　299, 307
石同巨里酒幕　311
碩洞里　801
石同坪　201
石同坪洑　201
石頭洞　546
石頭山　779
石硫磺　798
石梨亭　467
石梨亭洑　472
石門里　125, 179, 369
石物浦谷　510
石磅峙　766
石壁山　839
石屛山　581
石峰　500, 503
石鳳岩　226
石峰村　267
石峰坪　266
石佛堂洞　538
石佛堂里　537
石佛峰　638
石碑　715
石寺洞　152
碩士里　195
石寺里　822
石山嶺　134, 151
石城　792
石城里　729

石城山 839
石城坪 729
石水洞 521, 699
石安里 79
石巖洑 178
石巖坪 177
石崖峰 421
石厓峴 510
石野坪 518
石王里 261
石隅 268, 321, 328
石隅溪 324
石隅里 282
石隅洑 852
石隅酒幕 115, 324
石隅川 329
石隅坪 326, 744
石義石洞 299
石茸岩谷 518
石長谷 116, 246, 378, 420, 427
石藏谷 201, 409
石葬谷 247, 447, 747
昔葬谷 435
昔獐谷 839
石葬洞 94
石墻峴洑 460
石田里酒幕 432
石田坪 280
石鼎洞 94
石柱 553
石芝 339
石芝峴 341
石灘 80
石炭 850
石塔 79, 219, 221
席破嶺 217
石坪里 167
石坪峴 577
石浦洞 78
石項 128
石項里 170, 667
石項洑 677
石項於味 780
石項川 704
石革山 270
石峴 60, 61, 67, 74, 205, 279, 282, 499, 604, 626, 669, 698
石峴里 142
石峴里酒幕 142
石峴洑 782
石峴村 281
石華山 242
石花村 184
石花村酒幕 184
石灰 197, 849
船街酒幕 74
扇谷 55
仙谷 784
船橋里 559
船口尾 478
船口尾酒幕 479
仙女谷 416
선달고ᄀᆡ 131
先達谷 132
先達峴 131
善德碑 415
蟬洞 95
船動洑 85
蟬洞酒幕 104
船頭坪 139
船屯地洑 806
船屯地坪 405
仙樂洞 599
仙娘堂谷 310
선바우보 140
선바우뜰 138
船沼津 100
先審洑 769
先審坪 770
선안 147
仙巖江 618
仙巖谷 606
仙岩里 516
仙巖里 619
仙岩寺 688
仙岩山 265
仙巖酒幕 621
仙巖津 617
仙巖峙 621
先艾谷 427
船崖洞 164
蟬淵里 554
仙游潭 364
仙遊洞 58
仙游里 362
仙游室 360
仙遊亭 114
仙游坪 361, 364
仙游坪上洑 362, 365
仙乙峙 840
先乙坪 336
仙人堂 695
선ᄋᆡ골 427
扇子谷 439
仙子乙嶺 555
扇子峴 350
善政碑 361, 361, 380, 380, 552, 853, 854, 854, 854, 854, 854, 854, 854, 854, 854, 854, 854, 854, 854
仙濟洞 695
船津 484

善倉山 749
先倉酒幕 812
善倉川 750
先村坪黃字堤堰 810
船峴 718
雪龜山 638
雪論谷 666
雪梨谷 402
雪梨谷川 406
雪味 548
雪味前川 541
雪味坪 540
雪嶽山 838
設雲 766
설운골 604
雪雲峙 604
雪峙峴 210
蟾江 183, 290, 304, 315, 324, 337, 341
剡江 337
蟾江川 175
蟾橋嶺 533
剡內里 742
섬더리령 533
섬돌 570
剡阜 313
剡石洞 570
剡石店 572
섬안이 636
蟾岩溪 311
閃只 602
涉沙洞 608
涉沙坪 607
成哥洑 137
成巨里 108
성고기 151
城谷 146, 417, 632
城谷嶺 149
聲谷里 554
城谷池 687
城谷坪 686
성금바위 588
城南洞 775
城南里 373
城內 341, 625
城內溪 725
城內谷 721
城內洞 390, 641, 697
城內里 830
城內洑 741
城內山 622
聖道谷 367
城洞 122, 538
城洞里 537, 800
城洞川 280
星斗谷 771
聖登里 331
聖留嶺 701
星摩嶺 159, 660
城名 554, 557, 792
城門內山 223
城堡 115, 709
城堡名 390, 392, 394, 398, 446, 600, 605, 678, 680, 682, 684, 686, 688, 690, 692, 762, 790, 813, 815, 843, 844
城北 108
城北洞 775
城北里 81, 664
城北里洑 665
城北員洑 110
城北坪 552
城佛嶺 455
成佛峴 459
城山 91, 97, 792
成山 223
城山里 125, 272
城山面 554, 555, 556, 557, 558
猩猩峴 840
聖壽山 787
城岩里 506
盛愛谷 438
城崖谷 581
成野峴 279
城隅洑 739
成子洞 398
聖潛谷 771
城載山 720
城底洑 137, 738
城底峴 226
城前 269
城岾山 48
成造巖 777
城柱洞 485
星周目谷 247
成珠峰 215
成州峰 220
聖主峰 500
聖主山 622
聖住庵 817
城柱峴 486
聖知谷 205
聖旨谷 246
聖智谷 634
城直里 391
城直峴 390
星川里 374
城側山 244
城峙 582, 616, 840, 842
城峙谷 296
城下村 561
城峴 84, 103, 151, 463,

548
星峴里　717
城峴里　803
城峴洑　550
星湖里　81
城埕　770
城隍街川　407
城隍谷　382, 410, 419, 420, 601, 837
城惶堂　297
城埕塘　766
城隍堂溪　150
城隍堂里　213, 802
城惶堂里　262
城隍堂洑　393
城隍堂山　48, 727
城隍堂伊　548
城隍堂前川　541
城隍堂酒幕　151, 798
城隍堂坪　393
城隍洑　151, 782, 789
城隍山　374
城隍店　459
城隍村　610
城隍峙　402, 840
城隍坪　150, 199, 421, 786
城隍坪洑　231
城皇峴　103
城隍峴　206, 219, 363, 383, 436
細巨里　741
세고ᄀᆡ　726
細古峴　154
細谷　347, 464, 633, 658, 759
細谷溪　311
細谷里　611
細橋　343, 526, 593
細橋坪玄學堤堰　810
細丹坪　335
世垈　649
세덕산　707
細洞　307, 339, 514
細洞員洑　109
洗馬川　686
洗戊峴　351
世上洞　545
世上洞於口　549
細松里　602
洗水清　544
細深井洑　116
세역골　456
細隱谷　698
世藏洞　532
世尊峕　341
細注院　515
細竹垈　444
細坪　662, 703
細浦　329, 703
細浦里　121
洗浦里　126
細峴　106
細峴里　800
細峴里洑　794
셔강나루　591
셔낭고ᄀᆡ　219, 436
셔낭골　420
셔낭당골　382
셔낭당이쥬막　459
셔낭당평　393
셔낭들보　231
셔낭버덩　421
셔녀골　416
셔늬　170
셔늬고ᄀᆡ　171
셔당골　712
셔들　313
셔들골　456
셔랑골　410
셔러미보　454
셔리골　402
셔리골ᄀᆡ울　406
셔리방우　685
셔리실　343
셔말　196
셔면　828
셔문거리　327
셔문리　831
셔뭇뒤　364
셔바쇼　429
셔사쳔ᄒᆞ리　212
셔산아릐두루　441
셔시릐　158
셔시릐보　158
셔시릐뜰　157
셔실ᄋᆡ　144
셔ᄉᆞ쳔샹리　212
셔안이강　638
셔역골　440
셔옥골말　453
셔왕골평　722
셔우지늬　235
셔우지아릐말　235
셔원말　330
셔원말ᄀᆡ울　337
셔월리고ᄀᆡ　80
셔웅골　470
셔작골　330
셔져울날루　422
셔져울쥬막　422
셔졔골　363
셔졔여울　443
셔지　559
셔지고ᄀᆡ　333

셔지골 223
셔지둔 354
셔지산 332
셔지ᄌᆡ 356
셔파영 217
셔항ᄃᆡ산 727
셔호버덩 428
셔화장 426
셕거들 334
셕거리보 454
셕고ᄀᆡ 611
셕교골 448
셕금 715
셕다리 319
셕동거리 204, 233, 299, 307
셕동거리보 134, 201, 479
셕동거리ᄠᅳᆯ 132, 201
셕동거리쥬막 311
셕두루벌 518
셕뒤 661
셕ᄃᆡ골 725
셕문ᄀᆡ골 510
셕벽ᄌᆡ 839
셕봉암 226
셕셩산 839
셕써리 84
셕으셕동 299
셕이우밧골 518
셕장골 201, 409, 420, 427, 435, 447, 839
셕지 339
셕지고ᄀᆡ 341
션계 642
션낭당이쏠 310
션돌 175, 387, 593
션돌ᄠᅳᆯ 175
션들 192, 313
션바우 299, 516, 631
션바우골 177, 606
션바우버덩 428
션바위고ᄀᆡ 205
션바위골 286
션바위ᄀᆡ울 220
션바위말 322
션암날우 617
션앙고ᄀᆡ 206
션유ᄌᆡ 701
션을들 336
션을ᄌᆡ 840
션ᄌᆡ일 555
셜골고ᄀᆡ 210
셜ᄂᆡ 665
셜들고ᄀᆡ 193
셜먹이골 517
셜악산 838
셜피밧 431
셤강 183, 290, 304, 315, 324, 337, 341
셤비 313
셤ᄇᆡ고ᄀᆡ 323
셤ᄇᆡᄀᆡ울 324
셤ᄇᆡ쥬막 324
셤안 742
셥ᄀᆡ 221
셥다리쏠 160
셥실 698
셥ᄉᆡ별 607
셥ᄉᆡ울 446
셥ᄌᆡ 343
셥ᄌᆡᄀᆡ울 141
셥ᄌᆡ들 342
셥ᄌᆡ보 143
셥ᄌᆡ쏠 141
셥ᄑᆡ 84
셧돌골 462
셩골 214, 417
셩골들 686
셩낭거리나드리 407
셩낭고ᄀᆡ 383
셩ᄂᆡ 341
셩뒤 108, 775
셩뒤들 552
셩모루보 739
셩문안산 223
셩미 191
셩밋고ᄀᆡ 226
셩밋보 738
셩불고ᄀᆡ 455, 459
셩산 223
셩셩이고ᄀᆡ 840
셩ᄭᅩᄀᆡ 78, 84, 103
셩쏠 146
셩ᄶᆡ 128
셩ᄶᆡ보 550
셩안 632, 641, 697, 721, 746
셩안골 390
셩안말 830
셩안보 741
셩안시ᄂᆡ 725
셩ᄋᆡ말 561
셩쥬고ᄀᆡ 486
셩쥬골등 504
셩쥬봉 215
셩쥬봉이 220
셩직고ᄀᆡ 390
셩지 392, 446, 463, 616, 695, 840, 842
셩평장 718
셩황골 419, 837
셩황당고ᄀᆡ 297, 749
셩황당리 213
셩황당이 610

셩황당이산 727
셩황압들 612
셩황ᄌᆡ 840
셩황평 199
셩ᄌᆡ 438
셰거러니쥬막 423
셰거런니ᄌᆡ 424
셰거리 111, 182, 620, 741
셰거리ᄂᆡ 341
셰거리들 338
셰거리산 320
셰거리쥬막 181, 621
셰고ᄀᆡ 718
셰곡ᄂᆡ 311
셰골 339
셰단들 335
셰림 832
셰솟발산 595
셰솟발이 617
셰숏바리 159
셰실고ᄀᆡ 351
셰원고ᄀᆡ 215
셰존ᄃᆡ 341
셴바우쏠 151
小佳野谷 744
小葛洞嶺 490
小葛峴 486
所開洞 164
小逕谷 837
소경골 746, 837
小鷄足谷 595
小古介 525
小古介里 800
所古里川 774
小孤山 700
小谷 242, 346, 586, 591
蘇谷里 802
小谷峴 239
小坤里嶺 539
소골 668
소골고ᄀᆡ 239
소곰 727, 731, 737, 751, 849, 850
小槐木坪 724
小橋谷 464
小九屯峙 264
昭君里 174, 268
昭君山 265
昭君坪 266
小斤伊 163
小琴瑟谷 606
소금ᄌᆡ 840
소ᄀᆡ 356
소나무터 299
少年谷 477
소눗골 758
소니골 265
소ᄂᆡ기ᄌᆡ 594
所多坪 607
騷坍里 281
小畓洞 546
小大峰 503
小道士谷 346
巢嶋亭 244
所洞 668
소동ᄂᆡ 598
小東嶺 368
小洞庭 717
所洞津 666
小東川 598
小洞峙 253, 270
소두둑 648
소둑ᄇᆡ나드리주막 663
小屯池 196
소득이ᄌᆡ 318
小得峴 318
所羅里 665
소란 664
小兩峨峙 841
小兩峨峙酒幕 356
小龍谷 202
小龍峴 201, 455
小龍峴池 454
소루골 193
小漏水坪 393
소리ᄀᆡ말 391
小林寺碑 79
小磨瑳洞 608
小馬峙 253
少馬坪里 656
少馬坪洑 657
小滿坪 383
召免里 685
沼名 91, 99, 111, 140, 148, 149, 199, 207, 209, 218, 226, 227, 232, 238, 368, 377, 556, 566, 584
小牟谷 720
小毛頭洞洑 107
소목ᄇᆡ나무드리 660
小茂地盖 426
所味川 56
소발아기물 129
소발아기뜰 129
소발아기쥬막 130
小白山 697
小白跡 546
소번ᄀᆡ 717
小凡汗谷 52
小甫丁谷 837
小飛川 765
所沙 668
所思碑 178
小沙芝谷 460

小三馬峙　269
小床谷　523
小石峴　605
小仙舞洞　207
小城洞　122
小樹木谷　63
小樹木嶺　67
小水外洞　643
小升安里峴　312
소시랑골　395
消息峴　350
小深谷　528
소쏠나루　666
소쌀리　203
小我也津浦口　379
小牙玉谷　346
小鴈着伊　363
소알치봉ᄌᆡ　375
小崖里　619
小野谷　300
所也谷　616
소야골　300
蘇野洞　699
소야미들　338
小野味坪　338
小也峙　599
所也坪　844
昭陽江　189
소양강　189
疏陽川　724
小嚴台嶺　74
巢梧木里　619
小五雲　492
소용골　202
소용골고ᄀᆡ　201
沼隅川　180
小月川　785
小月坪　785
小乙山　554
小應踰嶺　67
所伊山　810
소일　654
昭日嶺　528
消日坪　405
梳匝谷　517
蘇在洑　200
蘇在坪　200
召亭嶺　698
召造院　708
燒酒谷　596
霄柱峯　787
燒酒峴　209, 211
소쥬고ᄀᆡ　211
小甑山　666
沼直里洑　671
所直坪　183
소ᄌᆡ　147, 414, 530
소ᄌᆡ고ᄀᆡ　530, 533
소ᄌᆡ들보　200
소ᄌᆡ벌　529
小川　56, 761
所川面　828, 828, 835, 843, 843, 844, 846, 847, 848, 851
小川洑　257
小千石谷　838
소천면　828
所草面　319, 320, 321, 322, 323, 324, 325
小村洑　471
小村坪　466
小村峴　474
小杻谷　441
小丑谷　836
소축골　836
小峙里　123, 783
所峙里　414
所致野　708
所致田洑　709
所他里谷　219
召呑　659
小炭屯　341
小彈里　631
小塔洞　217
小土古味　468
소통골　111
所通洞　111
小八溪　625
小平谷　51
小坪谷　310
小浦　356
小浦洑　454
所浦坪　505
素豊里　512
소하리골　206
小荷五介　168
小河峴里　84
巢鶴溪　724
巢鶴谷　765, 780
巢鶴洞　671
巢鶴山　719
巢鶴店　761
小閑里　434
蘇漢洑　771
蘇漢川　769
蘇漢坪　770
沼項洞　556
小墟　404
小峴　60, 85, 89, 111
小峴洞酒幕　66
小峴里　87
小後谷　836
所厚里　814
소ᄒᆞᆫ리　434

俗開洑 248
속골 592
속ᄀᆡ 738
속ᄀᆡ주막 637
束洞 592
束洞酒幕 593
續命洞 556
束沙谷 523
束沙洞 519, 544
束沙洞里 522, 526, 532, 546
束沙里 167
束沙里酒幕 168
東斜峰 135
束沙峙 168
俗事峴 651
束涉川 118
束實坪 845
속실평 845
속ᄉᆡ 828, 843
속ᄉᆡ고ᄀᆡ 651
속ᄉᆡ골 418
속ᄉᆡᄀᆡ목 843
속ᄉᆡ둔지쥬막 252
속ᄉᆡ목고ᄀᆡ 404
속ᄉᆡ쐴 110
속운골 435
續鷹峰 616
束津 843
속ᄌᆡ산 477
束草里 828
蓀谷 331
巽谷 839
蓀谷川 337
손골 839
孫道偶 603
孫利洞 608
遜利峙 253
손뫼 330
손미나루 337
손미쐴들 337
손발ᄋᆡ기ᄌᆡ 707
손쑤루 722
孫野坪 722
손오고치영 736
손오골 146
孫五串嶺 736
손위실 331
손의고ᄀᆡ 200
巽伊谷 590
遜伊谷 640
손이골 640
巽耳山 245
巽耳峙 253
솔거리 152
솔거리주막 153, 714
솔경지나루 446
솔경이 624
솔경이쥬막 626
솔경지 317
솔경지쥬막 258
솔고ᄀᆡ 375, 605, 626, 636, 645, 692, 717
솔고ᄀᆡ주막 638
솔ᄂᆡ골 837
率垈里 237
솔둔디 80
솔둔디쥬막 80
솔리ᄀᆡ 203, 317
솔마직이 369
솔만이ᄀᆡ울 209
솔문이골 325
솔미고ᄀᆡ 383
솔미보 739
率味峴 383
솔밧말 561, 832
솔밧벌 734
솔밧쥬막 371
솔봉 199
솔슴 399
솔안동 303
솔압 174
솔압산 580
솔욜 554
솔우무골 676
솔이고ᄀᆡ 131, 135
솔이고ᄀᆡ주막 134
솔ᄋᆡ 832
솔정지 142
솔정지주막 143
솔졍지 406
솔졍지보 176
솔졍지쥬막 848
솔치 300, 304, 636, 637
솔치ᄶᆡ 300
솔터 237
솔평지 708
솜ᄌᆡ 330
숫못골 556
숫바우 299
숫ᄯᅥᆨ빅이골 245
숫졈도리 334
숫즘 629
松街 610
宋哥谷 517
松街酒幕 714
松街川 713
松葛門 515
松江里 371
松江洑 373
松芥谷 446
松巨里 152
松巨里酒幕 153
松谷 257, 271, 276, 381,

498, 628
松谷洞 642
宋谷洑 782
松谷酒幕 275
松谷村 273, 274, 643
松谷峴 500
송골 289, 381, 628, 643
송기골 389
송기울 446
松內 273
松內谷 52, 837
松內洞 825
松內面 815, 816, 817
松內山 756
松壇酒幕 660
松潭李文成公碑 580
松潭堤 680
松大沼 821
頌德碑 361, 361, 361, 651, 651, 651, 651, 669, 669, 669, 671
松島津里 399
松洞 93, 94, 220, 289, 499, 526, 546
松洞澗 100
松洞里 489, 800
松洞洑 489
松屯地 543
松蘿峴 80
松絡峰 652
松落山 465
松陵里 677
松里峙 755
松林中坪洑 565
松林下坪洑 565
松巒川 209
松木亭 299
松茂坪 194
松門里洞 325
松尾洑 739
松米山 580
松坊谷 747
松坊里 748
松坊洑 749
松峰 199, 451
松峰洞 514
松峰山 438
松北谷 554
송북쏠 554
松濱 163
松山里 740
松山坪 337
松三峴 351
松桑洞谷 69
송실 642
松岳山 633
松安里 623
松岩溪 227
松岩谷 228
송암니 831
송암늬 846
松岩里 557, 831
松岩里酒幕 848
송암리쥬막 848
松岩山 835
송암산 835
松岩上里 227
松岩川 846
松岩坪 129
松岩下里 227
松壓山 580
松陽里 121, 714
松魚 737
송어 737
松魚里 831
송에 831
松五里 649, 656
송오직 396
松隅里 139
松隅里舊洑 140
松隅里新洑 140
宋尤菴碑 751
松隅村 526
松院 303
松原里 92
松院里 664
松原洑 93
松茸 460, 558, 567, 580
松茸谷 487
松茸洞 289
松茸峰 494
松葺山 310
松葺坪 334
松伊峙谷 410
松茸峴 507
송장고기 189
松杖溝 364
松前里 174
松田里 730, 832
松田酒幕 371
松田坪 734
松亭 80, 95, 317, 331
松亭澗 100
松井谷 676
松亭洞 697
松亭里 87, 142, 255, 371, 569, 624, 785, 803
松亭里酒幕 143
松亭里坪 406
松亭幕 626
松亭洑 176
松亭伊 548
松亭伊村 542
松亭子 238, 444

松亭子津　446
松亭前川　540
松亭酒幕　80, 252, 258
松亭地酒幕　148
松亭之酒幕　848
松亭站　781
松亭川　713
松亭坪　302, 348, 468, 569, 744
松亭浦　458
松亭峴　102
송정이　331
松竹谷　145
松川里　662, 832
松川村　564
松青里　129
松青酒幕　750
松村　561, 580
松峙　252, 300, 304, 375, 533, 636, 637, 660
松峙洞　610
松峙里　530
松峙酒幕　252, 263
松峙村　250
松峙坪　529
松峙峴　530
松坪　708
松浦江　518
松浦洞　389
松浦里　121, 518
松下谷　206
松下里　119
松下里酒幕　115
松下酒幕　629
松鶴谷　634
松鶴洞　369
松鶴洞酒幕　422
松鶴峰　370
松鶴山　49, 416
송학산　416
松寒里　178
松峴　60, 131, 135, 356, 375, 521, 605, 626, 636, 645, 692
松峴洞　58
松峴里　119, 147, 203, 224, 399, 580, 685, 717, 832
松峴山　97
松峴堤　103, 104
松峴酒幕　134, 638
松峴坪　147
松湖　317
松湖洞　536
松湖里　369, 814
송화벌　449
松花坪　449
灑嶺　539
쇄리쏠　661
쇄지골　490
쇄직쏠　447
鎖峙　651
쇠고ᄀᆡ　297
釗高峙　600
釗谷　465
쇠골　434, 465, 516
쇠곳ᄌᆡ　582
쇠공다리　742
쇠공다리술막　743
쇠나리　684
쇠나리쥬막　685
쇠낙이ᄌᆡ　432
釗德山　523
쇠돌　637
쇠롱골　360
쇠목여울　304
쇠무랑골　410
쇠무랑골고ᄀᆡ　412
쇠물추리쥬막　655
쇠믹리　216
쇠바오주막　577
쇠바우골　627
쇠발골ᄂᆡ　421
쇠실　621
쇠실ᄂᆡ　618
쇠쏠　80, 298, 656
釗也洑　573
쇠이쏠　658
쇠져리　289
쇠쥬고ᄀᆡ　209
釗峙　644
쇠터울　434
釗板里　169
쇠판이드루　844
쇠풀골　448
쇠풍골　829
쇠학골산　797
쇳골　683
쇳돌　157
쇳ᄯᅩᆼ영　368
쇼겨골　348
쇼금시리ᄌᆡ　599
쇼금터ᄀᆡ울　452
쇼ᄀᆡ보　454
쇼넌골　477
쇼누고칫영　522
쇼돌　568
쇼둔디　196
쇼리ᄀᆡ　356, 536
쇼리ᄀᆡ고ᄀᆡ　351
쇼리ᄌᆡ　354
쇼삼고ᄀᆡ　351
쇼ᄯᅧ비기쥬막　180
쇼아욱골　346
쇼용고ᄀᆡ못　454

쇼용ᄀᆡᄀᆡ 455
쇼일 328
쇼일버덩 405
쇼지기들 183
쇼ᄌᆡ들 200
쇼푸리 512
쇽사리골 616
숀위실ᄀᆡ울 337
솔거리 610
솔겅지 444
솔경지 458
솔골 526, 546
솔ᄀᆡ장 518
솔ᄃᆡ빅이쥬막 471
솔모루 526
솔밋 617
솔봉 451
솔봉산 438
솔빈 163
솔산봉 487
솔ᄯᆡ빅이 468
솔청이 542
솔치 610
솔ᄒᆞᆫ말 178
숫김 179
숫ᄃᆡ빅이보 473
숫발리고ᄀᆡ 205
송골 220
송나무터골 757
송낙산 465
송무뜰 194
송암골 228
송암ᄀᆡ울 227
송암상리 227
송암ᄒᆞ리 227
송이 460
송이동 289
송이들 334
송이산 310
송이ᄌᆡ골 410
송장산 367
송졍들우 468
송졍뜰 302, 348, 348
송학동쥬막 422
송현리 224
쇠골 439
쇠너미 520
쇠너밋영 536
쇠덕골 517
쇠둔지벌 524
쇠섬밧골 438
쇠실 614
쇠ᄭᅩ리 458
쇠ᄭᅩ리여울 478
쇠씹고ᄀᆡ 350
쇠일 525
쇠치ᄌᆡ 698
쇠학골령 798
藪街峴 74
稤庫里 395
稤庫酒幕 394
水曲 110, 314
水谷 417, 705, 785
水谷洞 536
水曲津 315, 341
水谷川 704
水曲村 96
水串山 793
水串地里 800
水串地川 793
水口垈 185
水口洞 320
수구숫 561
水口酒幕 234
水口坪 728
水口浦 524
水基 785
수기ᄃᆡ 659
藪內 340
藪內野 587
藪內坪 788
수념 740
水濃谷 737
水德洞 525
秀德嶺 533
樹道岩谷 54
秀洞 65
水洞 164, 184, 668, 831
壽洞 269
水洞溪 249
水洞谷 721
水洞里 189, 360, 807
壽洞里 210
水洞面 395, 396, 397
水洞前川 847
水浪里 825
수레골 837
水麗澗 193
首嶺 657
首嶺里 656
水鈴坪 209
壽祿峴 460
수롱골 737
수뢰간 193
수루너미 217, 408
수룬이보 306
水流洞 652
水流岩湫 176
水陸里 785
水陵寺湫 703
壽理洞 785
水裏洞谷 308
수리말 834
수리말보 852

守理峰 135
수리봉 201, 209, 402
水理蔡谷 466
水利灘 458
水臨垈 170
水磨谷 627
수멀우 142
수멀우기울 142
수멀우보 143
水於里 659
水名 233, 777
樹木峴 61
樹茂亭 499
守無主谷 52
水門谷 575
水門里 569
수문여울쥬막 104
수미 832, 843
藪蜜里 239
수바위 81
水朴峴 461
水畔野 55
水防谷 393
水防川 724
水防浦 521
水防浦坪 518
水白里洑 182
수벌보 733
數步垈 726
수부터 726
燧山 63
守山 705
水山里 832
守山驛 701
守山酒幕 704
水山津 843
水殺坪 404
水生洞 65
守信谷 514
수아우 656
穗巖 377
水巖 779
秀岩谷 516, 535
水巖里 623
睡岩堤 573
首巖酒幕 777
水秧谷 426, 427
水央洞 593
水仰山 516
水崖幕 708
垂陽峰山 332
首陽山 259, 772
垂楊亭酒幕 66
水陽村 561
垂陽峴 333
水餘里 832
水余里前溪 847
水餘洑 116
수여울 219
水外洞 642
水外里 371
水春谷 449, 462, 678
水春坪 625
水雲谷洑 306
水雲潭坪 531
수윈쏠 84
水月庵 811
水踰 354
水踰里 498
水踰村 268
茱萸峴 318
水潤谷 591
藪陰坪 611
秀伊峰山 386
水仁里 142
水仁酒幕 142
水入面 151, 152, 152, 153, 154
水入皮陽地洑 108
水入皮陽地下洑 108
水入皮陰地洑 108
水自里洑 312
水自里坪 310
水字幕 491
鬚子峰 487
首子岩洞 389
水作谷 257
水作洞 258, 267
水田洞 123
水晶 380
水井溪 216
水晶洞 289, 389
水井里 220
水晶峙 375
水井峴 219
수정 220
수정기울 216
水周面 638, 639, 640, 641, 642, 643, 644, 645
水注坪 770
修眞寺 680
水遮谷 721
水車洑 143
水站洞於口川 541
水彩谷 712
水泉洞里 525
水川里 730
水鐵 254, 578, 651, 797
水鐵洞 136, 243
水鐵馬 235
水鐵幕 282
水鐵店 323
水鐵店器 88
水青谷 199

水青洞　152, 504, 514
水淸洞　233, 303
水青嶺　224, 228, 507
水青里　158
水淸洑　688
水青亭洑　200
水淸酒幕　594
水青峙　630
水淸坪　686
수청골　199
藪村　349
水村　667
水出里　653, 665
水砧谷　131, 146, 165, 395, 403, 409, 434, 463, 465, 513, 534, 720
水砧洞　78, 403, 410, 495, 542, 545
水砧洑　107, 130, 249, 851, 851, 851
水砧川　406
水砧坪　128, 846
水砧峴　490
水砧後坪　405
수치골　712, 721
수치보　143
水墮洞　256
水墮寺　266
水墮川　267
水泰　493
水苔谷　447
水太洑　362
水泰洑　493
水泰寺　507
수통골　84
水通里　84
水筩洑　249
水桶項　661
水桶項洑　266
水坪　708
水坪洑　709
水皮谷　465
水皮嶺　475
水皮里　496
水下里　670
藪下洑　351
水寒谷　756
水項谷　246
手項里　123
水項里　167
水項村　251
水峴　224, 526
水花　678
水回山里　820
水回村　625
藪後坪　326
宿古之酒幕　366
宿鳩坍　453
숙당니　133
숙당이주막　134
菽茅峙　842
숙못지　842
宿岩谷　755
宿岩里　662
宿眞谷　378
宿佩嶺　536
蓴　813
順甲里　546
순기　405, 561
順達面　733, 734, 735, 735, 736, 737
蓴潭　815
順頭谷　601
順防谷　363
筍甫前江　406
順長里　268
順長坪　266
巡察使姜銑淸白善政碑　62
巡察使金時淵善政碑　433
巡察使金禎根淸白善政碑　62
巡察使徐英淳淸白善政碑　62
巡察使申在植淸白善政碑　62
巡察使李憲瑋淸白善政碑　62
巡察使李衡佐淸白善政碑　62
巡察使鄭泰好淸白善政碑　62
巡察使韓益相淸白善政碑　62
巡察使洪祐善德碑　415
蓴浦　560
蓴浦洞　561
筍浦里　365
荀浦洑　369
筍浦坪　405
술구렁이고기　390
술구레미　387
술랄이지　604
술리봉　198, 633
述肥村　516
述山　306
述山酒幕　311
述山峴　312
述員谷　146
述員里　148
述員里峴　149
술원이　146
술원이고기　209
述遠峴　213
술이봉　464, 632
술이봉보　149
술이봉평　146
술청거리　830
술풀안들　587
述回里　643
숨밧골　676
숨밧버덩　411

숩가마리 210
숩실이 578
숩심ᄂᆡ 576
숩페 161
숫 849, 850
숫가마골 210
숫가미리 210
숫감ᄋᆡ보 460
숫돌고ᄀᆡ 220
숫둔 396
숫무지 737
숫무지방축 738
숫통목이 661
崇介山 836
숭ᄊᆡ 560
쉬난터거리 628
쉬우목 620
쉬일 831
쉰동골 202
쉰두골 601
쉰ᄇᆡ미 695
쉰짐버덩 420
슈겜이쥬막 797
슈돌고ᄀᆡ 238
슈동리 189
슈두들 708, 709
슈록ᄌᆡ 460
슈리너머고ᄀᆡ 324
슈리네미고ᄀᆡ 446
슈리네밋ᄌᆡ 644
슈리동골 308
슈리봉 413, 416, 440, 451
슈리봉산 244
슈리ᄌᆡ 158, 669
슈리ᄌᆡ골 466
슈리짓영 522
슈밀리 239
슈박ᄌᆡ 461
슈산물 701
슈살막이쥬막 455
슈살막이평 404
슈양현 333
슈영들 209
슈유고ᄀᆡ 318
슈입ᄀᆡ 524
슈자리보 312
슈자리뜰 310
슈자바우골 389
슈자벌 374
슈졍고ᄀᆡ 219
슈졍골 389
슈ᄌᆡᆨ골쥬막 259
슈쳥골 233
슈쳥동 289
슈쳥ᄊᆞᆯ 303
슈쳥영 228
슈쳥ᄌᆡ 375
슈풀무 451
슈픠고ᄀᆡ 475
슈픠골 465
슉고ᄀᆡ 510, 513
슉골 321
슌방골 363
슐구너미령 539
슐기너미고ᄀᆡ 749
슐눈 624
슐미 306
슐미쥬막 311
슐미ᄌᆡ 312
슐아리 382
슐원리고ᄀᆡ 213
슐이봉 486, 487
슐쳥거리쥬막 848
슘마골 627
슙당니보 454
슙렁말 349
슙안들 611
슙압보 351
슛가마ᄊᆞᆯ 330
슛골 382
슛골시ᄂᆡ 383
슛돌봉 436
슛방이ᄊᆞᆯ 309
슛탕소 724
슝ᄀᆡ산 836
ᄉᆔ골 320
ᄉᆔ양봉산 332
쉰짐골 353
스무나무졍이 232
스무나무졍이쥬막 234
슥식울 323
슨네보 130
슨네뜰 128
슬경지 238
膝牛峰 392
瑟項 314
슴강 337
슴드루 844
슴버덩 845, 845
슴벌 320
僧谷 55
승골 83
承廣峴 726
승근슐쥬막 324
僧潭谷 585
승당들 236
僧堂洑 236
승당보 236
僧堂坪 236
승더골 367
僧道菴 330
승도암 330
僧洞 83
升斗谷 665

승등이 331
升馬山 260
僧幕谷 415
승막골 415
僧房谷 175, 378
승방골 228
僧房洞 228
僧房嶺 701
升方里 262
升方山 260
僧房山 419
승방산 419
승선 216
承承谷 417
승승골 417
승아울벌 56
승아울산 48
升安里 306
升安里酒幕 311
升安里峴 312
升安峴 341
承巖里 801
承陽谷坪 336
승ᄋᆡ곡 438
僧田谷 778
丞之谷 54
承旨谷 214, 302, 464
승지골 205, 214, 302, 316, 342, 464
承旨洞 316, 342
僧泉 638
僧河山 463
乘鶴浦津 117
升峴 423
승ᄒᆞ신 463
ᄉᆡ거리 546, 549
ᄉᆡ거리압ᄂᆡ 541
枾 561, 563, 567, 569
市 700
시거리ᄀᆡ울 324
시국버당 348
矢弓浦 78
矢弓浦里 815
시ᄂᆡ 737
시ᄂᆡ물 738
시ᄂᆡ보 738
矢垈 327
市垈巨里 611
詩洞前溪 576
시동ᄌᆡ 616
侍郎洞 395
侍郎洞酒幕 394
矢蕗谷 294
시로리보 605
시루메 319
시루며 656
시루목고ᄀᆡ 157
시루목고ᄀᆡ쥬막 157
시루뫼 310
시루뫼들 311
시루봉 534, 715
시루산 590, 612
시르뫼 559
시르봉 560
柴理洞 814
시ᄅᆡ고ᄀᆡ 474
시ᄅᆡ골 466
市名 754
枾木 768
柴木谷 246
枾木洞 698
枾木峴 841
侍墓谷 310
시뫼쏠 310
시무골 663
시무나리 184
시무니 313
시무니들 314, 592
시무습 195
시무십 299
시밀 196
市邊 769
시술막 202
시실고ᄀᆡ 253
시우ᄂᆡ보 181
시우쇠 657
時雨坪洑 181
市場 707
市場街酒幕 408
枾長洞 273
市場名 59, 66, 80, 90, 92, 111, 130, 136, 150, 157, 158, 165, 168, 174, 189, 229, 242, 260, 361, 379, 386, 408, 414, 422, 426, 431, 434, 485, 515, 530, 538, 549, 553, 566, 568, 569, 584, 587, 591, 597, 629, 650, 665, 668, 677, 679, 681, 683, 685, 687, 690, 692, 718, 733, 736, 738, 770, 781, 792, 798, 810, 813, 843
市場店 565
侍中坮山 727
矢灘 99, 328
柴灘里 251
矢灘里 392
市峴 75
食鐺岩 566
식삼이물 725
食上洞 542
식새미 726
植松 768

植松亭　321
植松亭酒幕　324
식혜버덩　138
神溪寺　389
薪谷洞　698
新廣坪　721
薪橋谷　160
新基　603, 670, 785
新基里　167, 583, 717
新機里　206
新基洑　168
新機峴　205
신나무밋주막　638
신나무정이　300
신나무정이뜰　298
新南里　748
薪南里　784
新乃谷　138
신ᄂᆡ　203, 250, 449
신ᄂᆡ쥬막　252
신다랑이　344
新畓谷　771
新當嶺　533
新堂里　79
新塘員洑　89
新堂峙　274
新堂峙酒幕　275
新垈　243, 298, 354, 506, 615, 624, 632, 635
新垈谷　69, 287
新垈洞　58, 72
新垈里　121, 180, 268, 373, 396, 745, 825
新垈洑　179, 277, 473
新垈山　503
新垈酒幕　269, 396
新垈川　627
新垈坪　179, 277
新德谷　409
新德里　153
新德伊　78, 440
新德伊山　417
神道碑　534, 587
新東面　666, 667, 668, 669
新洞洑碑　727
新洞坪　723
新屯坪　260
新路谷　757
新魯里　602
新魯洑　605
新論　658
新栗洞里　717
新陵谷　53
新陵山　50
新里　163, 682, 735, 768
新里洞　698
辛梨洞里　198
新里面　567, 568, 569
新里酒幕　165
神林　298
神林溪　301
新林洞　696
新林洑　685
新林坪　684
新立驛　679
新萬嶺　522
新明里　519
新木洞　489
新木洞洑　489
新木亭　300
新木亭坪　298
神武垈山　523
신바위ᄉᆞᆯ　486
新別里　771
新別崖石碑　424
神屛谷　606
新屛山　666
神屛峙　609
新洑　134, 137, 149, 221, 249, 472, 473, 499, 641, 694, 804, 851
신보　221
新洑里　121
新洑坪　132
新峰峙　270
新鳳峴里　823
신ᄇᆡ골　640
신ᄇᆡ나무골　416, 513, 623
신ᄇᆡᄉᆞᆯ　81, 198
新寺　706
新寺谷　417, 567
新西面　817, 818, 819
申石里　577
新城　115
薪城　343
新城里　360
薪城坪　342
新沼　584
新水洞　237
新守里嶺　497
신수리벌　237
新水坪　237
신슈골　237
新市基站　781
新心山　695
新阿干里　745
新阿干里店　745
新阿干里坪　744
新安上里　529, 530
新安驛　530
新安場　530
新安中里　529, 530
新菴　424
申岩谷　486

新岩里 204
新野里 745
申野坪 518
新陽洞 521
新陽洞里 793
新陽里 321
신양이 321
신연강날우 206
新延江津 215
新硯洞 664
新延津 206
新延坪 204
신연평 204
新榮谷 581
新旺里 563
新月郞 344
新月里 735
新月坪 627
新踰峙 207
신읍 717
新邑里 533
新邑店 718
新日里 742
新日洑 742
新場垈 242
新場里 717
新場店 718
新蹟洞 66
薪田里 431
薪田坪 676
新店 743
新店里 742
新店酒幕 202
新店村酒幕 274
新井里 121
新井酒幕 115
新亭坪 612
神主谷 487
新酒幕 118, 625, 626, 767
新津 668
新昌洞 543
新昌里 537
新川 738
新川江 618
新川洞 449
新川里 619
新川里酒幕 621
新川洑 738
新川津 617
新川坪 737
新村 73, 122, 190, 243, 251, 255, 291, 292, 306, 307, 317, 327, 330, 331, 343, 349, 353, 354, 443, 478, 485, 489, 502, 512, 516, 542, 549, 614, 620, 687, 820
新村洞 57, 469
新村里 125, 196, 216, 414, 814, 822
新村洑 352, 473, 550
新村酒幕 118, 256, 259, 408
新村津 337
新村川 407
新村坪 248, 406
新村浦 198
新峙 206
新峙里 650
申致元救恤碑 408
신치원구휼비 408
新炭里 725, 817
新炭酒幕 818
新太谷 772
신털엉리 204
新土地坪 64
新通谷 601
신통골 601
신트잉리고기 205
신틀랑 206
薪坡里 84
新坪 128, 248, 266, 468, 612, 702, 723, 744, 768, 786
新坪江 724
新坪里 125, 367, 373, 526, 740, 805
新坪洑 352, 700
新坪員洑 130
新坪酒幕 368
新浦洞 822
薪浦里 221
新豊里 544
新鶴谷 747
新鶴洞 58, 72
신학이골 747
新鶴川 747
新項峴 137
新峴 323, 324, 329
新回山里 820
申后垈 525
新興 634, 637, 763, 769
神興谷 378
新興洞 520, 658, 816
新興里 80, 485, 513, 533, 717, 729, 745
神興寺 843
신흥사 843
神興寺事蹟碑 853
實乃嶺 474
실네 206
실님 298
실님늬 301
실릐고긔 237

실ᄇᆡ 682
실악고ᄀᆡ 143
실우고ᄀᆡ 206, 234
실우봉 835
失牛峴 234
실ᄋᆡ고ᄀᆡ 476
深谷 427, 764
深谷洞 576
深谷里 586
深谷寺 135
심근솔 321
심금솔 225
沈門基洑 850
심문터보 850
尋芳谷 82, 271, 575
深防谷 128
尋芳里 769
深培洞 273
심병 286
尋福里 570
深峰 286
心常洞 623
深上里 81
深上洑 82
心常山 622
深水谷 688
沈水谷 771
深水里 689
심ᄊᆡᆨ령 111
尋牛山 286
심우산 286
深源寺 817
深源菴 758
深衣谷 701
심의산골 701
沈藏峴 536
深寂嶺 151
尋積嶺 426
深寂寺 757
심젹고ᄀᆡ 426
深座坪 201
深浦里 139
深浦里峴 141
深下里 81
深下洑 81
尋鶴谷 53
尋鶴山 49
십니소ㅣ 450
十里山 48
十里湖 450
十二峴洑 733, 736
十峴洞 65
싱양쏠들 336
ᄉᆞ긔막골 195
ᄉᆞ랑말 229
ᄉᆞ랑쇼 207
ᄉᆞ실긔고ᄀᆡ 207
ᄉᆞ지산 177
ᄉᆞ튼ᄹᅳᆯ 175
ᄉᆞᆷ논들 335
ᄉᆞᆷ밧치고ᄀᆡ 403
ᄉᆞᆷᄇᆡ치 404
ᄉᆞᆷ셕당이 195
ᄉᆞᆷᄒᆞᆫ골ᄀᆡ울 229
ᄉᆞᆸ다리고ᄀᆡ 209
ᄉᆞᆸ달리 179
ᄉᆡ거말 829
ᄉᆡ고ᄀᆡ 206
ᄉᆡ골 156, 175, 205, 212, 416, 533, 667, 833
ᄉᆡ골고ᄀᆡ 423
ᄉᆡ나ᄀᆡ쏠 138
ᄉᆡ나루 668
ᄉᆡ남골 226
ᄉᆡ남샨 226
ᄉᆡᄂᆡ강 618
ᄉᆡᄂᆡ날우 617
ᄉᆡᄂᆡ리 619
ᄉᆡᄂᆡ쥬막 621
ᄉᆡᄉᆡ울곡 55
ᄉᆡ쏠 83, 486
ᄉᆡᄹᅳᆯ 166
ᄉᆡᄹᅳᆯ루 167
ᄉᆡ덕니 153
ᄉᆡ덕영 533
ᄉᆡ덕이고ᄀᆡ 235
ᄉᆡ덕이골 409
ᄉᆡ덕이산 417
ᄉᆡ둑 745
ᄉᆡ둘우보 751
ᄉᆡ드리보 352
ᄉᆡ들 468, 612, 702
ᄉᆡ들리 697
ᄉᆡ리별 627
ᄉᆡ림 696
ᄉᆡ막골 316
ᄉᆡ막쏠 331
ᄉᆡ만영 522
ᄉᆡ말 190, 216, 217, 291, 292, 306, 307, 317, 327, 331, 331, 343, 349, 353, 354, 367, 373, 406, 414, 443, 469, 478, 512, 516, 542, 549, 614, 698, 735
ᄉᆡ말나드리 407
ᄉᆡ말보 352, 473, 550
ᄉᆡ말어구 198
ᄉᆡ말쥬막 408
ᄉᆡ목고ᄀᆡ 137
ᄉᆡ목골 636
ᄉᆡ목니 179, 184
ᄉᆡ목니쥬막 179
ᄉᆡ목이 643
ᄉᆡ목이고ᄀᆡ 333

시목이골 576
시밋 230
시벌 603, 744
시벌강 724
시벌두루 723
시베루 664
시별우보 751
시보 134, 472, 473, 563, 641, 694, 804, 851
시비지 604
시쇼 407
시술막 529, 625, 626, 742, 743
시슈날우 215
시슌갑 546
시슐막 485, 530, 725, 765
시슐막강 724
시심미 695
시아간니 745
시아간니벌 744
시아간니주막 745
시암골평 723
시양동 292
시오고기 78
시오기 182
시오깃영 539
시오장써리 83, 85
시우 84
시우고기 106, 131
시우둑 398
시울 470
시울골 449, 466
시원 183
시원쥬막 182
시월리 595
시음보뜰 132
시이말 340, 593
시이버덩 376
시이보 377
시이복골 829
시이싯골 464
시이쌜 640
시이양아치 841
시인영 379
시일견 742
시잇말 468
시작골 360
시작골고기 361
시장거리 717
시장써리슐막 718
시절골 417, 567, 706
시질너미고기 207
시지 323, 324, 329, 414, 688, 709
시지고기 487, 490
시지골 639
시지라 708
시창 84
시총이골 676
시치고기 490
시치골 418
시치술막 743
시터 179, 298, 354, 506, 583, 603, 615, 624, 632, 635, 650, 745
시ㅣㅅ터 243
시터골 287
시터말 167
시터보 168, 179, 473
시터뜰 179
시터이 440
시터쥬막 756
시틀 735
시파른 365
신말 429
신무짓울 317
신영 424
심골 289, 300, 428, 457, 525, 596
심기 735
심니 157
심니보 159
심니쥬막 158
심두럭 230
심막골 636
심말 212
심물둔지 404
심바위쥬막 104
심밧버덩 229
심밧장 229
심밧치 396
심보 739
심비미뜰 505
심슴 384
심시 705
심시들 702
심쏠 132, 203, 330, 528
심썬 737
심지울 218
심지 255, 842
심치 457, 742
심치보 459
심통골 242
싯드리 756
싯말 130
싯벌 144
싯불 705
싯섬븨 322
싯쏠 141
싯뚱 658
싯터 373, 620, 717
싱고기 351
싱골 160
싱골뜰 159

ᄉᆡᆼ담들 316
ᄉᆡᆼ담이 317
ᄉᆡᆼ산 353
ᄉᆡᆼ양골 302
ᄉᆡᆼ오잘리 572
ᄉᆡᆼ장이들 311
ᄉᆡᆼ장이보 312
ᄉᆡᆼᄊᆡ 653
싸치봉산 381
싸치ᄌᆡ 333
싹근동이 223
싹길고기 212
ᄭᅩ썩기 602
쏙금들 702
쏠두바우 603
쏩방 697
ᄉᆞᆺ골 199
ᄉᆞᆺ넘이 636
ᄉᆞᆺ네미골 427
ᄉᆞᆺ뫼산 719
ᄉᆞᆺ밧들 626, 637
ᄉᆞᆺ밧산 622, 638
ᄉᆞᆺ밧ᄌᆡ 644
ᄉᆞᆺ베루 663
ᄉᆞᆺ베루주막 663
ᄉᆞᆺ봉 633
ᄉᆞᆺ봉ᄌᆡ 460
ᄉᆞᆺ봉ᄌᆡ보 471
ᄉᆞᆺ빙 619
ᄉᆞᆺ써기 654
ᄉᆞᆺ쑴보 176
쏭밧모릉이 342
쑹밧 431
쑬 135, 154, 198
쑬고기 424
쒱밧영 412
쓰보 851
쓴지울 216
ᄉᆞᆺ고기 474, 479
ᄉᆞᆺ정자 329
ᄉᆞᆺ치고기 775
ᄊᆡ다리 830
ᄊᆡ뜰 257
ᄊᆡ치봉 392
ᄉᆞᆷ물 393
싼메산 590
싼봉 286
싼봉산 367
싼산 719
싼연ᄂᆡ산 756
쌋산 720
쌍거리쥬막 699
쌍걸이 698
쌍고기 571
쌍ᄌᆡ 552, 558
썩갈목리 233
썩갈목이 600
썩갈무기 215
썩갈묵이고기 201
썩갈버덩 411
썩고기 839
썩골 382
썩봉 403
쎄둔지 405
쎄소 436
쎄ᄌᆡ산 606
쎼둔지 228
쐬릉골 618
쐬벌 543, 549
쐬잇 578
쒸고기ᄂᆡ 541
쒸둘우버덩 421
쒸봉 719
쓰야뜰 176
쓴니버덩 844
ᄡᅡ독ᄌᆡ 828
ᄡᅡᆯᄂᆡ나드리 732
ᄡᅡᆯ월 289
쏭나무골 418
쏭쏠 547
쐬리ᄃᆡ봉 388
쎌골 417
쎌덕이영 533
쎙소 365
싸ᄂᆡ 648, 649, 652
싸리ᄌᆡ 671, 839
싸리ᄌᆡ고기 217
싸리ᄌᆡ골 410
싸리ᄌᆡ령 153
싸리치 299
싸리치ᄊᆡ 300
쌀골 668
쌀리골 596
쌀리모기골 409
쌀리목영 412
쌀면 670
雙巨里 353
쌍게골 381
雙鷄谷 381
雙雞谷 741
雙溪坪里 532
쌍고기 840
雙橋洞 199
雙橋山 787
雙頭嶺 134
雙嶺 528
雙嶺洞里 800
雙龍臺 413
쌍바우골 382
雙峰里 387
雙岳山 517
雙巖溪 383
雙巖谷 382
雙巖坪 180

雙川　846
쌍쳔　846
雙鶴洑　736
雙鶴山　734
쌍학이　734
쌍학이뻘　734
雙鶴坪　734
雙峴　840
썅거리　353
쎠근골　585
쎠근ᄂᆡ　169
쎠근다리　706
쏘다지기　301
쏘봉이ᄌᆡ　695
쑥고ᄀᆡ　363, 474, 475, 555
쑥고ᄀᆡ쥬막　384
쑥골　438
쑥ᄃᆡᆼ이평　747
쑷기ᄆᆡᄌᆡ　609
쭉고ᄀᆡ　383, 507
쭉골　309, 382, 548
쭉밧ᄌᆡ　436
쭉밧치　544
쭉밧치ᄂᆡ　541
쭙뒤들　326
쓸에ᄊᆞᆯ　150
씨니ᄌᆡ　757
氏岩洑　550
ᄊᆞᆼ달리골　199
ᄊᆡᆨ골　623
쎼굴골　623
쎼바우　624
쎼터골　623
짝골　378
짝ᄀᆡ울　846
짝바우들　180
쪽다리보　377
쪽박ᄊᆞᆯ　83
쪽숨　339
ᄊᆡᆨ반치보　473
ᄊᆡᆨ반치음달보　473
ᄊᆡᆨ밧치　470
ᄊᆡᆨ방되들우　467
ᄊᆞᆫ골　309, 486
ᄊᆞᆫ드렁이ᄊᆞᆯ　310

아…

阿干里　745
峨溪　592
아과나무정주막　136
衙洞里　188
鵝頭山　114
아람치골　669
아레말쥬막　217
아롱가지드루　428
阿弄佳地坪　428
아롱리　210
아룽밧치　396
아뤼다둔니　317
아뤼밤골　308
아릇돌목　652
아ᄅᆡ가ᄌᆡ울　178
아ᄅᆡ갈골　468
아ᄅᆡ갈벌　362
아ᄅᆡ고ᄀᆡ　455
아ᄅᆡ고비원　546
아ᄅᆡ골언　641
아ᄅᆡ괴인돌　532
아ᄅᆡ괴인돌보　534
아ᄅᆡ구ᄌᆡ　318
아ᄅᆡ김ᄌᆡ보　795
아ᄅᆡ나드리　407
아ᄅᆡ너루니　313
아ᄅᆡ느다리평　724
아ᄅᆡ달ᄂᆡ　834
아ᄅᆡ더덕골　307
아ᄅᆡ더덕ᄊᆞᆯ　309
아ᄅᆡ덕박골　721
아ᄅᆡ덕젼이　614
아ᄅᆡ두루　441
아ᄅᆡ두루못　446
아ᄅᆡ둔둔　322
아ᄅᆡ드릉이　625
아ᄅᆡ들골　618
아ᄅᆡᄃᆡᄂᆡ　430
아ᄅᆡ마리　532
아ᄅᆡ망종뜰　295
아ᄅᆡ모골　294
아ᄅᆡ모ᄅᆡᄂᆡ　292
아ᄅᆡ뭇지울　317
아ᄅᆡ방동　214
아ᄅᆡ방ᄊᆞᆯ　740
아ᄅᆡ버들ᄀᆡ　230
아ᄅᆡ보문　344
아ᄅᆡ분지고ᄀᆡ　350
아ᄅᆡ산두　371
아ᄅᆡ셤강　318
아ᄅᆡ소발아기　129
아ᄅᆡᄉᆡ두둑　327
아ᄅᆡᄉᆡ우ᄀᆡ　395
아ᄅᆡ쭉골　548
아ᄅᆡ안심이고ᄀᆡ　459
아ᄅᆡ옹기졈말　512
아ᄅᆡ용골　185
아ᄅᆡ장거리　189
아ᄅᆡ장ᄀᆡ쥬막　319
아ᄅᆡ졍니　547
아ᄅᆡ지슈울　216
아ᄅᆡ진불　714
아ᄅᆡ집실　470
아ᄅᆡ쳥어둘　395
아ᄅᆡ토셩　365

아ᄅᆡ품실 198
아ᄅᆡ함밧치 750
아ᄅᆡᄒᆡ삼터 306
娥媚湫 86
峨嵋山 82, 96, 259, 402, 732
아미산 402
아미쟝이 221
峨美峴 221
衙舍後山 48
峨山里 729
阿細川洞 642
아시ᄂᆡ 592
아시라지 512, 513
아시라지고ᄀᆡ 510
아ᄉᆞᆯ말 188
我也津 373
我也津浦口 379
峨洋山 838
아양산 838
峨洋坪 845
아우라지ᄂᆡ 476
아우라지주막 663
아우실 321
아울리고ᄀᆡ 577
阿音峙谷 669
兒啼峴 577
阿竹洞 570
阿竹里 570
兒止碑 575
峨嵯洞 166, 631
牙次洞 661
阿次湫 703
峨嵯峙 630
峨嵯峙酒幕 629
阿次坪 701
아창골 661
牙淸山 275
牙村 331
峨峙洞 521
我親谷 606
아칠 729
아침갈리 431
牙沉里 492
牙沉里坪 491
衙沉湫 493
아침실들 701
아침치 630, 631
아ᄎᆞ티 627
峨峴 510
峨峴里 388, 512, 513
鵝湖 255
阿湖羅地酒幕 793
鵝湖川 254
鵝湖坪 254
아홉사리고ᄀᆡ 259
아홉사리ᄌᆡ 290
아홉살리 413
아홉ᄉᆞ리골 417
아흔아홉골 346
嶽巨里野 452
惡臺岩山 531
악ᄃᆡ바우산 531
악휘봉 83
安哥谷 378
안가일리 228
安可之谷 464
안가지골 378, 464
안갈ᄋᆡ 707
안건달리 414
안고ᄀᆡ 561, 831
안고ᄅᆡ 281
安谷 309, 555
안골 152, 184, 205, 322, 382
안골두루 744
안골버덩 229
안골안 721
안공기 615
안군중 713
안ᄀᆡ골 732
안ᄀᆡ평 376
안남ᄌᆡ 630
안늘읍니 524
안늡픠 106
안능월평 747
안달골 624
安垈 741
安垈里 142
안댕골 746
安道里 742
안도리 742
鴈洞 133
안두루 528
안두만 635
鞍馬山 203
안마산골 469
안말 218, 469, 542, 546, 549
안말들 442
안말보 550
안말쥬막 471
안목ᄀᆡ 573
안무논 364
안무리 540
안무ᄌᆡ 394
안물치 829
安味舊湫 165
安美里 537
安味川 162
安味坪 162
안바ᄃᆡ들 221
안박암리 213
安盤嶺 118

安背峴 102
안보 217
안보나루 217
安保里 217
安保驛 217
安保津 217
안봉으골 470
案山 49, 68, 191, 460, 590
안산 191, 460
鞍山 417
안산드루 845
案山洑 473
안산보 473
案山坪 845
안셔우지 236
안ᄉᆞᆺᄃᆡᄭᆞᆯ 547
안ᄉᆞᆼ관 527
安水坪 101
안ᄉᆞᆾᄀᆡ 379
안시ᄂᆡ 642
안심나드리 394
安心里 360
安心川 394
安心村 96
안ᄉᆞᆸᄌᆡ쥬막 412
안ᄉᆡᄂᆡ 620
안ᄉᆡ들리 634
안ᄉᆞᆯ 82, 194, 293, 309, 548
안ᄉᆞᆯ두루 744
안ᄉᆞᆯ보 229
안ᄉᆡ울 80
안ᄯᅳᆯ 676
안ᄶᅵᆯ 570
안아산 203
鞍岩山 497
安岩員洑 109
安巖峴 630
安養谷 810
安陽洞 496
안양드루 845
安養里 79
安養庵 811
安陽坪 845
안염셩 748
안으믈거리 189
安仁谷 581
安仁里 578
安仁驛 575
安仁津里 578
安逸王山城 709
安逸遠谷 419
안일원골 419
안잘미 705
안장 515
安壯洞 506
안장바회산 497
鞍障山 374
鞍粧山 535
안장평 712
安靜洞 339
안져울 411
안졍골 339
안지목고ᄀᆡ 219
鴈止項峴 219
안진ᄲᅩᆼ나무ᄉᆞᆯ 301
안ᄌᆞᆼ고ᄀᆡ 394
안창나루 304
安昌面 397, 398, 399
安昌驛 305
안창역 305
安昌津 304
安春垈 268
安沖谷 757
鞍峙 160
안터 142, 741
안터골 523
안터산 712
안튓골 469
안튓골고ᄀᆡ 475
안틀 735
安浦洞 80
安豊面 534, 535, 536, 536, 537, 538
眼鶴山 49
鞍峴 84, 198, 304, 394
鴈峴 727
鴈峴洞 561
鞍峴里 198
鴈峴里 560
鴈湖里 399
鞍靴山 195
안회산 195
安興洞 169
安興里 272
安興驛 177
안ᄒᆞᆼᄌᆡ 630
安興峙 630
알ᄅᆡ말 458
謁面里 643
알미보 86
알미봉 746
알미봉보 749
알산골 331
알에곰밧 831
알에광젱 833
알에달ᄂᆡ 847
알에복골 829
알에양혈 833
알에왕도 832
알에왕도쥬막 848
알ᄋᆡ근네ᄯᅳᆯ 133
알ᄋᆡ마ᄂᆞᆸ둘우 722
알ᄋᆡ만산니 468

알ᄋᆡ무주치　721
알ᄋᆡ방골　469
알ᄋᆡ보리골　725
알ᄋᆡ셧골　464
알ᄋᆡ쉿ᄀᆡ　722
알ᄋᆡ절구　144
알ᄋᆡ절구보　145
알ᄋᆡ질직영　726
알ᄋᆡ창ᄂᆡ지울　205
岩谷　292, 321, 402
岩谷里　194
暗谷村　615
岩谷坪　295
岩谷峴　297
암나루　830
암ᄂᆡ　398
암ᄂᆡ골　398
岩洞　153
巖幕員洑　88
岩名　206, 207, 226, 587, 588, 755
巖名　363, 368, 377, 754, 779
岩傍谷　438
暗山　463
岩雪山　433
岩沼洑　853
암실　194
巖自谷　764
菴子名　497
岩川　429
암팡골　438
압강보　641
압거리주막　140
鴨谷　185, 219
압골　396
압골못　454
압ᄀᆡ　190, 575
압ᄀᆡ들　678
압ᄀᆡᄆᆡ　835
압ᄀᆡ보　680
압ᄀᆡ울　450, 452, 457
압ᄀᆡ川浦　680
압ᄀᆡᆫ물　713
압ᄀᆡᆺ물　713
압나드리　156
압남산　484
압늡들　702
압ᄂᆡ　139, 141, 175, 478, 558, 724
鴨洞里　120
압두루　540
압두루보　415
압둔지평　747
압들　190, 236, 326, 678
압들보　202, 222, 352
鴨龍里　713
鴨龍浦　714
鴨林坪　501
압물　488, 724
압바우슴　364
압버덩　396, 457
압벌　723, 744
압벌보　538
압보　853
鴨山　114
압시ᄂᆡ　724
압실　185, 219, 662
압뜰　138, 174, 349
압뜰우　484
압읍늡　287
압자리보　454
압작고ᄀᆡ　361
압주막　726
鴨浦坪　518
ᄋᆞᆺ치못언막이　229
ᄋᆞᆺᄎᆡ　331
仰今洞　406
앙금밧치　406
仰企峙　582
仰里　817
仰月峴　350
ᄋᆞᇁᄂᆡ　704
隘谷　55
崖崎峴　436
愛垈　108
愛垈員洑　109
艾洞洑　266
愛蓮谷　669
艾幕谷　444
艾幕洞　195
愛民善政碑　445
崖山　48
崖山洑　91
愛山亭　651
崖峴　117
艾峴　223, 474, 475, 502, 507, 510
崖屹　340
櫻桃谷　218
野　116, 118
冶谷　51, 131, 204, 211, 346, 448, 464, 490
夜谷　409
野多坪　370
冶垈　444
野洞　58
冶洞洑　207
野名　55, 56, 156, 159, 161, 190, 191, 215, 504, 505, 505, 505, 587, 616, 716, 732, 741, 779, 780
夜味　661
野於溪　133

野於谷 131
野隱垈 650
也音里 683
也字山 242
冶匠谷 382
冶店 629
野定洞 65
야지말 291
野村 66, 136
野村野 56
野八谷 771
冶坪 611
野坪 79, 592, 708
野坪名 175, 176, 177, 179, 180, 181, 182, 183, 242, 247, 248, 254, 257, 260, 265, 266, 271, 276, 277, 280, 287, 288, 294, 295, 297, 298, 302, 303, 310, 311, 314, 315, 316, 320, 326, 333, 334, 335, 336, 337, 338, 339, 342, 343, 348, 349, 356, 356, 404, 405, 406, 411, 413, 421, 428, 434, 436, 441, 442, 449, 450, 452, 457, 466, 467, 468, 477, 511, 518, 524, 528, 529, 531, 540, 597, 605, 607, 610, 611, 612, 613, 613, 613, 614, 615, 617, 625, 626, 628, 637, 640, 676, 677, 678, 679, 680, 681, 682, 684, 686, 688, 689, 691, 763, 763, 764, 765, 765, 766, 766, 770, 775, 785, 786, 788, 802, 810, 819, 821, 822, 824, 844, 845, 846
鰯 715, 715, 718, 727, 731, 736, 740, 751
약물골 466
약물기 515, 516
약물너기 661
藥師峰 712
약사봉 712
藥司院里 190
약사원리 190
藥師殿庵 821
藥山里 823
藥城灘溪 257
藥水 100
藥水谷 55, 132, 466
藥水洞 86, 661
藥水里 159
藥水野 159
藥水驛 160
藥水酒幕 160
藥水坪洑 565
藥水浦 516
藥水浦洑 515
藥水峴 504
약슈버덩 159
약슈꼴 86
약슈정 484
藥岩川 56
약젹니 177
藥泉洞 557, 816
藥泉院 578
梁哥德伊 542
陽開谷 528
양게모루주막 730
陽鏡山 353
양경산 353
兩雞店 730
楊谷 489
良谷里 685
양골 685
陽丹里 211
양단리 211
陽德院酒幕 275
羊島 592
楊洞 485
楊洞洑 486
良里坪 342
兩班村 779
陽返峙 780
梁山 504
兩沼川 434
양쇼왓 331
양쇼왓나루 337
兩水澗 515
良水山 804
兩水菴溪 531
兩水菴谷 131
兩水菴里 531
凉水坪 102
兩峨峙 356
陽巖山 97
陽岩峙 162
陽巖坪 376
양앗치 356
양양고기 376
襄陽峴 376
楊淵幕 626
楊淵驛 626
兩院里 426
양원리 426
養元面 743, 744, 745, 745, 746
陽陰山 108
良儀垈 444
양의터 444
양장말 367
楊汀里 197

陽亭坪　728
楊汀浦　197
양졍구미　197
양졍이　197
陽地　767
양지갓치락이　413
陽地谷　271, 420
양지골　420
陽地洞　169
양지드루　845
양지들보　231
양지들우　467
陽地里　495, 755
陽址里　717
양지말　203, 236, 314, 321, 322, 350, 426, 430, 453, 468, 532, 547, 583, 774
양지말버덩　428
陽之邊里　203
陽地洑　86, 149, 496
陽支洑　739
陽之洑　803, 806, 851
양지보　851
陽地上洑　472
陽地上新洑　472
양지아ᄅᆡᄉᆡ보　472
양지알ᄋᆡ보　472
양지울　226
양지울들　227
양지웃보　472
양지위ᄉᆡ보　472
양지윗보　472
陽地村　96, 262, 268, 547, 426, 430, 453, 458, 468, 492, 542, 543, 547
陽芝村　226, 272
陽之村　314, 322, 350
陽地村前川　541
양지켠보　739
陽地坪　146, 428, 467, 498, 625
陽芝坪　227
양지평　405
陽之坪　845
陽之坪洑　231
陽地下洑　472
陽地下新洑　472
兩支峴　87
兩地峴　89
養珍里　391
양진말　458
養珍驛　389
養珍店　390
養珍坪　389
양짓말　717
陽川　682
陽川谷　682
陽村　73, 236, 321, 561, 583, 822
陽通溪　226
양통계　226
陽通里　226
양통리　226
양통이고ᄀᆡ　459
陽通峴　459
良湖　331
良湖津　337
良化峴　636
양화ᄌᆡ　636
魚　682, 684, 690, 692, 789
於邱山　381
어넘니고ᄀᆡ　455
어농골　225
於丹里　579
於達里　587
於達津　587
御踏山　181
漁桃隱里　661
魚頭里　422
어두어니　469
어두언니　463
어두운골　615
어두운리　422
魚屯谷　212
於屯洞　469
於屯里　182
어둔이골　212
魚得江洞　514
於羅里　610
於羅田　661
於羅田洑　663
魚浪里洑　305
어랑이뜰　302
魚浪坪　302
어량이보　305
於令谷　452
於論里　414
魚論酒幕　263
於龍谷　409
魚龍谷　640
어룡골　640
魚龍洞　94
魚龍里　119, 366
魚龍臥池　274
어름넝골　402
어름이　570
어리고ᄀᆡ　432
어리골　612
어리당들　334
어리ᄭᅮ지　444
어림ᄌᆡ　630
於墨堂坪　334
魚尾峙　432
御史臺岩　692

御使孟萬澤淸白善政碑 61
魚錫正碑 603
漁城田里 833
漁城田里前川 847
漁城田洑 851
어셩젼리 833
어셩젼보 851
어셩젼압물 847
어수미산 732
魚首山 732
어신나드리 429
魚信灘 429
於深谷 617
於野坪 266
魚羊谷 837
어양골 837
於彥谷 194
어언골 194
於淵里 797
於淵川 797
於永谷 628
어영골 222, 452, 628
於永洞 222
어용골 409
魚于室 153, 426
어우실 426
於雲谷洑 718
漁雲洞里 807
於雲洞面 824, 825, 826
魚雲里 732
魚遊洞 444
於踰嶺 455
於隱谷 426 658, 716
魚銀谷 456
어은골 425
어은골나드리 425
어은늬 421
魚隱洞 58, 71, 153
漁隱洞嶺 390
魚隱洞洑 459
魚隱洞坪 364
漁隱里 740
魚隱山 425
魚隱川 421, 425
於隱坪 335
어은평 335
於音城里 815
於音城酒幕 815
於邑峙 609
於矣谷 246
於矣洞 253
어의실 153
於岑領 103
於岑村 96
於長里 261
於田里 119, 225, 664
漁川里 649, 793
漁川里洑 793
魚坪里 602
魚坪峙 604
於峴 690
於峴里 689
於屹里 557
億谷里 652
億谷洑 655
억실 652
彥堂谷 766
言論 303
堰名 573
언미기보 216
彥別里 579
堰洑名 597, 605
堰村 105
乻德里 800
얼론 303
乻目嶺 345
乻目里 342
얼밀고기 282
얼읍늬골 463, 465
엄고기 59
奄谷 287
奄谷里 691
엄나무골 716
엄나무소보 852
엄나무정이쥬막 324
엄달골 430
嚴達洞 430
엄달산 739
엄둔지 644
嚴屯峙 644
嚴木谷 716
嚴木沼洑 852
嚴木亭幕 757
嚴木亭酒幕 324
엄박쏠 78
嚴成谷 200
엄셩골 200
嚴水洞 430, 544
嚴水洞酒幕 432
嚴水坪 428
엄슈울 430
엄슈울버덩 428
엄슈울쥬막 432
掩月山 739
崦岾峴 75
엄진이 696
嚴台谷 70
奄峴 289, 292
巖峴 318
奄峴酒幕 296
奄峴峙 296
엇늬 649
엇둔 469
엇지 651

엇트 689
엉덩바위 98
에게바우골 418
에룬 414
에미너골 381
에믹보 793
에부른 366
旅閣酒幕 690
麗溪臺江 536
여계바위설 301
女桂巖谷 301
여고기 521
余谷 659
旅谷 698
呂公嶺 789
汝橋枰 376
여금이 743
女妓沼洑 249
여너골 581
여너기울 216
餘良里 662
餘良驛 663
餘良津 660
여름산 156
余林峙 630
餘萬里 161
餘萬里洑 161
女舞場 695
麗眉川谷 381
여바우골 721
汝三坪 376
女傷谷 395
여상골 197
餘水涯谷 346
餘水崖洑 352
여수익보 352
여슈익골 346
여심이 683
汝岩谷 721
閭閻 766
여오너쥬막 234
汝吾川溪 232
汝吾川酒幕 234
여오천기울 232
如愚溪 209
여우고기 225, 230, 350, 594
여우골 716
여우너 80, 92, 209, 235
여우너골 222
여우직 165
如雲作伊 547
如雲作坪 540
如雲川酒幕 848
여운터 304
如雲浦 833
餘蔭山 156
如意 706
如意坪 774
麗日峙 253, 253
勵祭堂 189
여제당 189
여찬니 298, 342
余贊里 298, 579
余贊里 342
呂昌里 258
余村里 664
余村洑 665
余呑里 650
여터설 92
礪峴 220, 521
驛 115, 699, 701, 707
驛古介峙 840
역고기 731, 840
驛谷 298
역골 223, 298, 637, 664
驛內里 255
驛畓坪 287
驛洞 223
역두루 722
역들골 287
역말 80, 190, 485
역말기울 484
驛名 80, 130, 158, 160, 164, 168, 175, 176, 177, 182, 203, 217, 228, 231, 243, 254, 296, 305, 351, 371, 379, 384, 386, 389, 398, 414, 422, 450, 479, 485, 515, 530, 552, 558, 575, 580, 611, 626, 637, 650, 660, 663, 665, 671, 677, 679, 681, 683, 685, 687, 689, 691, 714, 730, 738, 748, 750, 763, 770, 774, 781, 795, 798, 810, 813, 843
驛洑 254
역뜰 295
驛田坪 280
驛田坪酒幕 282
역젹고기 207
驛地坪 722
驛村 190
嶧村 430
逆峙 207
驛峙 731
驛坪 56, 295
驛坪酒幕 59
淵街江 724
烟佳里 431
연갈리 431
淵巨里 799
連境谷 53
蓮莖山 590

鷰谷 378
連谷面 563, 564, 565, 566, 567
連谷市場 566
연ᄀᆡ 833
연낭골 294
連內山 523
鷰內川 425
연ᄂᆡ골 403
연ᄂᆡ나드리 425
연ᄂᆡ쥬막 848
連達谷 409
연달골 409
蓮塘 361, 754
蓮坮峰 397
連坮峰 712
蓮坮山 739
淵洞 126, 499
硯洞里 598
淵洞里 714, 717
淵洞峴 715
淵屯峙川 56
연ᄃᆡ봉 739
鍊浪谷 294
椽木洞里 801
연목이쇼 407
蓮木川 407
연무실들 288
蓮茂實坪 288
燕尾坪 141
硯邊里 562
硯洑 851
鳶峰 416, 486, 494, 632, 633
蓮峰里 243
連峰山 463
연봉산 463
延峰亭 299
蓮峰亭 502, 768
延峰亭酒幕 160
蓮峰亭坪 320
연봉정 299
연봉졍이들 320
鳶峰坪 146
鍊沙 686
연산골 191, 316
鷰床洞 197
延送浦 803
延送浦江 529
延送浦里 530, 530
延送浦峴 530
연쇠 686
連水谷 836
연슈골 836
연슈파 379
鷰岩洑 597
鷰巖山 374
鷰央谷 395
연어 727
鳶魚臺 557
蓮葉峰 198
연엽봉 198
蓮葉山 200, 201, 202
연엽산 201, 202
연ᄋᆡ쏠 136
燕子谷 464
연자골 464, 419
鷰雀谷 396, 419
燕雀坪 491
연장골 420
蓮亭 578
蓮亭里 619
連珠潭 390
連珠峴里 825
連珠峴坪之字堤堰 824
蓮池 74
蓮池谷 257
蓮池洞 257, 602
연창 830
蓮漲谷 420
연창뒤드루 844
連昌里 830, 843
연창리 843
連昌後坪 844
鷰川江 421
硯川谷 235
蓮川谷 447
硯川里 619
鉛鐵 384
연쳔강 421
煙草 78, 81, 86, 87, 91, 93, 109, 160, 162
聯楸谷 777
鳶峙嶺 522
淵吐味里 519
延坪里 610
延坪驛 611
鳶峴 351, 354
蓮湖 694
蓮湖里 725
蓮花洞 136, 403
蓮花里 717
蓮花峰 716
蓮花峰山 137
蓮花山 755
열ᄀᆡ미 235
烈女朴氏碑 789
烈女碑 657
烈女岩洑 184
烈女廉氏碑 789
閱武臺 651
烈士德伊 533
烈山里 380
熱岩山 275

열여바우보 184
列峙 599
洌香亭 484
塩 561, 563, 566, 568, 570, 578, 585, 588, 849, 849, 849, 850, 850, 850
鹽 684, 690, 692, 727, 731, 737, 751, 789
塩邱洞 699
塩邱酒幕 699
염구쥬막 699
念佛菴 315
염불암 315
濂城店 748
염셩술막 748
염우장 695
簾墻坪 248
鹽倉坪 722
염촌 699
塩峙 840
簾峙峴 333
염탕이 425
廉湯村 425
염터쑬고ᄀᆡ 87
葉開山 601
葉九雲洞 608
엽귀셤 190
饁屯地 286
葉八山 788
엿둔 650
엿틔 690
嶺 115, 117, 118, 698, 700, 701, 707, 709
永巨里 322
영거리말 322
盈景谷 4
嶺谷 720
永谷酒幕 657
영골 720
영골쥬막 657
影光山 63
詠歸美面 264, 265, 266, 267, 268, 269, 270
詠歸岩 557
영낭이 344
嶺尾酒幕 115
嶺尾峴 115
影堂里 238
영당리 238
灵坮 502
盈德里 832
靈洞谷 720
永浪里 179, 344
永郎湖 379, 379, 398
嶺名 59, 67, 74, 87, 103, 111, 193, 196, 199, 199, 200, 217, 222, 223, 224, 225, 226, 228, 230, 361, 368, 370, 372, 379, 383, 497, 555, 568, 715, 726, 731, 733, 736, 743, 749, 751, 755, 757, 760, 761, 777, 779
영바우골 440
令伯善政碑 566
鈴峰 214, 219
灵山 289
영산 289
灵山谷 191
靈山谷 316
灵山峙 586
嶺上店 565
盈城洞 65
永世不忘碑 445, 445, 445, 445, 445, 445
暎水洞 256
永矢菴 424
永岩谷 440
灵愛地 341
영영ᄀᆡ 174
永永浦 174
嶺外面 731, 732, 732, 733
영운ᄂᆡ 734
嶺雲山 734
英雲川谷 581
영원 344
영원골 341
靈遠洞 453
영원동 453
迎月峰 463
暎月池 193
영월지 193
靈隱 769
영ᄋᆡ지 341
營將尙佑鉉善政碑 776
嶺底洞 584
嶺底站 781
嶺前峙 599
寧靜谷 326
영전골 326
鴒鵰洞 341
鴒鵰寺 344
永蔦津 100
靈珠菴 117
影池 235
영지목 235
靈津里 388
鈴津村 564
鈴津浦 566
榮川 337
榮川坪 334
盈鐵谷 409
영쳐들 334
영쳘골 409

嶺村　603
영춘기　636
永春浦　636
嶺峙　756
嶺峙名　553, 558, 755, 757, 756, 758
嶺峙峴名　130, 131, 134, 135, 137, 140, 141, 143, 149, 151, 153, 154, 157, 159, 160, 162, 165, 168, 171, 176, 177, 178, 180, 181, 182, 184, 243, 244, 252, 253, 256, 259, 264, 269, 270, 274, 279, 282, 290, 296, 297, 300, 304, 312, 313, 314, 317, 318, 323, 324, 328, 329, 333, 341, 344, 345, 350, 351, 356, 390, 391, 392, 394, 397, 398, 412, 415, 423, 424, 426, 432, 433, 434, 435, 436, 445, 446, 455, 459, 474, 475, 476, 479, 510, 511, 514, 521, 522, 527, 528, 530, 533, 534, 536, 539, 540, 594, 599, 600, 604, 605, 609, 621, 626, 630, 636, 637, 650, 651, 657, 660, 663, 666, 668, 669, 671, 678, 680, 682, 683, 685, 688, 690, 692, 762, 764, 765, 766, 767, 789, 795, 797, 798, 804, 806, 813, 815, 839, 840, 841, 842, 843
永泰鬱峴　61
영턱　832
鈴峴　200
鈴峴里　563
嶺峴名　145
靈穴寺　843
영혈사　843
永興里　592
永興市　591
永興酒幕　593
예계방축　851
禮稽岩谷　418
禮溪浦川　511
예륜이고기　751
曳輪酒幕　750
禮林村　519
芮林浦洑　377
禮門洑　853
예문이버덩　845
예문이보　853
禮門坪　845
禮美山　600, 666
禮美村里　599
穢陌坪　676
예상골　470
禮尙洞　470
穢墻坪　248
禮青山　772
預峴　555
옛고사리골　309
옛셔랑지　398
吳哥德　135
오가탕게　413
五嘉湯溪　413
五甲山　500, 503
梧谷　331, 416, 678
梧谷溪　679
梧谷里　679
五公谷　457
오공골　457
오공골고기　459
五公洞峴　459
鰲橋坪　572
오금정쏠　308
오기비미골　611
烏金谷　50
烏金井谷　308
五金川里　366
五臺山　165, 434
五台山　684
五道峙　279
五道峙洑　277
烏島坪　348
梧桐　536
梧桐谷　517
梧桐谷山　372
梧桐里　430, 525, 529
梧洞浦　515
烏頭峰　435
오두봉　435
오두지　313, 645
鰲頭峙　313
烏頭峙　645, 759
오디산　434
吾羅地峙　432
吳郎垈　466
五郎里　519
오랑에터　466
오려울　331
五靈谷　293
오령골　293
五老　705
五老峰山　617
五龍沼　491
五柳谷　426
五柳洞　150, 391, 429
오류동　429
五柳洞酒幕　432
五柳里　392, 735

梧柳里 748
五柳里峴 391
五柳洑 369
오류올쥬막 432
五柳川 713
五柳浦 142
오른골 839
오릉갈 705
五陵谷 596
梧里 769
오리골 195, 633, 670
오리ᄀᆡ 142, 194
오리ᄀᆡ벌 518
오리나루 365, 391
오리나르 568
五里洞 71, 195
梧里洞 106, 236, 344
五利里 822
오리목골 636
五里木亭 272
五里木亭酒幕 274
오리물 442
오리벌 415, 528, 748
오리벌주막 153
오리소고ᄀᆡ 206
오리숩골 634
오리숩 501
오리ᄭᅩᆯ 82, 106, 150, 344, 576
五里程堰 242
五里程酒幕 243
五里程坪 242
五里地靈坪 132
五里津 365, 568
五里津里 391
五里津酒幕 366
五里村 705
五里坪 518
五里坪洑 415
五里浦 194
五理峴 103, 108
오린말 735
梧林山 245
오릿마 705
梧晩谷 614
오만이골 614
梧梅江 220
梧梅里 730
梧梅上里 221
梧梅津 220, 224
梧梅坪 220
梧梅下里 220
梧梅峴 221
오목골 630
梧木洞 630, 783
五木里 826
梧木里酒幕 795
오목이나드리 428
梧木亭洑 271
五木酒幕 826
五木坪 824
오미 832, 838
五味嶺 145, 149
五味里 148
오ᄆᆡ강 220
오ᄆᆡ고ᄀᆡ 221
오ᄆᆡ나루 220
오ᄆᆡ들 220
오ᄆᆡ상리 221
오ᄆᆡ진 224
오ᄆᆡᄒᆞ리 220
오바우 364
五半里 649
五方谷 676
五峰里 557
五峰山 208, 244, 392, 805, 835
오봉산 208, 835
午峰山 766
烏飛岱 267
鰲山 652, 838
烏山里 832
梧山面 802, 803, 804
五相谷 301
오상골 185
五相洞 185
오상ᄭᅩᆯ 301
五色嶺 423
五色里 831
五色川 421
五西里 793
烏石器 80
五仙溪 476
五星里 453
吾星里洑 454
五歲菴 424
오션게 476
오셤들 348
烏巢谷 395
烏小峙洑 238
五松亭坪 200
오송정들 200
오쇼리보 454
오쇼치보 238
梧茂谷 788
오수골 395
烏水井堤 229
梧藪坪 349
오슈물언막이 229
오슈ᄭᅩᆯ 189
오습들 349
烏時洞山 372
五十谷 202
五十九尾山 777

五十卜谷 353
五十卜坪 420
五十川 775
오ᄉᆡᆨ리 831
오ᄉᆡᆨ이ᄂᆡ 421
오ᄉᆡᆨ이영 423
梧巖谷 601
烏岩沙 364
五巖池 151
五夜谷 695
梧野山里 817
오약골 372
오얏쏠 139
오얏쏠주막 140
午暘谷 212
오양골 212
五羊洞 643
오양쏠 643
五雲洞 94
烏原里 177
烏原驛 176
烏原酒幕 177
五衛將金東奭善政碑 789
오유울막ᄋᆡ 426
吾音寺溪 452
오음사ᄀᆡ울 452
오음사니 453
五音寺里 453
五音山 182, 265, 362
오음이 706
五音浦 206
梧耳洞 576
오자귀고ᄀᆡ 219
烏自歸峴 219
五柞谷 410
오작골 410
五作洞溪 411
五作坪 338
烏鵲坪 368
五壯谷 118
오장동 411
五長山 91
梧底洞 783
烏洲野坪 70
烏池沼江 277
烏池沼津 276
烏川里 152
烏土 578
吾項峴 235
鰲峴 131
箕峴里 84
鰲峴里 278
梧峴面 371, 372, 373
梧花洞 106
梧花洞洑 107
烏篁川 428
玉街 327
獄街里 189, 404
玉街里 553
玉介洞 341
옥거른 369
옥거리 189, 327, 441, 553
獄巨里 441
옥거리들 452
玉溪 79, 184
玉溪洞 694
玉溪面 580, 581, 582, 583, 584, 585
옥계ᄌᆡ 620
玉桂峙 620
옥고ᄀᆡ 162
옥골 174, 370
옥골들 597
옥골보 597
옥골장 597
옥골쥬막 174
玉轎峰 731
옥ᄀᆡ동 341
옥너무 694
玉女峰 286, 301, 686, 792
옥녀봉 286, 301
玉女峰山 259, 535
玉女山 116, 574, 621
玉女川 421
玉垈洑 134
玉帶山 301
玉垈坪 132
玉洞 122, 174, 370, 495
玉洞里 598
玉洞市 597
玉洞堰洑 597
玉洞酒幕 174
玉洞坪 597
옥들 326
옥ᄃᆡ산 301
玉漏里 262
玉流洞谷 271
玉流川 745
玉馬里 729
玉馬坪 729
옥봉 574
玉濱山 50
玉山 288, 580
옥산 288
玉山酒幕 291
옥산쥬막 291
玉山坪 287
玉山浦口 225
옥산포구 225
玉山浦里 224
옥셔득 611
玉水谷 420
玉水洞 425
옥슈골 420, 425

玉室 78, 79
玉室院 79
玉室峴 78, 105
옥여니 421
沃原洞 785
沃原驛 781
옥이직 631
屋低洑 271
옥지기 184
玉川洞 556
玉泉峴 333
옥쳔고기 333
옥터뜰 132
옥토랑 404
沃坪 326
玉峴 162
縕 561, 563, 566, 568, 569, 585, 588
溫谷 837
온섬직니보 538
溫水谷 189
溫水山 460
溫水坪 206
溫水峴 461
온슈들 206
온슈직 461
溫陽洑 694
溫陽坪 694
온우골 664
溫儀洞酒幕 192
온의쏠 192
온의쏠쥬막 192
溫井澗 100
溫井谷 698
溫井洞 93, 540
溫井洞里 543
溫井嶺 390
溫井里 391, 687
溫井山 49
溫井店 390
溫井坪 389
溫泉 233
올누직 666
올미 225
올미못 225
올미졔 225
올음실구미 206
올이골고기 391
올이골평 391
올이두루 572
올충바우 649
옷거리버덩 411
옷고기 333
옷나무골 462
옷나무빅이 282
옷바우 207
옷밧골 416, 435
옷밧골령 149
옷밧쏠 147
옷밧영 412
옷빠우 659
옷질 679
옷직 582
甕谷 712
翁狗堤 103
옹긔졈 193
옹긔졈말 194
옹기 145
甕器 754
甕器店里 194
옹기졈골 378
옹기졈말 512, 543
瓮釜谷 534
瓮釜洞 504
翁城 107
瓮巖 377
甕岩洞 814
翁岩川 57
雍莊谷 231
擁藏谷 416
瓮壯谷 500
翁將谷 523
壅臧谷 669
옹장골 83, 231, 389, 416
甕莊洞 520
翁庄洞 542
옹장쏠 669
瓮店谷 197, 837
甕店谷 783
瓮店嶺 533
瓮店村 543
翁主峴 333
옹지고기 333
瓮津 843
甕遷崖峴 751
瓦家村 251
瓦谷 586
瓦洞 83, 291, 832
瓦屯地 268
瓦屯之 348
瓦屯地洑 116
臥龍潭 446
와룡담 446
臥龍洞 622
臥龍里 210, 238
臥龍山 528
臥龍沼 556
瓦味坪 569
瓦釜谷 363
臥濱里 215
臥仙坮 853
와션디 853
蛙沼 199
瓦水里 498

瓦水坪 501
蛙岩 649
瓦野谷 427
와야골 431
와야골버덩 229
와야골평 729
瓦野洞 431
瓦野屯地 263
瓦野屯地洑 795
瓦野坪 229, 488, 501, 729
瓦要酒幕 812
臥牛峙 572
臥雲洞 608
臥雲津 607
瓦原 766
와인들 597
臥仁里 598
臥仁洑 597
와인보 597
臥仁坪 597
瓦田山 581
瓦直伊 548
臥川洑 578
瓦川酒幕 423
瓦村 243
瓦村峴 74
瓦坪 786
瓦坪里 650
瓦坪洑 650
瓦峴 412, 474, 840
臥峴 840
瓦峴洞 696
臥峴後堤堰 851
緩頂峴 61
完澤山 600, 605
完平洑 740
王哥垈洑 104
旺谷里 362
旺谷面 362, 363, 364, 365
왕당골영 533
王當洞嶺 533
旺塘里 124
旺塘津 117
旺垈村 322
旺大坪 612
왕덕기 189
旺道里前溪 847
왕도압물 847
왕ᄃᆡ벌 612
왕ᄃᆡ촌 322
王老所里 112
王栗里 170
왕바우골 606
旺方洑 369
旺方坪 368
王碑閣 329
왕비각 329
王飛洞 390
王沙坪 136
旺山 579
旺山洞 670
旺山里 579
旺相洞 560
王上峰 345
왕상봉 345
旺城岺 841
왕셩영 841
王沼 368
王巖谷 606
王子胎峰 793
枉帝山 554
왕지산 617
王青谷 128
王峙山 617
왜가ᄆᆡ골 363
왜고기 412, 474
왜골 427
왜골벌 491
왜광들 336
왜두지 348
왜둔지보 795
倭屯坪 335
왜둔평 335
倭浪坪 336
왜미산 50
왜미ᄯᅳᆯ 505
왜ᄭᅩ기 696
왯골 490
왯들우 844
왯지 840
外江敦里 513
外隔洞 83
外隔峴 85
外瓊液池 592
外供鶴里 822
外君里 713
外南山 484
外南松酒幕 351
외남숑쥬막 351
外內基 624
외다릿목 110
外達谷 624
外達里 414
外洞 576
外斗滿 635
外斗盧室 519
외라지고기 432
外洛里 90
外濂城里 748
外濂城川 747
외로이 281
외로이ᄯᅳᆯ 280
외로이쥬막 282
外馬山洞 469

外幕帳峴 141
外沔酒幕 396
外沔峴 398
外武才嶺 394
外茂峙 540
外墨室 272
外博峴 841
外牛占 649
外芳川 449
외벌우 748
외벌우술막 748
外烽洞 695
外峰坪 572
外梟谷 52
外霜里 120
外仙味里 687
外仙味里玉嶺酒幕 687
外仙味里酒幕 687
外仙味院 687
外城山 705
외솔빅이쎌 734
外松坪 728
外新里 121
外新坪 634
外也谷 490
外野谷 497
外也洞 492
外野里 745, 748
외야몰우 745
外也坪 491
외얏모루 748
外五里 825
外瓮津里 828
外雲田里 391
外雄浦 379
外原里 84
外員坪 136
外月峰山 375
外紫霞洞 520
外場 515
外直洞 521
외직들 597
外直里 598
外直洑 597
외직보 597
外直坪 597
외창 236
外泉通里 812
外村 355
外村里 236
외촌 355
外土沃洞 469
外坪里 371
外浦名 376
外豊泉里 819
外鶴里 820
外湖里 748
外湖店 748
外花峴里 119
外檜洞溪 411
外灰峴里 803
蓼谷 54, 310
要峰 610
要仙堂里 188
邀仙巖 643
요션당리 188
要吾谷 448
요오골 448
遙通谷 838
요통골 838
요포 429
욕바위쏠 301
浴巖谷 301
浴浦洞 257
용강이지 318
龍江灘 421
용강탄 421
龍崗峴 318
龍見里 108
龍溪里 391
龍溪峴 390
舂谷 196
龍谷 348, 461
龍谷坪 722
용골 348, 461, 665
龍貢內山 741
龍貢寺 743
龍窟川 626
용넙 206
용네미고기 329, 383
용네미골 325
용누평 316
용눕 140
龍達坪 56
龍潭 597, 649
龍潭里 812
龍潭驛 810
龍潭酒幕 813
龍塘里 92
龍塘市場 92
龍塘治 91
舂垈谷 211
龍垈坪洑 261
龍洞 665
龍洞谷 620
용동골 620
龍洞洑 665
용두들 708
龍頭里 273, 422
龍頭洑 107
龍頭峰 712
龍頭峰山 259
龍頭山 137, 145, 245, 438, 513

용두산 438
龍頭岸 262
龍頭案坪 260
龍頭酒幕 423
龍頭川 425
龍頭村 106
용두포나드리 425
용ᄃᆡ 422
용ᄃᆡ쥬막 423
龍樓坪 316
용못 597
龍霧山 397
龍門山 151
龍紋山 805
용바우 354
용바우골 462, 596
용방우 696
용방우보 696
용부터 403
龍山 765
龍沼 111, 140, 149, 206, 368, 406, 429, 436, 476, 491, 496, 686, 763
용소 238, 429, 436, 436
龍沼江 511
龍沼江酒幕 234
龍沼溪 478
龍沼谷 378, 635, 701, 741, 837
용소골 661, 741, 832
龍沼洞 614, 661, 820, 832
용소둔지 733
龍沼幕 299
龍沼幕坪 297
용소목이기울 232
용소목이나루 231
용소목이쥬막 234
용소목이포구 231
龍沼池 733
龍沼川 232, 266
龍沼坪 177
龍沼坪洑 178
龍沼項津 231
龍沼項浦口 231
용쇼 476
용쇼골 373, 614, 635, 837
용쇼기울 478
용쇼막 299
용쇼막뜰 297
용쇼목이 406
용쇼뜰 177
용쇼뜰보 178
龍水谷 465, 757
龍水洞 57, 406, 493, 538
龍守面 739, 739, 740, 741
春水洑 700
용수뜰 713
龍水津 505
龍水川 488
龍水村 314
龍水坪 713
龍水浦 421
용슈골 406, 465
용슈기 488
용슈터 314
용슈포 421
용신기울 442
龍神山 439
용신산 439
龍神川 442
용ᄉᆞᆺ산 611
용쏘 708
龍鰐口湄 232
용악구미 232
龍顏尾洑 261
용알보 137
龍岩 354
龍岩谷 462, 596, 728
龍巖里 90, 373
龍岩里 485, 537, 714, 743
龍岩坪 696
龍涯山 611
龍野山 97
龍於谷 487
龍魚谷 534
용에머리 106, 513
용에머리산 137
용에멍덜 505
용연골 440
龍淵德 145
龍淵洞 110, 360, 440
龍淵里 81, 124, 518, 598, 718, 799, 820
龍淵洑 740
龍淵寺 563
龍淵酒幕 117
龍淵坪 597, 739
龍雨谷 712
용우골 712
용우쏠평 722
龍踰洞 325
龍踰峴 329
龍踰峴 383
용의머리 712
용인들 597
龍場洞 697
龍壯院 354
용장원 354
龍田里 120, 122, 158, 167
龍井谷 50
龍井幕 755
龍井堤堰 774
龍井川 618
龍啼洞 495

龍堤洑 696
龍堤坪 708
용정리 681
龍池 552
龍池洞 95
龍川洞 92
龍川洞洑 92
龍川里 718
龍泉里 831
龍湫 708, 763
龍浦橋碑 736
용포나루 429
龍浦洞 374
龍浦里 87, 362, 429
龍浦前津 429
龍下洞 136
龍下洑 137
龍項里 161
龍海峴 499
春峴 323, 356
龍虎垈 263
龍虎垈坪 260
龍湖洞 142, 830
용호동 830
龍湖洞洑 143
龍湖洞坪 141
龍湖村 372
龍化洞 787
龍華里 814
龍華山 226, 228, 451, 456,
813
용화산 228, 451, 456
용화샨 226
龍化驛 781
龍化站 781
龍回峴 89
龍興里 109, 718
우계보 852
牛敬洞 94
偶溪 846
右溪洑 852
羽谷 242
牛谷 328
右谷 839
牛口洞 502
牛禁垈溪 452
牛禁垈坪 452
于今山 756
우금터버덩 452
牛乭坪國字堤堰 816
羽洞 269
牛洞谷 741
우동골 741
牛頭江 223
우두강 223
우두나루 223
우두들 225
우두산 223, 291
牛頭山 291
牛頭上里 223
우두상리 223
牛頭津 223
牛頭坪 225
牛頭下里 225
우두ᄒᆞ리 225
牛屯地坪 498
우ᄃᆡ골 236
우라실 620
牛落峙 432
우러리고ᄀᆡ 350
우럽ᄂᆡ 311
우렵쥬막 311
羽嶺 244
우령셔듸 544
우릿덕 427
牛馬洞 410
牛麻田谷 438
牛馬峙 412
隅幕谷 69
牛幕谷 69
牛望里溪 129
牛望里酒幕 130
牛望里坪 129
牛牧谷 461
우목골 461
우목들 442
右木坪 442
牛舞谷 410
우무골 54, 410
牛武垈洞 544, 546
우무더골 546
雨霧洞 94
우물골 316, 347
尤美谷 191
우미나리 191
牛尾洞 824
友味里 73
牛尾實 643
牛尾灘 458, 478
牛蜜谷 208
우밀리 208
于發告嶺 533
右邊面 632, 633, 634, 635,
636, 637, 638
우사리 191
牛山 780
牛山里 785
牛成坪 65
牛成坪洑 67
牛巖谷 627
牛岩里 833
牛岩津 568
牛岩坪 248
우암리 833

牛額山 787
우업고기 350
牛臥古峙嶺 522
牛臥谷 193
隅外酒幕 415
右用里 179
牛喩洞 520
牛踰嶺 536
우이쇼 429
雨殘谷 836
祐長洞 443
우장동 443
禹跡谷 771
友田 662
禹篆碑 776
牛足川 421
隅酒幕 431
右地令 614
牛之沼 330
우지쇼 330
友昌川 407
隅川面 176, 177
牛草谷 448
隅村 603
禹忠山 622
우통골 755
右通坪 501
牛浦坪 845
우포평 845
우풍늬 407
隅風川 407
牛項洞 57
牛項里 620
牛項津 100
牛項灘 304
牛峴 297
욱골고기 60
욱묵골 214
旭實谷 678
雲谷 552
雲谷里 553
雲橋里 164
雲橋驛 164
雲橋站 164
雲橋坪 336
雲根驛 384
운니덕 430
雲垈 304
雲洞 292
雲洞坪 295
운두지 434
雲頭峴 434
雲裡谷 427
雲裡德 430
雲裡川 429
雲磨山 115
雲霧谷 242
雲霧峰山 259
운무주치 721
雲味洑 550
운봉골 449
운봉골기울 450
雲峰洞 449
雲峰里 373
雲峰山 374, 744
雲峰沼 377
雲峰川 450
雲鵬谷 409
운붕골 409
雲山里 577
雲山店 577
雲城 605
雲城峙 604
雲沼坪 452
雲水溪 725
운수골 449
雲水洞 449
雲水里 726
운슈직 460
雲深谷 759
雲我峙 609
雲巖洞 110
雲巖里 750
雲岩酒幕 750
雲楊亭 506
雲字堤堰 371
雲田店 390
雲亭里 559
雲井里 824
雲峙 668
雲峙山 666
雲鑿洞 94
雲興里 485
雲興洑 486
雲興坪 484
雲濶里 107
울길 552, 553
蔚內 706
鬱屯峙 759
울령골 378
蔚龍谷 378
울모릐 364
울바우골 177
鬱防治洑 66
蔚山巖 377
鬱巖員洑 88
蔚業 308
울업 308
蔚業溪 311
蔚業酒幕 311
蔚業峴 350
움골 291, 355
움네미 355
움바위 110

웃가직울 178
웃간ᄃᆡ 453
웃갈골 468
웃갈벌 362
웃고ᄀᆡ 205
웃고비원 546
웃골 585
웃광젱 833
웃괴인돌 532
웃구직 318
웃근네뜰 132
웃김직보 795
웃너루니 313
웃너부ᄂᆡ 163
웃놀미니 478
웃느다리 723
웃다둔이 317
웃달ᄂᆡ 834, 847
웃더덕골 307
웃더덕쏠 309
웃덕박골 721
웃돌목 652
웃두루 388, 457
웃드루 831
웃드루ᄂᆡ 847
웃드루ᄉᆡ보 853
웃드릉이 625
웃들 156
웃들골 618
웃들보 222, 473
웃ᄃᆡᄂᆡ 430
웃ᄃᆡᄂᆡ쥬막 432
웃ᄃᆡ리나루 446
웃롤미보 479
웃마눕둘우 722
웃마리 532
웃만산니 468
웃말 307, 458
웃모ᄅᆡᄂᆡ 292
웃무림계쥬막 192
웃뭇지울 317
웃바르ᄆᆡ 367
웃바우날리 208
웃방골 469
웃방동 214
웃버덩 200, 232
웃버덩이 547
웃버들ᄀᆡ 230
웃버등이 543
웃벌보 538
웃보 454, 471, 472, 479, 730, 851
웃보리골 725
웃보문 344
웃부충니 182
웃분지울 308
웃산두 371
웃섬강 318
웃섬븨 322
웃셧골 537
웃소ᄅᆡ보 852
웃소발아기 130
웃ᄉᆡ두둑 327
웃ᄉᆡ우ᄀᆡ 394
웃심골 197
웃심밧 230
웃싓터 745
웃뜰우 659
웃쑥골 548
웃안장골거리주막 714
웃안장평 713
웃양혈 833
웃오만이 613
웃옷바우 207
웃왕도 832
웃용골 185
웃위밀 179
웃장 733
웃장ᄀᆡ쥬막 319
웃절구 144
웃졍니 547
웃지슈울 215
웃진불 714
웃질직영 726
웃집실 470
웃쳥어둘 395
웃치직골 464
웃터뜰 498
웃토셩 373
웃품실 197
웃함밧치 750
웃희삼터 306
웃희삼터쥬막 311
熊谷 63, 301, 465, 640
熊起里 818
熊德谷 510
熊洞 82, 108, 355, 656
熊洞谷 150
熊林洞里 805
熊眉洞 538
熊山 590
熊宿洞 556
熊淵里 691
熊淵川 691
熊越山 477
熊踰 355
雄長谷 138
熊足里 780
雄津洞 142
雄津洞溪 142
雄津洞洑 143
熊津里 714
熊津酒幕 714
熊逐谷 456

熊峙　582
雄雉谷　601
雄灘　219
熊峴　290
院　708
院街　104
院街坪　338
원거리들　338
院巨伊　543
院谷　116, 491, 759
苑谷　224
遠谷　402, 409
遠谷溪　411
원골　224, 343, 402
원골쥬막　660
院橋前川　540
院橋灘　505
院基　778
元吉里　169
원날리　229
遠南面　706, 707
元南沼　476
원남이쇼　476
원네미고기　264
元塘里　133
元堂里　161
圓塘里　221
원당리　221, 434
源塘里　371
院堂里　434
院堂里酒幕　434
원당리쥬막　434
院垈　321
院垈溪　324
院垈谷　128, 246
院垈里　373, 412
院垈酒幕　397
原大秋　741
遠德面　781, 782, 783, 784, 785, 786, 787, 788, 789, 790
元島坪　722
院洞　139, 255, 281, 343, 495, 614
원동날우　596
院洞幕　599
院洞酒幕　140, 256
元同之洞　136
元同之洞酒幕　136
院洞津　596
院洞川　280
院洞峴　137
遠洞峴　235
원두루　511
遠屯坪　735
院里　120, 599, 820, 825
院里酒幕　115
元萬春碑　242
원말　620
院名　79, 102, 305, 485, 557, 660, 677, 679, 681, 683, 685, 687, 690, 692, 810
원모루　825, 826
院邊津　99
元卜洞　670
元封山　131
遠北面　502, 503, 504, 505, 506, 507, 690, 691, 691, 692, 698, 699, 700
元寺洞　110
遠西面　686, 686, 687, 688
원셤벌　722
元水谷　484
元帥臺　715
院水載山　439
元守坪　335
元水坪　335
원슈들　335, 335
원슈쏠　484
원슈지산　439
遠深谷　701
源深池　755
원ᄉ골　110
원쏠　139, 658
원쏠주막　140
元巖里　374
元巖驛　379
元巖站　379
院壓沼　218
鴛鴦山　535
鴛鴦峴　530
原汝灘　99
院隅里　825
院隅酒幕　826
院隅村　499
元越松鎭堡　680
遠陰山　581
遠矣谷　628, 634
元日田里　834
원일젼리　834
원읍소　218
원장골　698
원장들역보　202
원장뜰　202
院長峙　575
元章坪　202
元章坪驛洑　202
原田德山　63
遠田里　124, 807
院前坪　682
원젼들　682
原州憲兵分遣所　629
원증거리　321

元曾村　321
遠地里　123, 820
元津　197
鴛津　229
元津坪　197
鴛津浦口　229
원창고기　194
原昌里　202
원창리　202
원창뜰　202
原昌驛　203
원창역　203
原昌酒幕　202
원창쥬막　202
原昌坪　202
原昌峴　194
遠川　116
原川巨里酒幕　480
遠川谷　451
原川里　478
原川驛　479
遠川灘　505
원천니　478
원천역　479
원천쥬막　480
院村　330, 620
院村酒幕　73
院村川　337
원터　373, 653, 732
원터골　128, 321
원터골기울　324
圓通谷　392
元通谷　639
원통골　639
元通洞　559
元通里　422
元通山　218, 766
원통산　218
原通山　719
元通市場　422
圓通庵　394
원통이　559
원통장　422
元通前江　421
元通酒幕　422
원통쥬막　422
원퉁　422
院坪　101, 248, 511
原坪　339
遠坪　667, 788
逺坪　778
院坪里　787
院坪洑　105, 249
遠平洑　781
원평쏠　191
원평이　339
院坪村　251
元浦里　269
遠浦里　834
院峴　102, 555
月江　636
月開地峴　218
月巨里嶺　479
月巨里山　477
월계동　190
月桂洞　190
越谷　212, 217, 410, 836
月谷　395
月谷里　197
越谷峴　219
月谷峴　394, 397
月橋　233
월구니　476
월구니들우　467
월구리　219
월구리고기　219
月鉤川　476
月鉤川洑　472
月鉤坪　467
월굴니기울　216
月窟里　219
月窟里溪　216
월굴리고기　220
月窟里峴　219, 220
월긔니보　472
月岐峙　631
月吉村　705
월날리포구　229
月南洞洑　85
月內洞　106
月內幕嶺　521
月乃井里　819
越臺洞　642
越臺洑　641
月坮山　571
月到山　218
월도산　218
越洞　556, 830
越洞酒幕　848
越頭坪里　812
月良洞　72
월령산　435
月老谷　457
月老洞洑　460
月老灘　458
月籠洞　225
月樓峙　666
月明里　144
月明里酒幕　145
月邊洞　694
月峰　331
월봉　331
月峰里　796
月峰里洑　795

越峰山 48
月峰山 49
月浮垈 257
月浮山 638
月飛烽火墟 394
月飛山 386, 392, 395
月山洞 150
月山嶺 151
月孫洞 106
月松亭 505, 680
月松亭洑 114
月峨山 611
月娥山 627
월악바위산 332
月岳岩山 332
月安里 371
월암들 337
月岩里 66
月岩洑 67
月岩上村 66
月岩市場 66
月岩坪 337
月岩下村 66
月影圖山 435
月影山 678
月五介 168
月雲里 133
月云川里 107
月雲峴 731
月位臺 387
月陰洞 641
月陰里 811
月陰峴 486
月邑田 636
月作洑 366
月底坪 780
月田 613, 783
月田坪 765
月精街 167
月精街洑 168
月井里 824
月精寺 168
月井酒幕 821
月增村 705
월직이보 366
月川洞 785
月川洞酒幕 274
月川里 649
越村 213, 321, 782
月村 620
월촌 321
月灘里 665
月灘里洑 665
月通里 650
月坂峙 671
越坪 85, 208, 477, 614, 640
月坪 658
越坪洑 86, 208, 305, 852
月坪洑 765
越坪貝洑 86
越平庄 322
월평장 322
越坪村 478
月下峙 842
越巷洞 642
月峴 746
月峴里 745, 818
月峴店 745
月湖 317
月湖津 318
月呼坪 572, 576
위나리 197
위나리뜰 197
威靈山 664
衛山洞 521
位山面 828, 830, 839, 844, 844, 844, 846, 849, 851, 853
위산면 828
位安垈 281
渭川里 191, 367
渭村里 557
衛後坪 404
윈느룬 631
윗독골 321
윗들우 467
柳哥沼 86
楡谷 219, 586
柳谷 227, 448, 517, 535
遊谷 596, 771
柳谷溪 756
楡谷里 502
柳橋野 716
鍮橋酒幕 73
柳橋川 737
유긔졈 193
鍮器店 193
유다리 737
유다리벌 716
유다리보 718
鍮達嶺 59
楡達里山 477
柳堂里 181
流大浦里 73
乳犢谷 382
유독골 382
柳洞 72, 159
流洞 106
柳洞里 543, 748
柳洞前川 181
柳洞坪 102
柳屯地坪 524
柳等里 564

柳等坪　564
柳等後坪洑　565
踰嶺乭坪　744
柳林酒幕　136
楡木谷　410
楡木口尾　457
楡木洞　543
楡木嶺　424
楡木亭　273, 414, 468, 631, 670
柳木亭洑　454
楡木亭市　136
楡木亭酒幕　136
柳木亭酒幕　455
유목정보　454
유목정쥬막　455
楡木峴　412
柳茂坪　192
柳茂坪洑　193
楡門街里　443
유문거리　443
柳門洞　666
留門峙　663
柳勿齋碑　853
유물ᄌᆡ비　853
柳坊坪虞字堤堰　816
유별루ᄂᆡ　429
柳別樓川　429
柚拂舞　451
流沙　328
流沙谷　325
幼山里　570
留守兼鎭禦使金箕錫善政碑　433
流水谷　771
柳阿洞　520
流岩　344
유암　344
遊岩坪　348
游魚山　836
유어산　836
楡淵里　125
楡淵津　117
由原　292, 295
유원　292
유원ᄯᅳᆯ　295
由原驛　296
유원역　296
楡邑里　524
鍮匠洞　547
柳田洞　663
柳田洑　605
柳田坪　370
鍮店　495
鍮店嶺　743, 749
鍮店里　223
楡岾寺　393
楡亭　512
楡亭里　269
楡亭洑　471
楡亭員洑　109
楡亭酒幕　471
楡亭坪　466
柳池　660
楡津面　117, 118, 124, 125
楡津酒幕　117
楡川　116
柳川　763
流川　819
楡川里　559
柳川里　656
楡川洑　116
踰村　306, 307
柳村　360
楡村里　453
楡峙　273, 586, 621
柳峙　604, 636, 666, 758
柳峙峴　511
流沈谷　591
유침이골　591
留土谷　591
楡坪　180
柳坪　276
柳浦洞　170
遺墟碑　701, 853
楡峴　61, 106, 185, 197, 201, 355
柳峴　321, 479, 579
楡峴酒幕　184
柳峴酒幕　324
六德谷　146
六松津　56
六舟里　496
六板岩洞　325
尹哥谷　69
輪岩山　294
尹儀谷　138
栗　567, 569
栗溪　332
栗谷　402, 404, 444
栗谷亭　75
栗谷川　337
栗垈里　229, 387
栗垈上洑　229
栗垈下洑　229
율ᄃᆡ상보　229
율ᄃᆡᄒᆞ보　229
栗洞　93, 308, 493, 573
栗洞里　182, 717, 799
栗洞酒幕　181
栗木谷　181, 409, 462, 590
栗木洞　250, 256, 470
栗木洞洑　473
栗木里　90, 506, 820

栗木山 49
栗木亭 323, 349
栗木亭酒幕 324
栗木亭坪 287
율목정들 287
栗木坪 376
栗木峴 394
栗門里 233
栗上谷 601
栗城谷 143
栗城山 463
栗樹谷 581
栗矢谷 700
栗實里 181
율ᄯᅩᆼ 717
栗作谷 191
栗長里 218
栗長里溪 218
栗田谷 196
栗田里 124, 818
栗枝里 811
栗川 394
栗峙 159, 577, 582
栗峙洞 609
栗峙里 157
栗灘里 261
栗峴 577, 645
栗穴谷 462
栗後洞 631
栗後洞酒幕 630
栗後洑 629
戎峴 67
으능정고ᄀᆡ 282
으무ᄀᆡ 292
으쇼ᄂᆡ 453
銀 162, 797
銀溪里 515, 516
銀溪驛 515
은고ᄀᆡ 223, 225
銀谷 53, 246, 416
隱谷 310
殷谷 461
銀谷村 250
銀谷坪 247
殷谷峴 474
은골 310, 416, 426, 456, 461, 470, 740
은골고ᄀᆡ 474
은골보 459
은능정이 306
은더ᄂᆡ 313
銀洞 65, 525
隱洞 221
은동 221
銀幕谷 64
銀峯山 746
隱仙里 820
銀鮮沼 421
隱者谷 734
銀藏洞 514
隱蹟寺 743
隱田谷 676
銀店洑 369
銀店山 138
銀店沼 368
은졈소보 369
은졈ᄶᅵ 138
은ᄌᆞ동 734
隱灘酒幕 104
隱灘村 95
銀波洞江 511
隱鶴里 821
銀杏庵 446
銀杏亭 306
銀杏亭里 84
銀杏村 213
은힝나무비기 213
은힝암 446
을목령 111
乙旨山 590
乙項嶺 111
음고ᄀᆡ 318
음골 287
음골드루 364
음달ᄀᆡ간이 612
음달말 185, 236, 546
음달말버덩 428
음달보 472
음당두우 467
陰垈谷 294
음들 587
음무ᄀᆡ쥬막 296
飮水谷 435
음슈골 435
음양니 414
陰陽里 414
陰陽坪洑 415
음우ᄀᆡ 289, 290
陰隅坪 146
陰地 768
陰地谷 419
음지골 419
陰地洞 169
음지말 322
음지버덩 436
陰地洑 472
陰之洑 803, 806
陰地野 436
陰之村 322
陰地村 430, 546, 755, 782
음지평 405
陰地坪 428, 467
陰村 185, 236, 583, 587
음터쏠 294

陰浦磵　612
邑內里　58
邑內洑川　442
邑內上場　810
邑內市場　59, 80
邑內場　157, 650
邑內下場　810
邑內峴　60
읍ᄂᆡ보ᄀᆡ울　442
읍ᄂᆡ장　591
읍ᄂᆡ쟝　694
읍ᄂᆡ증　174
邑上洞　174, 326
邑上里　156
邑城　678, 680
邑市　361
邑市場　174, 694, 775
읍압물　79
읍압큰물　129
邑場　130, 485, 738
읍장　361, 843
邑場街里酒幕　130
邑場市　677
읍장써리　80
邑前溪　129
邑前川　679
邑主山　48
邑中洞　326
邑中里　156
邑川邊里　156
邑川邊里酒幕　157
邑下洞　174, 326
邑下里　156
邑後洞　327
응고ᄀᆡ　605
응고ᄀᆡ쥬막　621
鷹谷　293
應谷　314
應谷嶺　370
응골　286, 314
응골영　370, 390
응달말　430
응달보　472
鷹德山　727
鷹洞　286
鷹嶺　446
鷹幕坪　568
鷹方里　624
鷹峰　97, 135, 214, 301, 416, 425, 435, 440, 460, 461, 463, 494, 560, 561, 628, 632, 633, 638, 639, 778
鷹峰嶺　394, 671
鷹峰岺　842
鷹峰寺　249
鷹峰山　68, 141, 191, 244, 293, 297, 315, 345, 438, 439, 580, 698, 719, 727, 763
鷹鳳山　203
鷹峯山　758
鷹峰峙　599, 759
鷹峰峴　287, 296, 296, 318, 433
응쏠　293
鷹眼店　697
鷹岩洞　389
鷹岩里　160
鷹巖山　762
鷹岩山　837
應於垈　632
응어터　632
鷹泉　494
鷹嘴山　657
鷹峙　415
鷹峙山　441
응치산　441
鷹灘里　92
鷹灘洑　92
應峴　605
鷹峴酒幕　621
義相坮　853
의상ᄃᆡ　853
倚星臺　651
衣岩里　207, 659
衣岩津　208
義野地里　670
義豊浦　170
蟻峴　351
梨　90
二間口尾　547
二間口味內前川　541
二間洞里　793
梨谷　212, 344, 695, 760
耳谷　504
泥谷洞　570
耳谷里　156
梨谷山　622
梨谷灘　411
李匡坪　110
泥橋里　429, 532
尼丘山　554
李龜川興學碑　766
伊弓谷　716
耳基嶺　764
二南里　796
二南里洑　795
이다리기　632
梨垈　268
李垈谷　53
李垈洞　287
二大路里　816
梨大峴　60
泥洞　142

梨洞　228, 354
耳洞　538
二東里　529
二東面　490, 491, 492, 493, 528, 529, 529, 530
里洞名　828, 829, 830, 831, 832, 833, 834, 835
里洞村名　288, 289, 291, 292, 293, 298, 299, 300, 303, 304, 306, 307, 308, 313, 314, 317, 320, 321, 322, 323, 326, 327, 329, 330, 331, 332, 339, 340, 341, 343, 344, 349, 350, 353, 354, 355, 356
里名　58, 59, 66, 72, 73, 78, 79, 80, 81, 81, 84, 87, 90, 92, 105, 107, 108, 109, 112, 188, 188, 189, 190, 191, 192, 194, 195, 196, 197, 198, 200, 201, 202, 203, 204, 206, 207, 208, 209, 210, 211, 211, 212, 213, 214, 215, 216, 217, 218, 219, 220, 221, 222, 223, 224, 225, 226, 227, 228, 229, 230, 232, 233, 234, 235, 236, 237, 238, 239, 484, 485, 488, 489, 491, 492, 493, 494, 495, 496, 498, 499, 502, 506, 552, 553, 554, 557, 558, 559, 560, 563, 564, 567, 569, 570, 574, 577, 578, 579, 580, 582, 583, 586, 587, 713, 714, 717, 718, 725, 726, 729, 730, 732, 733, 735, 736, 738, 740, 742, 743, 745, 748, 750, 759, 760, 779, 793, 794, 796, 797, 798, 799, 800, 801, 802, 803, 804, 805, 807
泥屯地　495
泥屯坪　260
泥磴峴　375
伊羅里　554
耳洛里　112
이릉글별　607
이릉기보　377
泥林溪　666
泥林里　666
泥林里場　668
二萬谷　82
이만골　82
梨木谷　204, 347, 382, 409, 417, 419, 560, 771
梨木洞　71, 83, 262
梨木洞峴　328
梨木里　122
梨木洑　605
梨木野　55
梨木亭　106, 148, 167, 185, 543
梨木亭洑　168
梨木亭酒幕　148, 184, 269
梨木亭坪　166
梨木酒幕　115
梨木坪　138, 238
이문안　183
里門員洑　86
二番浦里　817
狸峰　595
二北面　388, 389, 390, 391
二山江　704
利上水　233
이상슈　233
二西里　793
梨雪堂里　562
伊城坪　735
李世白碑　242
二水橋川　249
二水渡　566
二水浦川　511
李侍郎垈山　48
裡新村　269
梨實　286
梨實洞　489
二十谷里　196
二十洞　663
二十木亭　232
二十木亭酒幕　234
利牙坪　607
耳岩谷　114
이앗벌　607
泥野坪　70
鯉魚沼　529
伊雲　303
이운이쥬막　305
伊雲酒幕　305
이윤니　303
梨莊谷　138
李長谷　523
二長足里　816
二長酒幕　817
泥田洞　339
泥田坪洑　454
二池洞里　816
이직　320
梨川　305
二靑洞里　796
里村洞名　328
梨峙　162, 669
犁峙　424

泥峙 841
泥峙峴 727
이터골 287
泥坪 271, 405
梨坪 311
泥坪里 408
梨坪里 689
梨坪洑 85
裏浦 738
泥浦里 525
泥峴 74, 134, 205, 206, 290, 543, 549, 671
이현 205
梨峴 264, 356, 484, 486, 635
泥峴里 150
梨峴里 811
裏峴山 477
梨峴酒幕 434
李混恒碑 450
里後驛洑 202
里興洞 323
익군잇골 596
益壽洞 110
益雲谷 596
仁角里 374
釰閣山 622
釰閣峙 626
仁甲沼 584
仁界洞 642
인구드루 846
仁邱里 834, 843
인구리 834, 843
仁邱坪 846
인남리 228
인남역 228
人多樂 632
仁垈 636
釰洞 94
仁嵐里 228
仁嵐驛 228
仁嵐峴 228
釰鳴山 253
釰舞坪 592
인버동 354
仁伐洞 354
釰峰 211
釰不里 125
釰不酒幕 118
釰山 700
人蔘 451, 794, 804, 806
釰城洞 698
獜原里 105
釰藏谷 370
釰藏洞 381
麟蹄江 229
仁竹山 270
印竹作谷 183
인죽작골 183
釰置洞 78
인틔박골 54
釰坂谷 393
印佩里 152
釰坪 786
釰平洑 788
仁峴 767
釰花垈山 245
仁興洞 169
日乾 251
日乾洞 542
日乾坪 248
日谷 593, 620
일골 620
일곱마듸둥 368
일곱뜰 302
일눈 343
日團垈洞 538
一堂山 338
일당산 338
日論 343
一里 586
日暮時洑 496
日暮時山 494
日帽岩谷 494
日夢時谷 452
一北面 387, 388
日山 439, 446, 447
一山峰 294
일산봉 294
日仰洞 634
一夜味 328
一夜味坪 132
一夜坪 364, 747
일앨 554
日午谷 634
일오실골 452
一原谷 82
逸元洞 823
日出峯 678
日出峙 586
日禾谷 441
逸興坪 607
臨溪面 664, 665, 666
林谷里 578
林谷川 576
臨弓沼 556
임금산 68
林檎峙 599
任南面 805, 806, 807
林丹里 120
林丹驛 115
林塘里 133
林塘里酒幕 134
林堂洑 454

林坮坪　336
臨道面　749, 750, 751
任松谷　114
臨水亭　557
任雲洞　256
臨院洞　784
臨院浦　781
林泉里　367, 831
臨淸谷　51
임천　831
林下洞　630
林下里　161
臨湖亭里　834
臨湖亭前川　847
임호정리　834
임호정압ᄂᆡ　847
入谷　427
笠洞　447
入領洞　218
廿里　313
廿里坪　314
笠帽峰　342, 461
笠峰　89, 222, 227, 616, 639
笠峰洞　570
笠峰山　590, 779
笠峰峙　604
笠山　579
立石　299, 313, 593, 631
立石谷　166, 177, 286
立石洞　696
立石里　167, 175, 387, 489, 714
立石峰　420
立石寺　328
立石川　629
立石村　322
立石坪　175, 192, 754
立石峴　168, 193, 205
입석ᄃᆡ절　328
입석봉　420
立案洑　261
立岩　289
立岩澗　220
立岩谷　462
笠岩里　120, 574, 684, 834
立岩洑　140
笠岩洑　852
立巖山　762
立岩坪　138, 428
廿日里　184
立春川　344
입춘ᄂᆡ　344
入坪里　183
艿浦洑　67
艿蒲坪　64
ᄋᆞᄅᆡ심밧　230
ᄋᆞᆫ보역　217
ᄋᆡ금이　373
ᄋᆡ기고ᄀᆡ　436
ᄋᆡ기미포구　379
ᄋᆡ막골　444
ᄋᆡ미드루　845
ᄋᆡᄆᆡ골　659
ᄋᆡᄆᆡᆨ골　195
ᄋᆡ쏠　128
ᄋᆡ안이　340
ᄋᆡ연니쏠　669
ᄋᆡᆼ도쏠　218

자…

資可谷面　574, 575, 576, 577, 578
自哥坪　102
自甘村　307
自甘村洑　312
自甲洞　303
自甲川洑　306
自開洞　71, 94, 95, 193
自開洞坪　64
子開坪　775
紫公坪　266
紫公浦洑　266
자근가로ᄀᆡ　486
자근게족골　595
자근골　346, 591, 746
자근괴나무골평　724
자근ᄀᆡ골　744
자근논쏠　546
자근다리골　215
자근달이골　464
자근당메산　487
자근도ᄉᆡ울　346
자근돌고ᄀᆡ　605
자근되야니ᄌᆡ　312
자근뒤골　836
자근드렁이쏠　310
자근말들우　466
자근말보　471
자근모아치　599
자근무레골　643
자근무지ᄀᆡ　426
자근보리골　720
자근사ᄐᆡ골　466
자근숫둔　341
자근ᄉᆡ지믈　460
자근싸리골　441
자근안ᄎᆡᆨ이　363
자근양아치　841
자근양아치듀막　356
자근ᄋᆡ미포구　379
자근집흔골　528
자근쳔셕골　838

자근탑골 217
자근터골 404
자근토고미 468
자근팔계 625
자근하오ᄀᆡ 84
자ᄂᆡᆯ 166
自等里 499
自等洑 499
自等峴 500
自來山 667
자리목이 841
자리ᄆᆡ 667
자ᄅᆡ목영 522
자모바위 587
자무리 444
자무쏠 656
自物里 444
自美院 656
紫寶菴 716
紫山 332
자산 332, 691
慈山 712
子山 772
慈產谷 734
慈山里 371, 714
慈山里古城 715
慈山城 398
자산쏠 734
慈山酒幕 372, 714
磁石山 434
자쏠 288
자안말 196
字押洑 806
紫陽江 220
紫陽山 435, 552
자양산 435
紫陽坪 294
紫魚 737
紫硯石 159
紫烟巖洞 608
자오고ᄀᆡ 412
子午谷 410, 606
子午峴 412, 423
자우고ᄀᆡ골 410
紫雲里 434
자운리 434
자울 146
紫隱洞 288
紫隱洞酒幕 290
自自乃谷 448
자자벼루골 448
자작고ᄀᆡ 177, 217
自作谷 302
자작골 316
自作洞 316
自作嶺 539
自作里 308, 330, 634
子作里 623
子作山 622
자작이 308, 330
自作亭 133, 153, 163
自作亭酒幕 133
自作村 304
자작ᄎᆞᆫ 304
自作峙 177
子作峙 626
自作峴 102, 181, 264, 274
자장이들 333
自將坪 333
子鳥谷 639
紫朱峰 301
자지ᄀᆡ 290
紫芝里 775
자지바치 775
紫芝峰 218, 302, 309, 325
자지봉 302, 309, 325, 590
紫芝峰山 265
紫芝山 590
紫芝峴 290
자ᄌᆡᆨ이 81
자초앗치 572
雌雉洑 572
자치앗차 572
雌雉峴 572
자큰보정골 837
紫坪 592
自浦谷 179
自飽垈 430
자포ᄃᆡ 430
自皮谷 627
자ᄑᆡ골 627
紫霞谷 117, 146
자하골 110
紫霞洞 65, 110
紫霞洞里 801
紫霞山 63
作谷 314, 378
柞谷 606
鵲谷 716
작골 606, 716
作起洑 550
作起村 545
作起坪 540
作達幕 339
작달막이 339
작달ᄆᆡ기 301
作達峴 345
作垈谷 301
作大洞員洑 88
作洞 303
작두쏠 303
鵲背坪 754
鵲峰 370, 392
鵲峰山 381

鵲巢洑 479
作實 330
작실 330
鵲津 784
柞峴 89
잔고ᄀᆡ 193, 525
잔고ᄀᆡ쏠 83
잔고지보 794
잔골 288
잔괴동 833
棧橋洞 833
잔나무골 199
잔나무쏠 292, 331
잔나무정이들 356
잔다리 526, 593
잔담이 740
棧垈美酒幕 134
잔미강 724
잔양이산 293
잔양이뜰 294
棧峴 193
잘ᄀᆡ미 307
잘ᄀᆡ미보 312
잘ᄃᆡ 737
잘ᄅᆡ목이 520
잘이우ᄀᆡ울 205
잘피울 179
잘ᄑᆡ영 743
蚕谷里 496
蚕頭山 744
潛方里坪 334
잠방이들 334
暫佛峴 507
잣고ᄀᆡ 188
잣나무골 196, 410, 439
잣나무박이 405
잣나무ᄇᆡᆨ이 268
잣덕니 545
잣뒤 81, 537
잣뒤보 597
잣미 725
잣바우 158, 661
잣밧 510, 511, 652
잣밧고ᄀᆡ 510
잣밧산 484
잣산 523
잣송이골 528
場 694
張哥溪 383
張可垈 258
長嘉洑 640
長嘉坪 640
場街浦口 229
場巨里 195, 478
장거리 195, 478
場巨里洑 479
장巨里보 479
장거리쥬막 408
장고ᄀᆡ 613
長谷 52, 293, 363, 370, 462, 493, 575, 625
獐谷 490, 493
長谷里 261
長谷於口酒幕 263
長谷川 277
長谷峙 264
長谷坪 337
장골 185, 730
장골쥬막 290
장구목 555, 610
장구목령 540
장구목이 605
장구벌 713
장구산 69
長九石洑 703
長九石坪 702
長久坪 713
長久峴 605
將軍垈 216
將軍洞 500, 503
將軍峰 208, 214, 226
장군봉 214, 226
將軍峯 688
將軍山 477, 477
장군산 477
장군터 216
場基谷 716
장ᄀᆡ 317
장ᄀᆡ나루 318
長南 332
장남이 332
장ᄂᆡ 564
場垈 83, 243
獐垈 267
長垈谷 128
獐垈洞 250
章垈洞 570
場垈里 570
場垈酒幕 85, 115, 230
獐垈坪 266
長垈坪 276
場垈坪 625
長垈峴 279
長德谷 567
장덕골 567
長德嶺 528
長德里 567, 801
長島里 388
長洞 87, 185, 327
獐洞 833
壯洞里 485
長洞里 730
獐洞洑 851
長洞山 98

長洞坪 729
長洞峴 296
莊斗谷 837
장두골 837
長頭坪 694
장드루 372
장들 330, 702
장들여울 78
長登 345
長藤 715
長登山 494, 622, 720
長磴峙 375, 555
장ᄃᆡᆨ산 477
장ᄃᆡ울 128
長樂谷 276
長樂洞 278
長樂山 275
將力洞 94
長龍浦里 750
長利洞 392
長林里 499, 748
長林洑 499, 749
長林堤 677
長林川 553, 556
長林坪 498
장마우보 377
장막골 320
帳幕洞 320
帳幕山 138, 477
장막산 477
帳幕店 391
장막ᄌᆡ 362, 840
帳幕峙 840
帳幕峴 376
場名 209
長命溪 677
장명고ᄀᆡ 839
長命石里 80
長鳴峙 839
長木坪 338
莊門洞 520
獐尾谷 276, 510
장미드루 376
獐尾嶺 510, 521
長美里 519
長尾坪 376
장바우 544
장밧치 367, 387
장밧치고ᄀᆡ 511
長背山 718
長碧洞里 512
長碧嶺 511
장병버덩 436
長屛山 759
藏屛山 760
壯屛山 761
長屛坪 436
장본 230
章本里 230
章本酒幕 230
長峰山 97
獐峰山 381
長峰沼 99
長射谷 200
長事乃谷 54
長沙洞 696
長仕郎里 256
長沙來坪 564
장사ᄅᆡ 564
長沙尾坪 337
長沙洑 697
將師峰山 517
長沙坪 695
長山 220, 221
獐山 340
壯山 600
長山里 830
匠山峙 774
장살미들 337
長蔘谷 245
張三田洑 415
장삼젼보 415
長席里 623
長善里 624
長善山 622
長城街洞 567
長城街酒幕 552
장셩거리 552
長成里 623, 623
長城員洑 109
長省峙 757
長城坪 592, 722
장셔지고ᄀᆡ 269
장셕박이고ᄀᆡ 731
장셤 388
장셩거리 567
장셩거리평 722
장셩빅이 612
獐沼 377
場沼 421
長沼 422, 436
長松谷 246, 721
長水溪 277
長水內嶺 521
長水垈酒幕 412
長水洞 83
장수바우물 741
長水洑 573
長水田谷 64
長水井洑 229
長水坪 229, 260, 572
장슈물버덩 229
장슈안영 521
장슈터쥬막 412

장승 831
長承街里洑 143
長丞街洑 351
長僧街酒幕 73
장승거리보 351
장승고기 403, 636
長承里 831
장승박이압닉 541
장승버덩이 405, 408
장승뜰 194
長承坪 194, 370, 405, 498
長承坪里 408
長承峴 636
장숨에골 247
장식미 373
長阿垈 458
長阿垈洑 459
장아터 458
장악들 336
長岳坪 336
長安洞 556
長安洞里 805
長安寺 549
長安田峙坪 540
長安峙 577
場岩 206, 293
長岩洞 71
莊岩里 485
將巖川 741
帳岩坪 540
장앗터보 459
長艾坪 196
長楊江 224
장양강 224
長陽洞 94
長楊面 538, 539, 540, 541, 541, 542, 543, 544, 545, 546, 547, 548, 549, 550
長陽員洑 89
長淵寺里 800
長淵伊 545
長悅 662
墻外坪 676
장용기 750
長隅 467
長隅洑 472
長釖山 500
장읫벌 196
長者谷 345
장자곡 345
長子垈 93, 615
長子山 698
獐子川 713
長子坪 152
張字坪 386
장작골영 511
長在谷 51
長財谷 417, 586
藏財谷 712
長財基 764
藏財基山 581
長在洞 57, 86, 468, 470
長財洞 233
長在里 124
藏在池 74
長財坪 501
藏跡山 574
長田屯地酒幕 733
長田里 321, 367
長箭里 750
長田幕 765
長田洑 703
長箭酒幕 751
長田峙 387
獐田峙峴 511
長田坪 616, 625, 702, 732, 765
長箭坪 749
長田坪酒幕 275
長箭浦 750
場酒幕 118
長曾巨伊酒幕 66
長芝 303
장지 303
장지고기 304
장지기 287
長芝洑 305
장지보 305
長指峰 118
長支山 503
장지쏠고기 296
莊支堤 738
長支村 506
長之峴 182
長芝峴 304
長津浦 287
長澄川 501
장직골 233, 368, 417, 537, 712
장직구미 413
장직기산 581
장직동 468, 470
장직울 86, 200
장직울골 246
장짐 396
長川 57, 407
獐川里 374
長川洑 565
長川村 564
墻村里 124
長忠里 631
長峙洞里 537
長灘 505
長炭幕 732

장탄막골 732
長炭幕川 732
장탈막물 732
장터 242
장터거리 325
장터거리들 611
장터골 716
장터들 625
壯坪 330
長坪 406, 442, 467, 474, 662, 702
장평고기 621
장평골 470
長坪洞 470
長坪洞酒幕 471
長坪里 125, 147, 167, 372, 805, 816, 817
長坪里洑 804
壯坪洑 271
長坪洑 473
長坪峴 403, 621
長浦 317
長浦洑 573
長浦津 318
長皮山 244
長鶴谷 353
장학골 353
長榹員洑 85
獐項 538, 661
獐項洞 537
獐項里 81, 372, 828
獐項洑 81
獐項峙 253, 264, 435, 594, 644, 761
獐項坪 612, 625
獐項峴 60, 171, 270, 403, 536, 555, 731
墻墟村 525
長墟峴 842
長峴 85, 168, 193, 214, 304, 564, 571, 727
獐峴 312, 600, 613
帳峴里 362
長峴里 388, 570, 743
莊湖洞 784
莊湖浦 781
藏花洞 608
長活里 763
長興 485
長興里 374
長興山里 822
再耕谷 403
才谷 227
嶆崆山 362, 365
齋宮谷 440, 463, 491
齋宮洞 492, 495
齋宮坪 567
齋宮峴 130, 137
載乭川 56
財論溪 657
財論谷 657
才士論 300
才士山 632
才山峙 165
才上屯之坪 326
栽松里 812
栽松亭 225
栽松酒幕 812
在安地 441
材藥亭酒幕 148
載陽洞 561
載塩峙 599
再隅峴 61
才取里 209
才値谷 294
才致谷 462
쟈양강 220
쟉골 314
쟝산 220, 221
쟝쑤들 694
楮 607
這古里峙 176
苧谷 676
雎鳩灘 249
苧洞 65, 560
苧洞谷 63
猪洞谷 477
苧洞里 560, 562
猪輪嶺 533
猪輪村 532
楮木谷 196, 416
猪目峴 78, 106
渚沙洞 608
猪踰洞 238
猪踰嶺 733
猪場里 681
楮田谷 347
楮田洞 58
楮田洞面 291, 292, 293, 294, 295, 296, 297
楮田洑 198
楮田野 56
楮田村 95
楮田坪洑 471
楮紙 563
猪津里 381
猪津酒幕 384
底峙 637
저치직 637
猪峴 74
杵峴 636
赤根洞 470
赤根洞洑 473
赤根洞酒幕 471

赤根山　464, 794
笛洞　136
積洞　321
赤洞里　121
笛洞里　362
赤屯里　227
赤屯里峴　228
赤嶺坪　56
赤木里　664, 807
赤壁江　159
赤壁山　386, 657
赤壁岩　504
赤屛里　602
赤屛山　777
赤峰里　269
赤峰山　259
積石里　449
積石坪　338
的實洞　641
赤岸山　293
適岩　269
赤岩洞　58
赤岩山　49
積銀洞　829
赤田里　125
赤峴　75
前街　104
前街酒幕　140
前澗　100, 101
前江　406, 407, 724
前江洑　641
田巨里金　757
前溪　452, 457, 724, 769
前谷　396, 780
前谷里　662
前郡守善政碑　477
전달안이　144
전달안이주막　145
錢塘里　717
前大前　777, 777, 777, 777, 777
前大川　501
前島坪　773
前洞　425, 583
錢洞里　619
前洞池　454
全連洞　443
全連酒酒幕　445
前目谷　426
全反　706
前防洑　850
前防坪　844
전병산　202
展屛山　194, 202, 206
錢峰　552
典佛　299
錢山　734
錢山里　736
全石洑　538
前船沼　99
全城　392
全城里　392
前巖島　364
前野坪　70
全魚　731, 737
全義洞　164
戰場谷　438
田長谷　595
前店　726
典仲里　119
典仲坪　114, 115
前津　156
前津里　830
前川　100, 139, 141, 175, 396, 450, 452, 453, 478, 488, 524, 526, 527, 558, 572, 704, 707, 713, 724, 735, 766, 774, 778, 779, 786
箭川洞　65
箭川里　735
箭川坪　64
荃村　182
前村酒幕　278
田峙谷　201
田灘江　518
錢貝谷　462
前坪　101, 138, 146, 174, 236, 326, 349, 396, 457, 540, 587, 676, 678, 723, 744, 774, 785, 786
錢坪　146, 248
前坪里　190
前坪洑　202, 222, 271, 352, 415, 454, 538, 700, 853
前坪堤　680
錢坪川　249
前浦　190, 575
前浦梅里　835
前浦洑　680
前浦堤　680
前浦坪　678
箭項里　512
箭項浦江　511
前峴　555
折庫村　620
折庫峙　621
절골　591, 642
折梅洞　608
折梅津　607
節婦碑　80
절쓸　136, 555
절쓸평　747
店谷　591, 612, 624, 763

店洞　238, 602
店幕　492
점ㅣ말　512
店名　193, 566, 593
占方嶺　533
占方里　152
占方洑　153
点佛山　652
点心洑　493
点心坪　491
點語谷　271
점직　668
店村　185, 251, 252, 278, 306, 468, 493, 512, 580
店村里　120
店村酒幕　279
店村坪　277
点峙　668
店坪　763
鰈　736
接溪洑　788
接溪坪　786
蝶毛隅　500
接山　605, 610
젓밧쏠　151
鄭哥沼　99
丁甘坪　302
丁崗谷　839
鼎盖山　157
停車里　761
井庫溪　383
丁庫里　828
井谷　51, 316, 347, 347
正谷　347
鼎谷　769
井谷面　177, 178, 179
鄭貴坪　101
鼎金里　179
鼎金山　177
貞女沼　476
貞德里　729
貞德驛　730
鼎洞　123
井洞　316
丁洞　410
丁洞溪　411
定洞里　66
正東里　578
丁洞面　558, 559, 560
丁洞酒幕　412
亭嶝　700
丁嶺　412
正里　738
井林里　129
井林洑　697
井林坪　696
亭名　225, 232, 755
正明里　689
正明川　689
丁房洞　584
정방보　569
正屛山　204
鼎峰山　554
鼎山　330
定山里　123
鼎山津　337
淨上洞　583
鼎沼　99
丁巽里　830
定水谷　360
井水谷　409
井水岩　83
正述坪　288
政承洞　322
正實坪　682
鄭氏兩世三孝碑　766
井安谷　771
鼎岩　299
定巖洞　642
正菴里　177
釘岩里　830
定巖洑　641
淨巖寺　655
正岩坪　343
正陽洞里　545
正陽洞於口川　540
正陽里　598
正陽津　596
正陽胎封　600
停魚淵江　518
正言峴　60
亭淵洞　119
亭淵洑　114
亭淵酒幕　115
正伊　548
亭仁谷　490
亭子閣隅坪　405
亭子谷　223
亭子洞　195, 212, 526, 834
亭子洞里　801
亭子頭洑　85
亭子幕　414
정자말　195
亭子名　238
亭子門里坪　421
程子山　89
亭子沼　226
亭子川　729
亭子坪　844
亭子坪洑　850, 851
鼎足里　203
鼎足山　838
鼎足峴　205
亭芝谷　419

井池谷　837
丁之谷　838
亭之洞　234, 520
井支洑　738
正之安面　315, 316, 317, 318, 319
井地坪　201
艇舡坪　326
井地坪洑　201
亭尺街洑　88
鼎峙　695
鼎峙山　698
鄭憲容碑　792
正峴　209
井峴　436
濟古坪文字堤堰　821
堤谷　581, 586
齊宮洑　852
祭堂谷　204, 451, 464, 503
祭堂洞　72
祭堂洑　130
祭堂坪　129, 248
祭堂峴　60
堤洞　556
諸屯谷　779
堤名　225, 225, 229, 552, 559, 573
濟民院　557
濟飛里　579
帝市洞　623
帝市山　622
堤堰　754
堤堰名　103, 104, 157, 254, 371, 379, 386, 387, 736, 738, 740, 774, 776
堤堰洑名　66, 67, 242, 248, 249, 257, 261, 266, 271, 277, 280, 291, 305, 306, 312, 351, 352, 356, 391, 393, 515, 534, 538, 550, 592, 617, 618, 626, 628, 629, 638, 640, 641, 677, 680, 682, 683, 685, 687, 688, 690, 692, 761, 765, 766, 768, 769, 771, 781, 782, 788, 789, 810, 813, 816, 821, 822, 824, 850, 851, 852, 853
帝王山　554
堤長　668
堤長街洞　567
제장ᄀᆡ　567
蹄定山　418
濟州馬坪　196
諸仲在山　63
祭廳洞　484
祭墟谷　204
臍形洞　342
젠조　569
져고무지산　293
져고무지ᄌᆡ　317
져근고ᄀᆡ　85, 87, 89, 111
져근골　586
져근메쏠　110
져근셜밀　207
져근ᄉᆞᆷ물버덩　393
져마루　655
져문골　349
져번니　106
져부녀울　249
져어　731
져울쏠　447
젹골　321
젹근동보　473
젹근동쥬막　471
젹두리　227
젹둔리고ᄀᆡ　228
젹은골　829
젼군슈션정비　477
젼근산　464
젼나무박이　405
젼말　289
젼목골　426
젼바위　289
젼방보　850
젼병산　194, 206
젼연골쥬막　445
젼연동　443
젼장골　438
젼징골　595
젼평리　190
젼ᄑᆡ골　462
졀고ᄀᆡ　493
졀고지　620
졀고지ᄌᆡ　621
졀골　201, 204, 234, 238, 286, 300, 316, 342, 345, 381, 386, 409, 417, 426, 429, 438, 439, 441, 448, 461, 464, 465, 470, 512, 514, 520, 581, 596, 610, 624, 627, 837
졀골등　504
졀골신ᄋᆡ　377
졀말　632
졀무리골　591
졀ᄆᆡ나들이　607
졀보ᄌᆡ　424
졀쏠　95, 106, 110, 189, 298, 299, 309, 346, 446, 532, 658, 660, 662
졀쏠평　334
졀운ᄌᆡ　609
졀터　354, 447

절터골 308, 319, 346, 614
졈골 238, 624
졈나들리 411
졈말 174, 468
졈심뜰우 491
졋골 441
졋나무거리 87
졋둔 321
졋말 733
졋밧치 404
졋밧치쥬막 408
정감뜰 302
정강골 839
정게미들 336
정고리 828
정니 549
정방평 844
정셩골 654
정손리 830
정슈골 409
정슈리들 288
정승골 322
정쐴 92
정양날우 596
정예쇼 476
정자다리ᄂᆡ 729
정자동 834
정자드루 844
정자들보 851
정자막 414
정자말 212
정자쇼 226
정자평보 850
정족산 838
정지거리 520
정지골 223, 234, 419, 837, 838
정지ᄂᆡ보 738
정지들 326
정지몰붓보 201
정지몰웃들 201
정지써리 88
정ᄌᆞ각모통이 405
정ᄌᆞ문니버덩 421
정즁니 182
정현 436
졔거리뜰 295
졔당골 204, 451, 464
졔동 653
졔비바우보 597
졔사털골 204
졔쥬말뜰 196
졔진덕이 611
鳥歌洞 262
鳥歌洞酒幕 263
朝江界 209
조강계 209
曺姜谷 571, 839
조강골 839
調開山 513
朝耕里 431
糟溪 703
曹計谷 222
鳥高谷 466
조고못 844
造古池 844
鳥谷 141, 175, 184, 416, 639, 761, 767
棗谷 448, 617
鳥谷里 175
鳥谷峴 423
조골골 720
鳥窟洞 153
早歸農 329
조귀퉁이 329
조ᄀᆡ골 735
조ᄀᆡ날우 714
鳥岱山 97
鳥德山 116
鳥洞 156, 667
棗洞 623
槽洞里 524
鳥洞洑 668
鳥屯洞 160
조ᄃᆡ신비 853
鳥落洞 315
조락동 315
鳥嶺 544, 709
鳥嶺幕 708
鳥弄峴 264, 429
釣龍沼 476
조룬ᄀᆡ울 232
조리직 626
鳥幕洞 316, 499
鳥鳴谷 466
鳥鳴洞 449
棗木巨里酒幕 192
棗木谷 452
造物谷 720
조뮈 559
助味山 571
鳥飯峙 773
鳥背洞 658
鳥飛谷 771
鳥飛嶺 604
鳥飛峙 604
造山 82, 228, 332
鳥山嶺 549
助山里 559, 582
造山里 830
조산리 830
조산뜰 302
造山坪 302, 334, 737
造城惶堂谷 309

조수고기 141
조수고기주막 140
朝守峴 141
朝守峴酒幕 140
조시 685
鳥岩洞 226
鳥岩山 226
朝陽山 648
朝淵堤 229
鳥五介嶺 539
造旺垈 527
조왕터 527
造于介峴 111
조우기ᄭᅩ기 111
鳥羽峙 630
鳥月山 595
照月坪洞 584
早作坪 315
鳥岺 784
助藏谷 420
鳥田谷 758
鳥田里 811
鳥啼溪 383
鳥啼庵 384
鳥座里洑 237
朝珍驛 750
鳥次洞 576
鳥叢谷 676
鳥侵嶺 433
鳥沉岺 841
조침영 433
照呑川 232
造泡坪 389
朝霞垈 250
朝霞垈洑 249
朝霞垈坪 247
朝霞垈峴 252
鳥項洞 636
鳥項里 179, 184, 643
鳥項里酒幕 179
鳥項山 762
鳥項峴 333
鳥歇峙 626
朝峴 627
鳥峴 688
足橋坪洑 377
簇岩里 267
족지고기 375
足址坪 393
족지평방축 393
足址坪堤堰 393
簇趾峴 375
졸방물 847
卒峯 715
졸운 258
좀빙이 571
좀식나루 337
種谷里 391
宗廣里 123
종기여을 406
宗乃峴 237
종누산 230
鍾路里 807
鐘漏山 230
鐘樓山 451
種林 299
鐘阜里 156
鐘阜洑 157
鐘阜坪 156
從仙坪 334
宗實溪 383
종실리고기 383
宗實峴 383
宗岳山 275
종우 849, 850
宗子洞 210
종자동 391
宗子峴 210
종주메 725
鍾珠山 719
鐘知峰 615
宗喆洞里 800
宗坪 754
鐘浦 288
宗峴 60
鍾縣里 782
鍾懸峙 297
坐起廳 512
좌모릐 652
坐方山 209
좌방산 209
左邊面 627, 628, 629, 630, 631, 632
坐沙 652
坐沙里洑 655
坐桑谷 301
座上洞 544
佐陽洞 822
佐佩嶺 806
佐佩里 807
左後堰洑 597
죠계골 222
죠고린골 466
죠기쇼구미 406
죠룡쇼 476
죠산 228
죠산들 334
죠션낭당골 309
죠침영 841
죠히쓰는데 325
죡박산 49
좀닉 648
죵나무지골 51
죵누산 451

죵부버덩 156
죵셔이들 334
죵장니 696
죵지말 180
죵즈리봉 615
周告知谷 346
珠谷 204
柱谷 302
舟掛山 617
舟橋坪 371, 712, 744, 846
周克峰 418
走達谷 720
주달리목골 720
周潭 692
注畓坪 266
州垈 470
蛛垈里 740
州垈洑 473
舟屯地酒幕 217
珠落澗 101
珠落開 96
珠蓮洞 299
珠嶺 688
酒論里 624
主龍浦洑 806
走馬洞 545
酒幕 79, 114, 115, 116, 117, 118, 696, 697, 699, 700, 704, 707, 708, 758, 775
酒幕街里 144
酒幕街里酒幕 145
酒幕名 59, 66, 73, 74, 80, 85, 92, 88, 104, 111, 130, 130, 133, 134, 136, 140, 142, 143, 145, 148, 151, 153, 157, 158, 160, 161, 165, 168, 170, 174, 176, 177, 178, 179, 180, 181, 182, 184, 188, 192, 196, 202, 207, 208, 210, 211, 213, 217, 218, 222, 230, 234, 243, 252, 256, 258, 259, 263, 264, 269, 274, 275, 278, 279, 282, 290, 291, 296, 305, 311, 318, 319, 324, 325, 351, 356, 366, 368, 371, 372, 373, 379, 384, 390, 391, 394, 396, 397, 398, 408, 408, 412, 414, 415, 422, 423, 426, 431, 432, 434, 445, 450, 455, 459, 471, 479, 480, 484, 485, 489, 489, 492, 499, 502, 506, 513, 515, 521, 527, 530, 534, 538, 548, 549, 552, 558, 559, 560, 562, 565, 572, 577, 585, 593, 594, 599, 621, 626, 629, 630, 637, 638, 645, 650, 654, 655, 657, 660, 663, 668, 677, 679, 681, 683, 685, 687, 690, 692, 714, 718, 726, 730, 733, 736, 738, 740, 743, 745, 748, 750, 751, 755, 756, 757, 761, 763, 764, 765, 766, 767, 768, 774, 775, 777, 781, 792, 793, 794, 795, 797, 798, 802, 804, 806, 812, 813, 815, 817, 818, 819, 821, 822, 824, 826, 847, 848
注文里 567, 598
注文洑 597
注文津 568
注文津市場 568
注文津浦 568
注文坪 597
周峰 211, 502, 503
周峰里 251
周峰山 245
住峰山 773
朱磧里 124
舟山 63
주산 215
珠山 288
主山峰 135
周松坪 723
注水谷 695
珠樹里 582
注矢坪 770
舟岩谷 744
注岩坪 294
珠壓垈洑 277
周易坪 195
周原洑 291
周原坪 287
酒原峴 209
酒飲峙 252
鑄字谷 763
注字洞 492
朱雀峰 88
駐在所 699
朱接山 539
朱接伊 547
周智峰 760
舟津 161
舟津里 161
舟津酒幕 161
酒次 602
酒泉臺 704
酒泉市場 629
酒泉酒幕 629

酒廳里 830
酒廳酒幕 848
舟村 327, 620, 833
酒村 834
舟村江 618
酒村洑 852
舟村津 617
舟村坪 326
周峙 565, 575
朱七里溪 757
朱土 798
注波嶺 475
注坡嶺 795
注坡里 796
注坡里洑 795
舟坪 151, 702
舟坪江 152
周浦 354, 603
駐蹕臺 644
注驗里 750
珠峴 205
舟峴 228
走峴 475
周峴 767
周峴坪 770
竹谷 129, 189, 777
竹谷酒幕 130
竹宮谷 51
竹基 783
竹基洑 788
竹基坪 786
竹潭峙 840
竹垈里 796
竹垈山 487
竹垈坪 421
竹垈峴 279
竹島 365
竹島面 365, 366
竹島坪 366
竹洞 139, 834
竹洞里 799
竹洞前溪 847
竹林里 121, 380
竹林山 773
竹味坪洑 690
竹邊洞 697
竹弁山 365
竹邊浦 697
죽비고ᄀᆡ 475
竹山洞 110, 267
竹岩谷 231
竹葉山 231, 451
竹梧里 559
竹底村 705
竹赤谷 439
竹田里 190, 778
죽젹골 439
竹津洞 694
竹川洞 593
竹川峙 599
竹峙嶺 760, 777
竹坪 688
竹泡里 369
竹泡驛 371
竹軒里 559
崚可峙 103
崚洞 93
俊旭坪 297
乼吉里 218
乼吉里酒幕 218
乼吉里浦口 218
줄병 715
줄솔거리방축 738
줄앗터 130
茁坪 370
茁浦坪 684
줏덕이 542
中佳山里 825
中乫云里 826
中渠洑 774
中古峴 154
中谷 639
中觀佛 449
中光丁里 833
中吉里 825
中金里 181
中南山里 681
中內山里 818
中內先里 812
中茶川里 689
中畓 430
中畓酒幕 432
중답쥬막 432
中垈 548, 635
中坮里 742
中大美院 178
中坮店 743
中德邱洞 699
中都家 630
中都家洑 629
中道門里 829
中島洑 709
中島野 708
中洞 300, 583, 649
中洞里 120
中等川 272
중ᄃᆡ술막 743
中龍嶝 700
中栗里 683
中栗里酒幕 683
中里 119, 129, 211, 360, 484, 635, 730, 738, 811
中里洞 699
中里酒幕 594

中馬山里 824
중말 635
衆木谷 403
中茂磴 628
中美山 535
中方 288
中坊山 638
中坊沼 641
中芳坪里 799
中洑 91, 116, 451, 454, 472, 496, 638, 804, 851
仲洑 383
中洑谷 447
中寶里 387
중보쏠 447
中洑野 716
中福洞 829
中峯嶺 762
中孚 292
中孚川 296
中府川 341
中孚坪 295
中北谷 648
中北里 650
中士郎谷 52
中寺里 818
中山澗 101
中山谷 54
中山里 121, 545, 797
中山坪 389
中山峴 103
中三陽里 124
中三酒幕 117
中上里 512
중섬보 748
中細洞里 537
中細足里 823
中踈谷 461
重沼洑 473
中蘇台里 687
中水南里 177
中新正里 520
중심 638
中野洑 180
中野坪 180
中陽洞 58
中陽里 826
中魚巨里 196
中於城里 824
中玉谷 486
中旺山 835
中外先里 812
中腰灘 458
中元唐洞 699
中原垈洞 72
中月城洑 739
中衣谷 466
中田里 233
중지 637
中泉洑 748
中川洑 782
中村 313, 458, 757
중촌나들이 606
中村酒幕 279
中村津 606
中冲坪 333
中峙 350, 637
中峙嶺 493, 795
중터 634, 635
中土里 823
中土城里 814
中坪 276, 405, 615, 625, 778, 845
仲坪 382
中坪里 167
仲坪里 380
中浦里 90, 812
中海三垈 306
中峴 60, 313
中峴堤 104
쥐치 736
쥐치리거랑 755
쥬격봉 418
쥬고지골 346
쥬라뜰 294
쥬라위봉 320
쥬라치고기 493
쥬련골 299
쥬문들 597
쥬역들 195
쥬원보 291
쥬을길리 218
쥬을길리쥬막 218
쥬을길이포구 218
쥬험닉 750
쥭미들 688
쥭바위골 231
쥭법산 451
쥭식골 695
쥭엽산 231
쥭터 470, 740
쥭터보 473
쥰욱기뜰 297
쥴기들 684
쥴솔거리 721
쥴실이보 597
즁간말 458
즁고기 313, 350
즁골 300
즁광젱 833
즁답 430
즁도문 829
즁들 615
즁들우 180

즁말　211
즁미　545
즁밤틔　683
즁밧　233
즁버덩　845
즁보　851
즁보거리　716
즁부　292
즁부ᄀᆡ울　296, 341
즁부뜰　295
즁산이벌　389
즁셤　709
즁셤들　708
즁쇼보　473
즁숑골　461
즁실니　277
즁뚜루　382
즁뜰보　180
즁어거리　196
즁옥골　486
즁왕산　835
즁요여울　458
즁의골　466
즁쳔장터　629
즁촌　313
즁츄고ᄀᆡ　493
즁희삼터　306
쥐산　226
즈근말고ᄀᆡ　474
즉고ᄀᆡ　681
즉동　444
즉소　149
즌나무덩이평　729
즌넛　307
즌불　299
즌어　737
즘골　289, 612
즘말　185, 374
즛밧골　520
즛밧령　539
즛직　177
曾啓味坪　336
증ᄀᆡ골　746
甑里　206
증말　306
증밋버덩　248
증바우　830
증바우들　343
증바우보　641
증바위쏠　642
增幷沼　227
증병쇼　227
增峰　97
甑峰　503, 560
甑峯　715
甑峰山　534
甑山　319, 590, 612
甑山洞　559
甑山里　656
甑山坪　452
甑山坪洑　454
甑峀　310
甑峀坪　311
증슈골　360
甑岩津　70
甑岩村　73
曾潛洑　573
증터　387
甑項峴　157
甑峴　206
紙　707
地哥垈谷　69
芝可岩里　222
지가암리　222
池哥坪　518
地角山　760
地間山　498
地間坪　744
地甲里　506
지거치　273
지겁말　547
지겁말압ᄂᆡ　541
地境垈　273
地境垈酒幕　480
地境洞　152, 499
地境里　399, 664, 683, 835
地境里酒幕　683
지경말　835
지경모루　235
지경이　735
地境店　736
地境酒幕　815, 848
지경쥬막　848
地境川　56
地境炭里　815
지경터쥬막　480
地境浦　235
地界垈峴　290
池繼泗碑閣　188
지계사비각　188
芝谷　291, 353
芝谷里　742
芝谷店　743
池邱里　178
지ᄀᆡ터고ᄀᆡ　290
지남쳘산　434
枝內里　197
池內上里　223
池內中里　225
池內下里　225
지ᄂᆡ상리　223
지ᄂᆡ즁리　225
지ᄂᆡᄒᆞ리　225
지당게　447

之堂谷 447
지당터 405
池洞 157, 576, 611
池洞溪 598
지동골 648
池洞山 613
지두루 442
지둔들 315
地屯池 194
芝屯之 444
지둔지 444, 742
지둔지술막 743
地屯地坪 498, 802
池屯坪 101, 101, 315
支屯坪 265
지둥골 302
地靈里 262
地靈里酒幕 263
岻岺山 63
旨老洞 694
지루마직 198
지루마직고기 198
지르너미고기 217
지르넘미 649
지르믹직 160
지르믹이 738
지리골시닉 598
지리너미고기 222
知理室谷 419
지리실골 419
지릐울 304
紙幕坪 689
池名 59, 66, 74, 86, 143, 151, 189, 193,, 194, 195, 196, 206, 223, 224, 225, 235, 361, 368, 393, 398, 415, 423, 446, 450, 453, 454, 479, 552, 560, 568, 575, 591, 592, 597, 638, 657, 671, 677, 680, 682, 683, 685, 687, 690, 692, 733, 754, 755, 757, 810, 821, 822, 844
지밋보 140
지밋뜰 138
地方沼 446
지방쇼 446
지벙바위소 91
池邊堤 559
지병산 204
砥峰 436
지비골 378
지비바우산 374
芝山 273
지상두들 336
池上頭坪 336
紙上里 79
支上里 90
紙上里酒幕 79
支上洑 91
支石谷 133
支石里 167, 195, 529
支石洑 137
支石市場 90
紙所 325, 618, 629, 641
紙所谷 633
智所德 615
支鎖蔚谷 64
지ㅣ쇼 406
지시닉 847
지시닉드루 845
只是川 847
只是川坪 845
지숌 245
芝岩谷 554
之也谷 242
지야골 291
之也山城 244
智於山 151
지역골 245
只五里谷 271
只五里村 273
芝雲峙 759, 760
芝踰嶺 222
旨音 706
知音谷 254
知音洞 255
知音堤 254
知音下峙 773
지장골고기 282
地藏里 742
地藏洑 742
地藏庵 817
芝長峴 264
芝長峴里 262
池底洑 140
池底坪 138
智田 613
池前里 559
芝井 339
指祖菴 762
知足里 123
知足酒幕 117
지주리들 708
支中里 90
支中陽村洑 91
지지봉 218
지직 561
지직우물 339
지차골 353
지차니 289
지찬니보 291
지찬니쥬막 291
芝草洑 709

芝草野 708
芝村 289, 304, 353
池村 834
芝村洑 134, 291
芝村酒幕 291
芝村坪 133
지ᄎᆞᆫ 353
只呑里 516
지탈 530, 530
지탈고ᄀᆡ 530
지탈물 529
芝浦里 813, 814
芝浦里場 813
芝浦酒幕 815
지ᄑᆞ리 709
지ᄑᆞᆫ골 576
地品里 204
지ᄑᆞᆷ리 204
支下里 90
芝鶴山 655
地向谷面 301, 302, 303, 304, 305, 306
지혜골 464, 469
砥峴 238
芝峴洞 561
只兄峴 118
智惠谷 464
智惠洞 153, 469
芝惠里 813
智惠山 260
池後里 559
直古峴 681
直谷 245, 393, 417, 418, 463, 494, 585
稷谷 596, 669
直谷村 615
직ᄀᆡ 526
직당모기산 773
直洞 78, 95, 123, 124, 125, 128, 166, 198, 222, 444, 514, 544, 547
稷洞 317
直洞溪 223
直洞嶺 154, 539
直洞峴 130
直木里 801
直木驛 795
直木亭坪 356
直木酒幕 795
直畝坪 558
直寺洞里 803
稷山 327
職業 163
直淵瀑 149
織雲谷 666
織雲山 666
稷院里 665
直越嶺 533
直踰峙 264
稷田谷 404
直川 784
稷川里 653
直川里 684
直峙 89, 345, 644
直峙酒幕 645
直浦里 526
直峴 178
鎭建嶺 514
進蹇嶺 522
陳畊坪 728
진고ᄀᆡ 134, 150, 168, 206, 290, 543, 549, 727, 841
陳谷 403
榛谷 463
진골 342, 363, 370, 462, 575, 625
진골아니 142
津邱里 598
진ᄀᆡ 525
進南村 478
陳多里坪 404
진달리 429
進大谷 247
陳垈洞坪 334
陳垈坪 276, 343
진더리 404, 532
津渡名 638
榛洞 387
津洞里 593
津頭 159, 631
진두루 147, 467, 662
진두루보 474
진두루쥬막 252
진두우쥬막 471
津頭酒幕 140, 160, 630
진둘우 406
진둘우보 473
진드루 844
진드리 167
진등 555, 715, 718, 720
진등고ᄀᆡ 375
진등산 622
진등직 375
진ᄃᆡ동들 334
진ᄃᆡ울 343
津里 562
진말 458
津名 57, 91, 197, 198, 206, 208, 212, 215, 217, 218, 220, 223, 224, 229, 231, 568, 585, 587
진모ᄅᆡ들 695
진모ᄅᆡ보 697
眞木嶺 709

眞木亭　142, 562
眞木亭洑　143
眞木亭酒幕　142
眞木亭浦口　142
眞木峴坪　625
진몰우보　472
진무루　467
進武坪　370
진미　388, 830
眞美谷　775
진밧　339
진밧골　321
진밧골보　454
진밧둔지　732
진밧둔지슐막　733
진밧들　625, 625
陳凡基　785
陳洑　850
진보　850
陳府谷　539
陳富嶺　368
陳富里　367
珍富面　165, 166, 166, 167, 168, 169
珍富驛　168
珍富場　168
珍富川　166
進士垈　526
眞石嶺　433
眞石峰　319
眞石山　68
眞錫山　720
진소　422, 436
진소어쥬막　848
辰巽里酒幕　848
진손이ᄌᆡ　842
辰巽峙　842
진시터　526
縉紳嶺　690
진ᄉᆞᆯ　293
秦氏母子孝烈碑　762
鎭岩　328
진암　328
진여울　608
진여울나들이　607
眞義實谷　701
진자리　623
辰字坪　386
眞長里　261
진장산　737
진장벌　734
진장이　733
盡長坪　734
榛田里　170
津前洑　573
眞鳥直　170
陳重谷　308
진ᄌᆡ　214, 571
眞菜洞里　801
眞村　826
津灘洞　608
津灘津　607
진터ᄌᆡ　842
진테ᄌᆡ　685
陳坪　372, 775, 844
榛坪　457
珍坪洑　373
津浦里　124
進峴　685
賑恤碑　853, 853, 854
賑恤御史碑　361
진흑둔지　405
진쳔평　370
질골　833, 836
질골보　851
질골평　845
질그릇　352, 849
질리넘이고ᄀᆡ　135
질마ᄌᆡ　304, 842
叱馬峙　842
질ᄉᆞᆯ고ᄀᆡ　140
질에ᄉᆞᆯ　133
질우넘이고ᄀᆡ　141
질우물ᄒᆞ리　225
叱牛峴　270
질으너미　215
짐남니말　478
짐ᄃᆡᄇᆡ기들　702
짐부왕　414
짐분영　424
짐장골　360
집밧지　613
집신거리　424
執室里　800
集室洑　473
집실보　473
집압들　676
집젹이마을　561
집푼ᄀᆡ고ᄀᆡ　141
집푼ᄀᆡ주막　142
澄源洞　92
징커리　570
ᄌᆞ각부리　303
ᄌᆞ갑내보　306
ᄌᆞ근ᄌᆡ　615
ᄌᆞᄀᆡ울　193
ᄌᆞ라위고ᄀᆡ　193
ᄌᆞᄅᆡ위　203
ᄌᆞᄉᆡ골　639
ᄌᆞ오고ᄀᆡ　423
ᄌᆞ인솔이　602
ᄌᆞ작고ᄀᆡ　181
ᄌᆞ작ᄉᆞᆯ　302
ᄌᆞ쥬봉　301

ᄌᆞᆼ가뜰 640
ᄌᆞᆼ가뜰보 640
ᄌᆞᆼ걸리쥬막 230
ᄌᆞᆼ걸리포구 229
ᄌᆞᆼ군봉 208
ᄌᆞᆼ본쥬막 230
ᄌᆞᆼ슈물보 229
ᄌᆞᆼ지고ᄀᆡ 182
ᄌᆞᆼᄌᆞ터 615
ᄌᆡ갈골 416
ᄌᆡ강골 746
ᄌᆡ고ᄀᆡ 510, 521, 527, 626, 656
ᄌᆡ골 204, 227, 487, 606, 832
ᄌᆡ골산 362
ᄌᆡ궁고ᄀᆡ 130
ᄌᆡ궁골 440, 463
ᄌᆡ궁들 567
ᄌᆡ궁보 852
ᄌᆡᄂᆡ쥬막 423
ᄌᆡ론 664
ᄌᆡ말 603
ᄌᆡ비암골 716
ᄌᆡ사논니 300
ᄌᆡ사산 632
ᄌᆡ상넘이 200
ᄌᆡ상둔지들 326
ᄌᆡᄉᆞᆯ 347
ᄌᆡ안지 441
지양골 561
ᄌᆡ오ᄀᆡ쥬막 802
지ᄌᆡ 165
지취 209
지치골 294, 462
지치골고ᄀᆡ 296
ᄌᆡᆫ말고ᄀᆡ 361, 361

차...

車谷 837
차ㅣ골 448
釵溺川 429
次洞里 372
차들봉 319
車來地 670
車輪山 387
차리 526, 527
車里 527
車里坪 524
且勉里 317
且勉里酒幕 319
차면이 317
차면이쥬막 319
차산 717
次城里 743
此實洞 649
차빽골 393
車也谷 448
遮陽坪 477
遮陽坪洑 479
遮陽坪村 478
차오산것너보 798
車梧山洑 798
車梧山越洑 798
車踰嶺 324
車踰峙 644
遮日沼 584
車轉峴 390
車川洑 739
車坪里 408
車峴 217
遮峴里 800
着谷 204
착골 204, 372, 748
찬물ᄂᆡ기슐막 704
찬ᄉᆡ암벌 723
찬심나기쥬막 161
찬심ᄌᆡ 835
察谷 601
察基里 780
찰방목이 342
察訪項 342
察破嶺 743
站 699
참나무고ᄀᆡ들 625
참나무정이 142
참나무정이보 143
참나무정이주막 142
참나무정이포구 142
참나무ᄌᆡ 709
站名 164, 168, 234, 236, 379, 384, 587, 629, 677, 679, 681, 683, 685, 687, 690, 692, 757, 781, 812, 815
참물ᄂᆡ기 708
참ᄉᆡ암나드리 407
참ᄉᆡᄌᆡ 170
참심 568
참심골 395
참심나기 407
참심물ᄂᆡ기 610
參判洞 393
찻들 436
倉谷 211
倡谷 585
창골 211, 300
蒼龜尾沼 584
昌南味谷 447
창남이 447
倉內峴 205
창니압나루 429

창ᄂᆡ 203
창ᄂᆡ고ᄀᆡ 193, 205
창당이ᄌᆡ 318
蒼唐峴 318
蒼垈洞 316
倉垈里 391
昌道里 802
昌道里洑 798
昌道驛 798
昌道場 798
昌道酒幕 798
蒼洞 139, 429
昌洞 300, 834
창동 717
昌洞堤堰 852
倉屯堤 103
창뒤산 611
창들우 467, 468
창들우보 472
창들우ᄉᆡ보 472
滄浪亭 114
滄浪津 114
倉里 157, 169, 211, 236
倉里洑 170
倉里場 431
倉里前津 429
倉里酒幕 170, 211
倉里中洑 159
倉里坪 169
倉里下洑 159
창말 87, 185, 211, 236, 303, 331, 429, 434, 532, 534, 593, 630, 834
창말ᄂᆡ 434
창말라우 628
창말방축 852
창말안산 435
창말장 431, 434
창말쥬막 211, 305, 434
蒼木 460
창무골 164
창바우 470
창바우고ᄀᆡ 475
창밧치 107
창버덩 428
窓峰 420
창봉 420
蒼峰里 183
蒼峰驛 182
蒼峰酒幕 182
滄沼 603
漲水谷 419
昌水洞 164
창슈골 419
창쒸골 535
倉案山 236, 435
창안산 236
倉巖洞 470
蒼岩山 162
倉岩峴 475
창압골 716
창압벌 716
倉外里 667
창ᄋᆡ골보 718
창ᄋᆡ쏠물 717
倉前溪 717
倉前谷 716
蒼田谷 780
倉前谷洑 718
倉前里 81
倉田里 107
倉前野 716
倉前坪 625
倉川里 203
倉川峴 193
倉村 185, 303, 331, 593, 644, 760
倉村里 434, 630
倉村里酒幕 434
倉村市場 434
倉村酒幕 305, 594
倉村津 628
倉村川 434
倉峙 582
창터 391
창터골 316
倉坪 56, 147, 428, 436, 467, 468
倉坪洑 472
倉坪新洑 472
倉後谷 535
倉後山 611
採桂洞 520
菜谷 494
采明谷 535
菜木洞里 804
采陽谷 781
册床峰 416
處女谷 114
처사버덩 436
處士坪 436
尺洞 288
尺山里 691
尺山洑 692
尺山川 691
尺川洞 166
川 115, 116, 118, 696, 707, 708
泉澗 100, 218
泉甘驛 254
川溪名 626, 627
泉谷 55, 132, 242, 457, 596
泉谷里 267
泉谷坪 723, 773

泉邱里　230
天衢山　68
川芎　795
川弓田　616
泉岐里　125
川南里　583
川內里　234
天德洞　544
天德洑　782
天德山　204
天德坪　786
泉洞　72, 268, 152, 160, 289, 300, 330, 428
泉洞里　203, 485, 796
泉洞坪　159
千兩谷　536
天粮洑　703
天粮山　700
千兩岩酒幕　74
泉連坪　338
泉里　778
千里谷　69
千里垈　233
千里馬谷　720
天馬江　629
天馬洞　548
天馬里　119
天馬峰　345
天馬山　314, 538, 655
泉幕洞　636
川名　56, 57, 65, 79, 91, 100, 110, 147, 175, 190, 192, 195, 197, 198, 209, 216, 224, 232, 235, 361, 364, 366, 383, 484, 484, 488, 488, 491, 494, 496, 498, 501, 505, 505, 552, 553, 556, 558, 561, 569, 572, 576, 613, 713, 716, 717, 724, 729, 732, 735, 737, 738, 739, 741, 745, 747, 750, 754, 756, 761, 775, 778, 779, 792, 794, 797
泉名　233
天物洞　641
天尾里　148
千發古嶺　804
千發古里　805
川背洑　788
川背坪　786
泉洑　739
泉洑坪　132, 737
千峰沼洑　88
川北月　783
千佛洞　749
千佛山　494
天佛峙　375
川上面　605, 606, 607, 608, 609
川西坪　676
泉水坪　404
泉岸里　79
泉巖洑　105
泉巖酒幕　104
泉岩村　96
天涯谷　465
泉夜味坪　505
川陽坪　335
泉淵　705
千年垈谷　409
泉淵坪　702
天雨峯　779
天恩寺　777
泉邑洞　525
天藏山　733, 737
泉場坪　722
川前　705
泉田市場　229
泉田坪　229
天祭峯　787
千俊里　798
天津里　373
泉川　157
穿川　756
泉川洑　159
泉川酒幕　158
天竺山　678
泉峙　255, 842
泉峙嶺　111
泉灘　100
天台山　375
泉通里　821
泉坪　457
泉坪洑　459, 657
泉浦　653, 760
泉浦坪　735
天河井坪　361
天皇山　68
天皇地里　811
天皇地酒幕　812
天吼山　835
天吼峙　839
鐵　598
鐵可垈　281
鐵甲嶺　568
鐵谷　434, 439
鐵嶺　514, 515
鐵嶺里　515
鐵馬峰山　517
鐵物　657, 688
鐵絲谷　417
鐵石　157, 637
鐵巖店　577

鐵伊峴　540
鐵店坪　334
鐵峙　582
鐵桶里　380
鐵坂里　278
鐵坂洑　254
鐵坪　844
첨방령　514
疊學里　261
淸歌谷　427
淸澗里　373
淸澗驛　379
淸澗亭　380
淸澗站　379
淸溪　592
靑皐洞　696
靑皐洑　696
聽鼓峙　775
淸谷　183, 590
靑谷里　830
靑谷里堤堰　851
淸橋酒幕　379
靑邱里　413, 682
靑根峙　375
蜻堂峰　494
靑岱山　835
淸德善政庭鐵碑　445
靑道村　705
晴洞　136
靑銅沼　421
청동소　421
靑頭馬谷　195
靑登山　275
淸涼谷　141
靑良里　574
淸涼峴　143
靑龍　300
靑龍街店　558
靑龍內　614
靑龍端　784
靑龍屯　461
靑龍里　175
靑龍面　105, 106, 107, 108, 175, 176
靑龍山　117, 780
靑龍岸洑　671
靑龍巖　377
靑龍齋　458
靑龍村　268
靑龍峙　375
靑龍坪　723, 788
靑龍峴　188
靑栗幕洞　308
靑林里　624
靑麻田　288
靑木坪　297
淸蜜　112, 580
靑山　294
靑山坪　295
靑裳峰山　372
청송ᄀᆡ벌　716
靑松洞　152
靑松川　717
靑松浦野　716
靑岩沼　704
靑陽谷　410
晴淵　189
靑玉山　761
聽音峙　767
晴日面　181, 182
靑紫開谷　53
淸寂山　531
靑草湖　843
靑坪　784, 786
淸平洞　232
淸平洞川　232
淸平洞浦口　231
靑坪洑　789
淸平寺　232
淸平山　230
淸浦面　108, 109, 110
淸風府院君忠翼公國舅神道碑　217
淸河里　499
靑霞山　513
靑鶴洞　564
靑鶴寺　566
靑鶴山　574, 680
淸虛樓　630
靑峴　423
棣田谷　69
쳔ᄂᆡ　234
쳔덕산　204
쳔리터　233
쳔ᄆᆡ봉　345
쳔산ᄯᅳᆯ　295
쳔양들　335
쳔연더골　409
쳔연이들　338
쳔하졍고ᄀᆡ　361
쳘리막골　720
쳘마산　314
쳘통골　380
쳠암아르ᄂᆡ　756
쳣ᄌᆡ　637
쳥고ᄀᆡ　423
쳥ᄀᆡ울　427
쳥다리쥬막　379
쳥동막ᄶᅩᆯ　308
쳥두막골　195
쳥ᄃᆡ산　835
쳥목ᄯᅳᆯ　297
쳥바우ᄶᅩ　704
쳥산　294

청승무 392
청ᄭᅩ기 696
청양골 410
청양ᄭᅩᆯ 141
청양이고기 143
청용 300
청용거리쥬막 558
청용둔지 461
청용무루평 723
청용ᄶᅵ 458
청용안 614
청용지 188, 375
청절이 288
청평골 232
청평골기 232
청평골포구 231
청평사절 232
청평산 230
청풍부원군츙익공국구신도비
217
草谷洞 787
草邱里 398, 587
초구리 587
樵南基 662
初南里 515
초남우터 662
초ᄂᆡ 549
초ᄂᆡ보 550
草堂 769
초당구미 404
草堂里 553
草堂峰 404
艸堂坪 199
草堂坪 770
初大路里 816
草島 384
草島里 380
草島酒幕 384
草洞 58
初東面 486, 487, 488, 489,
490
初東峴 493
草豆坪 655
草綠堂 763, 766
樵麓堂山 773
哨里 122
草幕谷 53, 417
초막골 417
草幕洞 110, 545
草幕洞於口川 541
草幕里 125
초막ᄭᅩᆯ 89, 110
草木洞 544
草芳里 125
初番浦里 817
初北面 500, 501, 502
初西里 793
初西里洑 793
初西面 116, 117, 122
初成谷 490
初城里 742
草柴洞里 564
草柴坪 564
初一里 515
初長足里 816
初長酒幕 817
草田里 499
草田山 835
初中里 515
初池洞里 816
初池酒幕 817
草津里 380, 833
初川 541, 549
初川洑 550
初峙 637
草坪洞 697
草峴里 182
草鞋峴 424
燭臺峰 227
燭台峰 435, 463
촉ᄃᆡ봉 435
燭籠山 622
촉사봉 488
村里名 755, 756, 757, 758
村名 66, 73, 73, 95, 96,
210, 211, 212, 213, 213,
213, 217, 218, 226, 236,
484, 485, 485, 489, 489,
492, 492, 493, 494, 495,
496, 498, 499, 502, 506,
553, 561, 564, 568, 573,
580, 583, 757, 760, 761,
774, 778, 779, 780
촌모ᄅᆡ기 374
寸山洞 785
村小地名 704, 705
촌심 380
총롱산 622
叢石 737
叢石里 736
叢石山 734
崔童谷 82
崔孝子碑 765, 765
쵸ᄂᆡ 541
쵸당니 183
쵸당들 199
쵸ᄃᆡ봉 227, 463
쵸오기 107
楸谷 131, 245, 353, 438,
452, 453, 477, 595
楸谷溪 453
楸谷嶺 455, 475
楸谷池 454
楸谷坪 70

楸谷峴　74
秋垈　431
秋垈酒幕　432
楸洞　87, 175, 257, 315, 388, 469, 495, 519, 610, 642
禁洞　393
楸洞谷　747
杻洞里　72
秋洞里　182, 537, 547
楸洞洑　176, 497
楸洞酒幕　176
楸洞川　747
楸洞坪　175
楸洞峴　176, 475, 522
秋頭　292
楸林亭酒幕　59
楸木谷　462
楸木洞　470
楸木嶺　199, 200
楸木里　79
楸木坪　488
秋芳溪　529
秋芳里　529
錐峰山　63
秋山　500
楸石溪　598
秋成谷　50
楸沼津　422
楸陽里浦口　231
秋陽之酒幕　234
楸陽川　232
鄒儀里洑　797
鄒儀川　797
楸田里　525
楸池嶺　536, 743
楸川　767, 768, 769
楸川浦　770
軺峙　299, 300
楸坪　150, 247, 254
楸坪里　255
楸坪酒幕　256
楸皮　109
楸項里　226
楸峴　211
杻谷　409
杻領　103
杻田里　499
杻川洞　782
杻峙嶺　153
杻項峴　412
杻峴谷　410
杻峴嶺　118
杻峴里　126
鰆　715, 731, 736, 741, 751
春甲峰　552
春妓桂心殉節碑　188
春堂里　181
春西谷　416
春川郡守權直相善政碑　433
春川郡守金泳奎善政碑　433
春鶴員洑　88
忠良浦溪　311
忠良浦洑　312
忠良浦坪　310
忠烈碑　329
忠烈祠　485
忠武公遼東伯金應河碑　810
冲冲谷　228
鷲嶺　446
翠屛臺江　511
翠屛山　301, 338, 754, 766
취병산　338
鷲峰　135, 198, 201, 209, 413, 451, 464
鷲峰洑　149
鷲峰山　244, 245, 440
翠室谷　346
翠雲坪　694
鷲峙　669
鷲峙洞　158
츅골　747
츅골ᄀᆡ울　747
츈기계심순절비　188
츈셔골　416
츙렬비　329
츙양ᄀᆡᄂᆡ　311
츙양ᄀᆡ보　312
츙양ᄀᆡ뜰　310
츙츙골　228
츼병산　301
츼실골　346
츼경　694
厠室池　757
치강　531
雉谷　438
治谷　586
치골　438
치구미　413
致弓里　729
致弓浦　730
치낙골　199
雉落谷　199
峙里　769
치마베루뜰　303
峙名　59, 103, 206, 207, 208, 209, 375, 552, 555, 562, 565, 568, 571, 572, 575, 577, 581, 582, 586, 726, 731, 751, 759, 760, 761, 773, 775, 776
치ᄆᆡ바우산　374
치밧모거　756
鴟峯山　779

치숑정이버덩 287
雉岳山 325
치악산 325
雉田 431
雉田嶺 412
雉田坪 572
峙村 767
菑峴 558
峙峴名 610, 611, 612, 613, 615, 616, 644, 645
菑峴店 559
雉湖江 413
칙ᄂᆡ 626
칙밋ᄌᆡ 644
漆街里坪 411
漆谷 63
七潭津 813
七垈岩洑 497
漆洞里 369
七龍山 595
漆木谷 462
칠보곳치 725
七寶里 725
七寶山 684
칠봉 184
七峰洞 184
七峰山 114, 183, 579
칠봉산 183
漆山里 225
漆山堤 225
漆山池 225
七仙洞 237
七星谷 418
七星垈 566
七星臺 787
七星山 579, 700
칠션동 237
칠셩골 418
七松 323
七松里 395
七松峰 731
七松亭酒幕 291
七松亭坪 505
七松坪 287
칠숑 323
칠숑졍쥬막 291
칠아치 84
칠ᄋᆡ 832
漆底洞 583
漆田谷 416, 435, 754, 778
漆田洞 147
漆田洞嶺 149
漆田嶺 412
七節嶺 368
柒足嶺 668
漆峙 582
柒峙 586
漆峙谷 780
七通谷 355
칠통골 355
七坪 302
漆峴 333
砧谷 54, 98
砧谷里 392
砧谷城隍 394
砧谷峴 394
砧橋里 430, 829
砧橋酒幕 432
침나무정들 356
枕臥岩 98
砧隅洞 71
砧隅酒幕 73
枕峴 765
치다리골 535
치양벌 477
치양벌말 478
치쳔보 739
칙상봉 416
칭양벌보 479

카...

칼바우ᄂᆡ 541
칼봉 211
컨가ᄅᆡ골 534
컨골 319
컨질골 721
코바우 386
쾌길이뜰 640
快吉坪 640
快水坪 572
큰가마니산 477
큰갈ᄆᆡ울골 191
큰게족골 595
큰고ᄀᆡ 350, 731
큰골 138, 146, 183, 192, 201, 237, 345, 346, 353, 377, 416, 440, 470, 517, 523, 591, 624, 634, 676, 734, 741, 746, 747, 839
큰골산 362
큰골짜구 364
큰구시울 78
큰ᄀᆡ울 442
큰ᄀᆡᆫ물 713
큰논쏠 546
큰다리ᄂᆡ 476
큰다리보 352
큰독ᄌᆡ 829
큰둘우 415
큰들 176, 706, 707
큰말 632
큰말둔우 466

큰모아치　599
큰무지기　426
큰물나드리　716
큰보　703
큰보골　837
큰사졔들　338
큰셜밀　207
큰셩황지　841
큰쇼야지골　409
큰숫둔　342
큰숫둔지　344
큰시밧골　378
큰시지물　460
큰싸리골　441
큰양아치　356, 841
큰양아치지　313
큰연니　456
큰영　379
큰장골　837
큰젹골산　337
큰졀골　427
큰쥬막거리　562
큰집흔골　528
큰지　586, 615
큰천셕골　838
큰터　147, 662, 670
큰터골　404
큰터앗보　198
큰토고미　468
큰팔계　625
큰하오기　84
키ᄭᅩ기　85
키쏠　82, 83

타…

타리쏠　78
卓巨伊　546
卓巨伊洑　550
卓巨伊前川　541
卓谷　427
탁골　427
濯川　604
灘甘里　235
炭甘里酒幕　797
炭谷　210, 382, 447, 759
炭谷溪　383
炭屯坪　737
炭幕　755, 775
炭幕洞　309
탄막들　335
灘幕坪　335
灘名　219, 226, 236
炭釜洞　330
炭釜嶺　609
炭釜洑　460
炭山　314
탄산　314
炭村　210
炭峴　102, 256
塔街　613
塔街里　391
塔街里坪　70
塔街洑　92
塔街酒幕　74
塔街坪　349
탑거리　545, 613
탑거리들　348
탑거리뜰　349
塔巨里酒幕　793
塔巨里坪　348
塔巨伊　549
塔皐　349
탑고기　135, 323, 367
榻谷　150
塔谷　381, 571
塔谷嶺　383
탑골　355, 381
탑골고기　208
탑골셩　383
塔邱里　687
塔洞　57, 119, 166, 217, 256, 355, 425
탑동　217
塔洞里　360, 367, 801
塔洞峙　208
탑두둑　349
榻屯之　258
塔屯地　459
탑둔지　459
탑들　702
塔里　78
塔山街里酒幕　188
탑산거리쥬막　188
塔山谷　156
탑쏠　571
塔前　339
塌田　340
탑젼니　340
탑젼이　339
塔坪　702
榻峴　135
塔峴　323
宕巾山　523
湯谷　838
湯谷洞　783
탕골　838
湯馬洞　818
笤黄　460
泰基山　169
泰岐山　180
泰嶺山　779
兌里　738

太白堂里 194
台峰 325, 328, 558
胎峰 501, 676, 678
台峰里 395
胎封山 309, 574, 594
台峰峴 397
泰飛 441
太史峯 688
泰山洞 195
太山里 449
泰石洞 521
台日嶺 527
台日里 516
台庄 291
台場 328
泰場洞 83
台庄酒幕 296
台場坪 326
太田谷 246
太宗臺 644
台初池 450
太行山 275
澤洞 321, 327
宅村酒幕 847
澤峴 220
撑崗山 388
樘木坪 349
터골 316, 322, 585, 658
터골듀막 356
터골보 479
터골산 836
터밧골 367
터쏠 294, 354, 664, 667
터쏠말 478
터일 667
터일나루 231
터잘이 132
턱고기 514
턱골 830
턴말쥬막 408
텃골기울 457
토고기 455
土谷 347, 360, 838
兎谷 839
土谷峴 497
토골 347, 360, 838, 839
土橋洞 643
土橋里 374
土橋酒幕 379
土器 81, 145, 352, 696, 707, 789, 849, 849, 849
土器店 193, 480, 593, 618
土器店里 374
토기졈 480
토기지 345
土洞 323, 395
土洞里川 182
土洞洑 853
토동보 853
土屯里 235
토둔리 235
土屯山 779
土屯地 255
土屯坪 254, 511
土産 80, 115, 116, 118, 118, 480, 696, 707, 731, 736, 737, 754
土産名 78, 81, 86, 87, 88, 90, 91, 106, 109, 112, 135, 145, 149, 151, 154, 159, 160, 162, 165, 171, 181, 223, 234, 254, 272, 352, 380, 384, 389, 451, 460, 516, 522, 523, 534, 553, 554, 558, 560, 561, 563, 566, 567, 568, 569, 570, 571, 573, 574, 578, 580, 585, 588, 597, 598, 607, 618, 629, 637, 641, 651, 655, 657, 660, 663, 666, 678, 680, 682, 684, 686, 688, 690, 692, 715, 718, 727, 740, 741, 751, 757, 762, 789, 794, 795, 797, 798, 803, 804, 806, 811, 813, 817, 819, 821, 822, 824, 848, 849, 850
土產物 325
土山峙 756
土產品 793
兎山峴 60
土城 115, 815
土城里 118, 122, 126
土城面 373, 374, 375, 376, 377, 378, 379, 380
土崖酒幕 426
土役谷 346
土役谷洑 352
토역골 346
토역골보 352
土屋谷 835
토옥골 835
土沃洞酒幕 471
土旺城 843
土旺城里 828
토왕셩 843
토웡셩리 828
土坪 339
土項 685
土項谷 780
兎峴 345
土峴 455, 553, 692
톱골 456
通巨里 287

통거리 287
통고ᄀᆡ 329
通古山 707
通谷 231, 233, 309
筒谷 348
通谷項 146
통골 231, 233, 309
통골목 146
通邱里 619
通口面 804, 805
통ᄀᆡ골 534
通達峴 61
통동 323
通洞 489
通洞洑 489
통두둑 619
通浪谷 419
통랑골 419
통물 452, 453
桶沼 209
通水谷 194, 734
통수ᄭᅩᆯ 194
통숫골 734
통진목이 662
通津項 662
통평 339
通浦谷 534, 535
通峴 329
退谷里 563
退谷上坪洑 565
退谷前坪洑 565
退谷中坪洑 565
퇴골 222
퇴골고ᄀᆡ 222
퇴골ᄀᆡ울 221
퇴ᄂᆡ 699
퇴ᄂᆡ쥬막 699
退洞溪 221
退洞嶺 222
退洞里 222
退山坪 754
퇴숑골 195
퇴일 563
退潮碑 776
退川洞 699
退川酒幕 699
退灘街酒幕 59
退灘洞 58
退灘里 59
툇골쥬막 471
투구봉 98
퉁졈 268, 331
퉁졈고ᄀᆡ 333
퉁졈영 87
퉁졈이 87
特別土產 162
特別土產名 157, 159
ᄐᆡ봉 325, 328
ᄐᆡ봉산 309
ᄐᆡ비 441
ᄐᆡ빅당리 194
ᄐᆡ산골 195
ᄐᆡ손이고ᄀᆡ 89
ᄐᆡ장 291, 328
ᄐᆡ장들 326
ᄐᆡ장봉 558
ᄐᆡ장쥬막 296
ᄐᆡ초못 450
ᄐᆡᆨ말쥬막 847

파…

巴老介峴 60
罷網嶺 424
파망영 424
破明垈坪 488
破明山 574
巴山載山 438
파산ᄌᆡ산 438
派沼 232
파소 232
巴沼洞 443
파쇼동 443
把守院 102
巴水峴 474
파슈골고ᄀᆡ 474
파일 830
파일방축 851
파포고ᄀᆡ 474
巴浦峴 474
板巨里 825
判官垈里 261
判官垈洑 170
判官垈酒幕 263
判官垈 170
판관터 303
板橋 354, 609
판교 354
板橋里 562, 803, 823
板橋面 91, 92, 93
板橋新洑 563
板橋酒幕 356, 802, 824
板橋川 822
板橋坪 393, 728, 773
板機里 521
判垈 303
板垈 355
板德里 111
板幕洞 110
板幕嶺 536, 749
板幕里 112, 748
板幕川 747
判陌里 537

板味里 235
板尾坪 221
板云洑 806
板踰里 537
板梯面 345, 346, 347, 348, 349, 350, 351, 352
板梯峴 350
判川坪 303
판터 355
板坪 356
板項里 251
板項峴 198
팔니봉 417
八狼谷 382
八郎洞 133
八利峰 417
八萬口尾 467
팔만구이 467
팔만구이보 473
八萬金洑 473
八梅洑 151
八梅坪 150
八梅峴 135, 154
八明山 571
八味里 207
八味酒幕 207
八峰山 275, 402
팔봉산 402
八仙臺洑 685
八仙坪 684
八雲洞 609
八音里 367
八主垈 267
八川谷 771
八彈里 160
八浦 340
팔포뜰 303
八浦坪 303
팟밧골 513, 732
팟비골 347
沛川店 726
彭木亭洑 305
펴늬 288
펴늬강 290
펴늬골 286
펴늬나루 290
片橋坪 70
蝙蝠屯坪 101
片踰洞嶺 522
坪 114, 115, 117, 694, 695, 696, 698, 701, 702, 703, 706
平江里 124
平康坪 723
萍谷 131, 138
萍谷峴 141
평구들 442
平邱坪 442
평나무지 290
坪洞 191
平洞 354
평동 354
平栗嶺 522
平陵驛 774
平陵察訪李致元善政碑 789
坪里 112, 740
坪里場 111
坪磨差 610
坪名 56, 64, 65, 70, 79, 85, 101, 102, 110, 128, 129, 132, 133, 135, 136, 138, 139, 141, 144, 146, 147, 150, 151, 152, 156, 157, 159, 162, 166, 169, 174, 188, 192, 193, 194, 195, 196, 197, 198, 199, 200, 200, 201, 202, 204, 206, 208, 209, 215, 220, 221, 224, 225, 227, 229, 232, 233, 236, 237, 238, 361, 364, 366, 368, 370, 371, 372, 376, 377, 382, 383, 386, 387, 388, 389, 391, 393, 396, 484, 488, 491, 494, 498, 500, 501, 505, 552, 557, 558, 560, 561, 562, 564, 567, 568, 569, 571, 572, 576, 580, 587, 648, 666, 712, 713, 721, 722, 723, 724, 728, 729, 732, 734, 735, 737, 739, 741, 744, 747, 749, 754, 775, 778, 778, 779, 780
평박골 747
평밧거리 708
平山 719
坪水落 339
坪新垈 339
平安里 158
平安驛 158
平安酒幕 158
坪野名 756, 773, 774
坪庄谷 293
平章谷 302
평장골 302, 304
평장긔 293
평장긔들 334
平章洞 304
평장뜰 192
평장앗 322
평장앗고긔 323
평장앗쥬막 324
平庄村 322

平庄村酒幕 324
平章坪 192
平章坪洑 193
평장평보 193
平長浦坪 334
平庄峴 323
平田街幕 708
平田坪 846
평젼드루 846
平地洞 153
平地洞里 805
平地洞洑 804
平地村 759
平川 288, 290
平川谷 286
平川里 255
平川津 290
坪村 251, 307, 307, 307, 329, 355, 443, 458, 468, 583
평촌 443
平村 815
坪村里 169, 202, 365
坪村洑 170, 472
平村酒幕 412
坪村坪 169
平峴 290
陛內嶺 756
浦磵洞 612
浦谷 378
浦谷坪 747
浦谷峴 402
浦口 218, 697, 703
浦溝 364
浦口名 139, 142, 144, 192, 379, 386, 387, 445, 450, 460, 478, 479, 568, 573, 584, 585, 597, 677, 679, 681, 683, 685, 687, 690, 692, 714, 730, 736, 740, 750, 770, 781, 810, 843
浦南里 369, 553
浦南坪 552
浦內坪 387, 393
浦潭 330
浦洞里 181
浦里 819, 821
浦名 194, 197, 206, 207, 212, 213, 221, 225, 229, 231, 235, 364, 372, 379, 384, 566, 575
浦洑 143
飽腹山 338
浦沙伊洑 130
浦沙伊坪 128
浦野 592
浦外津里 398
浦月里 365, 830
蒲田洑 280
圃田坪 70
浦津 313
浦村里 530
浦村洑 798
浦村市場 59
褒忠祠宇 810
浦側坪 770
浦峙谷 728
浦下里酒幕 140
浦項渡 585
浦項里 169, 388, 729, 736
浦項洑 171
浦項山 734
布項村 243
浦項坪 722
瀑布名 368
瀑布山 259
瀑沛川 641
푀쐴 663
表洞 663
飄累坮山 517
表山里 689
表蠻峴 149
表訓寺 550
푹묵골 214
풀무골 204, 211, 247, 346, 448, 464, 490
풀무골보 207
풀무터 444
풀미골 586, 611, 741
풀미쐴 131
풀밧지 835
品谷川 198
품실기울 198
楓溪店 736
豊谷里 374
風岐領 103
風大嶺 527
豊德山 513
楓洞嶺 490
豊洞里 495
楓林里 92
豊美 538
豊美谷 741
豊美洞 519
豊美里 537
豊樹谷 462
豊水院 185
풍슈골 462
풍슈원 185
風阿峙 644
豊岩酒幕 263
豊陽里 730
風載嶺 514
豊田里 87

風田山 418
豊田驛 813
豊田站 815
楓川 250
楓川里 203
楓川酒幕 252
豊村 469, 653
風村 603
豊村洑 473
풍촌보 473
풍촌 469
風吹谷 419, 758
風吹酒幕 663
風吹峙 759
風吹坪 436, 845
風吹峴 555
豊沛里 725
風坪 428
楓下酒幕 638
楓湖池 575
皮谷 835
피골 317, 596, 669
피나무골 461, 477
피나무소 99
피나무쏠 538
彼來谷 575
彼來山 574
辟歷山 760
皮木谷 461, 477
피목골 616
皮木洞 538
彼木亭谷 539
皮木峴 194
피미 327
被防谷 728
辟暑亭 95
辟暑亭街 104
辟暑亭峴 102
피셔골 670
피야시 404
피약골고기 511
避陽洞 425
避陽山 425
피양이골 425
피원 665
避鶴谷峴 511
皮峴里 126
筆谷里 278
필례동 411
必禮洞溪 411
必禮嶺 412
필례령 412
弼如岺 840
필여영 840
핏골 835
핑고지 404
핑나무덩이보 305
핑나무뜰 349

하...

下加德洞 309
下佳山里 825
下佳佐谷 178
下間坪 722
下葛麻谷 183
下乫云里 825
下甲里 122
下江淸里 825
河古介里 801
下高飛院 546
下高山 289
하고산 289
霞谷 128
下谷堰 641
下觀佛 449
下光丁里 833
下光丁里酒幕 848
하광정쥬막 848
下橋谷 770
下橋洞里 512
下九里 126
下九萬里 532
下九井 492
下九峴 318
下郡面 694, 695
下弓宗 179
下琴垈 180
下岐城里 803
下岐城酒幕 802
下吉里 825
下吉星里 816
下吉峙嶺 726
河南面 81, 82, 560, 561
下南山里 681
下內山里 818
하닌골 440
하님질 705
下多屯里 317
下多田里 750
下茶川里 689
下丹邱 349
하단구 349
下丹邱酒幕 351
하단구쥬막 351
下達里 677
下畓 430
下畓酒幕 432
하답쥬막 432
下垈 635
下大美院 178
下德洞 307
下德寺 502

下德田　614
下德田谷　721
하도낙셔　237
河圖洛書　237
하도문　829
下道門里　829
하동　326
下洞　649
下洞里　422
下東面　135, 136, 136, 137, 594, 595, 596, 597, 598, 599, 600
下洞庭　706
下杜陵　625
下頭里　109
下斗玉　313
下斗村　506
下屯之　322
下羅里　122
下羅山坪　616
下芦谷　468
下魯日里　667
下龍谷　185
下龍水坪　723
下流川里　819
下柳浦里　230
下柳浦堤　229
下栗洞　308
下栗里　683
하리　81
下里　129, 360, 799, 811
下梨木里　725
下里洑　745
下里酒幕　594
下臨溪　664
下臨溪洑　665
下臨溪場　665
下馬碑　651
하마비들　188
下馬碑坪　188
下馬山里　824
하막지　842
下幕峴　842
下萬山　468
下望宗坪　295
下孟芳　769
下旀里　659
下鳴岩里　201
下沒雲　653
下茂谷　294, 317
霞霧垈谷　128
下舞龍洞　144
下舞龍洞洑　145
下茂周朵谷　721
하묵영　445
下文殊　496
하뭇터골　128
下嵋山　734
하밤틔　683
下芳谷上里　211
下芳谷下里　211
下芳洞　214, 469
下芳洞里　740
下芳林洑　165
下洑　116, 472, 502, 806
下洑里　121
下普門　344
下洑湯洑　703
下洑湯坪　702
下福洞　829
下蓬洞　548
下北洞　653
下北占里　545
下芬芝谷峴　350
下沙谷里　495
下泗東里　532
下沙里　691
下絲里　815
下絲瑟峴　764
下沙川洞　292
하사평　844
下山北里　371
下山田里　179
下山岾洞　72
河山地　610
下三陽里　124
下西面　477, 478, 479, 480
下石項　652
下石項洑　655
下蟾江　318
下城南　299
下城底里　679
下細足里　823
下小坤里　548
下所里　491
河沼津　607
下松館里　526
下松里　392, 593
下松里川　391
下松林里　564
下水南里　177
下水內里　139
下水內浦口　139
下水洞　126
荷水里　717
下水白里　183
何首烏　804
하수원드루　844
何須遠坪　844
下水汗　506
下水回里　59
下詩洞里　578
下食岾里　66
下食岾坪　64

下新順里　818
下新院里　541
下新正里　516
하심보　749
下鞍谷　712
下安味里　163
下安心峴　459
下鞍坪　712
下安興　178
下安興酒幕　178
下安興川　178
河岩里　687
下野坪　70
荷藥洞　213
하약동　213
下陽洞　58
下陽洞前野　55
下陽里　532, 826
下陽穴里　833
下於城里　823
下葦洞　331
하오고기　490
下五嶺　490
下瓮洞　126
下瓦要山里　812
下瓦村　73
下旺道里　832
下旺道里酒幕　848
下外先里　811
하우고기　234, 238, 290, 318, 329
下牛望里　129
夏牛峴　234
下牛峴　290, 318
夏禹峴　497
下院　624
下院谷　700
下願通坪　723
下元浦里　125
下月川　847
下月川里　834
下越坪　133
下越坪洑　852
하위고기　270
何爲峴　238
下楡谷里　798
下邑面　79, 80, 81
荷仁谷　440
河一里　161
하임질들　701
下場街里　189
下長面　759, 760, 761
下長津里　714
下長津酒幕　714
下長浦酒幕　319
下楮田里　59
下田灘里　519
下汀月里　395
下鳥谷　464, 586
下操琴里　686
河趙坮　853
하조디　853
河鳥峴　329
下宗坪　722
下注里　121
下竹川　430
下中里　816
下中村　631
下支石里　532
下支石洑　534
下地位里　87
下珍里　119
下沵富里　167
下沵富洑　168
下沵富站　168
下沵富坪　166
下津坪里　518, 521
下榛峴里　801
下榛峴洑　795
下集室　470
下倉內溪　205
下川　407
下泉洑　749
下泉田里　230
下草邱　327
下草里　395
下初北面　513, 514, 515, 515, 516
下草院　183
下村　321, 458, 760, 783
下村里　235
下村酒幕　217
下村津　606
하촌　321
下楸谷川　411
下楸洞　412
下楸洞江　411
下楸洞於口酒幕　412
下楸洞於口津　411
下鄒儀里　797
下鄒儀酒幕　797
河峙谷　837
下漆田里　192
下炭里　396
下炭酒幕　397
下塔里　800
하터　635
下土器店里　512
下土洞　182
下吐洞　694
下土里　823
下土城里　814
下退溪里　191
下板橋坪　724

下板里 807
下沛川里 725
下坪 147, 156, 405, 441
下坪洞 618
荷坪洞里 562
下坪澤 446
下浦里 90
下浦村洞 57
下品谷里 198
下楓洞里 796
下海三垈 306
荷香沼 356
하향쇼 356
下虛川洞 584
下峴 455
下縣里 548
下玄岩里 216
下花里 725
下禾岩里 72
下回山里 820
下檜耳里 547
학거리뜰 295
鶴巨里坪 295
鶴皐里 713
鶴谷里 183, 198
鶴谷酒幕 325
鶴谷坪 198, 405
학골 426
鶴堂谷 590
學堂谷 590
學堂谷酒幕 594
鶴堂里 824
鶴洞里 574
鶴嶺 149
鶴嶺於口酒幕 148
鶴林洞 584
鶴尾峰 633
학바우구미 207
학바우들 342
鶴屛山 655
鶴洑 821
鶴峰里 84
鶴峰山 82
鶴舍堂洑 108
학사당이 106
鶴舍洞 106
鶴山里 380, 579, 681
鶴山坪 680
鶴三面 712, 713, 713, 714, 715
鶴松亭峴 511
鶴首屯地洑 550
鶴膝尾 633
鶴岩坪 342
鶴岩浦 207
鶴也洞 373
鶴二面 715, 716, 717, 717, 718
鶴翼洞 273
鶴一面 718, 719, 720, 721, 722, 723, 724, 725, 725, 726, 727
鶴田 609
鶴鳥洞 142
鶴浦 485
學浦里 832
학포리 832
鶴浦洑 486
鶴峴 375
鶴湖 525
한가고등이지 755
汗哥垈 344
한가터 344
韓哥坪 518
漢江坪 420
한계영 840
寒溪 224, 255
寒溪洞 422
寒溪岺 840
寒溪里 224
한계리 224
漢雞山 779
寒溪酒幕 256
汗谷 208
寒谷 591
汗谷酒幕 208
寒谷峴 235
한골 208, 591
한골고기 208, 235
한골나루 231
한골쥬막 208
한골포구 231
漢橋津 242
漢基 782
漢基洑 788
漢基驛 781
漢基坪 786
한기울 224
漢南 634
한느리 307
한느리보 312
한다리넋물 729
한다리평 729
한달니 177
漢淡谷 435
한담골 435
寒大洞 661
寒大洞酒幕 663
漢垈里 232
漢垈酒幕 234
寒垈川 407
汗德山 639
汗洞谷山 98
한둔 158

한들 206, 703
한들보 207
한딧ᄭᅩᆯ 661
汗里所 654
桿木嶺 445
한밋 631
한바미 328
한바미평 364
한밤평 747
한밧 559, 634
한밧나루 638
한밧들 637
寒沙隅 479
寒沙村 705
寒山峙 168
한셜ᄆᆡ등 402
寒松里 685
寒松寺 573
寒水垈 407
한시골 142, 716
한시울 823
한시직ᄭᅩᆯ 150
閑野 592
閑余洑 352
한엿지 350
韓永祿恤民碑 480
한우물 188
寒雨山 245
한울터 746
韓魏垈 746
한으름덕 465
寒乙洞 643
翰義 741
汗衣德谷 116
한의무덤 223
間底洞 631
間底酒幕 629
間田 634
閑田里 129
閑田里酒幕 130
間田津 638
間田坪 637
汗井谷 55
汗井洞 93
汗井屯 103
鷴鳥谷 150
鷴鳥谷 716
汗蒸岩 98
漢支幕 92
한진 587
한지 833
寒泉 549
漢川 817, 847
寒泉谷 395
漢川橋川 729
寒泉山 835
寒泉源 610
寒泉酒幕 161
寒泉村 568
寒泉坪 723
漢川坪 729
한쳔 847
汗村 307
汗村洑 312
漢塚 223
汗峙 208, 653, 767
寒峙 279, 354, 544
한치 354
한치고기 210
寒峙谷 210, 275
한치골 210
寒峙洞 158
漢峙嶺 701
寒峙洑 277
汗峙底 768
寒峙峴 210
寒灘里 158
汗太谷 760
汗泰谷 760
한터 232, 289
한터쥬막 234
寒坪 703
漢浦 501
漢浦坪 501, 722
할무산셩 688
할미고기 209
할미바위 588
할미봉 209
할미셩 107, 396
할미소 846
할미지 826, 841
할미짓영 522
할ᄋᆡ비셩 107
함경나무골 52
咸谷溪 261
咸谷里 263
咸谷坪 260
函洞 237
함동 237
咸東山 118
함바우방축 386
함바지 213
함박고기 239
咸박골 199
함박골 199
咸朴洞 367
함밧 313
함밧들 129
함밧들보 454
함밧치벌 749
함ᄭᅩᆯ 291
咸田 313
陷井洑 91
咸井池 74

陷穽坪　844
咸井峴　75
陷穽峴　375
함정드루　844
咸池德嶺　397
含春里　129
含春洑　130
含春驛　130
含春酒幕　130
含春坪　128
合江　406
合江里　407
합강리비나드리　407
合江里中里酒幕　408
합강양쇼　406
합강정리　407
合江津　407
蛤谷　53
合串江　450
합곳강　450
蛤塘　491
蛤洞坪　735
合門峰　420
合水江　450
합수강　450
合水川　684
합슈나들　684
합자　737, 751
蛤津里　714
合浦院　307
合浦院溪　311
合浦院酒幕　311
합헌닉　311
합헌쥬막　311
합현　307
핫치골　837
巷街　611
항강골　214
項谷　219, 291
恒谷里　210
項谷里　689
恒谷酒幕　210
項谷峴　290
항골　661
항골고기　290
항공　219
項內洞　71
項洞　661
亢羅　151, 154
項嶺　459, 539
缸里谷　838
項名　195
항아리골　838
項鳥峰堤　738
巷村　86, 252
項坪里　725
項抱坪　628
蟹谷　695
海金剛　386
海南堰　573
海南坪　572
海浪洞　111
海嶺　701
海望山　718, 787
海山亭　386
海上面　366, 367, 368, 369
海鼠　568
解臣峴　102
亥安面　149, 150, 150, 151
亥安場　150
蟹岩浦　843
海塩池　671
海牛寺峰　286
海衣　561, 563, 566, 585, 588
海日村　458
海溢坪　64
海草　561, 563, 566, 568, 568, 585, 588
海蟄山　375
醢坪　138
蟹峴　731
蟹峴店　730
杏皐　344
行羣坪　605
杏桃源　373
杏洞　161
行路洑　140
行路坪　138
行邁洞　658
行邁院　660
行兵谷　413
杏山　245
行岩峰　320
行人橋　249
行人橋川　249
杏田村　568
杏亭　183, 492
杏亭里　559
杏亭村　564
杏村酒幕　318
行雉嶺　264
行峙峴　432
杏坪　648
하토일　694
香加山　580
향골　567
鄕校谷　438, 632
鄕校谷峴　445
향교골　438
향교골고기　445
鄕校洞　243
鄕校里　80
향교말　632

鄕校洑 563, 742
향교터 164
鄕校坪 562, 775
향기골 553
향나모골 345
향노봉 419
향노산 191, 203
鄕洞 327
香洞 567
香爐峰 367, 419
香爐峰山 245
香爐山 191, 203
香木谷 345, 381
香木里 362
향미 184
香山 184
향산모우보 454
香山隅洑 454
香積坪 334
향젹들 334
香川里 219
香泉里 742
香泉店 743
향청거리 327
향촌쥬막 318
香峴 145
香湖 568
香湖里 567
向花垈 273
許哥谷 382
許哥谷嶺 383
虛谷 108
허골 108
虛空橋 631
虛空橋谷 50
虛空橋洑 640
허공다리 631
허공다리골 395
허공다리보 640
허공직 404
虛空峴 404
虛橋谷 395
허긔골 382
허긔골영 383
許李台 578
許文里 188
허문리 188
許水院里 144
許水院里洑 145
許水院里酒幕 145
許項里 125
許項酒幕 118
獻垈洞 274
憲兵分遣所 234, 236, 757
歇駕峴 743
歇流洞 71
헐멍고긔 743
헐명이고긔 746
險谷 345
險石谷 417
險石里 502
峴 115, 117, 118, 698, 701
縣監姜滔淸白善政碑 62
縣監鮮于濬淸白善政碑 61
縣監成雲翰淸白善政碑 61
縣監申學休善政碑 75
縣監申學休淸白善政碑 62
縣監吳致箕淸白善政碑 62
縣監尹致泰淸白善政碑 62
縣監李義植淸白善政碑 62
縣監李章德淸白善政碑 62
縣監李周弼淸白善政碑 62
縣監李憲昭善政碑 67, 75
縣監李憲昭淸白善政碑 62, 62
縣監鄭有恂善政碑 67, 75
縣監鄭希先淸白善政碑 62
縣監鄭羲淳淸白善政碑 61
縣監蔡時謙淸白善政碑 61
縣監許梅淸白善政碑 62
縣監洪處深淸白善政碑 61
縣監洪羲人淸白善政碑 62
현계산 332
玄鷄山 332
峴谷 131, 347
玄口尾洑 479
縣南面 828, 834, 835, 836, 837, 842, 843, 843, 843, 843, 844, 846, 847, 848, 850, 851, 852
현남면 828
縣內洞 694
縣內里 582
縣內面 115, 116, 120, 121, 122, 380, 381, 382, 383, 384
縣內市場 584
峴內坪 788
현둘보 236
현들 236
懸蘿幕嶺 510
縣里 147, 150, 526, 527, 805
縣里洑 804
峴名 60, 61, 67, 74, 75, 78, 80, 84, 85, 87, 89, 102, 103, 105, 106, 108, 111, 174, 188, 189, 193, 194, 196, 197, 198, 198, 200, 201, 202, 205, 206, 207, 208, 209, 210, 210, 211, 212, 213, 214, 215, 217, 218, 219, 220, 221, 223, 224, 225, 226, 228,

230, 234, 235, 236, 237, 238, 239, 361, 363, 370, 375, 376, 383, 486, 490, 493, 497, 499, 500, 502, 507, 552, 564, 571, 572, 577, 579, 715, 718, 726, 727, 731, 739, 743, 746, 749, 751, 755, 760, 780
縣北面 828, 833, 834, 835, 836, 842, 843, 845, 846, 847, 848, 850, 851, 853
현북면 828
峴山 744, 839
현산 839
玄樹谷 838
絃岩山 49
縣崖谷 581
縣崖峙 582
縣於口酒幕 148
현엿보 352
懸鍾 706
懸鍾山 690, 695
현창 526, 527, 548
縣倉 549
縣倉湫 550
縣倉坪 540
玄川里 179
玄川里酒幕 179
峴村 289, 818
縣坪 236
玄坪 334
縣坪湫 236
懸坪場 718
혈골 208
혈골쥬막 208
穴內村 756
穴洞里 208
穴洞酒幕 208
穴川里 665
挾谷 52
峽峙溪 141
峽峙谷 141
峽峙湫 143
兄弟橋里 122
兄弟橋酒幕 116
兄弟峰 89, 227
兄弟峰山 517
兄弟岩谷 320
兄弟岩沼 704
兄弟川 421
兄弟峙 840
兄弟峴 397
형졔고기 840
형졔나드리 421
형졔바우골 320
형졔방우쏘 704
형졔봉 227
荊川湫 306
蕙齋洞 559
혠덕이고기 205
湖 694
虎見谷 345
虎谷 460, 517, 523, 554
狐谷 716
虎內谷 51
好達幕 708
虎洞 282
虎狼谷 634
호랑골 634
虎狼峰 198
호랑봉 198
호리골 219
狐狸洞 219
虎笠谷 535
好梅谷面 286, 287, 288, 289, 290, 291
湖名 552
虎鳴 653
虎鳴洞 583
虎鳴里 670
虎鳴峴 577
호모실 678
虎尾山 695
호밀 288
湖邊洞 561
湖邊村 553
狐山峴 225
好善驛 650
護聖碑 368
虎岩谷 131, 319, 756
虎巖谷 382
虎巖里 107
虎岩湫 254
虎岩峰 500
虎岩山 114, 287, 835
호암산 287
扁巖沼 763
虎巖坪 376
虎踰峴 60, 304
好音 288
好音洞 443
호음동 443
好音峴 446
호읍노니 288
戶籍洞 340
虎田里 691
호젹골 340
虎衆谷 571
狐川 250
狐川谷 222
狐川洞 251
狐峙 165
虎峙 539
虎灘 638

浩通谷　201
狐通谷　449
호통골　201, 449
壺項谷　712
虎墟　613
狐峴　230, 270, 279, 350, 594
虎峴　536, 797
或別里　122
혼슈피영　733
昏侍彼嶺　733
홀고지골　590
笏谷　590
笏幕谷　53
홈수피영　736
洪哥谷　534
홍고기　474
紅谷　617
홍골　110
虹橋　368
虹橋碑　393
紅桃山　174
弘洞　110
虹岺　746
紅路山　275
紅龍谷　220
洪陵洑　499
紅門街里　443
紅門街里酒幕　445
홍문거리　443
弘門谷　836
홍문골　836
홍문동쥬막　445
紅門里　78
紅峰里　217
紅峰沼　421
紅峰峴　200
홍사우　485
鴻山洞　559
紅樹皮嶺　522
紅矢洞　694
紅陽洑　851
홍양보　851
홍용골　220
洪元洞　819
紅月坪　765
紅月坪洑　761
弘磧嶺　222
洪濟里　554
홍젹이고기　222
紅塵浦坪　405
洪川江　210
홍천강　210
洪村　478
鴻峙酒幕　560
洪浦坪　735
紅蛤　737, 751
紅峴　333, 474
鴻湖洑　134
鴻湖坪　132
홀사리고기　446
花開山　82
花盖山洑　821
花谷　199
禾谷里　380
花谷村　268
花邱里　679
花邱川　679
花南谷　54
화낭게　205
禾達洑　384
禾達坪　382
花帶巨里洑　794
화덕산　287
花洞　699
禾洞里　180
花豆峯　678
和登里　714
和登驛　714
禾羅峙　604
화랏니　619
花浪溪　205, 774
화랑기　324
花浪洞洑　804
花浪浦　324
花嶺　636
花柳谷　456
花柳嶺　459
화리골　456
화리골고기　459, 459
화리지　174
火望嶺　397
花夢洑　176
花坊洞　697
花方里　267
花房峴　363
花屛里　619
花峰　460, 504, 633
花峰洑　471
花飛嶺店　577
화사리보　804
化泗川里　805
化泗川里洑　804
華山　89, 500, 595, 622
火山　494
花山　503, 633, 715
花山谷　534
花山里　537
花山峰　719
華山土城　600
和尙谷　367
화상골보　852
화상바우드루　846
和尙洑　852

化尙岩坪　846
花松峴　841
화숑이등　841
화실ᄋᆡ　392
華岳山　237
화악산　237
花岩　495
禾岩里　81, 656
化岩里　122
禾巖寺　379
花岩坪　56
花岩峴　61, 67
華若谷　633
花藥谷　664
華陽江　243
華陽亭洑　312
華陽亭坪　310
화양정이보　312
화양정이뜰　310
花雨里　392
花雨里峴　392
花越谷　427
花踰嶺　59
화의고ᄀᆡ　403
和義洞　166
和義嶺　118
和意峴　403
禾日里　831
華藏谷　728
花田　783
花田溪　603
花田岐野　55
花田洞里　805
花田里　87, 181, 619, 811
花田里峴　89
花田山　320, 622, 638
花田隅　342
花田酒幕　812
花田峙　644, 780
花田坪　626, 637
花折嶺　604
花折峙里　602
花井里　365
畵柱谷　581
花柱谷　766
花池洞　72
花津浦　372, 384
畵彩峰　199
畵彩巖　363
花川　327
化川里　537
花川里　664
化川場　538
花川峴　536
火鐵　762
化村面　244, 245, 246, 247, 248, 249, 250, 251, 252, 253
화ᄎᆡ바우　363
화ᄎᆡ봉　199
禾呑里　414
화탐리　414
貨通里　717
花浦里　371
華表洞　653
化鶴嶺　426
花峴　663
花峴里　119
花峴酒幕　663
還德山　287
環才谷　464
환젼산　320
환ᄌᆞ골　464, 614
활골　182, 518
활구비산　613
活里峴　459
활말우　179
활미강　192
활쌀골　293
활터거리　189, 310
黃康谷坪　335
황강골들　335
黃崗里　139
黃崗里舊洑　140
黃崗里新洑　140
黃崗里酒幕　140
黃江津　215
황강진　215
荒江村　444
荒江村津　446
黃古所坪　488
황고쇼평　488
黃谷　327, 352, 410, 438, 627
黃谷野　413
黃谷川　329
황골　129, 210, 327, 352, 410, 438, 627
황골ᄀᆡ울　329
황골물　411
황골보　130
황골쥬막　130, 210
황구드루　844
황구들보　850
黃耇洑　850
黃耇坪　844
黃金　118
황금　380
黃金山　779
黃金坪　810
黃金坪洑　810
황ᄀᆡ　81
황논들　199
황닌ᄂᆡ터　138

황너지 558
黃達垈里 797
黃畓坪 199
黃洞溪 411
黃屯 300
황둔 300
황둔뜰 297
黃屯坪 297
黃蘿谷 52
黃蘿洞 58
黃龍谷 575
黃龍洞 506
黃龍山 719, 720, 720
黃龍坪 320
황미골고기 252
黃厖村書院遺墟碑 789
黃厖村善政碑 789
黃屛嶺 256
黃柄洑 134
黃屛山 253
黃柄山 523, 669
黃柄坪 132
黃堡里 689
黃沙谷峴 375
黃山洞 354
황산별 637
황산쏠 354
黃山坪 637
黃石谷 720
黃石里 730
黃水洞坪 335
황슈쏠들 335
황시고기 264
황시골고기 375
황시둔지뜰 288
황씨 739
황어곳치 720
黃魚坮 566
황용이들 320
黃牛山 720
黃仁垈谷 138
黃腸谷 260
黃膓洞 262
黃腸洞 547
黃場山 97
黃腸山 181, 395, 538
黃腸峙 264
黃亭谷 635
黃汀浦 430
황경포 430
황지 692
黃鐵谷 419
黃哲洞 258
黃鐵幕谷 427
황철골 419
황철막이골 427
황철비긔 758
황쵸쇼 421
皇峙 621
荒峙 644
皇峙底酒幕 621
황치지밋쥬막 621
황토고기 363
黃土器 666
黃土垈坪 64
黃土洞 65
黃土峙 842
黃土峴 363
黃坪 364
황평 364
黃浦里 365
黃浦坪 723
黃鶴洞 298
黃鶴山 332
황학산 332
荒峴 297
黃峴 363, 692
隍峴 739
黃孝子碑 398
회 197, 849, 850
회가마골 602
회가믜골 721
會稽山 594
會溪川 476
灰古介里 801
灰谷 54, 69, 141, 204, 233, 439, 487
檜谷 138, 353, 441, 601
回谷 299
檜谷坪 729
회골 233, 299, 353
회골고기 235
회골뜰 157
회기 111
檜德伊 542
회독골 448
檜洞 158, 658
灰洞 233
淮東里 532, 534
檜洞洑 660
檜洞上洑 159
檜洞坪 157
灰洞峴 235
回龍洞 821, 829
回龍峰 435
灰名 197
檜木谷 448
檜木洞 95
檜木坪 405
回峰山 297, 300
회봉산 297, 300
灰釜谷 721
灰釜洞 602
灰山 49

回山里　79, 742
淮山里　570
回山洑　742
회시ᄅᆡ　327
회쏠　447
回鴈峰　287
회안봉　287
淮陽江　531
檜耳　549
回才谷　614
檜田谷　151
檜田洞　404, 520
灰田嶝　781
檜田嶺　539
檜田里　112
檜田里酒幕　408
회직골　614
回村　66
檜村　307, 321
檜峙　177
檜浦洞　111
回浦坪　101
晦峴　75
檜峴　141
灰峴　510, 521, 527, 558, 626
灰峴里酒幕　802
灰峴店　559
回花洞　57
횟고ᄀᆡ　558
횟고ᄀᆡ쥬막　559
횟골　439
횟쏠　138, 141
횟쏠고ᄀᆡ　141
橫溪里　670
橫溪驛　671
횡ᄉᆡ　567, 568
橫指巖洞　642
橫川　469
橫浦洞　65
橫浦洞洑　67
橫浦洞酒幕　66
孝經谷　348
孝慶谷　466
孝幕峰　135
孝母谷　678
孝婦金氏之碑　789
曉星里　820
曉星山　78, 819
孝子金宗燮碑　789
孝子門街里　190
孝子碑　80, 369, 552, 573, 637
효자비각　637
孝子李尙虎碑　789
孝悌谷里　261
孝悌谷酒幕　263
孝竹垈　468
孝竹垈洑　473
孝竹垈酒幕　471
孝竹里　267
孝竹村酒幕　180
효지문거ᄅᆡ　190
회ᄒᆈ경골　466
後伽山　420
후가산　420
後葛谷　639
后巨里　467
後溪　457, 724, 766
後谷　53, 133, 204, 293, 300, 310, 316, 363, 378, 402, 403, 456, 463, 503, 728
朽谷　585
後谷店　559
後谷酒幕　134
后谷酒幕　398
後谷坪　773
朽橋　706, 707
朽根乃　169
後塘洞　697
後堂坪　627
後垈洞　602
后德谷　440
後德山　63
後洞　150, 164, 219, 227, 286, 319, 340, 343, 425, 495, 576
후동　327
后洞　453, 520, 834
后洞溪　452
后洞口酒幕　455
後洞里　562, 796, 800
後洞堤　254
后洞池　453
後洞坪　287
后洞峴　455
後屯地洑　266
後屯坪　265
後梁坪　501
後龍谷　781
後龍山　504
厚里　682
후리곳ᄀᆡ　59
후리ᄀᆡ　697
厚里酒幕　707
厚里浦　683
후리표　682
後芳洞　571
後番地谷　166
後峰峴　75
後山　221, 404, 719
後山坪　336
後上里　196

後野坪 70
後囦 423
厚用里 314
후웅이 314
후원니 653
後踰谷 55
後堤 104
後主山 48
後中里 196
後川 293, 558, 704
後川溪 296
後川里 799
後川洑 371
後川津 174
後川坪 295, 335, 370
後草坪 723
后村 453
後峙 586, 594
后坪 117, 442
後坪 237, 277, 326, 364, 413, 428, 466, 484, 501, 628, 688, 722, 723
後坪溪 377
後坪洞 65
后坪里 124
後坪里 161, 278, 431, 619
후평리 191
後坪洑 161, 238, 352, 415, 628, 690
后坪石回隅酒幕 117
後坪野 161
後坪酒幕 161
後坪津 276
後坪川 315
后坪川 442
後坪峴 206
後浦里 620
後浦梅里 834
後浦堤 680
後浦坪 679
後下里 196
後項谷 131
後巷酒幕 243
後巷村 243
後峴 60, 328, 329, 423, 492, 545
後峴嶺 493
後峴前川 541
揮羅 706
揮水披嶺 736
休垈坪 628
鵂飛谷 721
鵂岩 485
鵂岩谷 348
鵂岩里 802
鵂岩里洑 797
鵂岩里酒幕 797
鵂巖洑 180
鵂巖山 287
휴암산 287
鵂巖坪 376
鵂岩峴 350
鵂虎谷 721
흐리골 214
흐리모기 692
흐리쏠 106
흐목이고기 61
黑干里 206
흑고기 727
흑다리 374, 643
흑다리쥬막 379
흑달리골 758
黑門洞 342
黑礬 116, 534
흑벼루 553
흑별루쥬막 426
黑寺谷 143
黑山 761
黑山垈 339
黑山里 800
흑산터 339
黑石屯洑 105
黑石里 105
黑石里酒幕 104
黑石市 105
黑石津 100
黑沼 662, 765
黑沼洑 788
黑水洞 583
黑鉛 585
黑淵里 396
黑淵堤堰 391
黑適山 531
흑지골 444
黑地洞 444
黑川 298
黑川谷 760
黑川坪 739
黑治江 511
黑治浦 524
黑浦 703, 706, 706
흔드릭골 210
흔병분견소 234
흔병분견쇼 236
흔병산 707
흔적이 461
흔터 307
흔터보 312
迄駕峴 746
흘기둔지벌 511
屹里 360
屹里谷 477
흘리골 477
屹里洞 93

屹里嶺　361
흘리영　424
흘우모기　685
屹伊谷　132, 138
屹耳嶺　424
欽陽洑　277
흠적골　345
興谷江　724
興谷里　726
興垈　307
興垈洑　312
興龍菴　794
興法　303
홍법　303
興福寺　216
홍복사　216
홍봉소　421
興富洞　698
興富市　700
興富驛　699
興富酒幕　700
興水沼　99
興仰里　81
興陽　327
홍양이　327
홍예다리비　393
興雲里　733
홍원창　331
興仁洞里　537
興亭山　259
홍터　662
興鶴嶺　149
興學碑　651
興湖　331
홍흔말　478
希谷　787
戲浪山　118
喜曆峴　486
戲靈山　117
희역니　469
希易嶺　111
希易里　112
希亦里　469
希亦里酒幕　471
희역이들우　467
희역이쥬막　471
希亦坪　467
흰달이　559
흰덕산　627
흰적ᄂᆡ　478
희역이고ᄀᆡ　486
희역이ᄭᅩᄀᆡ　85
희역이쏠　83
희혁영　527
흰고ᄀᆡ　141, 376, 376
흰단이골　177
흰바우골　836
흰적골　542
흰적산　535
흰ᄌᆡ　594
흰ᄌᆡ쥬막　594
ᄒᆞ달면　677
ᄒᆞ답　430
ᄒᆞ동리　422
ᄒᆞ련골　331
ᄒᆞ명암니　201
ᄒᆞ물ᄌᆡ　839
ᄒᆞ방곡상리　211
ᄒᆞ방곡ᄒᆞ리　211
ᄒᆞ사들보　850
ᄒᆞ셩남　299
ᄒᆞ소나들이　607
ᄒᆞ안장골　712
ᄒᆞ안홍ᄂᆡ　178
ᄒᆞ안홍쥬막　178
ᄒᆞ유포언막이　229
ᄒᆞ일　198
ᄒᆞ일뜰　198
ᄒᆞ촌나들이　606
ᄒᆞᆫ강버덩　420
ᄒᆞᆫ게동　422
ᄒᆞᆫᄀᆞ쎌　722
ᄒᆞᆫᄀᆡ　501
ᄒᆞᆫᄀᆡ벌　501
ᄒᆞᆫ다리　323
ᄒᆞᆫ다리나루　242
ᄒᆞᆫ두리들　592
ᄒᆞᆫ뒨ᄂᆡ　174
ᄒᆞᆫᄃᆡ쏠보　663
ᄒᆞᆫᄃᆡ쏠주막　663
ᄒᆞᆫ바루　695
ᄒᆞᆫ밧골　601
ᄒᆞᆫᄇᆡ미뜰　132
ᄒᆞᆫ삿테　685
ᄒᆞᆫ실　685
ᄒᆞᆫᄉᆡ모루　479
ᄒᆞᆫ영녹의휼민비　480
ᄒᆞᆫ우ᄌᆡ　835
ᄒᆞᆫᄌᆡ　754
ᄒᆞᆫ터　369
ᄒᆞᆯ미고ᄀᆡ　370
ᄒᆞᆷ바우　653
ᄒᆞᆷ밧둘주막　130
ᄒᆞᆸ문봉　420
ᄒᆡ고지주막　730
ᄒᆡ베골　441
ᄒᆡ산　439, 446, 447
ᄒᆡ우졀봉　286
ᄒᆡ일말　458
ᄒᆡᆨ골　373
ᄒᆡᆨ골고ᄀᆡ　375
ᄒᆡᆼ군별　605
ᄒᆡᆼ병골　413
ᄒᆡᆼ셜　84

힝질셥보 140
힝질셥ᄯᅳᆯ 138
힝치고기 432
힝리골 830

면별색인

가...

加里坡面 297, 298, 299, 300, 301

看尺面 451, 452, 453, 454, 455

葛末面 813, 814, 815

甘勿岳面 275, 276, 277, 278, 279

甲川面 180, 181

降仙面 829, 835, 840, 843, 843, 844, 846, 847, 849, 850

見朴面 754, 755

古毛谷面 183, 184, 185

古味呑面 110, 111, 112

高揷面 118, 125, 126

公根面 182, 183

九皐面 82, 83, 84, 85, 86

邱井面 579, 580

郡內面 48, 49, 50, 51, 52, 53, 54, 55, 56, 57, 58, 59, 60, 61, 61, 62, 63, 114, 119, 128, 129, 130, 131, 156, 157, 174, 175, 242, 243, 244, 360, 361, 362, 402, 403, 404, 405, 406, 407, 407, 408, 438, 439, 440, 441, 442, 443, 444, 445, 446, 484, 485, 486, 590, 591, 592, 593, 594, 648, 649, 650, 651, 737, 738, 739, 792, 798, 799, 830, 831, 839, 840, 843, 843, 844, 847, 848, 849, 851, 853, 854

貴來面 352, 353, 354, 355, 356

近南面 700, 701, 702, 703, 704, 705, 706

近德面 767, 768, 769, 770, 771, 772, 773

近北面 688, 689, 690, 697, 698

近西面 684, 685, 686

今勿山面 270, 271, 272, 273, 274, 275, 306, 307, 308, 309, 310, 311, 312, 313

麒麟面 426, 427, 428, 428, 429, 430, 431, 432, 433

岐城面 797, 798, 802

나...

樂壤面 89, 90, 91

蘭谷面 523, 524, 525, 526, 527, 528

南內二作面 206, 207, 208, 209

南內一作面 203, 204, 205, 206

南面 114, 115, 119, 120, 137, 138, 139, 140, 141, 159, 160, 392, 393, 394, 395, 412, 413, 414, 415, 455, 456, 457, 458, 459, 460, 494, 495, 496, 497, 621, 622, 623, 624, 625, 626, 627, 655, 656, 657, 682, 683, 684, 794, 795, 796, 801, 832, 833, 842, 843, 845, 847, 848, 849, 850

南府內面 191, 192, 193

南山外二作面 210, 211, 212, 213

南山外一作面 209, 210

南二里面 570, 571

南一里面 569, 570

南下里面 680, 681, 682

內三里面 435, 436

內一里面 433, 434, 435

乃村面 256, 257, 258, 259

蘆谷面 778, 779

芦谷面 779, 780, 781

다...

踏錢面 727, 728, 729, 730, 731

大垈面 369, 370, 371

大和面 162, 163, 164, 165

德方面 571, 572, 573, 574

道門面 828, 829, 835, 839, 843, 843, 844, 846, 848, 849, 850, 853

道上面 761, 762, 763, 764, 765, 766, 767

道岩面 669, 670, 671

道下面 773, 774

東內面 193, 194, 195, 196

東面 63, 64, 65, 65, 66, 67, 386, 387, 408, 409, 410, 411, 412, 446, 447, 448, 449, 450, 451, 652, 653, 654, 655, 793, 794, 799, 800, 832, 838, 839, 841, 842, 843, 843, 845, 847, 848, 849, 851

東邊面 821, 822

東山外二作面 198, 199, 200, 201, 202, 203
東山外一作面 196, 197, 198
東邑面 78, 79
斗村面 253, 254, 255, 256
屯內面 179, 180

마...

末谷面 774, 775
望祥面 585, 586, 587, 588
木田面 117, 123, 124
畝長面 822, 823, 824
弥乃面 313, 314, 315
未老面 777, 778
美灘面 157, 158, 159

바...

方山面 145, 146, 147, 148, 149
方丈面 93, 94, 95, 96, 97, 98, 99, 100, 101, 102, 103, 104, 105
碧山面 741, 742, 743
本部面 325, 326, 327, 328, 329
蓬坪面 169, 170, 171
部南面 831, 840, 843, 844, 845, 847, 849, 851, 854
府內面 188, 189, 190, 191, 510, 511, 512, 513, 775, 776, 777, 839
富論面 329, 330, 331, 332, 333, 334, 335, 336, 337
富興寺面 341, 342, 343, 344, 345
北內二作面 226, 227, 228
北內一作面 223, 224, 225, 226
北面 143, 144, 145, 160, 161, 162, 415, 416, 417, 418, 419, 420, 421, 422, 423, 424, 609, 610, 611, 612, 613, 614, 615, 616, 617, 660, 661, 662, 663, 796, 797, 801, 802, 819, 820, 821
北方面 279, 280, 281, 282
北山外面 230, 231, 232, 233, 234, 235
北二里面 553, 554
北一里面 552, 553
北中面 228, 229, 230
北下里面 678, 679, 680

사...

史內面 236, 237, 238, 239
泗東面 531, 532, 533, 534
史外面 235, 236
沙堤面 337, 338, 339, 340, 341
沙川面 561, 562, 563
沙峴面 829, 830, 835, 840, 843, 844, 846, 848, 849, 850, 851, 853
山南面 746, 747, 748, 749
山內面 86, 87, 88, 89
上郡面 695, 696, 697
上東面 131, 132, 133, 134, 135, 600, 601, 602, 603, 604, 605, 676, 677, 678
上西面 460, 461, 462, 463, 464, 465, 466, 467, 468, 469, 470, 471, 472, 473, 474, 475, 476, 477
上長面 755, 756, 757, 758
上初北面 516, 517, 518, 519, 520, 521, 522, 523
西面 68, 69, 70, 71, 72, 73, 74, 75, 116, 122, 123, 141, 142, 143, 391, 392, 497, 498, 499, 500, 617, 618, 619, 620, 621, 657, 658, 659, 660, 707, 708, 709, 792, 793, 800, 801, 831, 832, 837, 838, 840, 841, 845, 847, 848, 849, 852, 853
西邊面 810, 811, 812, 813
西上面 218, 219, 220, 221, 222, 223
瑞石面 259, 260, 261, 262, 263, 264
西下二作面 217, 218
西下一作面 214, 215, 216, 217
瑞和面 424, 425, 426
城山面 554, 555, 556, 557, 558
所川面 828, 835, 843, 843, 844, 846, 847, 848, 851
所草面 319, 320, 321, 322, 323, 324, 325
松內面 815, 816, 817
水洞面 395, 396, 397
水入面 151, 152, 153, 154
水周面 638, 639, 640, 641, 642, 643, 644, 645
順達面 733, 734, 735, 736,

737
新東面 666, 667, 668, 669
新里面 567, 568, 569
新西面 817, 818, 819

아...

安昌面 397, 398, 399
安豊面 534, 535, 536, 537, 538
養元面 743, 744, 745, 746
於雲洞面 824, 825, 826
連谷面 563, 564, 565, 566, 567
詠歸美面 264, 265, 266, 267, 268, 269, 270
嶺外面 731, 732, 733
梧山面 802, 803, 804
梧峴面 371, 372, 373
玉溪面 580, 581, 582, 583, 584, 585
旺谷面 362, 363, 364, 365
龍守面 739, 740, 741
右邊面 632, 633, 634, 635, 636, 637, 638
隅川面 176, 177
遠南面 706, 707
遠德面 781, 782, 783, 784, 785, 786, 787, 788, 789, 790
遠北面 502, 503, 504, 505, 506, 507, 690, 691, 692, 698, 699, 700
遠西面 686, 687, 688
位山面 830, 839, 844, 844, 844, 846, 849, 851, 853
楡津面 117, 118, 124, 125
二東面 490, 491, 492, 493, 528, 529, 530
二北面 388, 389, 390, 391
一北面 387, 388
臨溪面 664, 665, 666
任南面 805, 806, 807
臨道面 749, 750, 751

자...

資可谷面 574, 575, 576, 577, 578
長楊面 538, 539, 540, 541, 542, 543, 544, 545, 546, 547, 548, 549, 550
楮田洞面 291, 292, 293, 294, 295, 296, 297
井谷面 177, 178, 179
丁洞面 558, 559, 560
正之安面 315, 316, 317, 318, 319
左邊面 627, 628, 629, 630, 631, 632
竹島面 365, 366
地向谷面 301, 302, 303, 304, 305, 306
珎富面 165, 166, 167, 168, 169

차...

川上面 605, 606, 607, 608, 609
青龍面 105, 106, 107, 108, 175, 176
晴日面 181, 182
清浦面 108, 109, 110
初東面 486, 487, 488, 489, 490
初北面 500, 501, 502
初西面 116, 117, 122

타...

土城面 373, 374, 375, 376, 377, 378, 379, 380
通口面 804, 805

파...

板橋面 91, 92, 93
板梯面 345, 346, 347, 348, 349, 350, 351, 352

하...

下郡面 694, 695
河南面 81, 82, 560, 561
下東面 135, 136, 137, 594, 595, 596, 597, 598, 599, 600
下西面 477, 478, 479, 480
下邑面 79, 80, 81
下長面 759, 760, 761
下初北面 513, 514, 515, 516
鶴三面 712, 713, 714, 715
鶴二面 715, 716, 717, 718

鶴一面　718, 719, 720, 721, 722, 723, 724, 725, 726, 727
海上面　366, 367, 368, 369
亥安面　149, 150, 151
縣南面　834, 835, 836, 837, 842, 843, 843, 843, 843, 844, 846, 847, 848, 850, 851, 852
縣內面　115, 116, 120, 121, 122, 380, 381, 382, 383, 384
縣北面　833, 834, 835, 836, 842, 843, 845, 846, 847, 848, 850, 851, 853
好梅谷面　286, 287, 288, 289, 290, 291
化村面　244, 245, 246, 247, 248, 249, 250, 251, 252, 253

종별색인

가...

街名 235

澗名 100, 101, 193, 218, 220

江名 56, 70, 189, 192, 210, 212, 213, 218, 220, 220, 221, 223, 224, 229, 232, 235, 386, 575, 724

江川溪澗 703, 704

江川溪澗名 156, 159, 161, 162, 166, 169, 176, 178, 179, 180, 181, 182, 183, 243, 249, 250, 254, 255, 257, 266, 267, 272, 277, 280, 290, 295, 296, 301, 304, 305, 311, 315, 318, 324, 329, 337, 341, 345, 356, 390, 391, 394, 396, 398, 406, 407, 411, 413, 421, 422, 425, 428, 429, 434, 436, 442, 443, 450, 452, 453, 457, 458, 476, 478, 511, 514, 515, 518, 524, 529, 531, 536, 540, 541, 592, 598, 603, 604, 607, 618, 629, 641, 648, 652, 655, 657, 660, 666, 677, 679, 681, 682, 684, 686, 689, 691, 763, 763, 766, 769, 774, 786, 787, 811, 817, 819, 821, 822, 846, 847

江川溪名 141, 142

江川名 139, 144, 152, 638, 764, 765, 765, 778, 792, 793, 802, 804, 806

江村溪澗名 261

溪 117

溪澗 79

溪澗名 766

溪名 57, 65, 129, 133, 150, 202, 205, 209, 216, 218, 221, 222, 223, 224, 226, 227, 227, 229, 232, 238, 377, 383, 576, 717, 724, 725, 738, 755, 756, 756, 757, 757

界名 209

古碑 329, 701

古碑名 67, 75, 80, 188, 217, 242, 361, 368, 369, 371, 380, 393, 398, 408, 424, 433, 435, 445, 450, 477, 480, 486, 534, 592, 629, 637, 651, 657, 669, 671, 678, 680, 682, 684, 686, 688, 690, 692, 715, 727, 736, 746, 751, 762, 765, 766, 766, 769, 774, 789, 792, 798, 810, 853, 854

古蹟 114, 118, 371, 715

古蹟名 220, 223, 226, 230, 235, 237, 237, 244, 573, 751

古蹟名所 79, 80, 81, 88, 91, 107, 188, 189, 189, 190, 190, 190, 379, 380, 384, 566, 600, 630, 683, 704, 762, 764, 853

古蹟名所名 75, 364, 366, 386, 388, 390, 394, 398, 415, 553, 557, 578, 651, 655, 678, 680, 682, 686, 688, 690, 692, 792, 793, 813, 815

古塔名 219, 221

谷 114, 116, 117, 695, 698, 700, 701, 706

谷名 50, 51, 52, 53, 54, 55, 63, 64, 69, 70, 82, 98, 156, 160, 165, 166, 188, 189, 189, 190, 191, 192, 193, 194, 195, 196, 197, 199, 200, 201, 202, 204, 205, 206, 207, 208, 210, 211, 212, 213, 214, 215, 217, 218, 219, 220, 221, 222, 223, 224, 227, 228, 231, 232, 233, 235, 236, 237, 238, 242, 245, 246, 247, 254, 257, 259, 260, 265, 270, 271, 275, 276, 280, 360, 363, 367, 368, 370, 372, 377, 378, 381, 382, 386, 387, 389, 392, 393, 395, 396, 398, 484, 486, 486, 486, 487, 488, 490, 491, 494, 497, 498, 500, 503, 504, 552, 554, 555, 560, 567, 571, 575, 581, 585, 586, 590, 591, 595, 596, 601, 606, 611, 612, 614, 616, 617, 627, 628, 633, 634, 639, 640, 648, 652, 657, 660, 664, 666, 669, 712, 716, 720, 721, 728, 732, 734, 737, 741, 744, 746, 747, 749, 754, 755, 756, 757, 758, 759, 760, 761, 771, 772, 775, 777, 778, 779, 780, 781, 792

關坊名　576, 678, 680, 682, 683, 685, 688, 692, 743, 810
橋名　189, 233, 368, 584
崎名　223

다...

潭名　238, 364
堂名　195
垈名　216, 233
渡口名　585
島名　190, 213, 364, 365, 777
渡名　566
渡津　114, 117, 117, 156, 701
渡津名　70, 71, 80, 99, 100, 139, 159, 161, 174, 242, 276, 290, 304, 315, 318, 337, 341, 386, 407, 411, 413, 422, 429, 446, 450, 478, 484, 591, 596, 606, 607, 617, 628, 648, 657, 660, 666, 677, 679, 681, 682, 684, 686, 689, 691, 717, 803, 810, 813, 843
洞　694, 695, 696, 697, 698, 699, 705, 706
洞里　119, 120, 121, 122, 123, 124, 125, 126
洞里名　129, 130, 150, 152, 153, 360, 362, 365, 366, 367, 369, 371, 372, 373, 374, 380, 381, 562, 762, 763, 775, 784, 785
洞里村名　133, 136, 139, 142, 144, 147, 148, 156, 157, 158, 159, 160, 161, 163, 164, 166, 167, 168, 169, 170, 174, 175, 176, 177, 178, 179, 180, 181, 182, 183, 184, 185, 243, 250, 251, 252, 255, 256, 257, 258, 261, 262, 263, 267, 268, 269, 272, 273, 274, 277, 278, 280, 281, 282, 386, 387, 388, 391, 392, 394, 395, 396, 398, 399, 407, 408, 412, 413, 414, 422, 425, 426, 429, 430, 431, 434, 443, 444, 449, 453, 458, 459, 468, 469, 470, 471, 478, 511, 512, 513, 515, 516, 518, 519, 520, 521, 524, 525, 526, 527, 529, 530, 531, 532, 533, 536, 537, 538, 541, 542, 543, 544, 545, 546, 547, 548, 592, 593, 598, 599, 601, 602, 603, 607, 608, 609, 610, 611, 612, 613, 613, 614, 615, 618, 619, 620, 621, 622, 623, 624, 625, 630, 631, 634, 635, 636, 641, 642, 643, 644, 648, 649, 650, 652, 653, 654, 655, 656, 658, 659, 660, 661, 662, 663, 664, 665, 666, 667, 668, 669, 670, 671, 677, 679, 681, 682, 683, 684, 685, 686, 687, 689, 691, 761, 763, 764, 766, 767, 768, 769, 770, 781, 782, 783, 784, 787, 811, 812, 813, 814, 815, 816, 817, 818, 819, 820, 821, 822, 823, 824, 824, 825, 826
洞名　57, 58, 65, 66, 71, 72, 78, 80, 82, 83, 84, 86, 87, 89, 90, 92, 93, 94, 95, 106, 108, 110, 111, 188, 189, 190, 191, 193, 193, 194, 195, 196, 197, 198, 199, 201, 207, 208, 209, 210, 212, 213, 216, 217, 219, 220, 221, 222, 223, 224, 225, 226, 227, 228, 232, 233, 234, 236, 237, 238, 238, 485, 488, 489, 492, 493, 495, 496, 498, 502, 506, 553, 556, 557, 559, 560, 561, 564, 567, 570, 571, 573, 576, 583, 584

마...

面名　57, 65, 71, 129, 133, 136, 139, 142, 144, 147, 150, 152, 156, 157, 159, 161, 162, 166, 169, 713, 717, 725, 729, 732, 735, 738, 739, 742, 745, 748, 750, 828
面社坊名　511, 515, 518, 524, 529, 531, 536, 541, 677, 679, 681, 682, 684, 686, 689, 691
名所　733, 751

名所名　715, 737, 740
畝名　233

바…

洑　114, 115, 116, 117, 694, 696, 697, 700, 703, 707, 709
洑名　81, 82, 85, 86, 86, 88, 89, 91, 92, 93, 104, 105, 107, 108, 109, 110, 130, 134, 136, 137, 140, 143, 145, 149, 151, 153, 157, 158, 159, 160, 161, 162, 165, 168, 170, 171, 174, 176, 176, 178, 179, 180, 181, 182, 184, 190, 193, 198, 200, 201, 202, 207, 208, 216, 221, 222, 229, 231, 236, 237, 238, 254, 362, 365, 366, 369, 371, 373, 377, 383, 384, 388, 415, 451, 454, 459, 460, 471, 472, 473, 474, 479, 486, 489, 493, 496, 497, 499, 502, 506, 562, 563, 565, 569, 572, 573, 578, 650, 655, 657, 660, 663, 665, 668, 671, 715, 718, 726, 730, 733, 736, 738, 739, 740, 741, 742, 745, 748, 749, 751, 774, 792, 793, 794, 795, 797, 798, 803, 804, 806
峰　118
峯名　198
峰名　199, 203, 207, 208, 209, 209, 210, 211, 214, 215, 218, 219, 220, 222, 226, 227
蜂蜜　135, 154, 198, 198, 817
碑名　61, 62, 552, 566, 573, 575, 580, 587, 776, 777
碑石名　733

사…

寺名　232, 372, 379, 384, 557, 563, 566, 573, 755, 757, 758, 779
沙場名　364
寺刹　117, 696, 709
寺刹名　63, 81, 86, 111, 135, 159, 168, 169, 180, 216, 249, 266, 304, 315, 323, 328, 344, 389, 393, 394, 424, 446, 507, 527, 549, 550, 592, 629, 651, 655, 678, 680, 682, 683, 686, 688, 692, 739, 743, 762, 769, 777, 794, 811, 817, 821, 843
山　114, 115, 116, 117, 118, 694, 695, 697, 698, 700, 706, 707
山谷名　128, 131, 132, 135, 137, 138, 141, 143, 144, 145, 146, 149, 150, 151, 175, 176, 177, 179, 180, 181, 182, 183, 286, 287, 293, 294, 297, 301, 302, 308, 309, 310, 314, 315, 316, 319, 320, 325, 326, 332, 333, 337, 338, 341, 342, 345, 346, 347, 348, 352, 353, 402, 403, 404, 408, 409, 410, 412, 413, 415, 416, 417, 418, 419, 420, 424, 425, 426, 427, 428, 433, 434, 435, 436, 438, 439, 440, 441, 446, 447, 448, 449, 455, 456, 457, 460, 461, 462, 463, 464, 465, 466, 477, 510, 513, 514, 516, 517, 518, 523, 524, 528, 531, 534, 535, 536, 538, 539, 676, 678, 680, 682, 684, 686, 688, 690, 762, 763, 763, 763, 764, 764, 764, 765, 765, 766, 766, 766, 767, 787, 788, 810, 813, 815, 817, 819, 835, 836, 837, 838, 839
山名　48, 49, 50, 63, 68, 69, 78, 79, 82, 89, 91, 96, 97, 98, 105, 108, 110, 156, 157, 159, 160, 162, 165, 169, 174, 188, 191, 193, 194, 195, 196, 197, 199, 200, 201, 202, 203, 204, 206, 208, 209, 211, 212, 214, 215, 218, 220, 221, 222, 223, 226, 226, 228, 229, 230, 231, 236, 237, 242, 244, 245, 253, 256, 259, 264, 265, 270, 275, 279, 280, 360, 362, 365, 367, 369, 370, 372, 374, 375, 381, 386, 387, 388, 392, 395, 397,

398, 451, 452, 484, 486, 487, 488, 491, 494, 497, 498, 500, 501, 502, 503, 504, 552, 554, 558, 560, 561, 563, 571, 574, 579, 580, 581, 585, 590, 594, 595, 600, 601, 605, 606, 610, 611, 612, 613, 614, 615, 616, 617, 621, 622, 627, 632, 633, 638, 639, 648, 652, 655, 657, 660, 664, 666, 669, 712, 715, 716, 718, 719, 720, 727, 728, 731, 732, 733, 734, 737, 739, 741, 743, 744, 746, 749, 754, 755, 756, 756, 757, 758, 759, 760, 761, 772, 773, 774, 775, 777, 778, 779, 780, 781, 792, 793, 794, 796, 797, 802, 804, 805

城名　554, 557, 792

城堡　115, 709

城堡名　390, 392, 394, 398, 446, 600, 605, 678, 680, 682, 684, 686, 688, 690, 692, 762, 790, 813, 815, 843, 844

沼名　91, 99, 111, 140, 148, 149, 199, 207, 209, 218, 226, 227, 232, 238, 368, 377, 556, 566, 584

水名　233, 777

市　700

市名　754

市場　707

市場名　59, 66, 80, 90, 92, 111, 130, 136, 150, 157, 158, 165, 168, 174, 189, 229, 242, 260, 361, 379, 386, 408, 414, 422, 426, 431, 434, 485, 515, 530, 538, 549, 553, 566, 568, 569, 584, 587, 591, 597, 629, 650, 665, 668, 677, 679, 681, 683, 685, 687, 690, 692, 718, 733, 736, 738, 770, 781, 792, 798, 810, 813, 843

아…

岩名　206, 207, 226, 587, 588, 755

巖名　363, 368, 377, 754, 779

菴子名　497

野　116, 118

野名　55, 56, 156, 159, 161, 190, 191, 215, 504, 505, 505, 505, 587, 616, 716, 732, 741, 779, 780

野坪　79, 592, 708

野坪名　175, 176, 177, 179, 180, 181, 182, 183, 242, 247, 248, 254, 257, 260, 265, 266, 271, 276, 277, 280, 287, 288, 294, 295, 297, 298, 302, 303, 310, 311, 314, 315, 316, 320, 326, 333, 334, 335, 336, 337, 338, 339, 342, 343, 348, 349, 356, 356, 404, 405, 406, 411, 413, 421, 428, 434, 436, 441, 442, 449, 450, 452, 457, 466, 467, 468, 477, 511, 518, 524, 528, 529, 531, 540, 597, 605, 607, 610, 611, 612, 613, 613, 613, 614, 615, 617, 625, 626, 628, 637, 640, 676, 677, 678, 679, 680, 681, 682, 684, 686, 688, 689, 691, 763, 763, 764, 765, 765, 766, 766, 770, 775, 785, 786, 788, 802, 810, 819, 821, 822, 824, 844, 845, 846

堰名　573

堰洑名　597, 605

驛　115, 699, 701, 707

驛名　80, 130, 158, 160, 164, 168, 175, 176, 177, 182, 203, 217, 228, 231, 243, 254, 296, 305, 351, 371, 379, 384, 386, 389, 398, 414, 422, 450, 479, 485, 515, 530, 552, 558, 575, 580, 611, 626, 637, 650, 660, 663, 665, 671, 677, 679, 681, 683, 685, 687, 689, 691, 714, 730, 738, 748, 750, 763, 770, 774, 781, 795, 798, 810, 813, 843

嶺　115, 117, 118, 698, 700, 701, 707, 709

嶺名　59, 67, 74, 87, 103, 111, 193, 196, 199, 199, 200, 217, 222, 223, 224, 225, 226, 228, 230, 361, 368, 370, 372, 379, 383, 497, 555, 568, 715, 726,

731, 733, 736, 743, 749, 751, 755, 757, 760, 761, 777, 779
嶺峙 756
嶺峙名 553, 558, 755, 757, 756, 758
嶺峙峴名 130, 131, 134, 135, 137, 140, 141, 143, 149, 151, 153, 154, 157, 159, 160, 162, 165, 168, 171, 176, 177, 178, 180, 181, 182, 184, 243, 244, 252, 253, 256, 259, 264, 269, 270, 274, 279, 282, 290, 296, 297, 300, 304, 312, 313, 314, 317, 318, 323, 324, 328, 329, 333, 341, 344, 345, 350, 351, 356, 390, 391, 392, 394, 397, 398, 412, 415, 423, 424, 426, 432, 433, 434, 435, 436, 445, 446, 455, 459, 474, 475, 476, 479, 510, 511, 514, 521, 522, 527, 528, 530, 533, 534, 536, 539, 540, 594, 599, 600, 604, 605, 609, 621, 626, 630, 636, 637, 650, 651, 657, 660, 663, 666, 668, 669, 671, 678, 680, 682, 683, 685, 688, 690, 692, 762, 764, 765, 766, 767, 789, 795, 797, 798, 804, 806, 813, 815, 839, 840, 841, 842, 843
嶺峴名 145
院 708
院名 79, 102, 305, 485, 557, 660, 677, 679, 681, 683, 685, 687, 690, 692, 810
里洞名 828, 829, 830, 831, 832, 833, 834, 835
里洞村名 288, 289, 291, 292, 293, 298, 299, 300, 303, 304, 306, 307, 308, 313, 314, 317, 320, 321, 322, 323, 326, 327, 329, 330, 331, 332, 339, 340, 341, 343, 344, 349, 350, 353, 354, 355, 356
里名 58, 59, 66, 72, 73, 78, 79, 80, 81, 81, 84, 87, 90, 92, 105, 107, 108, 109, 112, 188, 188, 189, 190, 191, 192, 194, 195, 196, 197, 198, 200, 201, 202, 203, 204, 206, 207, 208, 209, 210, 211, 211, 212, 213, 214, 215, 216, 217, 218, 219, 220, 221, 222, 223, 224, 225, 226, 227, 228, 229, 230, 232, 233, 234, 235, 236, 237, 238, 239, 484, 485, 488, 489, 491, 492, 493, 494, 495, 496, 498, 499, 502, 506, 552, 553, 554, 557, 558, 559, 560, 563, 564, 567, 569, 570, 574, 577, 578, 579, 580, 582, 583, 586, 587, 713, 714, 717, 718, 725, 726, 729, 730, 732, 733, 735, 736, 738, 740, 742, 743, 745, 748, 750, 759, 760, 779, 793, 794, 796, 797, 798, 799, 800, 801, 802, 803, 804, 805, 807
里村洞名 328

자…

場 694
場名 209
店名 193, 566, 593
亭名 225, 232, 755
亭子名 238
堤名 225, 225, 229, 552, 559, 573
堤堰名 103, 104, 157, 254, 371, 379, 386, 387, 736, 738, 740, 774, 776
堤堰洑名 66, 67, 242, 248, 249, 257, 261, 266, 271, 277, 280, 291, 305, 306, 312, 351, 352, 356, 391, 393, 515, 534, 538, 550, 592, 617, 618, 626, 628, 629, 638, 640, 641, 677, 680, 682, 683, 685, 687, 688, 690, 692, 761, 765, 766, 768, 769, 771, 781, 782, 788, 789, 810, 813, 816, 821, 822, 824, 850, 851, 852, 853
酒幕 79, 114, 115, 116, 117, 118, 696, 697, 699, 700, 704, 707, 708, 758, 775
酒幕名 59, 66, 73, 74, 80, 85, 92, 88, 104, 111, 130, 130, 133, 134, 136,

140, 142, 143, 145, 148, 151, 153, 157, 158, 160, 161, 165, 168, 170, 174, 176, 177, 178, 179, 180, 181, 182, 184, 188, 192, 196, 202, 207, 208, 210, 211, 213, 217, 218, 222, 230, 234, 243, 252, 256, 258, 259, 263, 264, 269, 274, 275, 278, 279, 282, 290, 291, 296, 305, 311, 318, 319, 324, 325, 351, 356, 366, 368, 371, 372, 373, 379, 384, 390, 391, 394, 396, 397, 398, 408, 408, 412, 414, 415, 422, 423, 426, 431, 432, 434, 445, 450, 455, 459, 471, 479, 480, 484, 485, 489, 489, 492, 499, 502, 506, 513, 515, 521, 527, 530, 534, 538, 548, 549, 552, 558, 559, 560, 562, 565, 572, 577, 585, 593, 594, 599, 621, 626, 629, 630, 637, 638, 645, 650, 654, 655, 657, 660, 663, 668, 677, 679, 681, 683, 685, 687, 690, 692, 714, 718, 726, 730, 733, 736, 738, 740, 743, 745, 748, 750, 751, 755, 756, 757, 761, 763, 764, 765, 766, 767, 768, 774, 775, 777, 781, 792, 793, 794, 795, 797, 798, 802, 804, 806, 812, 813, 815, 817, 818, 819, 821, 822, 824, 826, 847, 848

池名 59, 66, 74, 86, 143, 151, 189, 193,, 194, 195, 196, 206, 223, 224, 225, 235, 361, 368, 393, 398, 415, 423, 446, 450, 453, 454, 479, 552, 560, 568, 575, 591, 592, 597, 638, 657, 671, 677, 680, 682, 683, 685, 687, 690, 692, 733, 754, 755, 757, 810, 821, 822, 844

津渡名 638

津名 57, 91, 197, 198, 206, 208, 212, 215, 217, 218, 220, 223, 224, 229, 231, 568, 585, 587

차...

站 699

站名 164, 168, 234, 236, 379, 384, 587, 629, 677, 679, 681, 683, 685, 687, 690, 692, 757, 781, 812, 815

川 115, 116, 118, 696, 707, 708

川溪名 626, 627

川名 56, 57, 65, 79, 91, 100, 110, 147, 175, 190, 192, 195, 197, 198, 209, 216, 224, 232, 235, 361, 364, 366, 383, 484, 484, 488, 488, 491, 494, 496, 498, 501, 505, 505, 552, 553, 556, 558, 561, 569, 572, 576, 613, 713, 716, 717, 724, 729, 732, 735, 737, 738, 739, 741, 745, 747, 750, 754, 756, 761, 775, 778, 779, 792, 794, 797

泉名 233

村里名 755, 756, 757, 758

村名 66, 73, 73, 95, 96, 210, 211, 212, 213, 213, 213, 217, 218, 226, 236, 484, 485, 485, 489, 489, 492, 492, 493, 494, 495, 496, 498, 499, 502, 506, 553, 561, 564, 568, 573, 580, 583, 757, 760, 761, 774, 778, 779, 780

村小地名 704, 705

峙名 59, 103, 206, 207, 208, 209, 375, 552, 555, 562, 565, 568, 571, 572, 575, 577, 581, 582, 586, 726, 731, 751, 759, 760, 761, 773, 775, 776

峙峴名 610, 611, 612, 613, 615, 616, 644, 645

타...

灘名 219, 226, 236

土産 80, 115, 116, 118, 118, 480, 696, 707, 731, 736, 737, 754

土産名 78, 81, 86, 87, 88, 90, 91, 106, 109, 112, 135, 145, 149, 151, 154, 159, 160, 162, 165, 171,

181, 223, 234, 254, 272, 352, 380, 384, 389, 451, 460, 516, 522, 523, 534, 553, 554, 558, 560, 561, 563, 566, 567, 568, 569, 570, 571, 573, 574, 578, 580, 585, 588, 597, 598, 607, 618, 629, 637, 641, 651, 655, 657, 660, 663, 666, 678, 680, 682, 684, 686, 688, 690, 692, 715, 718, 727, 740, 741, 751, 757, 762, 789, 794, 795, 797, 798, 803, 804, 806, 811, 813, 817, 819, 821, 822, 824, 848, 849, 850

土產物　325

土產品　793

特別土產　162

特別土產名　157, 159

파...

坪　114, 115, 117, 694, 695, 696, 698, 701, 702, 703, 706

坪名　56, 64, 65, 70, 79, 85, 101, 102, 110, 128, 129, 132, 133, 135, 136, 138, 139, 141, 144, 146, 147, 150, 151, 152, 156, 157, 159, 162, 166, 169, 174, 188, 192, 193, 194, 195, 196, 197, 198, 199, 200, 200, 201, 202, 204, 206, 208, 209, 215, 220, 221, 224, 225, 227, 229, 232, 233, 236, 237, 238, 361, 364, 366, 368, 370, 371, 372, 376, 377, 382, 383, 386, 387, 388, 389, 391, 393, 396, 484, 488, 491, 494, 498, 500, 501, 505, 552, 557, 558, 560, 561, 562, 564, 567, 568, 569, 571, 572, 576, 580, 587, 648, 666, 712, 713, 721, 722, 723, 724, 728, 729, 732, 734, 735, 737, 739, 741, 744, 747, 749, 754, 775, 778, 778, 779, 780

坪野名　756, 773, 774

浦口　218, 697, 703

浦口名　139, 142, 144, 192, 379, 386, 387, 445, 450, 460, 478, 479, 568, 573, 584, 585, 597, 677, 679, 681, 683, 685, 687, 690, 692, 714, 730, 736, 740, 750, 770, 781, 810, 843

浦名　194, 197, 206, 207, 212, 213, 221, 225, 229, 231, 235, 364, 372, 379, 384, 566, 575

瀑布名　368

하...

項名　195

峴　115, 117, 118, 698, 701

峴名　60, 61, 67, 74, 75, 78, 80, 84, 85, 87, 89, 102, 103, 105, 106, 108, 111, 174, 188, 189, 193, 194, 196, 197, 198, 198, 200, 201, 202, 205, 206, 207, 208, 209, 210, 210, 211, 212, 213, 214, 215, 217, 218, 219, 220, 221, 223, 224, 225, 226, 228, 230, 234, 235, 236, 237, 238, 239, 361, 363, 370, 375, 376, 383, 486, 490, 493, 497, 499, 500, 502, 507, 552, 564, 571, 572, 577, 579, 715, 718, 726, 727, 731, 739, 743, 746, 749, 751, 755, 760, 780

湖　694

湖名　552

灰名　197

지명색인

가…

加逕谷 363
佳谷澗 178
佳谷里 120
柯谷市 781
柯谷川 787
佳谷坪 303
柯邱 273
佳邱里 263
柯邱洑 134
佳邱於口酒幕 263
柯邱坪 132
佳邱坪 260
加南 291
加南坪 294
加尼山 230, 605
加多飯洑 690
加多飯坪 688
佳潭里 175
加淡峙 432
佳潭坪 175
加大田 163
加德谷 347
價德谷 518
加德坪 821
駕洞 470, 631
佳洞里 537
可屯洑 472
柯屯地里 807
加屯之坪 297
可屯坪 467
加屯坪 845
可屯峴 455
嘉得坪 640
加蘿谷 775
加羅皮里 831
佳樂洞 519
可樂峙 764
加來谷 293
佳麗洲洑 105
加路里 413
加路酒幕 415
加路津 413
加老峙 842
加路峴 402, 415
加里谷 310
加里谷坪 310
加里嶺 423
加里峰 342, 418
加里山 253, 403
加里山里 408
佳里旺山 165
佳里川 178
佳里川洑 178
加利灘 498
加里坡峙 298, 300, 344
佳林嶺 527
佳林洑 703
佳林山 523
佳林坪 702
駕馬里峙 842
駕馬峰山 244
加馬山 138
駕馬月坪 348
加馬只 328
可莫谷 355
加莫洞里 799
加莫洞洑 794
加幕洑 91
加蠻伊 440
加帽介 461
柯木店 764
加木亭坪 846
柯木峴 60, 780
加美山 435
加棒山 764
加富村 782
佳士里 667
袈裟山 773
佳山洞 431
可三里 602
佳上里 105
柯剡坪 765
可時樂谷 464
可信洞里 805
可信洞酒幕 804
加薪山 345
加薪山谷 346
加實谷 488
加實嶺 67
嫁氏沼 99
加兒里 408
加巖谷 315
佳野里 745
佳約峴 461
佳淵里 189
加五介 635
加五介酒幕 319
加五里峴 682
佳伍作里 136
加五作坪 488
佳伍作峴 130, 137
柯旺洞 564
加佑里 167
歌原洞 696
歌原洑 696
可原洑 703
佳原坪 702
加陰峙 432
駕矣德山 531
加耳峰 419
佳日嶺 228

佳日里　228, 278
佳日峴　279
加入峴　412
佳鵲山　552
佳鵲峴　842
佳才谷　621
佳在洞　190
佳田里坪　182
家前坪　676
柯亭　610
柯井洞　608
柯井津　607
佳芝谷　596
歌芝洞　65
加之洞　163
佳芝山城　600
加津里　362
佳蒼谷　128
歌唱山　621
駕川　786
駕川山　759
加峙　333
可治樂洞　355
加七里　824
佳灘里　659
加坪　421
柯坪　662, 708, 779, 783, 786
柯坪里　564, 745, 832
柯坪洑　709, 788
柯坪野　716
柯坪店　718
佳下里　105
駕鶴亭　364
加項山　535
加峴　224, 350
佳峴里　492
佳興里　512
却吉里　207
角洞里　598
角洞津　596
角氏岩　486
各氏峴酒幕　148
各浦洞　106
角墟酒幕　655
角峴　626
角峴洞　623
角後山　775
角希峙　657
間階岩　322
間谷　212, 418, 486
間公洞　71
間機坪　735
干多門谷　427
間沓坪　70
間洞　83, 623, 833
間洞里　529
間洞洑　107
間洞坪　501
澗羅溪　738
澗羅谷　737
間兩峨峙　841
間嶺　379, 424
間里　122
間茂谷　317
間芳坪里　794
間城谷　280
間順甲　546
間余峙　350
間月洞　470
看乙村　453
間矣洑　377
間以坪　376
間占方里　532
間堤　103
間鳥谷　464
間川洑　91
間村　73, 95, 130, 212, 217, 243, 340, 429, 468, 496, 496, 583, 593, 757, 817, 829
間村里　262, 811
艮村里　366
間村洑　497
間村坪　260
間峙　637
間灘　99
間灘洑　67
間坪　144, 147, 166, 266, 640
間坪里　167
澗浦亭洑　565
澗浦坪　722
間楓洞里　796
間峴　61, 727
艮峴　303
葛巨里　308
葛境伊　542
葛桂峙　526
葛溪峙里　802
葛古介　493
葛古介坪　491
葛谷　54, 270, 591, 621, 756, 759
葛谷屯地　272
葛谷山　332
葛谷峴　403
葛公里　298
葛公山　794
葛芎伊　440
乫金伊　662
葛其里　195
葛洞　208, 232
葛洞里　489

葛洞洑 489
葛洞坪 488
葛屯里 214
葛洛谷 590
葛來山 652
葛嶺 700, 789
葛林 530
葛林村 529
葛馬谷 787
渴馬洞 664, 823
渴馬坪 382
葛木峴 474
葛文里 624
葛文山 622
葛薇峰 764
葛美坪 524
葛防里洑 798
乫坊坪位字堤堰 816
葛山谷 52
葛山里 784
葛山쓰 630
葛山峙 644
葛山峴 75
葛仙谷 628
葛岩坪 334
葛夜山 774
乫五坪念字堤堰 824
渴牛谷 760
葛月里 220
葛月山 622
葛陰里 801
葛陰里山 796
羯夷王山 660
葛伊川 603
竭字洑 852
葛田 768
葛田谷 53
葛田洞 299, 470
葛田里 123, 84
葛田洑 473
葛田山 757
葛田陰地洑 473
葛田坪 467
葛川 626
葛川里 832
葛峙 781
葛坪 607, 628
葛坪里 729
葛豊里 176
葛豊驛 175
葛峴 332, 731
葛縣洞 80
葛峴里 814
葛峴酒幕 815
葛洪沼 641
葛洪峙 644
葛花里 513, 513
甘谷里 830
甘谷里堤堰 851
甘藿 751
坎南谷 836
甘大洞 697
甘洞里 574
甘洞山 98
甘杜里 258
甘屯里 120
甘屯里嶺 196
甘嶺洞 488
甘嶺峴 502
甘露峰山 372
甘露寺 105
甘栗里 691
甘磚山 360
甘朴峴 351
甘城峴 106
堪臥里 216
甘雨里 444
甘雨所里 821
甘蔗谷 716
柑子洞 608
甘在谷 146
甘諸坪 764
甘井洞 197, 515, 516
甘川嶺 522
甘泉里 802
甘泉里嶺 797
甘川山 517
甘湯濱山 48
鑑湖 398
鑑湖里 232, 398
甲屯嶺 199
甲屯里 414
甲卯峰 89
甲峰 503
甲峰山 772
甲富基 783
甲字坪 775
甲川里 180
姜可峴 726
康介垈谷 52
姜景垈 220
江曲村 520
江九嶺 683
洚大溪 769
江敦里 512
江洞里 725
江洞前坪 723
江洞峴 727
江陵邑市場 553
講林峴 645
江門里 569
降仙里 829, 843
降仙面 828
降仙峴 227

江城洞　72
降神峴　333
江淵沼坪　540
江越新浦湫　726
江越坪　722
江亭里　399
江亭村　568
江倉谷　192
江倉垈　189
江倉里　192
江倉峴　205
姜村　468
綱太谷　534
江坪　449
江漢里　298
江海坪　564
江海坪湫　565
江湖坪　561
介谷　779
開金谷　378
開內村　96
介垈　190
介洞嶺　137
開東坪　336
開蓮里　87
開靈谷　257
開靈洞　258
開論谷　328
盖鉢山峴　296
開沙里湫　352
盖沙伊湫　137
開山谷　271
介山坪　844
開三野酒幕　777
介三坪　787
開上里　81
開西坪　754
介水洞　163
開顔山　435
芥岩芝谷　50
開野洞里　796
開野洞湫　795
開野沼　148
開雲谷　325
開雲橋　349
開雲里　414
開雲峴　270
開子理口尾　460
介田里　174, 289
介田里酒幕　291
介田酒幕　174
開中里　81
開川坪　770
介村　458
盖峙　270
開通洞　457
開下里　81
蓋香山　293
盖峴　269
客望　707
鉅谷　456
鉅洞溪　457
擧頭谷里　195
居禮江　478
巨鹿里　729
巨麓峙　764
巨論　330
巨里庫野　708
巨里垈　328
巨里垈坪　326
巨里實　614
巨里村　760
車馬里　831
巨木坪　689
巨文谷　410
巨門陵山　117
巨文里　168
巨文里溪　166
巨文里酒幕　168
巨門直湫　91
居士田　163
擧山　293
巨山里　608
擧石街酒幕　848
擧石里　598
擧石坪　442
擧城洞　57
擧城里　58
琚瑟峙　160
巨瑟峙　185
巨始峴　739
巨實浦里　258
居安里　631
居安酒幕　629
擧岩里　119
擧岩酒幕　115
巨野湫　277
擧於谷　441
巨於里　650
巨於里谷　648
巨雲里　608
巨雲津　607
巨隱里坪　310
巨隱湫　312
巨音垈　344
巨仁橋洞　642
巨逸里　681
巨池介洞　82
巨津里　372
巨察溪　65
巨察洞　65
巨察洞酒幕　66
巨察里　123
巨親峰　97

巨七峰　419
巨七彦里　656
巨豊驛　738
乾金里　251
建南洞　576
建南津　585
乾泥酒幕　414
乾泥峴　415
乾達嶺　383, 397
乾達里　381
乾達川　383
乾鳳嶺　372, 397
乾鳳寺　372
乾率里　147
乾柹　553, 554, 558, 560, 569, 571, 573, 578, 585, 588
乾伊洞　256
乾伊峴　256
建仁嶺　761
乾者介里　112
乾芝洞　122
乾趾山　739
乾地峴　60
乾川谷　418
乾川嶺　455
乾川里　506, 654, 655, 807
乾川驛　80
傑隱峴　200
儉居洞　440
儉丹里　238
黔丹里　331
劍峰江　724
劍峰坪　724
檢城里　818
黔岩山　595
檢井洞　194
黔川溪　757
檢屹串津　813
憩峴里　122
憩峴酒幕　116
格葛里　431
擊鼓舞地山　293
擊鼓舞地峴　317
格洞　289
隔洞里　84
繭　86
堅防洑　569
甄峰　835
見佛里　834
見召里　569
甄萱山　314
結雲　635
決雲酒幕　252
結雲村　516
決雲峙　253
鉗谷　416
鎌岩坪　404
鯨谷　838
京起坪洑　104
京起坪酒幕　104
慶祥里　796
慶祥里洑　795
慶祥里川　794
慶善宮洑　813
鏡水　255
京水垈村　96
鏡水川　255
庚申坪　257
鯨岩谷　554
敬庄里　303
敬庄坪　302
景前　706, 707
梗田谷　53
京井澗　100
敬亭山　333
逕周坪　276
瓊春碑　592
慶坡里　799
鏡浦　552, 560
鏡浦酒幕　560
徑峴　140
桂谷里　745
鷄冠山　218
戒洞　448
桂龍山　68
鷄林坪　315
鷄鳴洞　94
鷄鳴山　230
鷄鳴野　116
鷄鳴峙　843
鷄鳴坪　819
桂木里　107
溪方山　162
桂芳山　433
溪沙　603
鷄山谷　54
鷄山峙　555
啓星里　478
啓星山　477
桂沼洞　640
階岩溪　324
髻岩谷　69
鷄岩里　243
雞岩里洑　794
雞岩里酒幕　794
鷄岩洑　415
階岩酒幕　324
鷄岩津　242
階岩峴　323
桂野　300
桂野坪　298
桂陽山　48
季王山　69

鷄雄山　484, 486
桂原　766
桂月里　391
桂月坪　389
溪長里　161
繼祖窟　853
鷄足山　600
鷄足山城　600
桂村里　164
鷄峙　575
癸亥年陳　644
故家谷　52
古澗　100
古建伊坪　377
高古山　600
古谷　555
古窟谷　63
古窟洞　623
古闕里　819
姑歸沼　566
古基　783
古吉里　157
古乃里　799
古乃未峴　176
高短谷　466
古丹里　580
高丹驛　580
高垈　273
古臺溪　566
古垈洞　623
古垈洞坪　70
高垈里　129, 513, 797
高岱村　524, 527
高垈峴　487
高德谷　439
古德洞　111
高德峙　160
古獨洞　546
高頭巖　603
高登谷　428
古等洞　699
古登川　192
古浪坪　336
古呂垈　317
高嶺　701
高岺里　387
高岺驛　386
古崙山　535
高陵山　50
古里谷　322
古林里　667, 742
古馬洞　567
古滿峙　726
高孟洞　512
古木洞　435
枯木山　758
古木伊　545, 549
故武谷　348
顧田實　643
姑味城里　396
姑味城酒幕　397
古方山里　147
古倍嶺　433
高白山　838
高法山　353
古屛峙　582
古福谷　214
高峰　558
高峰里　90
高峰洑　91
高峰山　362
高峰峙　555
高飛德　661
高飛德嶺　522
高飛德村　519
高飛木　495
高飛也谷　346
高飛雲里　444
高飛院洑　550
高飛村　643
古非峴　383
庫舍　630
古寺洞　82
古沙洞　408
古士里峙　776
庫舍洑　629
高寺山　320
古沙岩　457
告祀酒幕　445
古司倉坪　405
高山　289
孤山　706
鼓山　839
高山谷　615
孤山坪　215
古石山　622
古石巖　624
古石貝洑　798
孤石亭　815
姑城　107
古城洞　576
古城山　81, 162, 360, 381
姑城山　116
古城津　80
鼓沼　764
古所味坪　702
古松峴　841
皷守谷　524
古習里　227
古時里　180
高失厓谷　418
古深江　478
高深川店　459
高岩　111

鼓岩谷　212
庫岩山　386
鼓岩山　788
古岩山　819
高岩酒幕　111
古岩坪　276
古約洞　198
高陽谷　444
高陽山　259, 315, 660
古驛村　217
古驛村酒幕　217
高原洞　696
高原洑　696
古月山　838
古隱洞　193
高隱洞　601
古音洞　663
古音坪　676
高鷹峰　398
古伊洞　516
高一谷　761
高日里　232
古日峙　644
高一峙　761
古壯里　602
高長白谷　440
古壯洑　605
古葬山　694
高才溪　529
高才里　529
高才坪　528
高才峴　530
庫底里　733, 736
庫底場　733, 736
庫底川　732
庫底浦　736
古跡洞　514
古積里　782
高積山　835
鼓齊巖　363
古柱木谷　439
高柱岩　281
高柱巖　363
古芝峴　600
古直洞里　802
高直嶺　372
古直木里　799
古津嶺　372
高窒嶺　222
高昌谷　662
高尺里　158
古淸　355
古靑里　203
高靑洑　850
高草　707
庫村　321, 620
古塚谷　720
高峙　423, 756
姑峙嶺　522
古呑嶺　225, 455
古呑上里　226
古呑下里　226
古土谷　163
高土谷　628
古土日　654
古坪　640
顧坪洑　117
姑浦　785
高品洞　286
古峴　767
姑峴　841
姑峴里　826
古隍山　398
曲谷　265, 463, 596
曲橋里　175
曲橋酒幕　176
谷口　658
谷口幕　599
曲窟　82
曲窟項峴　235
曲琴里　619
谷金洑　703
谷金坪　702
曲乭里　530
谷洞　93, 573
谷磨差　610
谷梅南里　307
谷美洞　164
礐峰　418
曲石峙　600
曲沼江　277
曲水　356
谷食村　66
谷室里　365
曲雙谷　439
曲長谷　409
谷苧洞　65
谷定洞　65
曲竹洞　261
鵠地坪　288
谷川　450
谷村　278, 330, 458
谷村里　267
谷村店　459
鵠峙　558
谷浦　142
谷浦池　143
曲海洞　696
曲峴洑　137
曲峴坪　135
谷禾洞　71
昆大坪　501
鶤頭峙　572
昆岩里　743

鵾淵洞　123
鵾淵酒幕　117
鵾于坪　721
昆矣洞　289
坤坐　499
骨吉里谷　581
骨帽峰　362
骨美谷　247
骨美谷川　250
骨長洞　697
骨長浦　697
骨只里　665
骨只里洑　665
孔谷　199, 309
貢谷　270
貢谷峙　274
公口谷　778
恭基里　615
公洞　71
恭洞　142, 148
孔洞　233
公洞里　526
恭洞酒幕　143
孔洞峴　235
恭羅峙　238
公山　322
公西谷　491
貢稅洞　694
公孫坪　136
公須洞　144
公須洞前川　144
公壽院幕　599
公須田里　832
公須津　362
公須灘里　81
公需坪　686
公需浦坪　393
公順院　634
公順院酒幕　637
公順川　724
公心山　319
孔子嶺　604
孔雀谷　265
孔雀山　244, 264
孔雀村　267
孔雀峙　252
公將洞　818
空中山　772
空中巖　363
孔之川　190, 195
貢進谷　280
孔坪　242
孔坪洑　242
串直伊山　387
誇富谷　427
果隅　274
科七峰　149
科湖里　807
藿　568, 682, 684, 690, 692, 789
藿(若目)　561, 563, 566, 578, 585, 588
郭廣員洑　88
藿峙村　250
館古介峙　842
觀谷　191
官谷　201
冠谷　460, 462
館谷里　677
冠垈里　413
官垈里　794
冠帶洑　782
冠帶巖　368
館垈坪　115
冠垈坪　413
觀德堂　189
觀德里　330
觀德山　838
觀德亭山　48
舘洞　520
官洞里　811
關東防營　810
關東淵　524
關頭坊　576
冠頭山　165
官屯洑　742
舘里　529
冠帽峰　135, 416, 463, 491, 632
冠帽山　839
觀佛津　450
冠山　835
觀上里　80
冠岩　321, 525
冠岩洞　495
官岩里　511
冠岩洑　305
冠巖山　374
冠岩坪　302
貫若峰　484
觀音谷　128
觀音垈　649
觀音洞　557, 822
觀音洞里　803
觀音洞川　802
觀音里　558
觀音寺　651, 739
觀音峙　626
觀應寺　446
寬壯洞　471
官長木山　581
官場坪　694
冠田谷　52
關前洑　782

館前坪　773
觀鳥峴　264
觀池川　272
觀察使姜銑清政碑　776
觀察使申在植善政碑　776
觀察使李裕身　774
觀察使鄭元鎔不忘碑　762
觀察使鄭元容善政碑　435
觀察使朱錫冕善政碑　776
觀察使清德碑　424
觀察使韓益相善政碑　789
寬川　340
冠川江　213
冠川里　213
冠川酒幕　213
關坪　467
舘坪　698
關坪洑　474
舘坪洑　700
管浦里　812
冠浦里　824
冠浦酒幕　826
貫革垈　267
貫革垈酒幕　269
貫革山　110
貫革峴　193
冠峴　423
官峴　486
舘後里　798
光格　289
光格酒幕　291
廣溪谷　417
廣谷　676
廣橋店　390
廣橋酒幕　740
廣九谷　624
光垈　304, 340
廣垈谷　316
廣大谷　382
鑛臺谷　652
廣大洞　84
廣大洞酒幕　85
光大峰　451
廣大山　531, 719
光大沼　584
光垈酒幕　305
廣大津　648
廣大川　115, 708
廣大坪　434
廣垈峴　290
光垈峴　296
廣德里　237
廣德山　719
廣德峴　237, 497
廣洞里　533
廣磴山　49
廣登坪　129
廣嶺幕　708
光明垈　332
光武峙　840
廣防里　656
廣腹澗　101
廣分浦　511
廣比院　708
光三里　488
光三里洑　489
光三坪　491
廣石　766
廣石谷　762
廣石里　513, 659, 830
廣石津　657
廣石坪　102, 247, 735
廣石坪洑　249
廣石峴　701
廣水洞　261
光岳山　222
廣岩　258, 349, 461
廣巖谷　640
廣岩洞　124
廣岩沼　476
廣岩酒幕　259, 351
廣野坪　70
光陽洞　556
廣於峰　420
廣億洞　538
廣雲嶺　637
廣院里　434
廣院里酒幕　434
光耳山　773
狂人山　534
廣汀谷　571
光丁里前川　847
廣汀洑　572
光丁坪　845
廣濟坪　628, 632
廣州洞　506
光珠田　431
光珠峙　433
廣州坪　505
廣津里　834
廣津沼江　641
廣津酒幕　848
廣川　254, 344, 670
廣川里　255, 281
廣川洑　515, 703, 789
廣川酒幕　256
廣峙　767
廣峙洞　136
廣峙嶺　137
廣峙酒幕　136
廣峙峴　404
廣灘　110, 236, 505, 656
廣灘江　518
廣灘谷　408

廣灘里　619
光灘里　620
光泰　768
廣板谷　410
光板里　209
廣坂坪　260
廣坪　193, 786
廣坪洞　514
廣坪里　366, 807
廣浦　379, 585
廣浦里　373
廣浦洑　143
廣浦碑　746
廣浦川　739
廣品里　684
廣峴里　92
廣興寺　686
掛枸坪　773
掛目峙　577
掛榜山　574
樴屛山　764
掛佛坪　569
掛耳峙　778
掛津　365
掛津後川　366
槐南洞　567
槐洞　618
槐蘭里　587
槐木亭坪　335
槐安里　624
槐陰谷　779
槐亭　313
槐花里　726
槐花後坪　724
槐屹坪　338
交柯　769, 770
校谷　254
橋谷　301, 381, 420, 427, 639, 695
橋谷溪　422
橋谷洞　767
橋谷山　97
校宮洑　200
校基　164
橋洞　125, 213, 308, 354, 431, 469, 642
校洞　255, 386, 583
橋洞里　262
校洞里　553, 564
橋洞酒幕　471
校洞塔　566
橋洞坪　393
蛟龍谷　372
蛟龍洞　277, 486
蛟龍洞酒幕　278
蛟龍洞津　276
轎峰　504
校上里　366
橋巖里　373
橋巖市場　379
轎岩峴　296
轎子峰　412
橋田里　492
轎店　577
校中里　366
校下里　366
交合里　631
橋項　108, 195, 288, 322
橋項里　174, 567
橋項酒幕　371
橋項坪　612
橋峴幕　758
九家洞　570
九溪洞　822
九溪里　714
九溪酒幕　714
九皐　705
九皐坪　702
龜谷　575
九曲洞　167
九曲里　212
九曲沼　505
九曲峴　290
舊校洞　830
舊斷髮嶺　539
龜塘里　105
舊垈　307
舊垈谷　191
狗垈谷　207
舊垈坪　338, 405
九頓里　365
九同山　500
九洞村　96
龜屯　468
仇羅味里　562
舊來峴　60
狗嶺　394
狗嶺谷　393
舊例坪　713
九龍江　70
九龍谷　301, 664
九龍橋坪　128
九龍洞　93, 94, 153
九龍洞里　801
九龍洞洑　795
九龍洞沼　99
九龍岺　841
龜龍寺　323
九龍山　69
九龍沼　99, 496, 566, 584, 778
九龍岩　688
九龍淵　390
九龍川　176

九龍灘　226
九龍浦　460
九裡項嶺　514
九馬洞　768
鷗灣里　211
九萬里　227, 331, 413, 431, 453
九萬里洑　454
九萬里酒幕　192, 450
九巒里酒幕　210
九萬里坪　612
九萬里浦　450
九萬峰山　244
九巒市場　209
九巒坪　209
九萬坪　227, 457
九抹峰　595
九覔谷　778
九尾　317, 705
九美　665
舊薇谷　309
九尾洞　298
九尾洑　145
九味山　727
九味所　667
九味沼嶺　806
九味沼川　806
九味安里　794
鳩尾亭　649
龜尾村　267
龜尾峙　581
九尾坪　135, 144, 302, 303
口尾坪　467
九尾峴　318
九密坪　336
舊坊內　181
龜背山　242
舊洑　221, 499, 641
狗洑　687
九峰里　90
九峰山　196, 447
具夫皆谷　228
九扶谷　763
九沙里　355
九沙洑　249
構沙項店　566
龜山　332
九山谷　418
邱山里　557, 689
邱山里三街里酒幕　690
邱山洑　700
邱山驛　558
龜石里　84
九石里　167
九錫里　232
九錫里洑　231
龜石洑　88
龜石村　268
九石村　280
九仙臺　398
九仙峰　398
九成洞　93
九成岩坪　295
九歲谷　417
龜沼　99
龜水谷　698
九水里　643
狗宿洞　557
狗宿里　671
九瑟洞　653
九詩洞　272
求是洞　342
九新谷　424
九十九谷　346
九岳谷　98
九岳村　96
九岳峴　103
龜安里　109
龜岩　98
龜巖　340
龜岩里　112
九岩里　139
狗岩里　681
鳩巖沼　99
鳩岩川　272
龜岩坪　135
九岩坪　302
舊岩坪　334
九億坪　335, 336
九億峴　300
舊驛坪　722
九雲橋　189
九雲里　468
九雲洑　493
九雲於口酒幕　471
九雲浦　221
九雲峴　474
九雄沼　329, 422
九月山　403
九銀坪　338
九音谷　456
九耳項　526
九日洞　86
九日坪　405
九宰登　732
九切里　580
九節山　200, 280
九節瀑　368
鳩接坪　734
九亭　327
九鼎江　413
邱井面　579
狗啼巖　363
九齊岩谷　309

九鎭谷 310
九眞谷 465
旧川 552
九川洞 399
九川洞谷 398
九川洞川 398
九川洞峴 397, 398
舊川坪 681
狗塚酒幕 373
舊峙 525
九坡嶺 798
龜浦 163
九抱洞 313
龜浦洑 165
九抱山 314
九霞洞 749
九鶴山 297
九項嶺 527
龜項里 732
鳩峴 134
九峴 303
狗峴 370
九峴里 685
九化谷 132
九華谷 456
救恤碑 853
菊谷 128
菊基 444
國吉谷 210
國島 715
國島里 126
國祀堂 83
國祀堂洑 88
國祀堂酒幕 85
國士峰 203
國師峰 639
國仕峰山 191
國祠峰山 375
國師山 338
國三伊 543
菊樹峰 463
菊秀峰 633
菊秀峰嶺 394
菊岩 95
菊巖澗 100
麴岩山 488
國有封山 157
國葬嶺 502
菊亭谷 490
菊亭洞 492
菊亭嶺 493
國地洞 623
國地山 622
軍器里 79
軍器坪 242
郡內面 57, 129, 156, 738, 828
郡內洑 174
軍垈 762
群刀里 308
群刀里洑 312
軍杜里場市 260
軍頭峰 486
群頭山 286
軍屯山 293
君登山 632
君登峙 630
軍粮谷 144, 348
軍糧垈里 235
軍粮洞 144, 826
軍粮洞溪 411
軍糧村 281
軍糧坪 280, 442
軍糧峴 87
君利嶺 609
羣仙江 575
郡守谷 427
群水垈 431
郡守沈宜弘碑 774
郡守安玘煥不忘碑 777
郡守李龜榮不忘碑 776
郡守李載徹善政碑 75
郡守崔允鼎善政碑 776
郡守許梅善政碑 67, 75
君彦 658
軍踰嶺 115, 528
軍踰里 120
君子峴 208
桾田峙 582
君至浦 92
君至浦洑 93
君至浦酒幕 92
軍炭里 813
郡下洑 792
郡下場 792
軍餉里 831
軍餉酒幕 815
軍餉坪 320
窟谷 54, 189
屈谷 347, 420
掘谷 575
窟屯峙 59
屈尾山 772
屈峰山 212
窟岩 206, 403
窟岩谷 50, 439, 792
屈岩谷 403
窟岩洞 670
窟岩峙 671
屈巖坪 181
窟岩坪 334
屈陽山 98
屈億峙 669
窟前 615

屈只　281
屈只川　280
窟川　613
窟川坪　612
窟後谷　378
긋기　504
弓谷　518
弓弓基村　568
弓基　778
弓弩谷　146
弓潭　364
宮垈　269, 662
弓垈坪　310
宮洞　148, 430
宮洞坪　428
弓洞峴　149
宮路坪　102
弓滿　349
弓方谷　197, 233
弓方山　772, 779
宮房川　786
弓方村　322
宮洑　617
弓矢谷　293
弓藏洞　602
弓田里　811
弓芝峰　759
弓川里　174
宮村　313, 768
宮坪　617
宮浦　585
權金山　838
權金城　843
勸農谷　238
權山江　218
權山上里　218
權山中里　218
權山津　218, 223
蕨谷　396
蕨洞　515, 543
歸內谷　316
貴屯里　412
貴屯坪　411
貴洛里　525
貴良洞　278
貴良峴　279
貴木沼　584
貴水谷　146
貴玉山里　807
鬼浴山　804
歸雄洑　306
龜坪　339
鮭　727
奎峯山　367
奎山　639
橘花洞　659
極樂菴　159
極樂峴　390
極浦　191
近道山　772
芹洞　152, 492
芹洞里　121
斤洞里　796
近北面　689
近山　772
近西面　684
近避谷　741
金　115, 118, 181, 223, 234, 389, 597
錦江　304, 598
錦江里　679
金崗里　832
金剛山　392, 538
金剛院里　543
金剛川　166
錦溪　704
琴谷　246, 669
金谷　614, 621, 763
金谷里　123, 360, 502, 516, 532, 534, 587, 683, 818
金谷洑　534
金谷川　618
金鑛　480
金光里　579
金光坪　580
金龜里　109
金丹村　583
琴垈　185
金垈谷　197, 343, 434
金垈谷洑　352
琴垈峴　290
金德谷　517
琴洞　72
金洞　80
琴洞酒幕　74
金頭嶺　345
琹頭峙　645
金屯地坪　524
金籐谷　439
金藤谷　440
金蘭窟　740
金蘭里　740
金蘭洑　740
金蘭坪　739
金蘭浦　740
金幕谷　772
禁夢庵　592
金武沙坪　442
今勿山　270
金盤山　719
金鉢坪　404
錦屛山　228
琴佛峴　297
禁碑坪　788

錦山　68, 694
禁山澗　101
禁山里　105
錦山里　216
金山里　557
錦山峴　678
金石洞　106
錦城里　362, 391
錦城山　778
金城坪　343
禁實里　278
金岳里　147
金岳里洑　149
金岳峴　74
琴岩　293
金玉洞　298
錦雲山　451
金藏洞　545
金藏山　686
琹田峙　582
金津里　582
金津浦口　584
錦川　272
錦川溪　133
金川里　684
金川里酒幕　685
金川坪　370
金川坪洑　366
金出峙　594
錦充谷　627
金破亭洑　202
金八里　123
禁牌洑　781
金坪里　112, 125
錦圃里　365
琴浦川　267
金風洞　829
金鶴洞嶺　798
金鶴洞里　802
金鶴洞山　797
金鶴山　279, 815
錦鶴前洞里　569
錦鶴后洞里　569
金峴洞　166
錦花亭　373
基谷　585, 658, 664, 758, 761
碁谷　635
基谷江　638
基谷山　836
杞谷村　783
基谷峴　423
妓女潭　792
箕洞　82, 83
基洞　556, 667, 830
起龍峰　420
起龍山　402
麒麟山　338, 684
騎馬山　574
幾木谷　346
箕番洞　106
基別隅坪　640
其沙門里酒幕　848
箕山里　124
箕山里溪　117
箕城里　691
箕城堤　692
岐城川　802
箕城坪　691
騎驛谷　720
岐王洞　267
祈雨山　648
基日　667
基日坪洑　853
旗竹嶺　726
箕峴　85
琪花里　158
琪花洑　159
桔梗　607
吉谷　132, 316, 784
吉谷洑　782
吉谷站　781
吉谷川　786
吉谷村　273
吉谷坪　788
吉金峙　582
吉洞　546, 549, 662
吉洞嶺　527
吉嶺峴　746
吉峨峙　343
吉雲洞　608
吉云里　667
吉雲津　607
吉音溪　169
吉音洞　170
吉音酒幕　170
吉峙嶺　111
吉合伊　153
吉峴　102, 459
金景秀洑　742
金橋坪　428
金良所坪　420
金禮順碑　762
金龍洞　567
金炳滙碑　792
金炳學碑　792
金富洞　414
金富嶺　424
金侍郎谷　640
金容善碑　792
金維碑　792
金在獻碑　792

나…

羅谷　631
羅谷洞　698
羅谷酒幕　700
羅洞　210
蘿洞　313
나리벌　505
羅飛穴　349
羅山坪　616
囉叭山　388
洛山洑　371
洛山寺　843
洛山坪　370
樂水谷　500
洛水洑　362
落鴈峙　208
樂安峴　210
樂豊橋　584
樂豊市場　584
蘭谷里　559
蘭谷面　524
蘭松坪　315
南哥谷　465
南江　139, 141, 386, 442
南谷里　580
嵐橋里　422
嵐校驛　422
南大谷　712
南大川　364, 484, 553, 569, 572, 677, 704, 769, 792, 846, 847
南大川津　701
覽德洞　255
南德堤　254
藍島　339
南洞　57, 573
南屯里　807
南屯里嶺　806
南呂山　348
南呂山酒幕　351
南里　407, 730
南里市場　408
南里前川　406
南面　139, 159, 682, 828
南面峙　582, 765
楠木村　525
南蕪峙　839
南門街　326
南門里　569, 830
南門里前溪　847
南門坪洑　377
南屛山　156
南普峴　545
南山　325, 503, 504, 680, 719, 737, 792
南山溪　156
南山谷　648
南山垈里　79
南山嶺　423
南山里　175
南山洑　176, 682
南山前川　681
南山堤　682
南山村　322
南山坪　338, 680, 728
南上坪　276
南西坪　368
南石亭川　394
南城內里　569
南城內市場　569
南城外市場　569
南星川　116
南松峴　350
嵐峀　706
南峀隍山　372
南阿里　687
南岳峴　318
南菴　762
南崖里　620
南涯里　750, 834
南崖山　563, 666
南涯酒幕　750, 848
南崖浦　770
南涯浦　843
南涯峴　751
南野洑　738
南陽谷　494
南陽里　582
南陽村　783
藍轝峰　792
南五里　292
南五里酒幕　296
南五里坪　295
南五里峴　351
南原峴　475
南伊島　213
藍田谷　146
藍田洞　148, 413
藍田酒幕　415
南丁谷　408
南亭子酒幕　445
南亭子津　446
南亭子浦口　445
南佐里　79
南中峙　599
南津　648
南倉村　272
南川　79, 361
南川橋里　799
南川坪　844
南草　154, 159, 657
南村　525

南村里　120
南坪　564
南坪里　661
南坪洑　663
南下里面　681
南鶴洞　526
南項津里　574
南項浦　573
南峴洞　570
納德洞　649
納乭　667
納實里　222
納雲乭　667
狼谷　720
浪九尾洑　149
浪九尾坪　147
浪屯地　543
朗越里　122
浪汀里　388
浪下里　527
內佳日里　228
內瓊液池　591
內谷　205, 246, 293, 322, 382
乃谷　601
內谷洞　184
內谷里　274, 570
奈谷里　831
內谷坪　721, 728, 744
內公根　183
內恭基　615
內供鶴里　822
內君里　713
內君里古城　715
內基山　712
內機坪　735
內南山　484
內達谷　624
內達里　414
內垈里　814
內垈村　815
內德里　822
內道田　763
內洞　82, 122, 152, 268, 392, 469, 485, 495, 548, 576, 815
內洞里　90, 194
內洞洑　229
內洞員洑　109
內洞酒幕　471
內洞峙　253
內洞坪　229, 744
內斗滿　635
內杜門谷　55
奈屯　469
奈屯峴　475, 475
內洛里　90
內濂城里　748
內里　598
內馬山洞　469
內沔里　396
內武才嶺　394
內茂峙　540
內墨室　272
內沕淄里　829
內半占　649
內芳川　449
內烽洞　695
內峰吾洞　470
內鳬谷　52
內府司院　281
內山洞　331
內山里　112
內揷峴酒幕　412
內相里　120
內仙味里　687
內城洞里　800
內城山　705
內松館里　527
內松坪　728
內藪洑　107
內需司洑　822
內水坪　501
內藪皮　106
內新垈　339
內新里　121
內新川村　620
內新坪　634
乃實村　643
乃實峙　644
內於城里　823
內汭坪　702
內外局坪　732
內雲田里　391
內雄浦　379
內原　84, 741
內院　342
內院谷　490
內院里　126
內原一行員洑　86
內員坪　135
內楡邑村　524
內楡井里　819
內紫霞洞　520
內場　515
內長田　761
內直洞　521
內倉里　668
內泉通里　812
內村　73, 218, 506, 542, 546, 549, 603
內村洑　550
內村坪　442
內塔洞　523

內塔嶺 527
內土沃洞 469
內土沃洞峴 475
內坪 147, 528, 676, 698, 768
內坪洞 391
內坪洑 366, 700
內浦酒幕 637
內浦坪 376, 505
內豊泉里 819
內鶴里 820
內項洞 661
內海坪 221
內峴里 831
內好梅 288
內檜洞溪 411
內灰峴里 803
內後谷 254
內後洞 255
冷水幕 708
冷水亭酒幕 704
冷井 485
冷井谷 50, 54
冷地谷 439
冷泉酒幕 774
老佳峙 760
魯間山 772
老介 314
蘆介坪 315
魯耕洞 782
魯溪 666
老姑江 192
老姑峰 209
老古山城 688
老孤城 287
老姑沼江 641
老姑沼洑 305, 641
老姑川 846
老姑村 546
老姑峙 209
老姑峴 370
弩谷 52
蘆谷 64, 416
路谷 199
魯谷 211
魯谷洞 784
蘆谷峴 490
魯南洞里 807
老內洞 267
芦洞 123, 492, 614
蘆洞 128, 389, 526, 562, 670, 828
路洞 166
櫓洞 217
老洞 567
蘆洞嶺 530, 533
魯洞里 81
蘆洞里 529, 796, 802
蘆洞洑 795
蘆洞川 846
蘆洞坪 420
老來谷 246
老來谷川 249
老里坪 302
魯林 332
魯旀里 658
魯木谷 581
櫓木里 654
魯峰里 587
鷺飛谷 764
魯沙坪 666
魯沙坪酒幕 668
魯山 156
路上里 485
路上野 732
路上村 251
老僧谷 387
魯岩里 570
露岩山 563
魯陽洞酒幕 434
老楊木垈 545
蘆月 289
路踰峴 135, 141
老隱洞 611
老隱里 684
魯日里 667
魯日洑 668
老將谷 319, 410, 448
老長里 262
老丈峰 388
老壯山 244
老長坪 260
露積谷 456
露積洞洑 460
露積峰 203, 342, 380, 461, 615, 633, 759
蘆田谷 53, 131, 534, 734
芦田谷 464
蘆田洞酒幕 426
蘆田峙 432
蘆田項坪 405
蘆簟 90
芦坂坪 364
芦坪 377
蘆坪 393, 640, 713, 744
蘆坪峙 645
路下 321
路下里 485
弩峴 200, 269
老峴 291, 319
弩峴坪 56
芦花谷 455
芦花洞洑 459
鹿洞 94

菉荳亭 573
鹿門山 275
鹿門峴 279
鹿尾嶺 536
碌磻洑 605
綠樹谷山 435
鹿巖山 286
鹿隱足里 820
鹿茸 607
鹿項坪 181
論谷 355
論味巨里酒幕 480
論味里 478
論山里 828
論章里川 425
論化洞 831
隴巨里峙 842
隴掛峙 841
籠邱里 125
農幕谷 287
農所村 73
籠巖谷 628
籠岩里 192
籠巖里 799
籠岩里酒幕 792
籠岩洑 145
磊谷 150
雷雲里 161
樓谷 180, 403, 456, 575, 627
累金洑 703
累金村 705
累金坪 702
樓臺山 49
樓洞 95
樓落谷 466
樓門 292
樓門坪 295
樓飛峴 67
樓山 317
漏水池 393
訥串坪 810
訥串坪洑 810
訥魚 813
訥言里 263
訥言坪 260
訥雉里 814
勒洞 471
勒洞酒幕 471
舵朴谷 440
陵谷 52, 156, 298, 302, 316, 327, 466, 554
陵谷山 68
陵內 353
陵垈洞 350
陵洞 72, 166, 542, 813
凌洞 487
菱洞里 531, 799
陵洞里 593, 796
能木峙 645
陵山谷 639
陵山峙 644
陵上洞 519
陵安山 49
陵隅酒幕 324
陵隅村 322
陵月里 748
陵月洑 749
陵越村 520
能田里 656
綾地洞 632
菱支沼 250
陵村 303
陵村里 124
陵村酒幕 594
凌波臺 366
凌波亭 755
凌虛洑 136
陵峴 323, 497
菱湖里 387

다...

多大谷 245
多大洞 66, 814
多大洞里 803
多大里 121
多大坪 64
多大坪洑 67
茶洞里 748
茶洞洑 749
多屯里 355
多羅谷 772
茶樂谷 596
多浪涯 406
多里宗 298
多木嶺 497
多方峴 840
多石谷 55
多所 404
多數洞洑 107
多水里 161
多水洑 162
多數碑洑 351
多五郎里 317
多田坪 749
茶川 689
檀谷 441
丹邱 343
丹邱驛 351
丹林 662
檀木洞 95, 640
檀茂實 286

斷髮嶺　539, 804
檀峰　301
丹鳳山　265, 787
丹岩洞　506
丹岩洑　506
壇引村　443
丹田坪　337
端亭　329
丹地坪　722
丹之項峴　213
丹灘里　619
丹楓谷　601
丹楓山　600
檀峴　134
達介　449
達介谷　771
達林峙　433
達馬山　68
達摩山　78, 835
達芳村　763
達隱里　402
達隱山洑　715
達邑洞　94
達田里　119
達峙防築　387
達孝里　679
達孝酒幕　679
淡溪山　579
淡垈洞　623
淡山里　570
潭屹　330
畓街員洑　109
畓谷　53, 196, 382, 416
沓谷　780
畓谷坪　721
畓谷坪洑　280
畓機村　251
畓機村洑　248
畓洞　191, 208, 238, 257, 542, 818, 830
畓洞谷　69
畓洞洑　451
畓洞坪　450
畓洑　851
荅岩山　98
荅岩村　96
踏雲嶺　709
畓田里　124
踏錢面　729
畓坪洞　609
踏楓里　257
畓峴洑　489
唐街洞　698
唐街酒幕　699
堂谷　53, 143, 320, 447, 462, 616, 669, 758
唐谷　232, 308, 635
堂谷川　450
唐谷峴　370
當口尾山　477
當歸　795
堂堂坪　334
堂洞　95, 573
堂洞里　811
堂屯堤　104
堂屯地里　805
唐屯地洑　109
堂里谷　309
唐毛站坪　728
棠木酒幕　136
堂本坪　101
堂峰　425
塘北　705
堂北里　553
堂山　114, 244, 558
堂山里　250
唐山坪　266, 518
堂上坪　846
唐峨只峴　510
唐峨峴　530
堂隅　353
塘隅洞　72
堂隅里　105
堂隅里酒幕　104
堂隅坪　335
當場峰　419
堂在山　50
堂在峴　60
塘底洑　782
塘底坪　786
堂前里　443
堂前里川　442
堂前津　100
當亭峴　375
堂祭山　49, 63
唐旨山　773
堂峙　423, 525
棠峙　571, 630
唐峙　767
唐峙嶺　522
唐峙村　519
唐太宗碑　329
堂坪　257, 348
塘坪員洑　88
堂浦村　96
堂下山　68
唐峴　193, 205, 304, 552
堂峴　304, 474, 496, 637, 663
堂峴里　801
唐峴浦口　192
堂後　298
大加馬里山　477
大家池　757

大角洞　111
大渴馬谷　191
大甘城谷　51
大康里　399
大康驛　398
大康峴　397
垈巨坪　276
大慶津川　804
大慶坡里　799
大慶坡酒幕　792
大鷄足谷　595
大谷　54, 64, 138, 146, 192, 201, 237, 242, 247, 309, 319, 345, 346, 353, 377, 416, 440, 470, 486, 503, 517, 523, 586, 591, 624, 634, 676, 734, 741, 771, 839
垈谷　294, 316
代谷　346
大谷洞　520
大谷里　252, 685
垈谷洑　479
大谷山　68, 362
大谷酒幕　182
垈谷津　231
大谷村　257
垈谷村　478
大公山　561
大官垈　182
大關嶺　555, 671
大光里　818
大光酒幕　819
大橋洞　71
大橋洑　352
大橋川　476, 811, 821
大九屯峙　264
大口尾坪　370
大丘山　772
大口山　838
大弓洞　538
大弓山城　557
大闕垈　418
大基　603, 662, 779
大基里　580, 670
大基前澗　603
大基酒幕　252
大基村　251
大基峙　253
大基坪　248
大南山　836
大畓洞　546
大垈　289
大垈谷　367
大垈里　369, 725
大垈洑　198
大垈坪　147, 260
大德山　633
大德村　289
垈洞　58, 92, 322, 354
大同街里　291
大同里　129
大同里洑　130
大同里酒幕　130
大同里津　231
大同里浦口　231
大洞洑　748
垈洞酒幕　356
大同坪　129, 364
大落只酒幕　777
大兩峨峙　356, 841
大兩鞍峙　313
大連內　456
大路谷　721
大龍山　193, 199, 200
大里　769
大利谷　601
大林坪　701
大廍　154
大磨瑳洞　608
大於日坪　845
大明洞　256
大茂地盖　426
大門里　124
大美洞　164
大美山　162
大彌山城　244
大美坪　336
大白山　758
大白跡　546
大凡汗谷　52
大洑　248, 254, 266, 703
大洑谷　837
大洑坪　266
大福橋里　817
大寺谷　50, 427
大沙堤　341
大沙堤坪　338
大沙芝谷　460
大山洞　184
大揷谷　214
大上里　160
大仙舞洞　207
大成山　464, 465, 494
大城隍堂城　80
大城隍峙　841
大所也地谷　409
大松里　306
大松里酒幕　311
大松峰　487
大松亭酒幕　368
大水院洞　576
大勝嶺　423
大勝山　418

待時來谷　606
大深谷　528
大十里谷　51
大牙玉谷　346
大岩山　424
大巖坪　376
大野里　598
大野堰洑　597
大也峙　599
大野坪　597
大嚴台嶺　74
大五雲　492
大兀山　259
大王堂谷　326
大王峴　329
大牛嶺　709
帶雲山　622
大月里　261
大月酒幕　263
大位里　822
大位酒幕　822
大楡嶺　755
大有里　512
大應谷　498
大仁　706
垈日峴　279
大將谷　503
大壯谷　837
大壯洞　556
大壯山　337
大積谷　410
大積谷山　337
大田洞　601
大田里　559
大田坪洑　454
大店　562
大井里　152
大井坪宇字堤堰　810
大鳥洞　823
大棗木谷　195
大鳥坪　844
大鳥坪洑　850
大地谷　114
大支山　654
大津　768
大津里　380, 587
大津酒幕　384
大津站　384
大昌里　552
大昌驛　552
大川　442, 716
大川洑　257
大千石谷　838
大捷碑　486
大淸谷　382
大淸洑　851
大草谷　378
大村　73, 213, 632, 634
大村酒幕　275, 279
垈村酒幕　408
大村坪　466
大杻谷　441
大楸谷　534
大峙　300, 586, 775
大峙洞　642
大峙嶺　527
大峙里　783, 833
大峙坪　524
大峙峴　645
大灘　505
大炭屯　342
大炭屯嶺　344
大土古味　468
大板里　188
大八溪　625
垈坪　132
大坪　176, 372, 413, 706, 707, 768, 786
大坪谷　310
大平橋　343
大平橋洑　352
大坪里　206
大坪里酒幕　252
大坪洑　207, 369, 373, 415
大坪川　250
大浦里　829
大浦里後堤堰　850
大浦城　844
大下里　160
大河峴里　84
大壑谷　510
大壑洞　512
大學山　264
大墟　404
大峴　290, 350, 507, 731
垈胡垈　543
大湖山　836
帶湖亭　386
大胡坪　845
大和里　163
大和面　162
大和驛　164
大和場　165
大化之坪　320
大和站　164
大皇堂　190
大興里　414, 768
大興寺　696
宅村　829
德加洞　83, 308
德加羅谷　627
德迦山　301
德加山　309, 590
德街坪　348

德葛山　600
德葛坪　411
德葛項里　233
德葛峴　600
德巨里　195
德巨里洑　312, 352
德巨里坪　311
德高山　175, 179, 320
德古峙　630
德谷　133, 287, 417, 466, 528
德谷山　333
德谷酒幕　134
德谷坪　773
德谷峴　333
德橋里　429
德邱山　265
德今洞　699
德崎川　724
德達峙　582
德洞　90, 237
德頭里　227
德頭里洑　271
德斗院里　215
德屯洑　472
德屯山　460
德屯地　461, 658
德屯池洑　143
德蘭溪　341
德蘭里　340
德嶺洞嶺　539
德論坪　334
德里　125, 211
德馬嶺　536
德萬　764
德滿里　208
德望坪　114
德木嶺　533
德木山　531
德武谷　627
德茂嶺　397
德朴山　719
德峯山　772
德紗坪　774
德山　504, 595, 768
德山溪　505
德山基　650
德山洞　593
德山里　396, 407, 684
德山酒幕　397
德山峴　398
德上里　614
德秀峰　712
德新　707
德實里　562
德實洑　563
德心峙　760
德岸山　719
德榮洞　548
德外坪　335
德隅里　267
德祐峴　630
德鬱山　835
德原坪　531
德月山　574
德隱里山　639
德仁里　685
德在谷　310
德在山　50, 68
德積洞　408
德田谷　614
德田洞　602, 746
德田所　444
德岾谷　51
德岾山　48
德井山　571
德只坪　844
德昌峴　157
德陟谷　461
德川里　668
德川堰洑　597
德村　478
德峙　604, 731, 839
德峙谷　728
德灘川　257
德坪　197, 784
德浦上里　593
德浦中里　593
德浦下里　593
德豊里　784
德下里　613
德峴　236, 312, 319, 323, 350, 475, 476, 514, 530, 540, 544
德峴里　269, 579
德峴山　531
德峴店　738
德峴堤　736
德橫川　469
德屹里　340
陶溪里　684
陶溪里酒幕　685
道界峙　764
都古木谷　294
道高峙　594
道谷　288, 320
陶谷　836
道谷酒幕　290
道谷坪　625
都公坪鳥字堤堰　810
道光垈　250
都舊首　292
陶器　149, 686
陶器洞　95

倒騎龍山 346
道南谷 744
道納里 521
島內 636
道內 706
島內江 638
道德谷 54
道德洞 496
道德洑 497
道德山 477, 617
道德灘津 813
道德峴 184
道陶里峴 323
盜獨洞嶺 514
道敦里 160
道敦坪 159
都洞 120, 576
桃洞 210, 832
陶洞 833
都洞口酒幕 455
道同幕峴 317
陶洞洑 851
都洞池 454
陶洞坪 845
道洞峴 577
道樂洞 328
道浪里 818
道浪場川 817
道浪酒幕 819
道梁洞 71
道梁川 428
道令洞 516
道路目洑 108
屠龍谷 510
道龍峰 419
都龍沼洑 312
道龍員洑 109
道理洞 470
道理洞洑 474
道理沼 278
道理沼江 277
桃李坪 467, 484
桃林村 492
刀馬屯之洑 312
刀馬屯之坪 311
道痲里 579
道馬山 779
道馬峙 238
道梅內 632
桃木亭酒幕 848
道默谷 461
賭文街酒幕 230
道門面 828
道發里 380
渡洑谷 575
道本川 704
道峰 552
道佛峴 678
陶沙谷 183
道士谷 648, 650
都沙洞 144
都事洞 166
道山 695
兜率山 131
都宋洞溪 453
都宋洞里 453
道守谷 427
道水岩川 413
嶋實垈坪 260
都十里 282
道岳嶺 690
刀岩 546
道岩里 670
陶庵先生遺墟碑 408
刀岩川 541
道陽谷峴 445
道五介 317
道五介酒幕 319
道五介川 305
道用谷 300
桃源洞 623
道隱山 375
道音坪 846
道伊洞 623
道伊洑 626
道日谷 581
道一里 735
道藏谷 51, 204, 606
道長谷 247, 448, 591
道場谷 347
道壯谷 601
都藏谷 728
道藏洞 58, 71, 518
道長洞 94, 623
道壯洞 226
都藏洞 512
道庄山 772
島田坪 411
陶店谷 378
陶井堤 225
陶井池 223
都地街里 805
都直里 583
道贊里 261
道贊里酒幕 263
道贊坪 338
道昌里 502, 785
道採洞 430
桃川江 638
都淸里 714
都廳村 185
道靑坪 696
桃村 139
道村 272

島村　785
桃村里　803
陶村書院　305
道村坪　271
島村坪　788
桃村峴　140
道峙　767
道致谷　212
道峙谷　314
桃灘川　396
桃坡里　805
桃坡里洑　804
渡坪　199
島坪　786, 844, 845, 845
到彼里　822
到彼坪　821
道峴　67
道峴山　97
桃花谷　188, 765
桃花洞　80, 201, 520, 602
桃花幕嶺　522
桃花峙　761
獨可洞　216
獨脚坪　713
獨高峰　286
獨谷　132
櫝谷　447
獨橋川　110
獨洞洑　88
獨巫坪　498
獨洑街坪　295
纛沙谷　195
纛沙峴　196
獨山　590, 719, 720
讀書堂里　811
獨松亭酒幕　848
獨松坪　734
獨隱谷　416
獨子谷　728
獨將谷　581
獨藏谷　606
讀田谷　196
獨店　323
獨占谷　247
獨主谷　69
獨進津　607
獨進峴　609
禿峙　165, 178
獨峙　663
篤土谷　462
獨峴　423
豚谷　465
敦泥峙　667
敦垈江　618
敦垈里　620
敦垈酒幕　621
敦垈津　617
敦洞　769
豚放谷　552
豚飛谷　439
豚踰嶺　736
豚踰峴　726
豚頂山　97
頓地峴　490
豚峙嶺　230
豚峴　475
乭介坪　335
乭鉅洞　458
乭鉅店　459
乭串之　133
乭串之酒幕　134
突尾山　97
乭方坪　724
乭洑坪　735
乭孫谷　456
乭水洑　749
湥浦洞　110
湥浦里　529, 530
湥浦坪　528
乭峴　290
突峴　297
東柯亭　314
東街川　428
東江　592, 607, 629, 666
桐江　648
東江洞　642
東江津　591
東開山　425
東京里　313
東溪　592
東溪洞　469
洞古谷　363
東古峴　194
東谷　51, 320
冬谷　447
東龜岩山　386
東垈　142
東坮　286
東垈里　745
東臺下堤堰　776
冬德里　563
東乫村　306
東洞　57
童童山　275
東頭洑　149
東頭巖　363
東頭村　263
東頭坪　147
東來山　676
東麗谷　457
東里　387, 407, 730, 738
東里市場　386
東林　453
東林溪　452

東林山　510
東林後池　454
東幕　289, 353, 768
東幕谷　246
洞幕谷　378
東幕洞　57, 234, 309, 332, 355
東幕里　814
洞幕山　137
東幕峙　270
洞幕峴　140
東幕峴　540
同每其川　442
東面　65, 828
童舞地　659
童舞坪　612
東門街　326
東門外市　843
桐柏山　347
東邊里　119
東峰　345
東沙洞　273, 457
東山　438, 777
東山里　167, 717, 799, 834
東山里洑　794
洞山里酒幕　848
東山尾洞　584
洞山市　843
洞山峙　644
東山峙　754
童山坪　612
銅山峴　351
動石洞　390
動石峙　762
冬雪嶺　815
東水洞　129
洞水落　339
東陽谷　439
東役洞　440
桐梧峙　432
東玉谷　836
冬溫里　814
東雲谷　435
東月山　758
東楡井里　819
童子院里　748
童子院坪　747
東蚕山里　691
東田里　191
銅店　268, 331
銅店谷　763
銅店嶺　89
銅店里　87
銅店鐵石　762
銅店峴　333
洞庭里　619
東亭里　740
東左峴　474
東指谷　514
東芝屯　354
東芝野　215
東芝化　443
東津　648
東進谷　294
東進谷坪　295
東辰洞　340
東倉　108
東倉谷　245
東村　73
東村里　449
東致浦坪　141
東炭甘里　802
東坡嶺　153
東坡里　677
東坪　501
銅坪酒幕　180
銅浦里　224
洞咳嗽谷　734
銅峴　174, 224, 701
涷峴　225
銅峴谷　224
銅峴酒幕　704
銅峴池　224
東湖里　587
銅湖里　832
桐華洞　340
桐華洞山　338
桐花隅　349
東活里　781
頭高里山　755
杜谷　211
杜谷里　177
杜陵山　275
斗尼峰　209
杜垈　431
斗德洞　636
杜德坪　343
斗獨　322, 332
杜得坪　713
頭流山　237, 719
頭流峙　528
斗六其山　535
豆栗洞里　796
杜陵洞　599
杜陵嶺　153
杜陵洑　626
杜陵山　275, 633
杜陵酒幕　585, 626
豆梨谷　347
斗里峰　325
頭里峰　487
斗里峰谷　448
斗里峰山　137
斗里川　272

斗林村 513
斗滿里 158
斗滿里酒幕 638
斗滿山 157
杜明沼 305
頭毛沼 108
頭毛沼洑 109
斗牧洞 642
杜木洞里 794, 807
杜舞谷 301
斗武谷 427
斗蕪洞 106
杜武洞 209
斗武洞 414, 465
杜茂洞 601
杜武沼 422
斗茂峙洞 608
杜墨洞 389
斗墨山 590
杜門洞 58
杜門洞峴 74
斗文川 704
斗尾谷 276
頭尾坪 846
斗蜜嶺 134
杜蜜峴 290
頭背山 362
荳白里 750
荳白酒幕 750
頭峰山 256
豆腐德谷 345
斗山 571
斗山里 574
斗岩里 750
頭野山 487
斗牛山 438
斗元里 179
斗圍峰 655
豆音谷里 194
頭陰坪 147
頭應山 719
杜日洞 166
豆田谷 732
豆田洞里 513
斗前村 704
斗之谷 539
斗芝洞 326
斗之洞 548
斗支洑 738
斗支坪 737
蠹川 648
斗川洞 698
斗川酒幕 699
斗村 530
頭陀山 763, 777
頭陀山城 762
頭陀淵 148
斗坪 215, 605
斗浦 506
杜浦洞 152
斗墟谷 517
斗盧洞里 519
斗峴 253
屯金山 632
屯垈里 748
屯德洞 430
屯德里 251, 262
屯德坪 248
屯屯尾洑 271
屯坊內 179
屯山 706
屯田谷 835
屯田洞 829
屯田里 167
屯田嵄山 48
屯田洑 352, 473
屯田村 631
屯田坪 349
屯店酒幕 777
屯之加內洑 454
屯之洞 194
屯之山 633
屯地村 251, 268
屯地坪 248, 260, 288, 376, 747
遁之坪 580
屯陣山 270
屯陣隅酒幕 274
屯倉 298
得利江 450
得內谷 238
淂雲坪 844
得地隅酒幕 148
登谷 627
登谷峴 351
騰起山 680
登垈谷 463
登大峙里 800
登垈峴 474
登路驛 748, 750
登龍垈 467
登龍山 162
登梅洞 148
登梅洞酒幕 148
登梅枝 170
燈明城 577
燈明塔 578
登峰谷 664
騰楊寺 779
登雲嶺 715
登峴里 814
登禾山 737, 739
登禾堤 740
登屹 339

等興里 92
等興洑 92

마...

麻 78, 88, 106, 109, 160, 162, 165, 171, 580, 678, 688
馬加地里 800
馬去里峴 329
馬結伊 519, 521
馬谷 276, 452
麻谷 316, 593
馬谷里 119, 208
摩谷山 836
馬谷峙 208
馬口來尾川 442
麻窟坪 735
馬窟峴 74, 412
麻斤谷 347
麻斤村 289
麻根坪 337
馬旗坪 336
馬內峴 205
摩泥村里 805
馬潭坪 713
馬德 652
馬頭地 770
馬騰岺 839
馬郎洞洑 852
馬來水 442
馬嶺 222
馬路驛 414
馬路酒幕 415
馬路津 413
馬龍里 513
馬龍山 510, 684
馬龍淵 810
馬龍峴 511
馬輪里 126
麻利谷 595
馬里峴 701
馬鳴峙 558
馬尾 631
馬尾谷 606
馬尾洞 570
馬尾坪 681
馬背洞 526
馬背山 98
馬背岩山 244
馬背峙峴 510
馬墳 190
馬墳洞 699
馬墳坪 276
馬轡谷 728
馬死谷 55
馬死灘 429
馬山 49, 63, 105, 139, 214, 244, 259, 292, 319, 369, 375, 419, 463, 495, 574, 605, 719, 728, 743
馬山谷 417
馬山里 175
麻山里 516, 691
麻山洑 768
馬山洑 850
馬山酒幕 140
馬山坪 295, 713, 770, 844
麻三川里 203
馬上坪 587
磨石沼洑 852
馬首峴 634
馬岳山 690
馬鞍陵山 50
馬鞍山 682
馬巖洞 643
馬巖里 180, 619
馬岩里 740
馬巖洑 617
馬巖野 617
馬巖川 618
馬巖峴 180
馬岩峴 555
馬淵 108
馬淵里 120
馬淵員洑 109
馬淵坪 722
磨玉洞 174
馬位洑 703, 738
馬位坪 139, 377, 501
馬音洞 166
馬音墟洑 565, 565
馬耳山 259
馬耳峙 432
馬耳峴 433
馬場洞 641
馬場嶺 475
馬場里 120, 349
馬場洑 151
馬藏山 484
馬場岩 406
馬場坪 150
馬跡里 225
馬跡山 229
麻田谷 53, 586, 734, 778
馬轉谷 504
麻田洞 95, 250, 344, 542
麻田洞里 533
馬轉里 636
麻田里 659, 726
麻田幕 599
馬轉洑 369
馬轉峙 555, 637

馬轉坪　368
麻田浦　597
馬轉峴　145
麻田峴　423
馬蹄谷　716
馬蹄峴　243
麻佐里　365
馬走谷　456
馬走峴　459
麻之洞　298
麻之洞坪　297
馬池里　160
馬池洑　160
馬直里　380
馬直川　383
磨嵯　667
馬嵯嶺　657
磨嵯里　609
磨釵里　725
摩嵯酒幕　668
麻次津　380
麻次津酒幕　384
磨嵯峙　669
磨釵峴　731
摩蒼山　605
馬川　604
麻川洞　784
馬峙　279, 651
馬灘　443
馬灘洞　72
馬灘野坪　70
馬灘津　70
馬佩谷　539
馬佩洞　547
馬佩嶺　539
馬坪　625, 779
馬坪里　167, 221, 775
馬坪里酒幕　222
麻布　78, 81, 86, 88, 90, 135, 151, 154, 553, 554, 558, 560, 571, 573, 578, 657, 789, 817, 819, 848, 848, 849, 849, 849, 849, 849, 849, 849, 849, 850, 850
馬浦谷　517
馬皮洞　521
馬皮嶺　522
馬河里　158
馬咸坪　637
馬咸坪酒幕　637
馬項谷　419
馬項洞　658
馬項酒幕　660
馬峴　235, 256, 340, 349, 350, 475, 497
馬峴里　494
馬峴洑　496
莫谷　294
幕谷　462, 601, 614
幕谷澗　324
幕谷坪　428
莫谷坪　488
幕金洑　703
幕金酒幕　704
幕金村　704
幕金坪　702
幕基山　605
幕洞　71, 167, 349, 547
幕屯地村　262
幕山峴　507
莫陽洞　623
莫云之坪　342
幕隱谷　131, 494
幕作洞　82
幕帳谷　138
幕帳谷酒幕　140
莫馱谷　455
萬景山　48
萬貢垈村　250
萬橋里　742
萬橋店　743
萬年谷　712
萬年德山　517
萬垈洞　150
萬垈山　314
萬垈坪　266, 336
萬垈峴　296
萬道里　502
晚到里　531
萬道坪　501
晚洞洑　369
晚浪溪　305
晚浪浦　340
晚浪浦洑　305
萬論坪　336
萬里島　777
萬里城　751
萬里峴　533
萬物抄　388
萬拜峰　792
萬伐山　265
晚山里　367
萬山里　683
萬成橋碑　733
萬手寺　304
萬壽菴　754
晚陽里　730
萬淵里　824
晚遇洞　642
晚遇里　587
晚月洞　325
滿月山　165
晚亭谷　131

晚池洞　608
萬支山　659
晚進嶺　479
萬川洞　251
滿川洞　281
滿川洞洑　280
萬川坪　280
晚竪洞　95
晚竪峴　102
晚項　670
晚項洞　72
晚項岺　842
晚項峙　103
萬項峙　582
晚項坪　723
晚項峴　108, 727
萬戶臺　403
萬興洑　107
末加美谷　775
末傑里　198
末谷里　834
抹橋　164
抹橋酒幕　165
抹九峙　669
末茂里　387
末味山　743
末洑　851
末峙　637
末峙洞　642
抹坪　695
末峴　474, 479
末輝里　542
網巾川　429
望京臺　603
望金臺洑　134
望金臺坪　133
望丹里　278
望丹津　276
望畓坪　79
望德峯　787
望德山　574, 579
望浪山　669
望良谷　452
望靈峙　841
望石峙　319
望仙臺　114
望所隅　489
望所隅洑　489
望所墟坪　505
望洋里　691
望洋里站　692
望洋亭　704
望洋酒幕　707
望洋峙　568, 842, 842
忘憂洞　556
望月山　116
望日里　123
望岑洑　771
望岑坪　770
望田洞　258
望田里　602
望宗里　292
望宗里酒幕　296
望津江　235
望峙　586
望浦谷　837
望浦里　365
望浦坪　366
望河　659
望海谷　360
梅溪里　122
梅谷　330
梅谷坪　335
梅南谷　308
梅南里　185, 307
梅臺洞　599
梅良谷　328
梅李坊　787
梅峰嶺　153
每奉山　759, 760
梅沙里　340
梅山　531
梅野市　707
梅雲里　619
梅日里　180
梅亭洞　697
梅枝　323
梅枝山　320
梅下　330
梅花谷　456
梅花洞　431, 667
梅花里酒幕　432
梅花山　176, 270, 639
梅檜洞里　801
梅檜洞洑　793
貊國城墟　226
麥山　652
貊王古都　230
麥田洞　93
孟歌谷　447
孟哥洑　137
盲溪　57
孟垈里　236
孟理山　197
祢乃屯之　307
尒登谷　601
黍之里　174
綿乃谷　669
面垈里　237
麵洞　83
綿屯　592
綿屯嶺　159
面防峴　840
綿玉峙里　833

綿田洞　699
綿紬　91, 813, 821, 822, 824
綿川　315
綿川里　807
綿川洑　806
綿花　86
綿花谷　55
綿花峙　178
滅梅峙　621
滅鶴峙　650
明溪洞　576
明溪洞店　577
明溪坪　576
鳴皐里　718
明串里　139
明堂谷　246, 418
明堂坪　766
明德里　92
明德山　633
明洞溪　305
明洞里　261
明洞洑　305
明洞峙　252
明洞坪　271, 302
鳴羅谷　620
明流洞　236
明倫洞　399
明理峴　269
鳴馬洞　641
明幕洞　309
螟蟆岩洑　184
明文岩里　748
鳴鳳山　308, 314, 314
鳴沙　364
命生里山澗　598
命生村　598
名勝洞　443
鳴巖谷　177
明吾之里　233
鳴牛里　536
鳴牛山　365
明月里　215, 236
明莊谷　517
命長山　49
命長峴　61
明在　469
明在洑　473
明在坪　467
明在峴　475
明田里　624
明田川　626
明田坪　625
明紬　80, 81, 86, 154, 553, 554, 558, 560, 571, 573
明珠寺　843
明珠山　835
明紬川　660
明珠項　762
明珠峴　765
明池洞　833
名地目峴　238
明芝山　759
明芝頂峴　61
明之川　224
明池川坪　224
明地項嶺　479
㑒盡項　761
明波里　381
明波洑　384
明波驛　384
明波酒幕　384
明波峴　383
明湖　635
慕古山　600
牟谷　53, 443
帽谷　353, 586
牟谷洑　277
慕德里　519
牟洞　89
茅洞　556
茅屯地村　532
萩苵峰　203, 207
牡丹峰　210
毛老洞　255
毛老峙　168
毛老坪　845
毛里峴　205
帽峰山　244
牟山　585
茅山堤堰　774
毛上里　613
慕顔洞　553
帽岩坪　467
牟厓里　233
茅野　592
毛藥里　327
毛五里　207
母慈堂峴　188
毛作里　643
毛場坪　754
茅田　783
茅田里　578
茅田洑　578
茅田店　577
茅田川　576
茅田坪　576
茅亭里　380
茅亭酒幕　384
毛津江　221
茅峙　636
毛雉谷　381
毛兎洞　538
茅坪　421, 543, 549

牟坪　658
茅坪里　176
毛下里　613
毛下坪　288
茅峴坪　335
毛毫里山　220
木界里　579
木界驛　580
木谷里　519，821
目里實　323
木綿　574
木物　154
沐浴洞　237
牧牛山　595
牧牛峙　839
木賊谷　418
木賊洞　93，110
木田野坪　70
木川谷　82
木炭　88，90，849，850，850
木花谷　456
木花洞洑　459
沒雲臺　655
夢眞山　374
猫谷　302
墓谷　596
廟洞　84，92
廟洞谷　64
墓幕谷　591
墓幕洞　132
猫山　97，226
妙水峴　188
猫巖　377
妙藥谷　418
巫谷　491
霧谷　732
武金洞　498
茂南谷　441
武當溪　478
巫堂谷　346，347
巫堂山　68
茂垈谷　294
茂獨洞嶺　806
舞洞　615
舞童山　160，622
舞洞山　616
舞童村　620
武杜谷　462
無等山　105
武郎谷　448
舞龍治理　251
武陵溪　161，566，652，763
武陵谷　628
武陵里　107
武陵池　597
武陵泉石　762
武陵峙　630
茂里實酒幕　351
茂林坪　732
舞鳳山　265
舞鳳村　250
舞鳳村川　249
茂山溪　341
武相谷坪　295
武相洞　292
武相洞坪　337
舞仙臺　366
舞仙峰　420
巫沼　207，479
茂松里　365
無數谷　320
無愁幕　133，308
無愁幕峴　135
無阿洞　234
巫岩山　197
武藝屯洑　821
武旺谷　349
武用谷　596
無雲里　757
舞月洑　696
武夷洞　170
舞將谷　410
霧藏谷　744
舞裁山　203
蕪第山　528
無住菴　81
舞朱彩谷　462
無盡亭　566
武辰峴　328
茂青嶺　688
蕪坪　204
霧霞峴　555
無解谷峙　562
武峴　324
毋孝洞　823
撫恤　769
墨溪　847
墨溪里　175
墨谷里　119
墨垈　321
墨洞里　607，807
墨洞津　606
墨幕里　84
墨防谷　393
墨房山　68
墨坊山　265
墨泗川里　805
墨泗川酒幕　804
墨山　500，656
墨店　629
墨坪　315
墨浦嶺　533，539
墨湖市　587
墨湖津　587

墨湖津里　587
文景隅　274
文景隅酒幕　274
門谷　601
文谷里　661
文曲下溪　757
門內谷　98
門內洞　94
文內洞里　516
門內村　96
文童里　107
文斗谷　648
文斗峙　650, 657
文杜坪　511
文屯里　620
文登里　152
文登洑　153
門嶺　778
文利谷　372
文幕　314, 339
文望谷　435
門門峙　762
門箔山　68
文倍里　212
文倍峴　212
文峯里　123
文峰村　255
文山　632
文山洞　560
文山里　120
文書谷　347
文秀洞　325
文殊洞　496
文首洞　557
文殊洑　497
文水洑　852
文守院　527
文水坪　498
問崇谷　575
問安谷　659
門岩　207, 504
門岩谷　245, 440, 554, 732
門岩嶺　731
門巖嶺　733
文岩里　73
門岩里　787
門巖洑　366
門岩山　531
門岩亭里　570
門岩站　781
門崖谷　69
文魚　737, 751
汶淵津　304
文玉洞　556
文義谷　213
聞耳山　419
文章谷　510
文田峙　669
文廷里　230
文川里　608
文峙嶺　731, 733
文峙里　729
文灘里　624
文浦里　613
文筆峰　97
門峴　318, 350, 361, 375, 755
門懸　343
文峴里　258, 813
文興谷　606
文希洞　158
勿甲里　829
勿老谷津　231
勿老谷川　232
勿老谷浦口　231
物名山　700
物牙谷　640
物安里　184
勿安里　300
勿殃谷　452
沕淄里　829
沕淄市　843
沕淄酒幕　847
沕淄川　846
勿汗里　654
美可峴　188
米谷　596, 668
美橋　430
美邱　603
美內谷　633
薇德嶺　476
美德坪洑　473
美洞　448
尾洞酒幕　140
尾屯池　195
味落谷　466
美樂里　665
米來嶺　701
彌力堂谷　325
彌力堂洑　88
美老里　562
美老里坪　560
味老員洑　109
麋鹿洞　825
彌勒谷　378
彌勒堂　484
彌勒堂酒幕　445
彌勒嶺　474, 475
彌勒洑　687
彌勒山　352
彌勒陽地村　468
彌勒坪　467, 686
彌勒坪洑　472
美麇峙　594

米幕坪　676
米面里　670
薇峰山　245
美四里洑　352
嵋山前坪　734
嵋山後坪　735
美藪山　68
彌矢嶺　379, 424
彌阿谷　131
尾羽峴　103
美月山　259
美音田坪　411
米矣峙　671
美子谷　609
美才峴　507
米川　648, 649, 652
米川洞　832
米川酒幕　655
薇村　307
薇村溪　311
薇村酒幕　311
美灘面　157
美灘場　158
味峴　436
薇峴　645
湣山　756
蜜　78, 106, 109
密溪　498
密洞里　598
密洞坪　597
密陽里　342, 833
密陽里洞　325
密易堂洑　641
蜜坪　233
蜜坪洑　231
蜜峴　424
蜜壺澗　101

바...

朴谷洞　697
朴谷里　681
薄谷洑　852
薄谷坪　846
朴乃源碑　450
朴丹洞　543
朴檀嶺　522
博達谷　606
朴達谷　721
朴達嶺　111
博達嶺　433
朴達岺　840
朴達山　292
朴達村　426
朴達項洑　471
朴大谷　237
博山　727
朴桑谷　490
朴相矣垈　616
磗石峴　225
磗石峴　351
朴氏灘　524
朴泳敎碑　798
博月里　570
朴陰峴　545
博衣岩里　213
朴將谷　409
朴將山　98
薄田坪　102
朴僉知山　362
朴險峴　297
博峴　841
磻溪　339
盤溪里　717
盤谷　343
盤谷里　176, 391
盤谷峴　390
般動　85
半斗毒嶺　433
伴鳴亭坪　569
盤扶坪酒幕　847
磻石谷　370, 382, 744, 764
盤石幕　708
盤石巖　628
斑石坪　79
伴仙亭　651
盤松里　602
盤松上里　219
盤松下里　219
盤松峴　220
盤巖里　369
半雄峙　767
半月郎坪　457
半月里　733
半月里酒幕　733
半月山　678
半月形　613
半場里　414
半場里坪　310
半場員洑　312
半場坪　406, 491
半占峙　650
半亭　764
泮亭里　392
反停里酒幕　654
半程伊　163
半亭店　572
半程坪　162
盤注坪　770
盤砥峴　67
班坪　396
般坪岺　841
發甘坪　845

鉢高德　656
拔谷　417
發雷里　212
鉢卯谷　246
鉢山　228, 438, 590
鉢山里　230
鉢亞谷　319
鉢亞谷澗　324
發陽地谷　51
發魚灘　458
鉢淵川　390
發陰　313
發音可峙　103
鉢伊峰　388
鉢伊山　731
鉢田里　654
拔坪村　521
發浦坪　294
發翰里　587
方哥谷　456
方佳垈　262
方哥垈谷　254
方可時　461
方角山　632
芳江谷　328
方古介　806
方古介峴　196
方谷　293
房谷　348
方谷溪　452
芳谷峙　208
防己谷　462
芳基谷　756
方吉坪　343
坊內里　564
坊內洑　157
坊內前川　179
方丹里　237
訪道橋　557
放鳴川　272
芳洞　431, 548
方洞　561
芳洞里　489, 740
方洞里　560
芳洞洑　489
方東山酒幕　74
方洞酒幕　560
芳洞峴　219
方斗坪　404
芳林里　164
芳林驛　164
芳林酒幕　165
芳林川　162
芳林坪　162
方幕里　624
方盲谷　50
方目里　537
方目山　535
方畝　343
方無介谷　448
芳茂山　595
芳菲里　691
防山　145
芳山　332
方山谷　143, 144
方山谷酒幕　145
方山面　147
方山川　147
方席坪　822
坊我室　331
芳崖谷　595
防崖山　98
放鷺洞　164
防禦谷　451
防禦谷溪　452
方於池　66
方禦峙　270
方淵谷　535
芳伊坪　176
方丈坪　754
芳節里　593
芳堤里　667
芳堤酒幕　668
芳川里　449
芳川里酒幕　450
芳川驛　450
方秋洞　94
防築溪　205
防築谷　52, 370, 403, 415
防築洞　824, 830
防築嶺　502
防築里　360
防築洑　379, 788
防築堰　157
防築酒幕　668
防築池　59
方築峴　318
芳忠里　798
榜峙　767
芳坪里　742
芳坪里酒幕　794
芳浦　444
芳浦里　803
芳荷谷里　213
防河店　730
芳荷峴　213
放鶴谷　69
放鶴洞　299, 567
放鶴林　635
防旱池　193
方峴　102, 609
舫峴　224
芳峴　761
芳峴洞　449

芳峴酒幕　450
芳峴坪　450
芳峴浦　450
訪花溪　238
方化谷　496
訪花坪　227
方花坪　336
背囊谷　464
背登嶺　527
拜美山　633
背尾川　429
培峰里　381
拜山　632
背陽加里湫　351
拜陽谷　591
拜雲嶺　609
培障店　726
培障坪　723
拜再洞　545
培峙　604
培峙谷　601
倍峙嶺　455
背峙峴　760
拜向谷　635
拜向谷酒幕　638
背後谷　451
背後谷溪　452
背後谷酒幕　455
背後嶺　455
白澗里　292
白澗里坪　295
白谷　596
白橋　323
白橋里　559
白檀谷　177
白橽里　177
百潭寺　424
栢垈　274
白德山　627
伯洞　288
栢洞里　502
百蓮菴　353
白蓮菴　755
白龍里　121
白龍浦　524
栢里洞　251
栢里酒幕　252
白馬山　563
百萬村　458
百萬坪　457
白木　86
栢木谷　54, 410
栢木洞　196
栢木前村　96
栢木坪　356, 405
百倍峴　279
白屛山　707, 755
白伏嶺　765
白鳳山　765
栢山　500, 510, 523
白山谷　201
柏山谷　755
柏山里　725
白石村　573
白石坪　192, 572
百石坪　819
白石峴　205
白善政碑　62
栢松谷　528
栢峀山　244
白牙谷　183
白牙山　523
栢岩　661
白岩谷　151, 836
栢岩洞　158
白巖碑　690
百菴山　531
白岩山　686
白岩堤堰　386
白楊洞里　801
白楊浦湫　493
白楊浦坪　491
白魚店　730
白魚川　729
白易山　802
白易山里　803
白鉛谷　716
白玉浦　170
白玉浦湫　171
白雨潭　650
白羽山　256
白雲潭　238
白雲洞　170, 548
白雲洞山　418
白雲嶺　59, 67
白雲里　158
白雲寺洞　613
白雲山　297, 345, 347, 353, 613
白雲岩里　743
白雲亭湫　352
白雲坪湫　565
白月山　766
伯夷山　655
白日洞　163, 553, 670
白日峙　620, 621
白日峙洞　618
百一峴　200
栢子　112
栢子谷　199, 427
栢子洞　292, 331, 414
栢子木谷　439
柏子山　118, 652, 760
栢子亭店　558

百場山 294
白蹟溪 478
百跡洞 542
白磧山 461
白跡山 535
栢田洞 511
栢田山 484
栢田峴 510
白正溪 476
白丁谷 439
百鼎峰 749, 751
柏種里 733
白紙 849, 849, 849, 850, 850
百川里 395
百川里酒幕 394
栢村 268
栢村里 373
栢峙 243, 279, 565
栢峙溪 277
栢峙村 278
栢灘川 250
白土峴 490
柏坪里 650
白鶴里 820
白鶴山 819
白赫嶺 527
白峴 141, 376, 594
栢峴 153, 188
栢峴里 152
栢峴洑 153
白峴酒幕 594
白虎登 503
白虎山 48
栢后里 537
樊口 163
磻岩里 237
番陽洞 106
蕃積谷 758
番峙 599
翻坪 668
翻浦 379
茷佳里 228
伐開谷 440
筏垈谷 420
茷屯里 228
伐屯里谷 218
伐列堤 552
伐論坪 335
伐味坪 128
伐山洑 280
伐梧洞坪 364
伐應坪 722
筏川洑 249
筏村 250
泛鷗山 517
凡夫里 831
凡北村里 121
泛沙坪 677
凡祥洞 697
泛波亭 306
泛波亭坪 339
法舊箭谷 721
法弓里 602
法起庵 389
法堂後谷 392
法洞 354
法魯里 273
法背嶺 726
法星山 441
法首峴里 801
法周里 177
法泉 330
法泉津 337
法興寺 629
法興寺事蹟碑 629
碧落峴 609
碧山面 742
霹岩 98
碧岩峴 333
碧帳谷 64
碧灘里 658
碧灘驛 660
碧波嶺 165, 660
弁峰 210
邊峴 460
別江峴 333
別九坪 277
鼈洞里 203
鼈岩溪 205
鱉岩峴 193
別崖谷 415
別陽洞里 800
別於谷里 656
別於谷洑 657
別業里 281
別隅洑 271
鱉項洞 520
鱉項嶺 522
餠谷 382
兵馬谷 510
兵墨谷 51
丙坊坪 388
餠峰 403
柄山里 126, 574
屛岩谷 286, 465
兵衛洞 708
並伊武只里 544
屛底山 772
丙丁峰 503
兵之坊 182
幷至酒幕 663
兵站所 587
屛風谷 447

屛風山　447, 451, 535
屛風峙　671
甁項里　649
柄項峴　841
丙峴　314
洑可地洑　107
寶蓋山　817
洑巨里　308, 349
普光里　557
普光庵　389
洑內津　606
寶垈里　221
普德洞　503
報德寺　592
寶屯池　96
湺屯地洑　312
保屯地山　244
步屯峙　774
寶來洞　169
寶來峰　171
洑嶺　479
菩理阿洞　234
洑莫谷　456
寶幕里　805
洑幕里　821
寶幕里洑　804
洑幕酒幕　819
洑幕村　425
寶味洞洑　92
蓓薩寺　86
甫水洞　328
普施庵谷　418
保安里　190
普雲庵　389, 390
洑越洞　642
寶月菴　63
步月川　216
甫音谷　280
甫伊坪　406
補竹坪　773
寶菜峴　435
洑村　211
洑村里　823
洑築谷　409
保土木　494
甫通谷坪　335
甫通崎　223
普通里　304
寶通里　733
寶通里酒幕　733
普通酒幕　305
普通川　341
寶通川　739
普通坪　302
寶通坪　732
普玄洞　395
普玄洞酒幕　394
普賢寺　557
普賢坪　557
福巨伊坪　732
福庫溪　227
福谷　254, 257
伏谷　309
卜今里　304
卜今里坪　303
卜臺坪　702
福德源　603
福洞　255
伏洞　542
福洞里　748
福洞川　846
福頭山　236, 788
福斗山　695
福斗峙　609
茯苓　793, 813, 824
福滿洞　124
福長澗　100
福長洞　93
福祚洞　185
福注岺　841
福柱山　465
福主菴　497
腹飽山　348
福慧庵　811
復興谷川　745
卜喜谷　441
本宮　281
本宮峴　202
本今勿山　306
本吉坪　702
本敦　687
本里　144, 537
本里川　144
本福嶺　476
本楮田洞　293
本峴　327
峰開谷　455
奉介坪　315
鳳溪　666
鳳鷄山　657
蓬谷　50, 55, 309, 321, 382, 438
鳳谷　438
蓬谷村　274
鳳喃垈　431
鳳堂德里　801
鳳堂德伊　526
鳳垈　344
鳳臺山　203
奉大川　315
鳳坮坪　342
鳳德里　430
鳳洞　495
鳳頭谷　325

鳳頭崑　669
蓬萊山　590, 600, 605
鳳林坪　336
鳳鳴里　181
鳳舞峴　363
鳳尾　340
鳳尾里　489
蜂蜜　135, 154, 198, 817
鳳腹寺　180
烽山　63, 694
鳳山里　120
蓬山里　665
蓬山里洑　665
烽山洑　107
奉常里　824
鳳翔村　273
鳳翔治山　244
鳳翔浦坪　524
鳳巢垈　258
烽燧渡津　386
烽燧洞　524
烽峀洞　697
烽燧嶺　111
烽燧里　387, 689
烽燧山　137, 369, 688
烽峀浦　697
烽燧浦口　386
烽燧峴　376
蜂岩　95
蜂巖澗　100
鳳岩谷　462
鳳岩里　123, 812, 823
鳳岩洑　271
蜂岩山　49, 531
鳳陽洞　823
鳳陽里　105
鳳梧谷峴　445
烽吾山　477
鳳梧山　712
烽于谷　528
逢雨峙　571
峰宇峴　536
鳳遊洞　72
鳳儀山　188
鳳儀峴洑　352
逢壹里　360
鳳逸里　525
鳳逸寺　527
棒棧里　807
棒棧里酒幕　806
鳳庄里　291
鳳庄洑　291
鳳庄酒幕　290
鳳庄坪　294
蓬田伊　544
蓬田前川　541
蓬田峴　436
鳳頂菴　424
鳳川　290, 295, 329
鳳川溪　345
鳳村里　785
蜂春里　495
鳳峙　767
烽峙嶺　510
鳳峙坪　376
蜂桶谷　417
蜂通峙　604
蜂桶浦里　525
鳳坪　782
蓬坪面　169
鳳峴　341
蓬峴　363, 383, 555
鳳峴里　374
蓬峴里　513
蓬縣里　548
烽峴山　333
蓬峴酒幕　384
鳳峴川　341
蓬湖里　371
烽火谷　465
熢火垈　384
烽火洞　545
烽火洞里　796
烽火峰　88, 628, 715
烽火山　48, 68, 69, 79, 91, 145, 162, 176, 348, 362,, 585, 638, 836
峯火山　270
烽火峙　209, 423, 552, 663
峰火峙　402
烽火峙山　517
烽火坪　64
烽火峴　600
鳳凰臺　413
鳳凰坮浦口　192
鳳凰山　110, 137, 325, 727
鳳凰沼　421
烽候臺　790
釜巨里　818
釜揭貝洑　803
夫兼嶺　433
釜谷　197, 236, 316, 378, 610, 650, 676, 836
富谷里　814
鳧谷峴　279
富貴垈洞　93
富貴垈里　232
府南　767, 768
部南面　828
府南坪　770
部南坪　844
府南浦　770
府內面　511
富大谷　447, 734

釜洞　556, 560
㒳洞　633
釜洞里　181, 367
不動池　59
釜洞村　615
不動峴　60
富寧洞　818
部嶺山　606
扶老只　538
扶老只嶺　530, 536
扶老只里　529
富論洞　329
扶樓基嶺　446
㒳林谷　634
富林驛　422
駙馬洞　93
富畝洞　250
富墨峴　269
府伯朴乃貞不忘碑　765
浮飛峙　604, 604
府使金秉淵善政碑　776
府使金祐鉉不忘碑　776
府使閔斗鎬善政碑　433
府使閔師寬善政碑　776
府使閔台鎬善政碑　433
府使沈公著不忘碑　789
府使沈公著善政碑　776
府司院里　200
府司院酒幕　282
府司院峴　282
府使李能應善政碑　789
府使李相成善政碑　776
府使李聖肇善政碑　776
府使李容殷善政碑　433
府使李最中碑　774
府使李最中善政碑　776
府使丁彦璜善政碑　776
府使趙秉文善政碑　776
府使趙秉協善政碑　433
府使趙濈淸政碑　776
府使洪名漢碑　774
釜山　63
缶山　69
釜石洞　642
浮石里　123
釜石酒幕　196
釜沼　99, 207, 422, 436, 476, 496, 556
桴沼　436
釜沼津　70
扶蘇峙　842
扶蘇峙里　833
滏沼坪　288
㒳沼峴　206
父水門江　277
㒳藪坪　501
浮水峴　432
富室谷　416
釜巖江　443
婦岩谷　504
鮒魚池　415
釜淵洞　425, 564
釜淵津　57
釜淵川　425
芙蓉山　451
浮雲洞　618
扶月里　828
釜越村　643
扶直伊　440
富昌驛　231
富昌酒幕　234
富昌津　198, 231
夫昌坪　334
富昌峴　234
㒳川　442
婦峙　274
釜治酒幕　74
㒳坪　528, 572
浮萍洞　327
富坪場　414
㒳坪酒幕　153
缶項　610
㒳項洞　636
缶項村　268
缶項峴　253, 555
富墟山　425
婦峴　767
副護軍朴公之生碑　762
芙湖洞　785
富興山　63, 712, 720
富興坪　428
復興峴　318
富興峴　325
北江　144
北寬亭　813
北吉里　169
北大川　754
北大坪　659
北德洞　331
北洞　57
北洞里　583
北遯山　579
北屯地里　805
北屯地酒幕　804
北里　407
北面　144, 161, 543, 549
北面洑　550
北面前川　541
北門街　326
北方谷　247
北坊嶺　193
北方里　203
北方峙　253
北盆里　834

北盆里酒幕　848
北貧前川　540
北城　554
北峀谷　457
北水山　504
北實谷　666
北巖洞　643
北岩山　707
北崦岺　841
北崦里　831
北日里　654
北丁谷　280
北程嶺　490
北亭子坪　361
北亭坪洑　369
北地境里　391
北地境店　390
北津　660
北津酒幕　663
北倉　542, 549
北倉場　549
北川　174, 361, 655
北川里　655
北川酒幕　657
北村里　120
北坪　661, 702, 705
北坪里　831
北坪洑　663
北下里面　679
分垈谷　346
分德峙　594, 610
分林谷　596
墳絲坪　500
分水嶺野　118
分州峙　759
芬芝谷　308
芬芝谷峴　350
分地嶺　117
分池水里　152
分土谷　51, 132, 591
粉土谷　224
分土洞　299, 355
粉土洞　316
分土里　120
粉土里　784
佛基　616
佛堂谷　61, 114, 128, 131, 190, 191, 204, 231, 353, 378, 381, 426, 441, 464, 466, 487, 487, 503, 503, 513, 721, 744, 746
佛堂山　332
佛堂峴　445, 455
佛道谷坪　334
不忘碑　380, 380, 853
佛彌谷　680
佛米谷　838
佛眉峙　609
佛阿洑　703
佛阿坪　702
佛岩山　528
佛影寺　709
佛原洑　305
佛子谷　555
佛亭峴　795
佛坐谷　347
不下山　571
不下峙　577
佛峴　709
佛峴洑　709
鵬岩街　104
飛雞里　780
飛鳩坪　773
碑頭　313
飛頭木峙　644
碑屯地坪　524
飛來峰　700
飛來亭　398
飛良里　679
飛良川　679
飛良坪　679
斐禮谷　695
飛露谷　410
毘盧峰　639
飛未員　286
飛龍洞　658
飛龍山　265, 793
碑立酒幕　104
飛鳳山　128, 286, 402, 605, 648
飛鳳瀑　390
飛山洞　258
碑石街　235, 718, 726
碑石街洞　567
碑石街酒幕　148, 151
碑石巨伊　549
碑石里　80
碑石員坪　405
飛仙坮　853
碑成谷　771
秘星山　632, 633
飛水口尾　444
飛矢坪　780
比雅洞　133
飛蛾坪　336
扉隅幕　599
飛雲嶺　726
飛仁洞川　261
飛前酒幕　704
飛前村　705
飛只里　689
飛火里　784
貧郊洑　718
貧郊野　716

斌來山　772
賓美山　610
賓美峙　610
賓山　146
濱陽山　487
賓于谷　772
蘋池內　643
斌之畝　233
濱地洑　852
賓陳乃酒幕　654
氷庫垈　404
氷庫峙　297
氷庫峴　446
氷谷　138, 463, 465
氷洞　784
氷冷谷　402
氷幕谷　465
氷岩谷　465, 787
氷崖山　211
氷魚沼　476
氷藏谷　514
氷長里　825
砯下洑　291
氷峴　356

사...

鰤　715, 731, 736, 741, 751
泗甲村　258
四甲坪　316
四見洞　71
四見洞酒幕　73
四見津　71
四兼里坪　311
四境谷　53
沙溪洞　698
沙溪里　369
巳谷　50, 54
寺谷　54, 189, 201, 204, 238, 242, 246, 247, 309, 342, 345, 346, 381, 386, 409, 417, 426, 438, 439, 441, 446, 447, 448, 461, 464, 465, 514, 555, 581, 591, 596, 624, 627, 658, 660, 662, 759, 761, 771, 783, 837
寺谷溪　377, 505
寺谷山　68
沙谷小泰　466
寺谷村　780
沙谷村　783
寺谷坪　334
沙谷坪　494
沙橋谷　456
篩橋谷　535
沙橋里　829
四橋洑　474
沙口味　402
沙近橋山　774
沙斤川　164
四琴山　778
沙器幕　329, 355, 635
沙器幕溪　377
沙器幕谷　195, 741
沙器幕洞里　562
沙器幕里　216, 820, 825
沙器幕坪　376
沙器幕黃海洑　562
沙器店谷　837
沙器店基　764
沙器店里　532
沙器店酒幕　148
砂器店村　273
沙器店峴　356
沙器村　355
砂金　272, 516, 522, 523, 637, 651, 651, 651, 651, 655, 655, 660, 663, 663, 715, 718, 794, 797, 803, 806
沙南　288
沙南坪　287
沙納谷　737
寺內谷　280
史內谷　466
史內嶺　476
寺內山　97
莎內酒幕　118
沙內坪　146, 728
沙泥峙　839
祠堂谷　145
士堂谷　462
四當谷　838
祠堂坪　147
寺垈　354
寺垈谷　308, 319, 346
四大路里　816
寺垈山　97
沙大灘酒幕　66
沙德山　441
莎德峴　235
寺洞　58, 72, 95, 106, 110, 234, 263, 286, 298, 299, 300, 316, 429, 470, 504, 520, 610, 642
師洞　268
蛇洞　506
巳洞　556
寺洞里　512, 532, 802
泗東面　531
寺洞洑　107
寺洞前野　56

寺洞前川　57
寺洞酒幕　264
泗東川　531
寺洞坪　260
沙頭　355
蛇頭嶺　445
蛇頭里　443
蛇頭峰　381
沙頭浦　515
沙屯堤　254
沙屯地　281
莎屯地酒幕　269
莎屯地川　267
沙屯坪　735
沙羅峙　767
舍廊沼　207
舍廊村坪　229
寺岺　493
泗嶺谷　749
泗嶺嶺　751
泗嶺川　749
沙里　220
沙里坪　220
士林　299
士林坪　297
簑笠峰山　534
沙幕　485
沙幕谷　331
沙灣谷　614
沙灣洞　613
四面坪　571
四明山　141, 143, 447
士文峙　586
四美川　648
四方街酒幕　408, 426
四方巨里　469
四方巨里酒幕　471
四方掛　102
四方垈　306
四方山　332
獅狵山　780
四方隅溪　202
四方隅洑　202
四方隅酒幕　202
四方地里　812
四方坪　442
瀉峰　301
射峰山　320
沙峰山　712
師夫郎山　320
沙飛里　396
沙飛酒幕　396
沙蔘　607
泗湘浦　635
仕上峴　200
四西里　793
四仙亭　388
沙沼　529
沙沼川　261
寺水谷　591
泗洙川　156
司瑟谷　606
獅膝峰　392
沙瑟峙　634
四實溪　227
絲實谷　448
沙實洞　470
沙實洞洑　473
沙實峴　207, 475
斜陽谷　302
泗陽洞　544
似如嶺　226
蛇硯洑　306
沙悅里　194
仕雲川　341
仕雲坪　338
士元基　761
士遊潭　638
舍音垈　654
沙日院里　800
沙日院酒幕　794
獅子洞　221
獅子洞溪　222
獅子山　162, 177, 627
獅子川　629
獅子峙　555
四鵲山　265
沙場浦洞　520
思梓里　717
思梓里店　718
沙田　323
沙田谷川　745
沙節里　184
射亭里　619
射亭洑　572
射亭坪　569, 572
沙堤谷山　337
士宗里　757
四支幕洞　608
四支幕津　606
四支幕峴　609
社稷堂　292
社稷堂坪　405
沙津里　374
蛇津酒幕　296
司倉洞　443
社倉洞　816
司倉洞酒幕　668
社倉里　124
司倉里　188, 252
社倉酒幕　117
射窓坪　102
司倉坪　248
沙川　561, 631

沙川江　152
沙川溪　296
斜川橋　584
沙川里　262
莎川里　278
泗川里　381, 799, 807
沙泉里　396
仕川里　830
沙泉酒幕　397
沙川津　628
沙川灘　425
沙川坪　315
蛇川坪　382
絲川峴　143
斜青谷　53
射廳里　84
射廳沼　91
莎草街　163
莎草街酒幕　165
莎草峰　719
寺村　632
沙村　784
沙村里　374
沙村酒幕　379
蛇峙　562
沙峙　636
沙峙里　414
沙灘　257
死灘　443
沙汰洞　133
士泰洞　471
沙汰項　142
沙汰項酒幕　143
賜牌洑　496
寺坪　101
沙坪　428, 528
沙坪里　431, 619
寺坪洑　104
沙坪洑　149, 782
沙坪野　617
莎坪村　603
獅項山　836
寺墟峴　226
獅峴　103
蛇峴　182
沙峴　202, 350, 355, 356, 459, 502, 534, 558, 571, 840
栖峴　217
射峴　324
寺峴　424
沙峴溪　202
沙峴谷　451
沙峴里　123, 388
沙峴面　828
沙湖里　733, 750
沙湖酒幕　750
沙湖川　732
沙興　313
削東嶺　223
朔田谷　246
削峴　212
蒜　91
山溪里　583
山溪村　583
山谷里　449
山骨峴　507
山橋　631
山崎洞　224
山南面　748
山農洞　444
山畓谷　378
山堂谷　221, 347
山堂山　49
山大月里　560
山道谷　575
山道谷店　577
産洞　470
山頭　298
山靈月　610
山爐谷　836
山論里　730
山論坪　723
酸梨谷　640
酸梨洞　250, 623
酸梨里　81
酸梨木谷　416, 513
山幕谷　409, 466, 567, 639
山幕洞　232, 315, 618, 636
山幕名　451
山幕伊前川　541
山幕川　541
山本里　230
山北谷　70
山北洞　71
山北里　579
山北洑　373
山北野　56
山北津　71
蒜山　574
山蔘　797
山城　577, 695
山城谷　639
山城村　664
山城峴　463
山水谷　347
山水洞　268, 330, 353, 821
山神祭谷　498
山也谷　319
山野洞洑　853
山藥　793
山藥洞　190
山陽洞　553
山羊峰　639

山陽坪　225, 376
山月嶺　533, 536
山月里　532
山矣谷　634
山柘谷　627
山岾里　73
山井里　619
山井里酒幕　621
山井峴　621
山祭谷　486
山祭堂谷　310
山祭堂洑　852
山祭堂峰　415
山祭堂山　191
山祭洞　543
山祭岩谷　309
山宗峴　105, 108
山竹基　778
山地德澗　457
山旨里　109
山地巖谷　640
山芝浦　163
山川祭谷　50, 51
山湯谷　575
山台峴　731
產香谷　514
山峴洞　184
山峴里　506
山峴坪　183
山篁里　553
三街溪　341
三街洞　111
三街里　233, 620
三街里溪　324
三街里谷　320
三街里酒幕　621
三街洑　134
三街店　565
三街酒幕　423
三街坪　132, 338
三角山　68
三巨里　87, 182, 278, 489
三巨里洑　88
三巨里酒幕　181, 279, 432
三巨里峙　424
三巨里坪　295, 488
三巨伊　546, 549
三巨伊前川　541
三巨坪　276
三溪里　732
三光坪　326
三斤岩里　262
三南里　796
三南酒幕　795
三年垈　263
三年洞　198
三達峴　474
三大路里　816
三德山　707
三島　733
三洞　273
三同街　170
三同巨里　233
三同巨里洑　479
三洞坪　271
三登坪　735
三良里　602
三論坪　335
三馬峙　274
三朴山　772
三發洑　852
三發峙　840
三發坪洑　852
森坊谷山　332
三芳里　784
三方山　156, 615
三芳山　788
森坊峴　333
三培里　183
三培峴　239
森柏谷　761
三洑　810
三宝洞　343
三峰洞　642
三峰里　824
三峰山　96, 367, 513, 595, 773
三峰案　603
三富洞峴　328
三釜淵　815
三飛谷　837
三山　500
三山里　563
三山峰　628
三西里　793
三石堂　195
三仙峙　731
三星　340
三省堂　243
三星堂　500
三星堂洑　366
三星里　365, 814
三聖峯　676
三星峯　688
三城坪　343, 844
三星坪　364
三東島　364
森松里　825
三水巖　90
三水巖山　89
三僧菴谷　837
三神洞　323
三神山　259, 484, 498
三岳谷　771

三岳山　215
三億東嶺　540
三億洞里　545
三永洑　578
三乂川　65
三乂川洑　67
三五里村　96
三玉嶺　609
三玉里　607
三旺洞　556
三印峰　88
三人坪　64
三日浦　387, 388
三田洞　325
蔘田山　595
蔘田峴　403
三丁垈洑　479
三鼎山　159, 595, 614, 617, 627
三亭峙　558
三鼎峙　565
三井平洞　670
三丁峴　253
三齊峙　270
三宗里　655
三蹲峙　842
三池洞里　816
三千峰　487
三峙嶺　397, 426
三峙酒幕　426
三峙峴　726
三灘津　100
三台洞　225
三台洞里　805
三台里　725
三台峰　301, 778
參台峰　491
三浦里　206
蔘圃坪　146
三韓洞溪　229
三峴　103, 718
三峴洞　94, 670
三兄弟峙　312
三和寺　762
三興亭　670
三興亭洑　671
插谷村　274
霎橋里　179
插橋峴　234, 256
插屯里　618
插屯洑　618
插月峴　209
鍤峙　754
上加德洞　309
上佳山里　825
上佳佐谷　178
上看尺里　453
上葛麻谷　183
上乫云里　825
上甲里　122
上渠溧　766
上乾川里　230
上傑里　203
上階岩　322
上高飛院　546
上谷　51, 585
上光丁里　833
上廣川　163
相交谷　441
上橋洞里　512
上九里　126
上九萬里　532
上九井　492
上九峴　318
上軍杜里酒幕　263
上弓宗　179
上琴垈　180
上岐城里　803
上岐城洑　803
上岐城酒幕　802
上吉星里　816
上吉峙嶺　726
上南山里　681
上內山里　818
上多屯里　317
上多田里　750
上茶川里　689
上茶川酒幕　690
上達里　677
上達里酒幕　677
上畓　430
上畓川　411
上畓坪　428
上垈　635
上大利里津　446
上大美院　178
上垈村　643
上垈坪　498
上德邱洞　699
上德洞　307
上德寺　502
上德田谷　721
上道谷　321
上道里　407
上道里市場　408
上道門里　829
上洞　291, 583, 648
上洞谷　69
尙洞谷　191
上洞里　422, 525
上東面　133
上洞庭　706
上杜陵　625
上頭里　109

上斗玉　313
上斗村　506
上樂豊里　583
上芦谷　468
上論味里　478
上論味里洑　479
上龍谷　185
上龍水坪　723
上流川里　819
上柳浦里　230
上栗里　683
上里　129, 360, 484, 799
上里面　677
上梨木里　725
上里洑　592, 745
上里酒幕　594
上臨溪　664
上臨溪驛　665
上馬山里　824
上萬里　512
上萬山　468
上孟芳　769
上鳴岩里　201
上牟田　169
桑木谷　418
橡木嶺　264
桑木坪　247
上沒雲　653
上茂谷　317
上舞龍洞　144
上舞龍洞洑　145
上舞龍洞川　144
上茂周采谷　721
上芳谷里　211
上芳洞　214, 469
上芳林洑　165
上芳坪里　794
上栢山　500
上洑　91, 115, 190, 261, 451, 454, 471, 472, 472, 479, 502, 638, 730, 806, 851, 851
上洑里　121
上寶里　387
上普門　344
上福洞　829
上峰　293, 294
橡峰　301
上蓬洞　548
上北洞　653
上北占里　545
上芬芝谷　308
上飛里　262
相思谷　491
上沙谷里　495
上泗東里　532
上沙里　691
上沙里酒幕　692
相思木谷　449
上絲瑟峴　764
上沙川　691
上沙川洞　292
商山　446
上山谷　395
上山垈坪　741
上山洞　83
上山里　121
商山里　799
商山洑　850
上山北里　371
上山田里　179
上山岾洞　72
商山川　846
商山峙　553
常山灘　443
常山峴　475
商山峴　476
上桑洞　108
上上里　799
上湘坪　147
上湘坪洑　149
上石項　652
上蟾江　318
上城南　299
上城底里　677
上細洞里　537
上細足里　823
上小坤里　547
上所里　492
上所洑　493
上蘇台里　687
上松館里　526, 527
上松里　392, 593
上松林里　564
上松川洑　852
上水南里　177
上水南酒幕　177
上水內里　139
上水內津　139
上水內浦口　139
上水洞　126
上水白里　183
上秀岩谷　535
上水野　55
上水汗　506
上水回里　59
上水回川　56
上述里　125
上詩洞里　578
上食岾里　66
上食岾坪　64
上新垈里　745
上新順里　818
上新院里　542

지명색인

上新正里 519
上新坪 634
上安味里 163
上安味洑 165
上鞍坪 713
上安興 178
裳巖谷 98
裳巖山 374
上藥岩山 48
上陽洞 58
上陽里 826
上陽穴里 833
上於城里 823
上淵街谷 720
上梧里 803
上梧灣 613
上玉濱川 57
上瓮里 126
上瓦要山里 811
上瓦村 73
上旺道里 832
上王洞 182
上外先里 812
上牛望里 130
祥雲里 833, 843
祥雲里前溪 847
祥雲里酒幕 848
祥雲坪 845
上院谷 299
上原谷 639
上元唐洞 699
上院洞 396
上院寺 169, 216, 344
上元山 660
上院菴 111
上元庵 389
上原通坪 723
上元浦里 125
上月城洑 739
上月川 847
上月川里 834
上越坪 132
上楡谷里 798
桑陰里 714
桑陰里古城 715
桑陰前洑 715
上陰坪 413
上衣岩里 207
上長浦酒幕 319
上楮田里 59
桑田谷 69
上田灘里 519
上占方里 532
上頂岩谷 490
上汀月里 395
上操琴里 686
上宗坪 722
上佐峙 270
上注里 121
上竹街酒幕 432
上竹川 430
上中里 816
上中村 631
上支石里 532
上地位里 87
上珍里 119
上弥富里 168
上弥富酒幕 168
上榛峴里 801
上榛峴洑 795
上集室 470
上蒼峰里酒幕 275
上川 407
上泉谷里 197
上川基 780
上川前 705
上泉田里 230
上草邱 327
上草里 394
上初北面 518
上草院 183
上草院酒幕 182
上村 184, 307, 320, 458, 458, 644, 783
上村里 236
上村津 606
上鄒儀里 797
上致財谷 464
上漆田里 192
上漆田前酒幕 192
上炭里 396
上炭酒幕 397
上塔里 800
上吐洞 694
上土里 823
上土城里 815
上退溪里 192
上退溪里酒幕 192
上板橋坪 723
上板里 807
上板里酒幕 806
上沛川里 725
上坪 156, 200, 232, 405, 457, 467, 501, 505, 659, 763
上坪洞 618
上坪里 388, 515, 516, 831
上坪洑 222, 473, 538, 740
桑坪洑 249
上坪新洑 853
上坪前川 847
上浦里 90, 812
上浦村洞 57
上品谷里 197

上楓洞里　796
上下燈台　341
上下岩山　498
上鶴里　820
上咸白山　758
上海三垈　306
上海三垈酒幕　311
上虛川洞　584
上峴　205, 604
上縣里　548
上玄岩里　215
裳峴坪　303
上花南嶺　59
上花里　725
上禾岩里　73
上回山里　820
上檜耳里　547
塞番地　611
塞檐峴　356
生谷　596
生女峰　97
笙潭　317
笙潭坪　316
生桃谷　571
生麻　86, 93, 112
生鰒　751
生山　353
牲山　438
牲山城載　446
生陽洞　292
生陽峴　351
生雲里　175
生雲酒幕　176
生雲坪　175
生場里坪　311
生場員洑　312
生昌驛　485
生鐵　534
生呑里　649
西江　592
西江酒幕　594
西江津　591
西巨論里　194
西巨論里峴　194
西谷　51
西龜岩山　386
書基谷　785
西起峰山　374
書堂谷　591, 627, 712
書堂洞　576
書堂洑　565
書堂村　568
書堂峙　581
書堂坪洑　366
西大川　792
鋤乭谷　456
西浪塘坪　377
西里　387, 730, 738
西鯉里　823
西鯉沼　822
西林里　832
西林山　595
西面　71, 142, 828
瑞目里　258
西門街　327
西門里　360, 831
婿房沼　99
西邊里　119
棲奉谷　759
西士川上里　212
西士川下里　212
鼠山　226
西山谷　591
西山峙　594
西山下坪　441
西石　313
西仙里　831
西城　554
西城里　365
西沼　429
西水浦里　820
書岩洞　584
瑞岩坪　348
書於味　453
書於味洑　454
鋤業里　499
西域谷　456
西役洞　440
西域洞前川　541
瑞域里　714
瑞域川　713
西椽里　105
鋤吾芝川　235
鋤吾浦　190
瑞玉洞　453
西旺里　718
西旺坪　722
瑞雲里　656, 796
瑞雲里洑　657
瑞雲岩里　743
瑞雲驛　795
書院基　557, 654
書院里　224
書院坪　626
西楡井里　821
西應洞　470
西自谷里　814
西作洞　330
西蚕山里　691
西楮谷　363
黍田谷　276
黍田洞　278
西亭里　740
西濟灘　443

書造谷 223
徐中洞 573
西芝屯 354
西芝嶺 356
西芝山 332
西芝峴 333
西津江 514
西川溪 169
西川洞 158, 170
西川洑 158
西川坪 157
西川峴 171
西翠嵐山 535
西炭甘里 802
西灘津 422
西抱谷 114
叙霞洞 659
棲鶴 763
棲鶴谷 758
西墟里 388
西湖里 144
西湖里洑 145
西湖里浦口 144
西湖酒幕 422
西湖坪 428
瑞和里市場 426
西華山 686
西希谷 131, 151
西希嶺 151
石盖山 839
石鉅里溪 280
石巨里洑 454
石鉅里酒幕 282, 296
石居士墓 75
石巨坪 334
石鉅峴 318
石結伊 438
石逕里 344
石逕寺 344
石高介 146
石谷 247
石串 354
石串洑 356
石光山里 820
石橋 635, 649
石橋谷 448
石橋里 119, 562, 829
石橋里店 114
石橋洑 563
石橋酒幕 650
石橋川 846
石橋坪 741
石龜 562
石內洑 782
石達山 319
石潭里 814
石潭村 278
石垈谷 439
石坮里 725
石坮洑碑 727
石臺庵 817
石島里 730
石同巨里 299, 307
石同巨里酒幕 311
碩洞里 801
石同坪 201
石同坪洑 201
石頭洞 546
石頭山 779
石硫磺 798
石梨亭 467
石梨亭洑 472
石門里 125, 179, 369
石物浦谷 510
石磅峙 766
石壁山 839
石屛山 581
石峰 500, 503
石鳳岩 226
石峰村 267
石峰坪 266
石佛堂洞 538
石佛堂里 537
石佛峰 638
石碑 715
石寺洞 152
碩士里 195
石寺里 822
石山嶺 134, 151
石城 792
石城里 729
石城山 839
石城坪 729
石水洞 521, 699
石安里 79
石巖洑 178
石巖坪 177
石崖峰 421
石厓峴 510
石野坪 518
石王里 261
石隅 268, 321, 328
石隅溪 324
石隅里 282
石隅洑 852
石隅酒幕 115, 324
石隅川 329
石隅坪 326, 744
石義石洞 299
石茸岩谷 518
石長谷 116, 246, 378, 420, 427
石藏谷 201, 409
石葬谷 247, 447, 747

昔葬谷 435
昔獐谷 839
石葬洞 94
石墻峴洑 460
石田里酒幕 432
石田坪 280
石鼎洞 94
石柱 553
石芝 339
石芝峴 341
石灘 80
石炭 850
石塔 79, 219, 221
席破嶺 217
石坪里 167
石坪峴 577
石浦洞 78
石項 128
石項里 170, 667
石項洑 677
石項於味 780
石項川 704
石革山 270
石峴 60, 61, 67, 74, 205, 279, 282, 499, 604, 626, 669, 698
石峴里 142
石峴里酒幕 142
石峴洑 782
石峴村 281
石華山 242
石花村 184
石花村酒幕 184
石灰 197, 849
船街酒幕 74
扇谷 55
仙谷 784
船橋里 559
船口尾 478
船口尾酒幕 479
仙女谷 416
先達谷 132
先達峴 131
善德碑 415
蟬洞 95
船動洑 85
蟬洞酒幕 104
船頭坪 139
船屯地洑 806
船屯地坪 405
仙樂洞 599
仙娘堂谷 310
船沼津 100
先審洑 769
先審坪 770
仙巖江 618
仙巖谷 606
仙岩里 516
仙巖里 619
仙岩寺 688
仙岩山 265
仙巖酒幕 621
仙巖津 617
仙巖峙 621
先艾谷 427
船崖洞 164
蟬淵里 554
仙游潭 364
仙遊洞 58
仙游里 362
仙游室 360
仙遊亭 114
仙游坪 361, 364
仙游坪上洑 362, 365
仙乙峙 840
先乙坪 336
仙人堂 695
扇子谷 439
仙子乙嶺 555
扇子峴 350
善政碑 361, 361, 380, 380, 552, 853, 854, 854, 854, 854, 854, 854, 854, 854, 854, 854, 854, 854, 854
仙濟洞 695
船津 484
善倉山 749
先倉酒幕 812
善倉川 750
先村坪黃字堤堰 810
船峴 718
雪龜山 638
雪論谷 666
雪梨谷 402
雪梨谷川 406
雪味 548
雪味前川 541
雪味坪 540
雪嶽山 838
設雲 766
雪雲峙 604
雪峙峴 210
蟾江 183, 290, 304, 315, 324, 337, 341
剡江 337
蟾江川 175
蟾橋嶺 533
剡內里 742
剡阜 313
剡石洞 570
剡石店 572
蟾岩溪 311
閃只 602
涉沙洞 608

涉沙坪　607
成哥洑　137
成巨里　108
城谷　146, 417, 632
城谷嶺　149
聲谷里　554
城谷池　687
城谷坪　686
城南洞　775
城南里　373
城內　341, 625
城內溪　725
城內谷　721
城內洞　390, 641, 697
城內里　830
城內洑　741
城內山　622
聖道谷　367
城洞　122, 538
城洞里　537, 800
城洞川　280
星斗谷　771
聖登里　331
聖留嶺　701
星摩嶺　159, 660
城門內山　223
城北　108
城北洞　775
城北里　81, 664
城北里洑　665
城北員洑　110
城北坪　552
城佛嶺　455
成佛峴　459
城山　91, 97, 792
成山　223
城山里　125, 272
猩猩峴　840
聖壽山　787
城岩里　506
盛愛谷　438
城崖谷　581
成野峴　279
城隅洑　739
成子洞　398
聖潛谷　771
城載山　720
城底洑　137, 738
城底峴　226
城前　269
城岾山　48
成造巖　777
城柱洞　485
星周目谷　247
成珠峰　215
成州峰　220
聖主峰　500
聖主山　622
聖住庵　817
城柱峴　486
聖知谷　205
聖旨谷　246
聖智谷　634
城直里　391
城直峴　390
星川里　374
城側山　244
城峙　582, 616, 840, 842
城峙谷　296
城下村　561
城峴　84, 103, 151, 463, 548
星峴里　717
城峴里　803
城峴洑　550
星湖里　81
城堭　770
城隍街川　407
城隍谷　382, 410, 419, 420, 601, 837
城惶堂　297
城堭塘　766
城隍堂溪　150
城隍堂里　213, 802
城惶堂里　262
城隍堂洑　393
城隍堂山　48, 727
城隍堂伊　548
城隍堂前川　541
城隍堂酒幕　151, 798
城隍堂坪　393
城隍洑　151, 782, 789
城隍山　374
城隍店　459
城隍村　610
城隍峙　402, 840
城隍坪　150, 199, 421, 786
城隍坪洑　231
城皇峴　103
城隍峴　206, 219, 363, 383, 436
細巨里　741
細古峴　154
細谷　347, 464, 633, 658, 759
細谷溪　311
細谷里　611
細橋　343, 526, 593
細橋坪玄學堤堰　810
細丹坪　335
世垈　649
細洞　307, 339, 514
細洞員洑　109
洗馬川　686

洗戊峴　351
世上洞　545
世上洞於口　549
細松里　602
洗水清　544
細深井洑　116
細隱谷　698
世藏洞　532
世尊坮　341
細注院　515
細竹垈　444
細坪　662, 703
細浦　329, 703
細浦里　121
洗浦里　126
細峴　106
細峴里　800
細峴里洑　794
小佳野谷　744
小葛洞嶺　490
小葛峴　486
所開洞　164
小逕谷　837
小鷄足谷　595
小古介　525
小古介里　800
所古里川　774
小孤山　700
小谷　242, 346, 586, 591
蘇谷里　802
小谷峴　239
小坤里嶺　539
小槐木坪　724
小橋谷　464
小九屯峙　264
昭君里　174, 268
昭君山　265
昭君坪　266
小斤伊　163
小琴瑟谷　606
少年谷　477
所多坪　607
騷坍里　281
小畓洞　546
小大峰　503
小道士谷　346
巢鳴亭　244
所洞　668
小東嶺　368
小洞庭　717
所洞津　666
小東川　598
小洞峙　253, 270
小屯池　196
小得峴　318
所羅里　665
小兩峨峙　841
小兩峨峙酒幕　356
小龍谷　202
小龍峴　201, 455
小龍峴池　454
小漏水坪　393
小林寺碑　79
小磨磋洞　608
小馬峙　253
少馬坪里　656
少馬坪洑　657
小滿坪　383
召免里　685
小牟谷　720
小毛頭洞洑　107
小茂地盖　426
所味川　56
小白山　697
小白跡　546
小凡汗谷　52
小甫丁谷　837
小飛川　765
所沙　668
所思碑　178
小沙芝谷　460
小三馬峙　269
小床谷　523
小石峴　605
小仙舞洞　207
小城洞　122
小樹木谷　63
小樹木嶺　67
小水外洞　643
小升安里峴　312
消息峴　350
小深谷　528
小我也津浦口　379
小牙玉谷　346
小鴈着伊　363
小崖里　619
小野谷　300
所也谷　616
蘇野洞　699
小野味坪　338
小也峙　599
所也坪　844
昭陽江　189
疏陽川　724
小嚴台嶺　74
巢梧木里　619
小五雲　492
沼隅川　180
小月川　785
小月坪　785
小乙山　554
小鷹踰嶺　67
所伊山　810
昭日嶺　528

消日坪　405
梳匝谷　517
蘇在洑　200
蘇在坪　200
召亭嶺　698
召造院　708
燒酒谷　596
霄柱峯　787
燒酒峴　209, 211
小甑山　666
沼直里洑　671
所直坪　183
小川　56, 761
所川面　828
小川洑　257
小千石谷　838
小村洑　471
小村坪　466
小村峴　474
小杻谷　441
小丑谷　836
小峙里　123, 783
所峙里　414
所致野　708
所致田洑　709
所他里谷　219
召呑　659
小炭屯　341
小彈里　631
小塔洞　217
小土古味　468
所通洞　111
小八溪　625
小坪谷　310
小平谷　51
小浦　356
小浦洑　454
所浦坪　505
素豊里　512
小荷五介　168
小河峴里　84
巢鶴溪　724
巢鶴谷　765, 780
巢鶴洞　671
巢鶴山　719
巢鶴店　761
小閑里　434
蘇漢洑　771
蘇漢川　769
蘇漢坪　770
沼項洞　556
小墟　404
小峴　60, 85, 89, 111
小峴洞酒幕　66
小峴里　87
小後谷　836
所厚里　814
俗開洑　248
束洞　592
束洞酒幕　593
續命洞　556
束沙谷　523
束沙洞　519, 544
束沙洞里　522, 526, 532, 546
束沙里　167
束沙里酒幕　168
束斜峰　135
束沙峙　168
俗事峴　651
束涉川　118
束實坪　845
續鷹峰　616
束津　843
束草里　828
蓀谷　331
巽谷　839
蓀谷川　337
孫道偶　603
孫利洞　608
遜利峙　253
孫野坪　722
孫五串嶺　736
巽伊谷　590
遜伊谷　640
巽耳山　245
巽耳峙　253
率垈里　237
率味峴　383
松街　610
宋哥谷　517
松街酒幕　714
松街川　713
松葛門　515
松江里　371
松江洑　373
松芥谷　446
松巨里　152
松巨里酒幕　153
松谷　257, 271, 276, 381, 498, 628
松谷洞　642
宋谷洑　782
松谷酒幕　275
松谷村　273, 274, 643
松谷峴　500
松內　273
松內谷　52, 837
松內洞　825
松內山　756
松壇酒幕　660
松潭李文成公碑　580
松潭堤　680
松大沼　821

頌德碑　361, 361, 361, 651, 651, 651, 651, 669, 669, 669, 671
松島津里　399
松洞　93, 94, 220, 289, 499, 526, 546
松洞澗　100
松洞里　489, 800
松洞洑　489
松屯地　543
松蘿峴　80
松絡峰　652
松落山　465
松陵里　677
松里峙　755
松林中坪洑　565
松林下坪洑　565
松巒川　209
松木亭　299
松茂坪　194
松門里洞　325
松尾洑　739
松米山　580
松坊谷　747
松坊里　748
松坊洑　749
松峰　199, 451
松峰洞　514
松峰山　438
松北谷　554
松濱　163
松山里　740
松山坪　337
松三峴　351
松桑洞谷　69
松岳山　633
松安里　623
松岩溪　227
松岩谷　228
松岩里　557, 831
松岩里酒幕　848
松岩山　835
松岩上里　227
松岩川　846
松岩坪　129
松岩下里　227
松壓山　580
松陽里　121, 714
松魚　737
松魚里　831
松五里　649, 656
松隅里　139
松隅里舊洑　140
松隅里新洑　140
宋尤菴碑　751
松隅村　526
松院　303
松原里　92
松院里　664
松原洑　93
松茸　460, 558, 567, 580
松茸谷　487
松茸洞　289
松茸峰　494
松葺山　310
松葺坪　334
松伊峙谷　410
松茸峴　507
松杖溝　364
松前里　174
松田里　730, 832
松田酒幕　371
松田坪　734
松亭　80, 95, 317, 331
松亭澗　100
松井谷　676
松亭洞　697
松亭里　87, 142, 255, 371, 569, 624, 785, 803
松亭里酒幕　143
松亭里坪　406
松亭幕　626
松亭洑　176
松亭伊　548
松亭伊村　542
松亭子　238, 444
松亭子津　446
松亭前川　540
松亭酒幕　80, 252, 258
松亭地酒幕　148
松亭之酒幕　848
松亭站　781
松亭川　713
松亭坪　302, 348, 468, 569, 744
松亭浦　458
松亭峴　102
松竹谷　145
松川里　662, 832
松川村　564
松青里　129
松青酒幕　750
松村　561, 580
松峙　252, 300, 304, 375, 533, 636, 637, 660
松峙洞　610
松峙里　530
松峙酒幕　252, 263
松峙村　250
松峙坪　529
松峙峴　530
松坪　708
松浦江　518
松浦洞　389

松浦里　121, 518
松下谷　206
松下里　119
松下里酒幕　115
松下酒幕　629
松鶴谷　634
松鶴洞　369
松鶴洞酒幕　422
松鶴峰　370
松鶴山　49, 416
松寒里　178
松峴　60, 131, 135, 356, 375, 521, 605, 626, 636, 645, 692
松峴洞　58
松峴里　119, 147, 203, 224, 399, 580, 685, 717, 832
松峴山　97
松峴堤　103, 104
松峴酒幕　134, 638
松峴坪　147
松湖　317
松湖洞　536
松湖里　369, 814
松花坪　449
灑嶺　539
鎖峙　651
釗高峙　600
釗谷　465
釗德山　523
釗也洑　573
釗峙　644
釗板里　169
藪街峴　74
稤庫里　395
稤庫酒幕　394
水曲　110, 314
水谷　417, 705, 785
水谷洞　536
水曲津　315, 341
水谷川　704
水曲村　96
水串山　793
水串地里　800
水串地川　793
水口垈　185
水口洞　320
水口酒幕　234
水口坪　728
水口浦　524
水基　785
藪內　340
藪內野　587
藪內坪　788
水濃谷　737
水德洞　525
秀德嶺　533
樹道岩谷　54
秀洞　65
水洞　164, 184, 668, 831
壽洞　269
水洞溪　249
水洞谷　721
水洞里　189, 360, 807
壽洞里　210
水洞前川　847
水浪里　825
水麗澗　193
首嶺　657
首嶺里　656
水鈴坪　209
壽祿峴　460
水流洞　652
水流岩洑　176
水陸里　785
水陵寺洑　703
壽理洞　785
水裏洞谷　308
守理峰　135
水理蔡谷　466
水利灘　458
水臨垈　170
水磨谷　627
水旀里　659
樹木峴　61
樹茂亭　499
守無主谷　52
水門谷　575
水門里　569
藪蜜里　239
水朴峴　461
水畔野　55
水防谷　393
水防川　724
水防浦　521
水防浦坪　518
水白里洑　182
數步垈　726
燧山　63
守山　705
水山里　832
守山驛　701
守山酒幕　704
水山津　843
水殺坪　404
水生洞　65
守信谷　514
穗巖　377
水巖　779
秀岩谷　516, 535
水巖里　623
睡岩堤　573
首巖酒幕　777
水秧谷　426, 427

水央洞　593
水仰山　516
水崖幕　708
垂陽峰山　332
首陽山　259, 772
垂楊亭酒幕　66
水陽村　561
垂陽峴　333
水餘里　832
水余里前溪　847
水餘洑　116
水外洞　642
水外里　371
水春谷　449, 462, 678
水春坪　625
水雲谷洑　306
水雲潭坪　531
水月庵　811
水踰　354
水踰里　498
水踰村　268
茱萸峴　318
水潤谷　591
藪陰坪　611
秀伊峰山　386
水仁里　142
水仁酒幕　142
水入面　152
水入皮陽地洑　108
水入皮陽地下洑　108
水入皮陰地洑　108
水自里洑　312
水自里坪　310
水字幕　491
鬚子峰　487
首子岩洞　389
水作谷　257
水作洞　258, 267
水田洞　123
水晶　380
水井溪　216
水晶洞　289, 389
水井里　220
水晶峙　375
水井峴　219
水注坪　770
修眞寺　680
水遮谷　721
水車洑　143
水站洞於口川　541
水彩谷　712
水泉洞里　525
水川里　730
水鐵　254, 578, 651, 797
水鐵洞　136, 243
水鐵馬　235
水鐵幕　282
水鐵店　323
水鐵店器　88
水青谷　199
水青洞　152, 504, 514
水淸洞　233, 303
水青嶺　224, 228, 507
水青里　158
水淸洑　688
水青亭洑　200
水淸酒幕　594
水青峙　630
水淸坪　686
藪村　349
水村　667
水出里　653, 665
水砧谷　131, 146, 165, 395, 403, 409, 434, 463, 465, 513, 534, 720
水砧洞　78, 403, 410, 495, 542, 545
水砧洑　107, 130, 249, 851, 851, 851
水砧川　406
水砧坪　128, 846
水砧峴　490
水砧後坪　405
水墮洞　256
水墮寺　266
水墮川　267
水泰　493
水苔谷　447
水太洑　362
水泰洑　493
水泰寺　507
水通里　84
水筩洑　249
水桶項　661
水桶項洑　266
水坪　708
水坪洑　709
水皮谷　465
水皮嶺　475
水皮里　496
水下里　670
藪下洑　351
水寒谷　756
水項谷　246
手項里　123
水項里　167
水項村　251
水峴　224, 526
水花　678
水回山里　820
水回村　625
藪後坪　326
宿古之酒幕　366
宿鳩坍　453

菽茅峙　842
宿岩谷　755
宿岩里　662
宿眞谷　378
宿佩嶺　536
蓴　813
順甲里　546
順達面　735
蓴潭　815
順頭谷　601
順防谷　363
筍甫前江　406
順長里　268
順長坪　266
巡察使姜銑淸白善政碑　62
巡察使金時淵善政碑　433
巡察使金禎根淸白善政碑　62
巡察使徐英淳淸白善政碑　62
巡察使申在植淸白善政碑　62
巡察使李憲瑋淸白善政碑　62
巡察使李衡佐淸白善政碑　62
巡察使鄭泰好淸白善政碑　62
巡察使韓益相淸白善政碑　62
巡察使洪祐善德碑　415
蓴浦　560
蓴浦洞　561
筍浦里　365
荀浦洑　369
筍浦坪　405
述肥村　516
述山　306
述山酒幕　311
述山峴　312
述員谷　146
述員里　148
述員里峴　149
述遠峴　213
述回里　643
崇介山　836
膝牛峰　392
瑟項　314
僧谷　55
承廣峴　726
僧潭谷　585
僧堂洑　236
僧堂坪　236
僧道菴　330
僧洞　83
升斗谷　665
升馬山　260
僧幕谷　415
僧房谷　175, 378
僧房洞　228
僧房嶺　701
升方里　262
升方山　260
僧房山　419
承承谷　417
升安里　306
升安里酒幕　311
升安里峴　312
升安峴　341
承巖里　801
承陽谷坪　336
僧田谷　778
丞之谷　54
承旨谷　214, 302, 464
承旨洞　316, 342
僧泉　638
僧河山　463
乘鶴浦津　117
升峴　423
柹　561, 563, 567, 569
矢弓浦　78
矢弓浦里　815
矢垈　327
市垈巨里　611
詩洞前溪　576
侍郎洞　395
侍郎洞酒幕　394
矢蕗谷　294
柴理洞　814
柹木　768
柴木谷　246
柹木洞　698
柹木峴　841
侍墓谷　310
市邊　769
時雨坪洑　181
市場街酒幕　408
柹長洞　273
市場店　565
侍中坮山　727
矢灘　99, 328
柴灘里　251
矢灘里　392
市峴　75
食鐺岩　566
食上洞　542
植松　768
植松亭　321
植松亭酒幕　324
神溪寺　389
薪谷洞　698
新廣坪　721
薪橋谷　160
新基　603, 670, 785
新基里　167, 583, 717
新機里　206
新基洑　168
新機峴　205
新南里　748
薪南里　784
新乃谷　138

新沓谷　771
新當嶺　533
新堂里　79
新塘員洑　89
新堂峙　274
新堂峙酒幕　275
新垈　243, 298, 354, 506, 615, 624, 632, 635
新垈谷　69, 287
新垈洞　58, 72
新垈里　121, 180, 268, 373, 396, 745, 825
新垈洑　179, 277, 473
新垈山　503
新垈酒幕　269, 396
新垈川　627
新垈坪　179, 277
新德谷　409
新德里　153
新德伊　78, 440
新德伊山　417
神道碑　534, 587
新洞洑碑　727
新洞坪　723
新屯坪　260
新路谷　757
新魯里　602
新魯洑　605
新論　658
新栗洞里　717
新陵谷　53
新陵山　50
新里　163, 682, 735, 768
新里洞　698
辛梨洞里　198
新里酒幕　165
神林　298
神林溪　301
新林洞　696
新林洑　685
新林坪　684
新立驛　679
新萬嶺　522
新明里　519
新木洞　489
新木洞洑　489
新木亭　300
新木亭坪　298
神武垈山　523
新別里　771
新別崖石碑　424
神屛谷　606
新屛山　666
神屛峙　609
新洑　134, 137, 149, 221, 249, 472, 473, 499, 641, 694, 804, 851
新洑里　121
新洑坪　132
新峰峙　270
新鳳峴里　823
新寺　706
新寺谷　417, 567
申石里　577
新城　115
薪城　343
新城里　360
薪城坪　342
新沼　584
新水洞　237
新守里嶺　497
新水坪　237
新市基站　781
新心山　695
新阿干里　745
新阿干里店　745
新阿干里坪　744
新安上里　529, 530
新安驛　530
新安場　530
新安中里　529, 530
新菴　424
申岩谷　486
新岩里　204
新野里　745
申野坪　518
新陽洞　521
新陽洞里　793
新陽里　321
新延江津　215
新硯洞　664
新延津　206
新延坪　204
新榮谷　581
新旺里　563
新月郎　344
新月里　735
新月坪　627
新踰峙　207
新邑里　533
新邑店　718
新日里　742
新日洑　742
新場垈　242
新場里　717
新場店　718
新蹟洞　66
薪田里　431
薪田坪　676
新店　743
新店里　742
新店酒幕　202
新店村酒幕　274
新井里　121

新井酒幕　115
新亭坪　612
神主谷　487
新酒幕　118, 625, 626, 767
新津　668
新昌洞　543
新昌里　537
新川　738
新川江　618
新川洞　449
新川里　619
新川里酒幕　621
新川洑　738
新川津　617
新川坪　737
新村　73, 122, 190, 243, 251, 255, 291, 292, 306, 307, 317, 327, 330, 331, 343, 349, 353, 354, 443, 478, 485, 489, 502, 512, 516, 542, 549, 614, 620, 687, 820
新村洞　57, 469
新村里　125, 196, 216, 414, 814, 822
新村洑　352, 473, 550
新村酒幕　118, 256, 259, 408
新村津　337
新村川　407
新村坪　248, 406
新村浦　198
新峙　206
新峙里　650
申致元救恤碑　408
新炭里　725, 817
新炭酒幕　818
新太谷　772
新土地坪　64
新通谷　601
薪坡里　84
新坪　128, 248, 266, 468, 612, 702, 723, 744, 768, 786
新坪江　724
新坪里　125, 367, 373, 526, 740, 805
新坪洑　352, 700
新坪員洑　130
新坪酒幕　368
新浦洞　822
薪浦里　221
新豊里　544
新鶴谷　747
新鶴洞　58, 72
新鶴川　747
新項峴　137
新峴　323, 324, 329
新回山里　820
申后垈　525
新興　634, 637, 763, 769
神興谷　378
新興洞　520, 658, 816
新興里　80, 485, 513, 533, 717, 729, 745
神興寺　843
神興寺事蹟碑　853
實乃嶺　474
失牛峴　234
深谷　427, 764
深谷洞　576
深谷里　586
深谷寺　135
沈門基洑　850
尋芳谷　82, 271, 575
深防谷　128
尋芳里　769
深培洞　273
尋福里　570
深峰　286
心常洞　623
深上里　81
深上洑　82
心常山　622
深水谷　688
沈水谷　771
深水里　689
尋牛山　286
深源寺　817
深源菴　758
深衣谷　701
沈藏峴　536
深寂嶺　151
尋積嶺　426
深寂寺　757
深座坪　201
深浦里　139
深浦里峴　141
深下里　81
深下洑　81
尋鶴谷　53
尋鶴山　49
十里山　48
十里湖　450
十二峴洑　733, 736
十峴洞　65
雙巨里　353
雙鷄谷　381
雙雞谷　741
雙溪坪里　532
雙橋洞　199
雙橋山　787
雙頭嶺　134
雙嶺　528

雙嶺洞里　800
雙龍臺　413
雙峰里　387
雙岳山　517
雙巖溪　383
雙巖谷　382
雙巖坪　180
雙川　846
雙鶴洑　736
雙鶴山　734
雙鶴坪　734
雙峴　840
氏岩洑　550

아…

阿千里　745
峨溪　592
衙洞里　188
鵝頭山　114
阿弄佳地坪　428
娥媚洑　86
峨嵋山　82, 96, 259, 402, 732
峨美峴　221
衙舍後山　48
峨山里　729
阿細川洞　642
我也津　373
我也津浦口　379
峨洋山　838
峨洋坪　845
阿音峙谷　669
兒啼峴　577
阿竹洞　570
阿竹里　570
兒止碑　575
峨嵯洞　166, 631
牙次洞　661
阿次洑　703
峨嵯峙　630
峨嵯峙酒幕　629
阿次坪　701
牙淸山　275
牙村　331
峨峙洞　521
我親谷　606
牙沉里　492
牙沉里坪　491
衙沉洑　493
峨峴　510
峨峴里　388, 512, 513
鵝湖　255
阿湖羅地酒幕　793
鵝湖川　254
鵝湖坪　254
嶽巨里野　452
惡臺岩山　531
安哥谷　378
安可之谷　464
安谷　309, 555
安垈　741
安垈里　142
安道里　742
鴈洞　133
鞍馬山　203
安味舊洑　165
安美里　537
安味川　162
安味坪　162
安盤嶺　118
安背峴　102
安保里　217
安保驛　217
安保津　217
案山　49, 68, 191, 460, 590
鞍山　417
案山洑　473
案山坪　845
安水坪　101
安心里　360
安心川　394
安心村　96
鞍岩山　497
安岩員洑　109
安巖峴　630
安養谷　810
安陽洞　496
安養里　79
安養庵　811
安陽坪　845
安仁谷　581
安仁里　578
安仁驛　575
安仁津里　578
安逸王山城　709
安逸遠谷　419
安壯洞　506
鞍障山　374
鞍粧山　535
安靜洞　339
鴈止項峴　219
安昌驛　305
安昌津　304
安春垈　268
安冲谷　757
鞍峙　160
安浦洞　80
安豊面　536
眼鶴山　49
鞍峴　84, 198, 304, 394
鴈峴　727
鴈峴洞　561

鞍峴里　198
鴈峴里　560
鴈湖里　399
鞍靴山　195
安興洞　169
安興里　272
安興驛　177
安興峙　630
謁面里　643
岩谷　292, 321, 402
岩谷里　194
暗谷村　615
岩谷坪　295
岩谷峴　297
岩洞　153
巖幕員洑　88
岩傍谷　438
暗山　463
岩雪山　433
岩沼洑　853
巖自谷　764
岩川　429
鴨谷　185, 219
鴨洞里　120
鴨龍里　713
鴨龍浦　714
鴨林坪　501
鴨山　114
鴨浦坪　518
仰今洞　406
仰企峙　582
仰里　817
仰月峴　350
隘谷　55
崖崎峴　436
愛垈　108
愛垈員洑　109
艾洞洑　266
愛蓮谷　669
艾幕谷　444
艾幕洞　195
愛民善政碑　445
崖山　48
崖山洑　91
愛山亭　651
崖峴　117
艾峴　223, 474, 475, 502, 507, 510
崖屹　340
櫻桃谷　218
冶谷　51, 131, 204, 211, 346, 448, 464, 490
夜谷　409
野多坪　370
冶垈　444
野洞　58
冶洞洑　207
夜味　661
野於溪　133
野於谷　131
野隱垈　650
也音里　683
也字山　242
冶匠谷　382
冶店　629
野定洞　65
野村　66, 136
野村野　56
野八谷　771
冶坪　611
鰯　715, 715, 718, 727, 731, 736, 740, 751
藥師峰　712
藥司院里　190
藥師殿庵　821
藥山里　823
藥城灘溪　257
藥水　100
藥水谷　55, 132, 466
藥水洞　86, 661
藥水里　159
藥水野　159
藥水驛　160
藥水酒幕　160
藥水坪洑　565
藥水浦　516
藥水浦洑　515
藥水峴　504
藥岩川　56
藥泉洞　557, 816
藥泉院　578
梁哥德伊　542
陽開谷　528
陽鏡山　353
兩雞店　730
楊谷　489
良谷里　685
陽丹里　211
陽德院酒幕　275
羊島　592
楊洞　485
楊洞洑　486
良里坪　342
兩班村　779
陽返峙　780
梁山　504
兩沼川　434
兩水澗　515
良水山　804
兩水菴溪　531
兩水菴谷　131
兩水菴里　531
涼水坪　102
兩峨峙　356

陽巖山　97
陽岩峙　162
陽巖坪　376
襄陽峴　376
楊淵幕　626
楊淵驛　626
兩院里　426
養元面　745
陽陰山　108
良儀垈　444
楊汀里　197
陽亭坪　728
楊汀浦　197
陽地　767
陽地谷　271, 420
陽地洞　169
陽地里　495, 755
陽址里　717
陽之邊里　203
陽地洑　86, 149, 496
陽支洑　739
陽之洑　803, 806, 851
陽地上洑　472
陽地上新洑　472
陽地村　96, 262, 268, 547, 426, 430, 453, 458, 468, 492, 542, 543, 547
陽芝村　226, 272
陽之村　314, 322, 350
陽地村前川　541
陽地坪　146, 428, 467, 498, 625
陽芝坪　227
陽之坪　845
陽之坪洑　231
陽地下洑　472
陽地下新洑　472
兩支峴　87
兩地峴　89
養珍里　391
養珍驛　389
養珍店　390
養珍坪　389
陽川　682
陽川谷　682
陽村　73, 236, 321, 561, 583, 822
陽通溪　226
陽通里　226
陽通峴　459
良湖　331
良湖津　337
良化峴　636
魚　682, 684, 690, 692, 789
於邱山　381
於丹里　579
於達里　587
於達津　587
御踏山　181
漁桃隱里　661
魚頭里　422
魚屯谷　212
於屯洞　469
於屯里　182
魚得江洞　514
於羅里　610
於羅田　661
於羅田洑　663
魚浪里洑　305
魚浪坪　302
於令谷　452
於論里　414
魚論酒幕　263
於龍谷　409
魚龍谷　640
魚龍洞　94
魚龍里　119, 366
魚龍臥池　274
於墨堂坪　334
魚尾峙　432
御史臺岩　692
御使孟萬澤清白善政碑　61
魚錫正碑　603
漁城田里　833
漁城田里前川　847
漁城田洑　851
魚首山　732
魚信灘　429
於深谷　617
於野坪　266
魚羊谷　837
於彥谷　194
於淵里　797
於淵川　797
於永谷　628
於永洞　222
魚于室　153, 426
於雲谷洑　718
漁雲洞里　807
魚雲里　732
魚遊洞　444
於踰嶺　455
於隱谷　426 658, 716
魚銀谷　456
魚隱洞　58, 71, 153
漁隱洞嶺　390
魚隱洞洑　459
魚隱洞坪　364
漁隱里　740
魚隱山　425
魚隱川　421, 425
於隱坪　335
於音城里　815
於音城酒幕　815

於邑峙 609
於矣谷 246
於矣洞 253
於岑領 103
於岑村 96
於長里 261
於田里 119, 225, 664
漁川里 649, 793
漁川里洑 793
魚坪里 602
魚坪峙 604
於峴 690
於峴里 689
於屹里 557
億谷里 652
億谷洑 655
彦堂谷 766
言論 303
彦別里 579
堰村 105
乼德里 800
乼目嶺 345
乼目里 342
奄谷 287
奄谷里 691
嚴達洞 430
嚴屯峙 644
嚴木谷 716
嚴木沼洑 852
嚴木亭幕 757
嚴木亭酒幕 324
嚴成谷 200
嚴水洞 430, 544
嚴水洞酒幕 432
嚴水坪 428
掩月山 739
崦岾峴 75
嚴台谷 70
奄峴 289, 292
欕峴 318
奄峴酒幕 296
奄峴峙 296
旅閣酒幕 690
麗溪臺江 536
女桂巖谷 301
余谷 659
旅谷 698
呂公嶺 789
汝橋枰 376
女妓沼洑 249
餘良里 662
餘良驛 663
餘良津 660
余林峙 630
餘萬里 161
餘萬里洑 161
女舞場 695
麗眉川谷 381
汝三坪 376
女傷谷 395
餘水涯谷 346
餘水崖洑 352
汝岩谷 721
閭閻 766
汝吾川溪 232
汝吾川酒幕 234
如愚溪 209
如雲作伊 547
如雲作坪 540
如雲川酒幕 848
如雲浦 833
餘蔭山 156
如意 706
如意坪 774
麗日峙 253, 253
勵祭堂 189
余贊里 298, 579
佘贊里 342
呂昌里 258
余村里 664
余村洑 665
余呑里 650
礪峴 220, 521
驛古介峙 840
驛谷 298
驛內里 255
驛畓坪 287
驛洞 223
驛洑 254
驛田坪 280
驛田坪酒幕 282
驛地坪 722
驛村 190
嶧村 430
逆峙 207
驛峙 731
驛坪 56, 295
驛坪酒幕 59
淵街江 724
烟佳里 431
淵巨里 799
連境谷 53
蓮莖山 590
鳶谷 378
連谷市場 566
連內山 523
鳶內川 425
連達谷 409
蓮塘 361, 754
蓮坮峰 397
連坮峰 712
蓮坮山 739
淵洞 126, 499
硯洞里 598

淵洞里　714, 717
淵洞峴　715
淵屯峙川　56
鍊浪谷　294
椽木洞里　801
蓮木川　407
蓮茂實坪　288
燕尾坪　141
硯邊里　562
硯洑　851
鳶峰　416, 486, 494, 632, 633
蓮峰里　243
連峰山　463
延峰亭　299
蓮峰亭　502, 768
延峰亭酒幕　160
蓮峰亭坪　320
鳶峰坪　146
鍊沙　686
鷰床洞　197
延迗浦　803
延迗浦江　529
延迗浦里　530, 530
延迗浦峴　530
連水谷　836
鷰岩洑　597
鷰巖山　374
鷰央谷　395
鳶魚臺　557
蓮葉峰　198
蓮葉山　200, 201, 202
燕子谷　464
鷰雀谷　396, 419
燕雀坪　491
蓮亭　578
蓮亭里　619
連珠潭　390
連珠峴里　825
連珠峴坪之字堤堰　824
蓮池　74
蓮池谷　257
蓮池洞　257, 602
蓮漲谷　420
連昌里　830, 843
連昌後坪　844
鷰川江　421
硯川谷　235
蓮川谷　447
硯川里　619
鉛鐵　384
煙草　78, 81, 86, 87, 91, 93, 109, 160, 162
聯楸谷　777
鳶峙嶺　522
淵吐味里　519
延坪里　610
延坪驛　611
鳶峴　351, 354
蓮湖　694
蓮湖里　725
蓮花洞　136, 403
蓮花里　717
蓮花峰　716
蓮花峰山　137
蓮花山　755
烈女朴氏碑　789
烈女碑　657
烈女岩洑　184
烈女龐氏碑　789
閱武臺　651
烈士德伊　533
烈山里　380
熱岩山　275
列峙　599
冽香亭　484
塩　561, 563, 566, 568, 570, 578, 585, 588, 849, 849, 849, 850, 850, 850
鹽　684, 690, 692, 727, 731, 737, 751, 789
塩邱洞　699
塩邱酒幕　699
念佛菴　315
濂城店　748
簾墻坪　248
鹽倉坪　722
塩峙　840
簾峙峴　333
廉湯村　425
葉開山　601
葉九雲洞　608
饁屯地　286
葉八山　788
永巨里　322
盈景谷　4
嶺谷　720
永谷酒幕　657
影光山　63
詠歸岩　557
嶺尾酒幕　115
嶺尾峴　115
影堂里　238
灵坮　502
盈德里　832
靈洞谷　720
永浪里　179, 344
永郎湖　379, 379, 398
令伯善政碑　566
鈴峰　214, 219
灵山　289
灵山谷　191
靈山谷　316
灵山峙　586

嶺上店　565
盈城洞　65
永世不忘碑　445, 445, 445, 445, 445, 445
暎水洞　256
永矢菴　424
永岩谷　440
灵愛地　341
永永浦　174
嶺外面　732
嶺雲山　734
英雲川谷　581
靈遠洞　453
迎月峰　463
暎月池　193
靈隱　769
營將尙佑鉉善政碑　776
嶺底洞　584
嶺底站　781
嶺前峙　599
寧靜谷　326
鴒鵰洞　341
鴒鵰寺　344
永蔦津　100
靈珠菴　117
影池　235
靈津里　388
鈴津村　564
鈴津浦　566
榮川　337
榮川坪　334
盈鐵谷　409
嶺村　603
永春浦　636
永泰鬱峴　61
鈴峴　200
鈴峴里　563
靈穴寺　843
永興里　592
永興市　591
永興酒幕　593
禮稽岩谷　418
禮溪浦川　511
曳輪酒幕　750
禮林村　519
芮林浦洑　377
禮門洑　853
禮門坪　845
禮美山　600, 666
禮美村里　599
穢陌坪　676
禮尙洞　470
穢墻坪　248
禮青山　772
預峴　555
吳哥德　135
五嘉湯溪　413
五甲山　500, 503
梧谷　331, 416, 678
梧谷溪　679
梧谷里　679
五公谷　457
五公洞峴　459
鰲橋坪　572
烏金谷　50
烏金井谷　308
五金川里　366
五臺山　165, 434
五台山　684
五道峙　279
五道峙洑　277
烏島坪　348
梧桐　536
梧桐谷　517
梧桐谷山　372
梧桐里　430, 525, 529
梧洞浦　515
烏頭峰　435
鰲頭峙　313
烏頭峙　645, 759
吾羅地峙　432
吳郞垈　466
五郞里　519
五靈谷　293
五老　705
五老峰山　617
五龍沼　491
五柳谷　426
五柳洞　150, 391, 429
五柳洞酒幕　432
五柳里　392, 735
梧柳里　748
五柳里峴　391
五柳洑　369
五柳川　713
五柳浦　142
五陵谷　596
梧里　769
五里洞　71, 195
梧里洞　106, 236, 344
五利里　822
五里木亭　272
五里木亭酒幕　274
五里程堰　242
五里程酒幕　243
五里程坪　242
五里地靈坪　132
五里津　365, 568
五里津里　391
五里津酒幕　366
五里村　705
五里坪　518
五里坪洑　415
五里浦　194

五理峴　103, 108
梧林山　245
梧晩谷　614
梧梅江　220
梧梅里　730
梧梅上里　221
梧梅津　220, 224
梧梅坪　220
梧梅下里　220
梧梅峴　221
梧木洞　630, 783
五木里　826
梧木里酒幕　795
梧木亭洑　271
五木酒幕　826
五木坪　824
五味嶺　145, 149
五味里　148
五半里　649
五方谷　676
五峰里　557
五峰山　208, 244, 392, 805, 835
午峰山　766
烏飛岱　267
鰲山　652, 838
烏山里　832
五相谷　301
五相洞　185
五色嶺　423
五色里　831
五色川　421
五西里　793
烏石器　80
五仙溪　476
五星里　453
吾星里洑　454
五歲菴　424
烏巢谷　395
烏小峙洑　238
五松亭坪　200
梧茂谷　788
烏水井堤　229
梧藪坪　349
烏時洞山　372
五十谷　202
五十九尾山　777
五十卜谷　353
五十卜坪　420
五十川　775
梧巖谷　601
烏岩沙　364
五巖池　151
五夜谷　695
梧野山里　817
午暘谷　212
五羊洞　643
五雲洞　94
烏原里　177
烏原驛　176
烏原酒幕　177
五衛將金東奭善政碑　789
吾音寺溪　452
五音寺里　453
五音山　182, 265, 362
五音浦　206
梧耳洞　576
烏自歸峴　219
五柞谷　410
五作洞溪　411
五作坪　338
烏鵲坪　368
五壯谷　118
五長山　91
梧底洞　783
烏洲野坪　70
烏池沼江　277
烏池沼津　276
烏川里　152
烏土　578
吾項峴　235
鰲峴　131
箕峴里　84
鰲峴里　278
梧花洞　106
梧花洞洑　107
烏篁川　428
玉街　327
獄街里　189, 404
玉街里　553
玉介洞　341
獄巨里　441
玉溪　79, 184
玉溪洞　694
玉桂峙　620
玉轎峰　731
玉女峰　286, 301, 686, 792
玉女峰山　259, 535
玉女山　116, 574, 621
玉女川　421
玉岱洑　134
玉帶山　301
玉岱坪　132
玉洞　122, 174, 370, 495
玉洞里　598
玉洞市　597
玉洞堰洑　597
玉洞酒幕　174
玉洞坪　597
玉漏里　262
玉流洞谷　271
玉流川　745
玉馬里　729
玉馬坪　729

玉濱山　50
玉山　288, 580
玉山酒幕　291
玉山坪　287
玉山浦口　225
玉山浦里　224
玉水谷　420
玉水洞　425
玉室　78, 79
玉室院　79
玉室峴　78, 105
沃原洞　785
沃原驛　781
屋低洑　271
玉川洞　556
玉泉峴　333
沃坪　326
玉峴　162
鰮　561, 563, 566, 568, 569, 585, 588
溫谷　837
溫水谷　189
溫水山　460
溫水坪　206
溫水峴　461
溫陽洑　694
溫陽坪　694
溫儀洞酒幕　192
溫井澗　100
溫井谷　698
溫井洞　93, 540
溫井洞里　543
溫井嶺　390
溫井里　391, 687
溫井山　49
溫井店　390
溫井坪　389
溫泉　233
甕谷　712
翁狗堤　103
甕器　754
甕器店里　194
瓮釜谷　534
瓮釜洞　504
翁城　107
瓮巖　377
甕岩洞　814
翁岩川　57
雍莊谷　231
擁藏谷　416
瓮壯谷　500
翁將谷　523
壅臧谷　669
甕莊洞　520
翁庄洞　542
瓮店谷　197, 837
甕店谷　783
瓮店嶺　533
瓮店村　543
翁主峴　333
瓮津　843
甕遷崖峴　751
瓦家村　251
瓦谷　586
瓦洞　83, 291, 832
瓦屯地　268
瓦屯之　348
瓦屯地洑　116
臥龍潭　446
臥龍洞　622
臥龍里　210, 238
臥龍山　528
臥龍沼　556
瓦味坪　569
瓦釜谷　363
臥濱里　215
臥仙坮　853
蛙沼　199
瓦水里　498
瓦水坪　501
蛙岩　649
瓦野谷　427
瓦野洞　431
瓦野屯地　263
瓦野屯地洑　795
瓦野坪　229, 488, 501, 729
瓦要酒幕　812
臥牛峙　572
臥雲洞　608
臥雲津　607
瓦原　766
臥仁里　598
臥仁洑　597
臥仁坪　597
瓦田山　581
瓦直伊　548
臥川洑　578
瓦川酒幕　423
瓦村　243
瓦村峴　74
瓦坪　786
瓦坪里　650
瓦坪洑　650
瓦峴　412, 474, 840
臥峴　840
瓦峴洞　696
臥峴後堤堰　851
緩頂峴　61
完澤山　600, 605
完平洑　740
王哥垈洑　104
旺谷里　362
王當洞嶺　533
旺塘里　124

旺塘津　117
旺垈村　322
旺大坪　612
旺道里前溪　847
王老所里　112
王栗里　170
旺方洑　369
旺方坪　368
王碑閣　329
王飛洞　390
王沙坪　136
旺山　579
旺山洞　670
旺山里　579
旺相洞　560
王上峰　345
旺城岺　841
王沼　368
王巖谷　606
王子胎峰　793
枉帝山　554
王青谷　128
王峙山　617
倭屯坪　335
倭浪坪　336
外江敦里　513
外隔洞　83
外隔峴　85
外瓊液池　592
外供鶴里　822
外君里　713
外南山　484
外南松酒幕　351
外內基　624
外達谷　624
外達里　414
外洞　576
外斗滿　635
外斗盧室　519
外洛里　90
外濂城里　748
外濂城川　747
外馬山洞　469
外幕帳峴　141
外沔酒幕　396
外沔峴　398
外武才嶺　394
外茂峙　540
外墨室　272
外博峴　841
外牛占　649
外芳川　449
外烽洞　695
外峰坪　572
外凫谷　52
外霜里　120
外仙味里　687
外仙味里玉嶺酒幕　687
外仙味里酒幕　687
外仙味院　687
外城山　705
外松坪　728
外新里　121
外新坪　634
外也谷　490
外野谷　497
外也洞　492
外野里　745, 748
外也坪　491
外五里　825
外瓮津里　828
外雲田里　391
外雄浦　379
外原里　84
外員坪　136
外月峰山　375
外紫霞洞　520
外場　515
外直洞　521
外直里　598
外直洑　597
外直坪　597
外泉通里　812
外村　355
外村里　236
外土沃洞　469
外坪里　371
外浦名　376
外豊泉里　819
外鶴里　820
外湖里　748
外湖店　748
外花峴里　119
外檜洞溪　411
外灰峴里　803
蓼谷　54, 310
要峰　610
要仙堂里　188
邀仙巖　643
要吾谷　448
遙通谷　838
浴巖谷　301
浴浦洞　257
龍江灘　421
龍崗峴　318
龍見里　108
龍溪里　391
龍溪峴　390
舂谷　196
龍谷　348, 461
龍谷坪　722
龍貢內山　741
龍貢寺　743
龍窟川　626

龍達坪　56
龍潭　597, 649
龍潭里　812
龍潭驛　810
龍潭酒幕　813
龍塘里　92
龍塘市場　92
龍塘治　91
春垈谷　211
龍垈坪洑　261
龍洞　665
龍洞谷　620
龍洞洑　665
龍頭里　273, 422
龍頭洑　107
龍頭峰　712
龍頭峰山　259
龍頭山　137, 145, 245, 438, 513
龍頭岸　262
龍頭案坪　260
龍頭酒幕　423
龍頭川　425
龍頭村　106
龍樓坪　316
龍霧山　397
龍門山　151
龍紋山　805
龍山　765
龍沼　111, 140, 149, 206, 368, 406, 429, 436, 476, 491, 496, 686, 763
龍沼江　511
龍沼江酒幕　234
龍沼溪　478
龍沼谷　378, 635, 701, 741, 837
龍沼洞　614, 661, 820, 832
龍沼幕　299
龍沼幕坪　297
龍沼池　733
龍沼川　232, 266
龍沼坪　177
龍沼坪洑　178
龍沼項津　231
龍沼項浦口　231
龍水谷　465, 757
龍水洞　57, 406, 493, 538
龍守面　739
春水洑　700
龍水津　505
龍水川　488
龍水村　314
龍水坪　713
龍水浦　421
龍神山　439
龍神川　442
龍鰐口湄　232
龍顔尾洑　261
龍岩　354
龍岩谷　462, 596, 728
龍巖里　90, 373
龍岩里　485, 537, 714, 743
龍岩坪　696
龍涯山　611
龍野山　97
龍於谷　487
龍魚谷　534
龍淵德　145
龍淵洞　110, 360, 440
龍淵里　81, 124, 518, 598, 718, 799, 820
龍淵洑　740
龍淵寺　563
龍淵酒幕　117
龍淵坪　597, 739
龍雨谷　712
龍踚洞　325
龍踚峴　329
龍踰峴　383
龍場洞　697
龍壯院　354
龍田里　120, 122, 158, 167
龍井谷　50
龍井幕　755
龍井堤堰　774
龍井川　618
龍啼洞　495
龍堤洑　696
龍堤坪　708
龍池　552
龍池洞　95
龍川洞　92
龍川洞洑　92
龍川里　718
龍泉里　831
龍湫　708, 763
龍浦橋碑　736
龍浦洞　374
龍浦里　87, 362, 429
龍浦前津　429
龍下洞　136
龍下洑　137
龍項里　161
龍海峴　499
春峴　323, 356
龍虎垈　263
龍虎垈坪　260
龍湖洞　142, 830
龍湖洞洑　143
龍湖洞坪　141
龍湖村　372
龍化洞　787
龍華里　814

龍華山 226, 228, 451, 456, 813
龍化驛 781
龍化站 781
龍回峴 89
龍興里 109, 718
牛敬洞 94
偶溪 846
右溪洑 852
羽谷 242
牛谷 328
右谷 839
牛口洞 502
牛禁垈溪 452
牛禁垈坪 452
于今山 756
牛乭坪國字堤堰 816
羽洞 269
牛洞谷 741
牛頭江 223
牛頭山 291
牛頭上里 223
牛頭津 223
牛頭坪 225
牛頭下里 225
牛屯地坪 498
牛落峙 432
羽嶺 244
牛馬洞 410
牛麻田谷 438
牛馬峙 412
隅幕谷 69
牛幕谷 69
牛望里溪 129
牛望里酒幕 130
牛望里坪 129
牛牧谷 461
右木坪 442
牛舞谷 410
牛武垈洞 544, 546
雨霧洞 94
尤美谷 191
牛尾洞 824
友味里 73
牛尾實 643
牛尾灘 458, 478
牛蜜谷 208
于發告嶺 533
牛山 780
牛山里 785
牛成坪 65
牛成坪洑 67
牛巖谷 627
牛岩里 833
牛岩津 568
牛岩坪 248
牛額山 787
牛臥古峙嶺 522
牛臥谷 193
隅外酒幕 415
右用里 179
牛喩洞 520
牛踰嶺 536
雨殘谷 836
祐長洞 443
禹跡谷 771
友田 662
禹篆碑 776
牛足川 421
隅酒幕 431
右地令 614
牛之沼 330
友昌川 407
牛草谷 448
隅村 603
禹忠山 622
右通坪 501
牛浦坪 845
隅風川 407
牛項洞 57
牛項里 620
牛項津 100
牛項灘 304
牛峴 297
旭實谷 678
雲谷 552
雲谷里 553
雲橋里 164
雲橋驛 164
雲橋站 164
雲橋坪 336
雲根驛 384
雲垈 304
雲洞 292
雲洞坪 295
雲頭峴 434
雲裡谷 427
雲裡德 430
雲裡川 429
雲磨山 115
雲霧谷 242
雲霧峰山 259
雲味洑 550
雲峰洞 449
雲峰里 373
雲峰山 374, 744
雲峰沼 377
雲峰川 450
雲鵬谷 409
雲山里 577
雲山店 577
雲城 605
雲城峙 604
雲沼坪 452

雲水溪　725
雲水洞　449
雲水里　726
雲深谷　759
雲我峙　609
雲巖洞　110
雲巖里　750
雲岩酒幕　750
雲楊亭　506
雲字堤堰　371
雲田店　390
雲亭里　559
雲井里　824
雲峙　668
雲峙山　666
雲鋻洞　94
雲興里　485
雲興洑　486
雲興坪　484
雲濶里　107
蔚內　706
鬱屯峙　759
蔚龍谷　378
鬱防治洑　66
蔚山巖　377
鬱巖員洑　88
蔚業　308
蔚業溪　311
蔚業酒幕　311
蔚業峴　350
熊谷　63, 301, 465, 640
熊起里　818
熊德谷　510
熊洞　82, 108, 355, 656
熊洞谷　150
熊林洞里　805
熊眉洞　538
熊山　590
熊宿洞　556
熊淵里　691
熊淵川　691
熊越山　477
熊踰　355
雄長谷　138
熊足里　780
雄津洞　142
雄津洞溪　142
雄津洞洑　143
熊津里　714
熊津酒幕　714
熊逐谷　456
熊峙　582
雄雉谷　601
雄灘　219
熊峴　290
院街　104
院街坪　338
院巨伊　543
院谷　116, 491, 759
苑谷　224
遠谷　402, 409
遠谷溪　411
院橋前川　540
院橋灘　505
院基　778
元吉里　169
元南沼　476
元塘里　133
元堂里　161
圓塘里　221
源塘里　371
院堂里　434
院堂里酒幕　434
院垈　321
院垈溪　324
院垈谷　128, 246
院垈里　373, 412
院垈酒幕　397
原大秋　741
元島坪　722
院洞　139, 255, 281, 343, 495, 614
院洞幕　599
院洞酒幕　140, 256
元同之洞　136
元同之洞酒幕　136
院洞津　596
院洞川　280
院洞峴　137
遠洞峴　235
遠屯坪　735
院里　120, 599, 820, 825
院里酒幕　115
元萬春碑　242
院邊津　99
元卜洞　670
元封山　131
遠北面　691
元寺洞　110
遠西面　686
元水谷　484
元帥臺　715
院水載山　439
元守坪　335
元水坪　335
遠深谷　701
源深池　755
元巖里　374
元巖驛　379
元巖站　379
院壓沼　218
鴛鴦山　535
鴛鴦峴　530
原汝灘　99

院隅里　825
院隅酒幕　826
院隅村　499
元越松鎭堡　680
遠陰山　581
遠矣谷　628, 634
元日田里　834
院長峙　575
元章坪　202
元章坪驛洑　202
原田德山　63
遠田里　124, 807
院前坪　682
原州憲兵分遣所　629
元曾村　321
遠地里　123, 820
元津　197
鴛津　229
元津坪　197
鴛津浦口　229
原昌里　202
原昌驛　203
原昌酒幕　202
原昌坪　202
原昌峴　194
遠川　116
原川巨里酒幕　480
遠川谷　451
原川里　478
原川驛　479
遠川灘　505
院村　330, 620
院村酒幕　73
院村川　337
圓通谷　392
元通谷　639
元通洞　559
元通里　422
元通山　218, 766
原通山　719
元通市場　422
圓通庵　394
元通前江　421
元通酒幕　422
院坪　101, 248, 511
原坪　339
遠坪　667, 788
逺坪　778
院坪里　787
院坪洑　105, 249
遠平洑　781
院坪村　251
元浦里　269
遠浦里　834
院峴　102, 555
月江　636
月開地峴　218
月巨里嶺　479
月巨里山　477
月桂洞　190
越谷　212, 217, 410, 836
月谷　395
月谷里　197
越谷峴　219
月谷峴　394, 397
月橋　233
月鉤川　476
月鉤川洑　472
月鉤坪　467
月窟里　219
月窟里溪　216
月窟里峴　219, 220
月岐峙　631
月吉村　705
月南洞洑　85
月內洞　106
月內幕嶺　521
月乃井里　819
越臺洞　642
越臺洑　641
月坮山　571
月到山　218
越洞　556, 830
越洞酒幕　848
越頭坪里　812
月良洞　72
月老谷　457
月老洞洑　460
月老灘　458
月籠洞　225
月樓峙　666
月明里　144
月明里酒幕　145
月邊洞　694
月峰　331
月峰里　796
月峰里洑　795
越峰山　48
月峰山　49
月浮垈　257
月浮山　638
月飛烽火墟　394
月飛山　386, 392, 395
月山洞　150
月山嶺　151
月孫洞　106
月松亭　505, 680
月松亭洑　114
月峨山　611
月娥山　627
月岳岩山　332
月安里　371
月岩里　66
月岩洑　67

月岩上村 66
月岩市場 66
月岩坪 337
月岩下村 66
月影圖山 435
月影山 678
月五介 168
月雲里 133
月云川里 107
月雲峴 731
月位臺 387
月陰洞 641
月陰里 811
月陰峴 486
月邑田 636
月作洑 366
月底坪 780
月田 613, 783
月田坪 765
月精街 167
月精街洑 168
月井里 824
月精寺 168
月井酒幕 821
月增村 705
月川洞 785
月川洞酒幕 274
月川里 649
越村 213, 321, 782
月村 620
月灘里 665
月灘里洑 665
月通里 650
月坂峙 671
越坪 85, 208, 477, 614, 640
月坪 658
越坪洑 86, 208, 305, 852
月坪湺 765
越坪員洑 86
越平庄 322
越坪村 478
月下峙 842
越巷洞 642
月峴 746
月峴里 745, 818
月峴店 745
月湖 317
月湖津 318
月呼坪 572, 576
威靈山 664
衛山洞 521
位山面 828
位安垈 281
渭川里 191, 367
渭村里 557
衛後坪 404
柳哥沼 86
楡谷 219, 586
柳谷 227, 448, 517, 535
遊谷 596, 771
柳谷溪 756
楡谷里 502
柳橋野 716
鍮橋酒幕 73
柳橋川 737
鍮器店 193
鍮達嶺 59
楡達里山 477
柳堂里 181
流大浦里 73
乳犢谷 382
柳洞 72, 159
流洞 106
柳洞里 543, 748
柳洞前川 181
柳洞坪 102
柳屯地坪 524
柳等里 564
柳等坪 564
柳等後坪洑 565
踰嶺乶坪 744
柳林酒幕 136
楡木谷 410
楡木口尾 457
楡木洞 543
楡木嶺 424
楡木亭 273, 414, 468, 631, 670
柳木亭洑 454
楡木亭市 136
楡木亭酒幕 136
柳木亭酒幕 455
楡木峴 412
柳茂坪 192
柳茂坪洑 193
楡門街里 443
柳門洞 666
留門峙 663
柳勿齋碑 853
柳坊坪虞字堤堰 816
柳別樓川 429
柚拂舞 451
流沙 328
流沙谷 325
幼山里 570
留守兼鎭禦使金箕錫善政碑 433
流水谷 771
柳阿洞 520
流岩 344
遊岩坪 348
游魚山 836
楡淵里 125

楡淵津　117
由原　292, 295
由原驛　296
楡邑里　524
鍮匠洞　547
柳田洞　663
柳田洑　605
柳田坪　370
鍮店　495
鍮店嶺　743, 749
鍮店里　223
楡岾寺　393
楡亭　512
楡亭里　269
楡亭洑　471
楡亭員洑　109
楡亭酒幕　471
楡亭坪　466
柳池　660
楡津酒幕　117
楡川　116
柳川　763
流川　819
楡川里　559
柳川里　656
楡川洑　116
踰村　306, 307
柳村　360
楡村里　453
楡峙　273, 586, 621
柳峙　604, 636, 666, 758
柳峙峴　511
流沈谷　591
留土谷　591
楡坪　180
柳坪　276
柳浦洞　170
遺墟碑　701, 853
楡峴　61, 106, 185, 197, 201, 355
柳峴　321, 479, 579
楡峴酒幕　184
柳峴酒幕　324
六德谷　146
六松津　56
六舟里　496
六板岩洞　325
尹哥谷　69
輪岩山　294
尹儀谷　138
栗　567, 569
栗溪　332
栗谷　402, 404, 444
栗谷亭　75
栗谷川　337
栗垈里　229, 387
栗垈上洑　229
栗垈下洑　229
栗洞　93, 308, 493, 573
栗洞里　182, 717, 799
栗洞酒幕　181
栗木谷　181, 409, 462, 590
栗木洞　250, 256, 470
栗木洞洑　473
栗木里　90, 506, 820
栗木山　49
栗木亭　323, 349
栗木亭酒幕　324
栗木亭坪　287
栗木坪　376
栗木峴　394
栗門里　233
栗上谷　601
栗城谷　143
栗城山　463
栗樹谷　581
栗矢谷　700
栗實里　181
栗作谷　191
栗長里　218
栗長里溪　218
栗田谷　196
栗田里　124, 818
栗枝里　811
栗川　394
栗峙　159, 577, 582
栗峙洞　609
栗峙里　157
栗灘里　261
栗峴　577, 645
栗穴谷　462
栗後洞　631
栗後洞酒幕　630
栗後洑　629
戎峴　67
銀　162, 797
銀溪里　515, 516
銀溪驛　515
銀谷　53, 246, 416
隱谷　310
殷谷　461
銀谷村　250
銀谷坪　247
殷谷峴　474
銀洞　65, 525
隱洞　221
銀幕谷　64
銀峯山　746
隱仙里　820
銀鮮沼　421
隱者谷　734
銀藏洞　514
隱蹟寺　743
隱田谷　676

銀店洑 369
銀店山 138
銀店沼 368
隱灘酒幕 104
隱灘村 95
銀波洞江 511
隱鶴里 821
銀杏庵 446
銀杏亭 306
銀杏亭里 84
銀杏村 213
乙旨山 590
乙項嶺 111
陰垈谷 294
飮水谷 435
陰陽里 414
陰陽坪洑 415
陰隅坪 146
陰地 768
陰地谷 419
陰地洞 169
陰地洑 472
陰之洑 803, 806
陰地野 436
陰之村 322
陰地村 430, 546, 755, 782
陰地坪 428, 467
陰村 185, 236, 583, 587
陰浦磵 612
邑內里 58
邑內洑川 442
邑內上場 810
邑內市場 59, 80
邑內場 157, 650
邑內下場 810
邑內峴 60
邑上洞 174, 326
邑上里 156
邑城 678, 680
邑市 361
邑市場 174, 694, 775
邑場 130, 485, 738
邑場街里酒幕 130
邑場市 677
邑前溪 129
邑前川 679
邑主山 48
邑中洞 326
邑中里 156
邑川邊里 156
邑川邊里酒幕 157
邑下洞 174, 326
邑下里 156
邑後洞 327
鷹谷 293
應谷 314
應谷嶺 370
鷹德山 727
鷹洞 286
鷹嶺 446
鷹幕坪 568
鷹方里 624
鷹峰 97, 135, 214, 301, 416, 425, 435, 440, 460, 461, 463, 494, 560, 561, 628, 632, 633, 638, 639, 778
鷹峰嶺 394, 671
鷹峰岺 842
鷹峰寺 249
鷹峰山 68, 141, 191, 244, 293, 297, 315, 345, 438, 439, 580, 698, 719, 727, 763
鷹鳳山 203
鷹峯山 758
鷹峰峙 599, 759
鷹峰峴 287, 296, 296, 318, 433
鷹眼店 697
鷹岩洞 389
鷹岩里 160
鷹巖山 762
鷹岩山 837
應於垈 632
鷹泉 494
鷹嘴山 657
鷹峙 415
鷹峙山 441
鷹灘里 92
鷹灘洑 92
應峴 605
鷹峴酒幕 621
義相坮 853
倚星臺 651
衣岩里 207, 659
衣岩津 208
義野地里 670
義豊浦 170
蟻峴 351
梨 90
二間口尾 547
二間口味內前川 541
二間洞里 793
梨谷 212, 344, 695, 760
耳谷 504
泥谷洞 570
耳谷里 156
梨谷山 622
梨谷灘 411
李匡坪 110
泥橋里 429, 532
尼丘山 554
李龜川興學碑 766
伊弓谷 716

耳基嶺　764
二南里　796
二南里洑　795
梨垈　268
李垈谷　53
李垈洞　287
二大路里　816
梨大峴　60
泥洞　142
梨洞　228, 354
耳洞　538
二東里　529
二東面　529
泥屯地　495
泥屯坪　260
泥磴峴　375
伊羅里　554
耳洛里　112
泥林溪　666
泥林里　666
泥林里場　668
二萬谷　82
梨木谷　204, 347, 382, 409, 417, 419, 560, 771
梨木洞　71, 83, 262
梨木洞峴　328
梨木里　122
梨木洑　605
梨木野　55
梨木亭　106, 148, 167, 185, 543
梨木亭洑　168
梨木亭酒幕　148, 184, 269
梨木亭坪　166
梨木酒幕　115
梨木坪　138, 238
里門員洑　86
二番浦里　817
狸峰　595
二山江　704
利上水　233
二西里　793
梨雪堂里　562
伊城坪　735
李世白碑　242
二水橋川　249
二水渡　566
二水浦川　511
李侍郎垈山　48
裡新村　269
梨實　286
梨實洞　489
二十谷里　196
二十洞　663
二十木亭　232
二十木亭酒幕　234
利牙坪　607
耳岩谷　114
泥野坪　70
鯉魚沼　529
伊雲　303
伊雲酒幕　305
梨莊谷　138
李長谷　523
二長足里　816
二長酒幕　817
泥田洞　339
泥田坪洑　454
二池洞里　816
梨川　305
二青洞里　796
梨峙　162, 669
犁峙　424
泥峙　841
泥峙峴　727
泥坪　271, 405
梨坪　311
泥坪里　408
梨坪里　689
梨坪洑　85
裏浦　738
泥浦里　525
泥峴　74, 134, 205, 206, 290, 543, 549, 671
梨峴　264, 356, 484, 486, 635
泥峴里　150
梨峴里　811
裏峴山　477
梨峴酒幕　434
李混恒碑　450
里後驛洑　202
里興洞　323
益壽洞　110
益雲谷　596
仁角里　374
釖閣山　622
釖閣峙　626
仁甲沼　584
仁界洞　642
仁邱里　834, 843
仁邱坪　846
人多樂　632
仁垈　636
釖洞　94
仁嵐里　228
仁嵐驛　228
仁嵐峴　228
釖鳴山　253
釖舞坪　592
仁伐洞　354
釖峰　211
釖不里　125
釖不酒幕　118

釖山　700
人蔘　451, 794, 804, 806
釖城洞　698
獜原里　105
釖藏谷　370
釖藏洞　381
麟蹄江　229
仁竹山　270
印竹作谷　183
釖置洞　78
釖坂谷　393
印佩里　152
釖坪　786
釖平洑　788
仁峴　767
釖花岱山　245
仁興洞　169
日乾　251
日乾洞　542
日乾坪　248
日谷　593, 620
日團岱洞　538
一堂山　338
日論　343
一里　586
日暮時洑　496
日暮時山　494
日帽岩谷　494
日夢時谷　452
日山　439, 446, 447
一山峰　294
日仰洞　634
一夜味　328
一夜味坪　132
一夜坪　364, 747
日午谷　634
一原谷　82
逸元洞　823
日出峯　678
日出峙　586
日禾谷　441
逸興坪　607
林谷里　578
林谷川　576
臨弓沼　556
林檎峙　599
林丹里　120
林丹驛　115
林塘里　133
林塘里酒幕　134
林堂洑　454
林峀坪　336
臨道面　750
任松谷　114
臨水亭　557
任雲洞　256
臨院洞　784
臨院浦　781
林泉里　367, 831
臨淸谷　51
林下洞　630
林下里　161
臨湖亭里　834
臨湖亭前川　847
入谷　427
笠洞　447
入領洞　218
廿里　313
廿里坪　314
笠帽峰　342, 461
笠峰　89, 222, 227, 616, 639
笠峰洞　570
笠峰山　590, 779
笠峰峙　604
笠山　579
立石　299, 313, 593, 631
立石谷　166, 177, 286
立石洞　696
立石里　167, 175, 387, 489, 714
立石峰　420
立石寺　328
立石川　629
立石村　322
立石坪　175, 192, 754
立石峴　168, 193, 205
立案洑　261
立岩　289
立岩澗　220
立岩谷　462
笠岩里　120, 574, 684, 834
立岩洑　140
笠岩洑　852
立巖山　762
立岩坪　138, 428
廿日里　184
立春川　344
入坪里　183
芿浦洑　67
芿蒲坪　64

자...

自哥坪　102
自甘村　307
自甘村洑　312
自甲洞　303
自甲川洑　306
自開洞　71, 94, 95, 193
自開洞坪　64
子開坪　775
紫公坪　266

紫公浦洑　266
自等里　499
自等洑　499
自等峴　500
自來山　667
自物里　444
自美院　656
紫寶菴　716
紫山　332
慈山　712
子山　772
慈產谷　734
慈山里　371, 714
慈山里古城　715
慈山城　398
慈山酒幕　372, 714
磁石山　434
字押洑　806
紫陽江　220
紫陽山　435, 552
紫陽坪　294
紫魚　737
紫硯石　159
紫烟巖洞　608
子午谷　410, 606
子午峴　412, 423
紫雲里　434
紫隱洞　288
紫隱洞酒幕　290
自自乃谷　448
自作谷　302
自作洞　316
自作嶺　539
自作里　308, 330, 634
子作里　623
子作山　622
自作亭　133, 153, 163
自作亭酒幕　133
自作村　304
自作峙　177
子作峙　626
自作峴　102, 181, 264, 274
自將坪　333
子鳥谷　639
紫朱峰　301
紫芝里　775
紫芝峰　218, 302, 309, 325
紫芝峰山　265
紫芝山　590
紫芝峴　290
雌雉洑　572
雌雉峴　572
紫坪　592
自浦谷　179
自飽垈　430
自皮谷　627
紫霞谷　117, 146
紫霞洞　65, 110
紫霞洞里　801
紫霞山　63
作谷　314, 378
柞谷　606
鵲谷　716
作起洑　550
作起村　545
作起坪　540
作達幕　339
作達峴　345
作垈谷　301
作大洞員洑　88
作洞　303
鵲背坪　754
鵲峰　370, 392
鵲峰山　381
鵲巢洑　479
作實　330
鵲津　784
柞峴　89
棧橋洞　833
棧垈美酒幕　134
棧峴　193
蚕谷里　496
蚕頭山　744
潛方里坪　334
暫佛峴　507
張哥溪　383
張可垈　258
長嘉洑　640
長嘉坪　640
場街浦口　229
場巨里　195, 478
場巨里洑　479
長谷　52, 293, 363, 370, 462, 493, 575, 625
獐谷　490, 493
長谷里　261
長谷於口酒幕　263
長谷川　277
長谷峙　264
長谷坪　337
長九石洑　703
長九石坪　702
長久坪　713
長久峴　605
將軍垈　216
將軍洞　500, 503
將軍峰　208, 214, 226
將軍峯　688
將軍山　477, 477
場基谷　716
長南　332
場垈　83, 243
獐垈　267
長垈谷　128

獐垈洞 250
章垈洞 570
場垈里 570
場垈酒幕 85, 115, 230
獐垈坪 266
長垈坪 276
場垈坪 625
長垈峴 279
長德谷 567
長德嶺 528
長德里 567, 801
長島里 388
長洞 87, 185, 327
獐洞 833
壯洞里 485
長洞里 730
獐洞洑 851
長洞山 98
長洞坪 729
長洞峴 296
莊斗谷 837
長頭坪 694
長登 345
長藤 715
長登山 494, 622, 720
長磴峙 375, 555
長樂谷 276
長樂洞 278
長樂山 275
將力洞 94
長龍浦里 750
長利洞 392
長林里 499, 748
長林洑 499, 749
長林堤 677
長林川 553, 556
長林坪 498
帳幕洞 320
帳幕山 138, 477
帳幕店 391
帳幕峙 840
帳幕峴 376
長命溪 677
長命石里 80
長鳴峙 839
長木坪 338
莊門洞 520
獐尾谷 276, 510
獐尾嶺 510, 521
長美里 519
長尾坪 376
長背山 718
長碧洞里 512
長碧嶺 511
長屛山 759
藏屛山 760
壯屛山 761
長屛坪 436
章本里 230
章本酒幕 230
長峰山 97
獐峰山 381
長峰沼 99
長射谷 200
長事乃谷 54
長沙洞 696
長仕郎里 256
長沙來坪 564
長沙尾坪 337
長沙洑 697
將師峰山 517
長沙坪 695
長山 220, 221
獐山 340
壯山 600
長山里 830
匠山峙 774
長蔘谷 245
張三田洑 415
長席里 623
長善里 624
長善山 622
長城街洞 567
長城街酒幕 552
長成里 623, 623
長城員洑 109
長省峙 757
長城坪 592, 722
獐沼 377
場沼 421
長沼 422, 436
長松谷 246, 721
長水溪 277
長水內嶺 521
長水垈酒幕 412
長水洞 83
長水洑 573
長水田谷 64
長水井洑 229
長水坪 229, 260, 572
長承街里洑 143
長丞街洑 351
長僧街酒幕 73
長承里 831
長承坪 194, 370, 405, 498
長承坪里 408
長承峴 636
長阿垈 458
長阿垈洑 459
長岳坪 336
長安洞 556
長安洞里 805
長安寺 549
長安田峙坪 540

長安峙　577
場岩　206, 293
長岩洞　71
莊岩里　485
將巖川　741
帳岩坪　540
長艾坪　196
長楊江　224
長陽洞　94
長楊面　541
長陽員洑　89
長淵寺里　800
長淵伊　545
長悅　662
墻外坪　676
長隅　467
長隅洑　472
長釰山　500
長者谷　345
長子垈　93, 615
長子山　698
獐子川　713
長子坪　152
張字坪　386
長在谷　51
長財谷　417, 586
藏財谷　712
長財基　764
藏財基山　581
長在洞　57, 86, 468, 470
長財洞　233
長在里　124
藏在池　74
長財坪　501
藏跡山　574
長田屯地酒幕　733
長田里　321, 367
長箭里　750
長田幕　765
長田洑　703
長箭酒幕　751
長田峙　387
獐田峙峴　511
長田坪　616, 625, 702, 732, 765
長箭坪　749
長田坪酒幕　275
長箭浦　750
場酒幕　118
長曾巨伊酒幕　66
長芝　303
長芝洑　305
長指峰　118
長支山　503
莊支堤　738
長支村　506
長之峴　182
長芝峴　304
長津浦　287
長澄川　501
長川　57, 407
獐川里　374
長川洑　565
長川村　564
墻村里　124
長忠里　631
長峙洞里　537
長灘　505
長炭幕　732
長炭幕川　732
壯坪　330
長坪　406, 442, 467, 474, 662, 702
長坪洞　470
長坪洞酒幕　471
長坪里　125, 147, 167, 372, 805, 816, 817
長坪里洑　804
壯坪洑　271
長坪洑　473
長坪峴　403, 621
長浦　317
長浦洑　573
長浦津　318
長皮山　244
長鶴谷　353
長榿員洑　85
獐項　538, 661
獐項洞　537
獐項里　81, 372, 828
獐項洑　81
獐項峙　253, 264, 435, 594, 644, 761
獐項坪　612, 625
獐項峴　60, 171, 270, 403, 536, 555, 731
墻墟村　525
長墟峴　842
長峴　85, 168, 193, 214, 304, 564, 571, 727
獐峴　312, 600, 613
帳峴里　362
長峴里　388, 570, 743
莊湖洞　784
莊湖浦　781
藏花洞　608
長活里　763
長興　485
長興里　374
長興山里　822
再耕谷　403
才谷　227
嶈崆山　362, 365
齋宮谷　440, 463, 491

齋宮洞　492, 495
齋宮坪　567
齋宮峴　130, 137
載乭川　56
財論溪　657
財論谷　657
才士論　300
才士山　632
才山峙　165
才上屯之坪　326
栽松里　812
栽松亭　225
栽松酒幕　812
在安地　441
材藥亭酒幕　148
載陽洞　561
載塩峙　599
再隅峴　61
才取里　209
才値谷　294
才致谷　462
楮　607
這古里峙　176
苧谷　676
雎鳩灘　249
苧洞　65, 560
苧洞谷　63
猪洞谷　477
苧洞里　560, 562
猪輪嶺　533
猪輪村　532
楮木谷　196, 416
猪目峴　78, 106
渚沙洞　608
猪踰洞　238
猪踰嶺　733
猪場里　681
楮田谷　347
楮田洞　58
楮田洑　198
楮田野　56
楮田村　95
楮田坪洑　471
楮紙　563
猪津里　381
猪津酒幕　384
底峙　637
猪峴　74
杵峴　636
赤根洞　470
赤根洞洑　473
赤根洞酒幕　471
赤根山　464, 794
笛洞　136
積洞　321
赤洞里　121
笛洞里　362
赤屯里　227
赤屯里峴　228
赤嶺坪　56
赤木里　664, 807
赤壁江　159
赤壁山　386, 657
赤壁岩　504
赤屛里　602
赤屛山　777
赤峰里　269
赤峰山　259
積石里　449
積石坪　338
的實洞　641
赤岸山　293
適岩　269
赤岩洞　58
赤岩山　49
積銀洞　829
赤田里　125
赤峴　75
前街　104
前街酒幕　140
前澗　100, 101
前江　406, 407, 724
前江洑　641
田巨里金　757
前溪　452, 457, 724, 769
前谷　396, 780
前谷里　662
前郡守善政碑　477
錢塘里　717
前大前　777, 777, 777, 777, 777
前大川　501
前島坪　773
前洞　425, 583
錢洞里　619
前洞池　454
全連洞　443
全連酒酒幕　445
前目谷　426
全反　706
前防洑　850
前防坪　844
展屛山　194, 202, 206
錢峰　552
典佛　299
錢山　734
錢山里　736
全石洑　538
前船沼　99
全城　392
全城里　392
前巖島　364
前野坪　70
全魚　731, 737

全義洞　164
戰場谷　438
田長谷　595
前店　726
典仲里　119
典仲坪　114, 115
前津　156
前津里　830
前川　100, 139, 141, 175, 396, 450, 452, 453, 478, 488, 524, 526, 527, 558, 572, 704, 707, 713, 724, 735, 766, 774, 778, 779, 786
箭川洞　65
箭川里　735
箭川坪　64
荃村　182
前村酒幕　278
田峙谷　201
田灘江　518
錢貝谷　462
前坪　101, 138, 146, 174, 236, 326, 349, 396, 457, 540, 587, 676, 678, 723, 744, 774, 785, 786
錢坪　146, 248
前坪里　190
前坪洑　202, 222, 271, 352, 415, 454, 538, 700, 853
前坪堤　680
錢坪川　249
前浦　190, 575
前浦梅里　835
前浦洑　680
前浦堤　680
前浦坪　678
箭項里　512
箭項浦江　511
前峴　555
折庫村　620
折庫峙　621
折梅洞　608
折梅津　607
節婦碑　80
店谷　591, 612, 624, 763
店洞　238, 602
店幕　492
占方嶺　533
占方里　152
占方洑　153
点佛山　652
点心洑　493
点心坪　491
點語谷　271
店村　185, 251, 252, 278, 306, 468, 493, 512, 580
店村里　120
店村酒幕　279
店村坪　277
点峙　668
店坪　763
鰈　736
接溪洑　788
接溪坪　786
蝶毛隅　500
接山　605, 610
鄭哥沼　99
丁甘坪　302
丁崗谷　839
鼎盖山　157
停車里　761
井庫溪　383
丁庫里　828
井谷　51, 316, 347, 347
正谷　347
鼎谷　769
鄭貴坪　101
鼎金里　179
鼎金山　177
貞女沼　476
貞德里　729
貞德驛　730
鼎洞　123
井洞　316
丁洞　410
丁洞溪　411
定洞里　66
正東里　578
丁洞酒幕　412
亭嶝　700
丁嶺　412
正里　738
井林里　129
井林洑　697
井林坪　696
正明里　689
正明川　689
丁房洞　584
正屛山　204
鼎峰山　554
鼎山　330
定山里　123
鼎山津　337
淨上洞　583
鼎沼　99
丁巽里　830
定水谷　360
井水谷　409
井水岩　83
正述坪　288
政承洞　322
正實坪　682
鄭氏兩世三孝碑　766

井安谷　771
鼎岩　299
定巖洞　642
正菴里　177
釘岩里　830
定巖洑　641
淨巖寺　655
正岩坪　343
正陽洞里　545
正陽洞於口川　540
正陽里　598
正陽津　596
正陽胎封　600
停魚淵江　518
正言峴　60
亭淵洞　119
亭淵洑　114
亭淵酒幕　115
正伊　548
亭仁谷　490
亭子閣隅坪　405
亭子谷　223
亭子洞　195, 212, 526, 834
亭子洞里　801
亭子頭洑　85
亭子幕　414
亭子門里坪　421
程子山　89
亭子沼　226
亭子川　729
亭子坪　844
亭子坪洑　850, 851
鼎足里　203
鼎足山　838
鼎足峴　205
亭芝谷　419
井池谷　837
丁之谷　838
亭之洞　234, 520
井支洑　738
井地坪　201
艇舡坪　326
井地坪洑　201
亭尺街洑　88
鼎峙　695
鼎峙山　698
鄭憲容碑　792
正峴　209
井峴　436
濟古坪文字堤堰　821
堤谷　581, 586
齊宮洑　852
祭堂谷　204, 451, 464, 503
祭堂洞　72
祭堂洑　130
祭堂坪　129, 248
祭堂峴　60
堤洞　556
諸屯谷　779
濟民院　557
濟飛里　579
帝市洞　623
帝市山　622
堤堰　754
帝王山　554
堤長　668
堤長街洞　567
蹄定山　418
濟州馬坪　196
諸仲在山　63
祭廳洞　484
祭墟谷　204
臍形洞　342
鳥歌洞　262
鳥歌洞酒幕　263
朝江界　209
曺姜谷　571, 839
調開山　513
朝耕里　431
糟溪　703
曹計谷　222
鳥高谷　466
造古池　844
鳥谷　141, 175, 184, 416 639, 761, 767
棗谷　448, 617
鳥谷里　175
鳥谷峴　423
鳥窟洞　153
早歸農　329
鳥垈山　97
鳥德山　116
鳥洞　156, 667
棗洞　623
槽洞里　524
鳥洞洑　668
鳥屯洞　160
鳥落洞　315
鳥嶺　544, 709
鳥嶺幕　708
鳥弄峴　264, 429
釣龍沼　476
鳥幕洞　316, 499
鳥鳴谷　466
鳥鳴洞　449
棗木巨里酒幕　192
棗木谷　452
造物谷　720
助味山　571
鳥飯峙　773
鳥背洞　658
鳥飛谷　771
鳥飛嶺　604
鳥飛峙　604

造山　82, 228, 332
鳥山嶺　549
助山里　559, 582
造山里　830
造山坪　302, 334, 737
造城惶堂谷　309
朝守峴　141
朝守峴酒幕　140
鳥岩洞　226
鳥岩山　226
朝陽山　648
朝淵堤　229
鳥五介嶺　539
造旺垈　527
造于介峴　111
鳥羽峙　630
鳥月山　595
照月坪洞　584
早作坪　315
鳥岑　784
助藏谷　420
鳥田谷　758
鳥田里　811
鳥啼溪　383
鳥啼庵　384
鳥座里洑　237
朝珍驛　750
鳥次洞　576
鳥叢谷　676
鳥侵嶺　433
鳥沉岺　841
照呑川　232
造泡坪　389
朝霞垈　250
朝霞垈洑　249
朝霞垈坪　247
朝霞垈峴　252
鳥項洞　636
鳥項里　179, 184, 643
鳥項里酒幕　179
鳥項山　762
鳥項峴　333
鳥歇峙　626
朝峴　627
鳥峴　688
足橋坪洑　377
簇岩里　267
足址坪　393
足址坪堤堰　393
簇趾峴　375
卒峯　715
種谷里　391
宗廣里　123
宗乃峴　237
鍾路里　807
鐘漏山　230
鐘樓山　451
種林　299
鐘阜里　156
鐘阜洑　157
鐘阜坪　156
從仙坪　334
宗實溪　383
宗實峴　383
宗岳山　275
宗子洞　210
宗子峴　210
鍾珠山　719
鐘知峰　615
宗喆洞里　800
宗坪　754
鐘浦　288
宗峴　60
鍾縣里　782
鍾懸峙　297
坐起廳　512
坐方山　209
坐沙　652
坐沙里洑　655
坐桑谷　301
座上洞　544
佐陽洞　822
佐佩嶺　806
佐佩里　807
左後堰洑　597
周告知谷　346
珠谷　204
柱谷　302
舟掛山　617
舟橋坪　371, 712, 744, 846
周克峰　418
走達谷　720
周潭　692
注畓坪　266
州垈　470
蛛垈里　740
州垈洑　473
舟屯地酒幕　217
珠落澗　101
珠落開　96
珠蓮洞　299
珠嶺　688
酒論里　624
主龍浦洑　806
走馬洞　545
酒幕　775
酒幕街里　144
酒幕街里酒幕　145
注文里　567, 598
注文洑　597
注文津　568
注文津市場　568
注文津浦　568
注文坪　597

周峰　211, 502, 503
周峰里　251
周峰山　245
住峰山　773
朱礦里　124
舟山　63
珠山　288
主山峰　135
周松坪　723
注水谷　695
珠樹里　582
注矢坪　770
舟岩谷　744
注岩坪　294
珠壓垈洑　277
周易坪　195
周原洑　291
周原坪　287
酒原峴　209
酒飲峙　252
鑄字谷　763
注字洞　492
朱雀峰　88
駐在所　699
朱接山　539
朱接伊　547
周智峰　760
舟津　161
舟津里　161
舟津酒幕　161
酒次　602
酒泉臺　704
酒泉市場　629
酒泉酒幕　629
酒廳里　830
酒廳酒幕　848
舟村　327, 620, 833
酒村　834
舟村江　618
酒村洑　852
舟村津　617
舟村坪　326
周峙　565, 575
朱七里溪　757
朱土　798
注波嶺　475
注坡嶺　795
注坡里　796
注坡里洑　795
舟坪　151, 702
舟坪江　152
周浦　354, 603
駐蹕臺　644
注驗里　750
珠峴　205
舟峴　228
走峴　475
周峴　767
周峴坪　770
竹谷　129, 189, 777
竹谷酒幕　130
竹宮谷　51
竹基　783
竹基洑　788
竹基坪　786
竹潭峙　840
竹垈里　796
竹垈山　487
竹垈坪　421
竹垈峴　279
竹島　365
竹島坪　366
竹洞　139, 834
竹洞里　799
竹洞前溪　847
竹林里　121, 380
竹林山　773
竹味坪洑　690
竹邊洞　697
竹弁山　365
竹邊浦　697
竹山洞　110, 267
竹岩谷　231
竹葉山　231, 451
竹梧里　559
竹底村　705
竹赤谷　439
竹田里　190, 778
竹津洞　694
竹川洞　593
竹川峙　599
竹峙嶺　760, 777
竹坪　688
竹泡里　369
竹泡驛　371
竹軒里　559
峻可峙　103
峻洞　93
俊旭坪　297
乽吉里　218
乽吉里酒幕　218
乽吉里浦口　218
茁坪　370
茁浦坪　684
中佳山里　825
中乫云里　826
中渠洑　774
中古峴　154
中谷　639
中觀佛　449
中光丁里　833
中吉里　825
中金里　181
中南山里　681

中內山里　818
中內先里　812
中茶川里　689
中畓　430
中畓酒幕　432
中垈　548, 635
中坮里　742
中大美院　178
中坮店　743
中德邱洞　699
中都家　630
中都家洑　629
中道門里　829
中島洑　709
中島野　708
中洞　300, 583, 649
中洞里　120
中等川　272
中龍嶝　700
中栗里　683
中栗里酒幕　683
中里　119, 129, 211, 360, 484, 635, 730, 738, 811
中里洞　699
中里酒幕　594
中馬山里　824
衆木谷　403
中茂磴　628
中美山　535
中方　288
中坊山　638
中坊沼　641
中芳坪里　799
中洑　91, 116, 451, 454, 472, 496, 638, 804, 851
仲洑　383
中洑谷　447
中寶里　387
中洑野　716
中福洞　829
中峯嶺　762
中孚　292
中孚川　296
中府川　341
中孚坪　295
中北谷　648
中北里　650
中士郎谷　52
中寺里　818
中山澗　101
中山谷　54
中山里　121, 545, 797
中山坪　389
中山峴　103
中三陽里　124
中三酒幕　117
中上里　512
中細洞里　537
中細足里　823
中踈谷　461
重沼洑　473
中蘇台里　687
中水南里　177
中新正里　520
中野洑　180
中野坪　180
中陽洞　58
中陽里　826
中魚巨里　196
中於城里　824
中玉谷　486
中旺山　835
中外先里　812
中腰灘　458
中元唐洞　699
中原垈洞　72
中月城洑　739
中衣谷　466
中田里　233
中泉洑　748
中川洑　782
中村　313, 458, 757
中村酒幕　279
中村津　606
中冲坪　333
中峙　350, 637
中峙嶺　493, 795
中土里　823
中土城里　814
中坪　276, 405, 615, 625, 778, 845
仲坪　382
中坪里　167
仲坪里　380
中浦里　90, 812
中海三垈　306
中峴　60, 313
中峴堤　104
曾啓味坪　336
甑里　206
增弁沼　227
增峰　97
甑峰　503, 560
甑峯　715
甑峰山　534
甑山　319, 590, 612
甑山洞　559
甑山里　656
甑山坪　452
甑山坪洑　454
甑峀　310
甑峀坪　311
甑岩津　70
甑岩村　73

曾潛洑　573
甑項峴　157
甑峴　206
紙　707
地哥岱谷　69
芝可岩里　222
池哥坪　518
地角山　760
地間山　498
地間坪　744
地甲里　506
地境岱　273
地境岱酒幕　480
地境洞　152, 499
地境里　399, 664, 683, 835
地境里酒幕　683
地境店　736
地境酒幕　815, 848
地境川　56
地境炭里　815
地境浦　235
地界岱峴　290
池繼泗碑閣　188
芝谷　291, 353
芝谷里　742
芝谷店　743
池邱里　178
枝內里　197
池內上里　223
池內中里　225
池內下里　225
之堂谷　447
池洞　157, 576, 611
池洞溪　598
池洞山　613
地屯池　194
芝屯之　444
地屯地坪　498, 802
池屯坪　101, 101, 315
支屯坪　265
地靈里　262
地靈里酒幕　263
嵫峇山　63
旨老洞　694
知理室谷　419
紙幕坪　689
地方沼　446
池邊堤　559
砥峰　436
芝山　273
池上頭坪　336
紙上里　79
支上里　90
紙上里酒幕　79
支上洑　91
支石谷　133
支石里　167, 195, 529
支石洑　137
支石市場　90
紙所　325, 618, 629, 641
紙所谷　633
智所德　615
支鎖蔚谷　64
只是川　847
只是川坪　845
芝岩谷　554
之也谷　242
之也山城　244
智於山　151
只五里谷　271
只五里村　273
芝雲峙　759, 760
芝踰嶺　222
旨音　706
知音谷　254
知音洞　255
知音堤　254
知音下峙　773
地藏里　742
地藏洑　742
地藏庵　817
芝長峴　264
芝長峴里　262
池底洑　140
池底坪　138
智田　613
池前里　559
芝井　339
指祖菴　762
知足里　123
知足酒幕　117
支中里　90
支中陽村洑　91
芝草洑　709
芝草野　708
芝村　289, 304, 353
池村　834
芝村洑　134, 291
芝村酒幕　291
芝村坪　133
只呑里　516
芝浦里　813, 814
芝浦里場　813
芝浦酒幕　815
地品里　204
支下里　90
芝鶴山　655
砥峴　238
芝峴洞　561
只兄峴　118
智惠谷　464
智惠洞　153, 469
芝惠里　813
智惠山　260

池後里　559
直古峴　681
直谷　245, 393, 417, 418, 463, 494, 585
稷谷　596, 669
直谷村　615
直洞　78, 95, 123, 124, 125, 128, 166, 198, 222, 444, 514, 544, 547
稷洞　317
直洞溪　223
直洞嶺　154, 539
直洞峴　130
直木里　801
直木驛　795
直木亭坪　356
直木酒幕　795
直畝坪　558
直寺洞里　803
稷山　327
職業　163
直淵瀑　149
織雲谷　666
織雲山　666
稷院里　665
直越嶺　533
直踰峙　264
稷田谷　404
直川　784
稷川里　653
直川里　684
直峙　89, 345, 644
直峙酒幕　645
直浦里　526
直峴　178
鎭建嶺　514
進蹇嶺　522
陳畊坪　728
陳谷　403
榛谷　463
津邱里　598
進南村　478
陳多里坪　404
進大谷　247
陳垈洞坪　334
陳垈坪　276, 343
榛洞　387
津洞里　593
津頭　159, 631
津頭酒幕　140, 160, 630
津里　562
眞木嶺　709
眞木亭　142, 562
眞木亭洑　143
眞木亭酒幕　142
眞木亭浦口　142
眞木峴坪　625
進武坪　370
眞美谷　775
陳凡基　785
陳洑　850
陳府谷　539
陳富嶺　368
陳富里　367
珎富面　166
珎富驛　168
珎富場　168
珎富川　166
進士垈　526
眞石嶺　433
眞石峰　319
眞石山　68
眞錫山　720
辰巽里酒幕　848
辰巽峙　842
縉紳嶺　690
秦氏母子孝烈碑　762
鎭岩　328
眞義實谷　701
辰字坪　386
眞長里　261
盡長坪　734
榛田里　170
津前洑　573
眞鳥直　170
陳重谷　308
眞栥洞里　801
眞村　826
津灘洞　608
津灘津　607
陳坪　372, 775, 844
榛坪　457
珍坪洑　373
津浦里　124
進峴　685
賑恤碑　853, 853, 854
賑恤御史碑　361
叱馬峙　842
叱牛峴　270
執室里　800
集室洑　473
澄源洞　92

차...

車谷　837
釵溺川　429
次洞里　372
車來地　670
車輪山　387
車里　527
車里坪　524
且勉里　317

且勉里酒幕　319
次城里　743
此實洞　649
車也谷　448
遮陽坪　477
遮陽坪洑　479
遮陽坪村　478
車梧山洑　798
車梧山越洑　798
車踰嶺　324
車踰峙　644
遮日沼　584
車轉峴　390
車川洑　739
車坪里　408
車峴　217
遮峴里　800
着谷　204
察谷　601
察基里　780
察訪項　342
察破嶺　743
參判洞　393
倉谷　211
倡谷　585
蒼龜尾沼　584
昌南味谷　447
倉內峴　205
蒼唐峴　318
蒼垈洞　316
倉垈里　391
昌道里　802
昌道里洑　798
昌道驛　798
昌道場　798
昌道酒幕　798
蒼洞　139, 429
昌洞　300, 834
昌洞堤堰　852
倉屯堤　103
滄浪亭　114
滄浪津　114
倉里　157, 169, 211, 236
倉里洑　170
倉里場　431
倉里前津　429
倉里酒幕　170, 211
倉里中洑　159
倉里坪　169
倉里下洑　159
蒼木　460
窓峰　420
蒼峰里　183
蒼峰驛　182
蒼峰酒幕　182
滄沼　603
漲水谷　419
昌水洞　164
倉案山　236, 435
倉巖洞　470
蒼岩山　162
倉岩峴　475
倉外里　667
倉前溪　717
倉前谷　716
蒼田谷　780
倉前谷洑　718
倉前里　81
倉田里　107
倉前野　716
倉前坪　625
倉川里　203
倉川峴　193
倉村　185, 303, 331, 593, 644, 760
倉村里　434, 630
倉村里酒幕　434
倉村市場　434
倉村酒幕　305, 594
倉村津　628
倉村川　434
倉峙　582
倉坪　56, 147, 428, 436, 467, 468
倉坪洑　472
倉坪新洑　472
倉後谷　535
倉後山　611
採桂洞　520
菜谷　494
采明谷　535
菜木洞里　804
采陽谷　781
册床峰　416
處女谷　114
處士坪　436
尺洞　288
尺山里　691
尺山洑　692
尺山川　691
尺川洞　166
泉澗　100, 218
泉甘驛　254
泉谷　55, 132, 242, 457, 596
泉谷里　267
泉谷坪　723, 773
泉邱里　230
天衢山　68
川芎　795
川弓田　616
泉岐里　125
川南里　583
川內里　234
天德洞　544

天德洑　782
天德山　204
天德坪　786
泉洞　72, 268, 152, 160, 289, 300, 330, 428
泉洞里　203, 485, 796
泉洞坪　159
千兩谷　536
天粮洑　703
天粮山　700
千兩岩酒幕　74
泉連坪　338
泉里　778
千里谷　69
千里垈　233
千里馬谷　720
天馬江　629
天馬洞　548
天馬里　119
天馬峰　345
天馬山　314, 538, 655
泉幕洞　636
天物洞　641
天尾里　148
千發古嶺　804
千發古里　805
川背洑　788
川背坪　786
泉洑　739
泉洑坪　132, 737
千峰沼洑　88
川北月　783
千佛洞　749
千佛山　494
天佛峙　375
川西坪　676
泉水坪　404
泉岸里　79
泉巖洑　105
泉巖酒幕　104
泉岩村　96
天涯谷　465
泉夜味坪　505
川陽坪　335
泉淵　705
千年垈谷　409
泉淵坪　702
天雨峯　779
天恩寺　777
泉邑洞　525
天藏山　733, 737
泉場坪　722
川前　705
泉田市場　229
泉田坪　229
天祭峯　787
千俊里　798
天津里　373
泉川　157
穿川　756
泉川洑　159
泉川酒幕　158
天竺山　678
泉峙　255, 842
泉峙嶺　111
泉灘　100
天台山　375
泉通里　821
泉坪　457
泉坪洑　459, 657
泉浦　653, 760
泉浦坪　735
天河井坪　361
天皇山　68
天皇地里　811
天皇地酒幕　812
天吼山　835
天吼峙　839
鐵　598
鐵可垈　281
鐵甲嶺　568
鐵谷　434, 439
鐵嶺　514, 515
鐵嶺里　515
鐵馬峰山　517
鐵物　657, 688
鐵絲谷　417
鐵石　157, 637
鐵巖店　577
鐵伊峴　540
鐵店坪　334
鐵峙　582
鐵桶里　380
鐵坂里　278
鐵坂洑　254
鐵坪　844
疊學里　261
淸歌谷　427
淸澗里　373
淸澗驛　379
淸澗亭　380
淸澗站　379
淸溪　592
靑皐洞　696
靑皐洑　696
聽鼓峙　775
淸谷　183, 590
靑谷里　830
靑谷里堤堰　851
淸橋酒幕　379
靑邱里　413, 682
靑根峙　375
蜻堂峰　494
靑垈山　835

清德善政庭鐵碑　445
青道村　705
晴洞　136
青銅沼　421
青頭馬谷　195
青登山　275
清凉谷　141
青良里　574
清凉峴　143
青龍　300
青龍街店　558
青龍內　614
青龍端　784
青龍屯　461
青龍里　175
青龍山　117, 780
青龍岸洑　671
青龍巖　377
青龍齋　458
青龍村　268
青龍峙　375
青龍坪　723, 788
青龍峴　188
青栗幕洞　308
青林里　624
青麻田　288
青木坪　297
淸蜜　112, 580
青山　294
青山坪　295
青裳峰山　372
青松洞　152
青松川　717
青松浦野　716
青岩沼　704
青陽谷　410
晴淵　189
青玉山　761
聽音峙　767
青紫開谷　53
清寂山　531
青草湖　843
青坪　784, 786
清平洞　232
清平洞川　232
清平洞浦口　231
青坪洑　789
清平寺　232
清平山　230
清風府院君忠翼公國舅神道碑　217
清河里　499
青霞山　513
青鶴洞　564
青鶴寺　566
青鶴山　574, 680
清虛樓　630
青峴　423
棣田谷　69
草谷洞　787
草邱里　398, 587
樵南基　662
初南里　515
草堂　769
草堂里　553
草堂峰　404
艸堂坪　199
草堂坪　770
初大路里　816
草島　384
草島里　380
草島酒幕　384
草洞　58
初東峴　493
草豆坪　655
草綠堂　763, 766
樵麓堂山　773
哨里　122
草幕谷　53, 417
草幕洞　110, 545
草幕洞於口川　541
草幕里　125
草木洞　544
草芳里　125
初番浦里　817
初西里　793
初西里洑　793
初成谷　490
初城里　742
草柴洞里　564
草柴坪　564
初一里　515
初長足里　816
初長酒幕　817
草田里　499
草田山　835
初中里　515
初池洞里　816
初池酒幕　817
草津里　380, 833
初川　541, 549
初川洑　550
初峙　637
草坪洞　697
草峴里　182
草鞋峴　424
燭臺峰　227
燭抬峰　435, 463
燭籠山　622
寸山洞　785
叢石　737
叢石里　736
叢石山　734
崔童谷　82

崔孝子碑　765, 765
楸谷　131, 245, 353, 438, 452, 453, 477, 595
楸谷溪　453
楸谷嶺　455, 475
椽谷池　454
楸谷坪　70
楸谷峴　74
秋垈　431
秋垈酒幕　432
楸洞　87, 175, 257, 315, 388, 469, 495, 519, 610, 642
棸洞　393
楸洞谷　747
軸洞里　72
秋洞里　182, 537, 547
楸洞洑　176, 497
楸洞酒幕　176
楸洞川　747
楸洞坪　175
楸洞峴　176, 475, 522
秋頭　292
楸林亭酒幕　59
楸木谷　462
楸木洞　470
楸木嶺　199, 200
楸木里　79
楸木坪　488
秋芳溪　529
秋芳里　529
錐峰山　63
秋山　500
楸石溪　598
秋成谷　50
楸沼津　422
楸陽里浦口　231
秋陽之酒幕　234
楸陽川　232
鄒儀里洑　797
鄒儀川　797
楸田里　525
楸池嶺　536, 743
楸川　767, 768, 769
楸川浦　770
軹峙　299, 300
楸坪　150, 247, 254
楸坪里　255
楸坪酒幕　256
楸皮　109
楸項里　226
楸峴　211
杻谷　409
杻領　103
杻田里　499
杻川洞　782
杻峙嶺　153
杻項峴　412
杻峴谷　410
杻峴嶺　118
杻峴里　126
鰆　715, 731, 736, 741, 751
春甲峰　552
春妓桂心殉節碑　188
春堂里　181
春西谷　416
春川郡守權直相善政碑　433
春川郡守金泳奎善政碑　433
春鶴員洑　88
忠良浦溪　311
忠良浦洑　312
忠良浦坪　310
忠烈碑　329
忠烈祠　485
忠武公遼東伯金應河碑　810
冲冲谷　228
鷲嶺　446
翠屏臺江　511
翠屏山　301, 338, 754, 766
鷲峰　135, 198, 201, 209, 413, 451, 464
鷲峰洑　149
鷲峰山　244, 245, 440
翠室谷　346
翠雲坪　694
鷲峙　669
鷲峙洞　158
厠室池　757
雉谷　438
治谷　586
致弓里　729
致弓浦　730
雉落谷　199
峙里　769
鴟峯山　779
雉岳山　325
雉田　431
雉田嶺　412
雉田坪　572
峙村　767
菑峴　558
菑峴店　559
雉湖江　413
漆街里坪　411
漆谷　63
七潭津　813
七坮岩洑　497
漆洞里　369
七龍山　595
漆木谷　462
七寶里　725
七寶山　684
七峰洞　184
七峰山　114, 183, 579
漆山里　225

漆山堤　225
漆山池　225
七仙洞　237
七星谷　418
七星坮　566
七星臺　787
七星山　579, 700
七松　323
七松里　395
七松峰　731
七松亭酒幕　291
七松亭坪　505
七松坪　287
漆底洞　583
漆田谷　416, 435, 754, 778
漆田洞　147
漆田洞嶺　149
漆田嶺　412
七節嶺　368
柒足嶺　668
漆峙　582
柒峙　586
漆峙谷　780
七通谷　355
七坪　302
漆峴　333
砧谷　54, 98
砧谷里　392
砧谷城隍　394
砧谷峴　394
砧橋里　430, 829
砧橋酒幕　432
枕臥岩　98
砧隅洞　71
砧隅酒幕　73
枕峴　765

카...

快吉坪　640
快水坪　572

타...

卓巨伊　546
卓巨伊洑　550
卓巨伊前川　541
卓谷　427
濯川　604
灘甘里　235
炭甘里酒幕　797
炭谷　210, 382, 447, 759
炭谷溪　383
炭屯坪　737
炭幕　755, 775
炭幕洞　309
灘幕坪　335
炭釜洞　330
炭釜嶺　609
炭釜洑　460
炭山　314
炭村　210
炭峴　102, 256
塔街　613
塔街里　391
塔街里坪　70
塔街洑　92
塔街酒幕　74
塔街坪　349
塔巨里酒幕　793
塔巨里坪　348
塔巨伊　549
塔皇　349
榻谷　150
塔谷　381, 571
塔谷嶺　383
塔邱里　687
塔洞　57, 119, 166, 217, 256, 355, 425
塔洞里　360, 367, 801
塔洞峙　208
榻屯之　258
塔屯地　459
塔里　78
塔山街里酒幕　188
塔山谷　156
塔前　339
塌田　340
塔坪　702
榻峴　135
塔峴　323
宕巾山　523
湯谷　838
湯谷洞　783
湯馬洞　818
笤黄　460
泰基山　169
泰岐山　180
泰嶺山　779
兌里　738
太白堂里　194
台峰　325, 328, 558
胎峰　501, 676, 678
台峰里　395
胎封山　309, 574, 594
台峰峴　397
泰飛　441
太史峯　688
泰山洞　195
太山里　449
泰石洞　521

台日嶺 527
台日里 516
台庄 291
台場 328
泰場洞 83
台庄酒幕 296
台場坪 326
太田谷 246
太宗臺 644
台初池 450
太行山 275
澤洞 321, 327
宅村酒幕 847
澤峴 220
撑崗山 388
樘木坪 349
土谷 347, 360, 838
兎谷 839
土谷峴 497
土橋洞 643
土橋里 374
土橋酒幕 379
土器 81, 145, 352, 696, 707, 789, 849, 849, 849
土器店 193, 480, 593, 618
土器店里 374
土洞 323, 395
土洞里川 182
土洞洑 853
土屯里 235
土屯山 779
土屯地 255
土屯坪 254, 511
土山峙 756
兎山峴 60
土城 115, 815
土城里 118, 122, 126
土崖酒幕 426
土役谷 346
土役谷洑 352
土屋谷 835
土沃洞酒幕 471
土旺城 843
土旺城里 828
土坪 339
土項 685
土項谷 780
兎峴 345
土峴 455, 553, 692
通巨里 287
通古山 707
通谷 231, 233, 309
筒谷 348
通谷項 146
通邱里 619
通達峴 61
通洞 489
通洞洑 489
通浪谷 419
桶沼 209
通水谷 194, 734
通津項 662
通浦谷 534, 535
通峴 329
退谷里 563
退谷上坪洑 565
退谷前坪洑 565
退谷中坪洑 565
退洞溪 221
退洞嶺 222
退洞里 222
退山坪 754
退潮碑 776
退川洞 699
退川酒幕 699
退灘街酒幕 59
退灘洞 58
退灘里 59

파...

巴老介峴 60
罷網嶺 424
破明垈坪 488
破明山 574
巴山載山 438
派沼 232
巴沼洞 443
把守院 102
巴水峴 474
巴浦峴 474
板巨里 825
判官垈里 261
判官垈洑 170
判官垈酒幕 263
判官垈 170
板橋 354, 609
板橋里 562, 803, 823
板橋新洑 563
板橋酒幕 356, 802, 824
板橋川 822
板橋坪 393, 728, 773
板機里 521
判垈 303
板垈 355
板德里 111
板幕洞 110
板幕嶺 536, 749
板幕里 112, 748
板幕川 747
判陌里 537
板味里 235
板尾坪 221

板云洑　806
板踰里　537
板梯峴　350
判川坪　303
板坪　356
板項里　251
板項峴　198
八狼谷　382
八郎洞　133
八利峰　417
八萬口尾　467
八萬金洑　473
八梅洑　151
八梅坪　150
八梅峴　135, 154
八明山　571
八味里　207
八味酒幕　207
八峰山　275, 402
八仙臺洑　685
八仙坪　684
八雲洞　609
八音里　367
八主垈　267
八川谷　771
八彈里　160
八浦　340
八浦坪　303
沛川店　726
彭木亭洑　305
片橋坪　70
蝙蝠屯坪　101
片踰洞嶺　522
平江里　124
平康坪　723
萍谷　131, 138
萍谷峴　141
平邱坪　442
坪洞　191
平洞　354
平栗嶺　522
平陵驛　774
平陵察訪李致元善政碑　789
坪里　112, 740
坪里場　111
坪磨差　610
平山　719
坪水落　339
坪新垈　339
平安里　158
平安驛　158
平安酒幕　158
坪庄谷　293
平章谷　302
平章洞　304
平庄村　322
平庄村酒幕　324
平章坪　192
平章坪洑　193
平長浦坪　334
平庄峴　323
平田街幕　708
平田坪　846
平地洞　153
平地洞里　805
平地洞洑　804
平地村　759
平川　288, 290
平川谷　286
平川里　255
平川津　290
坪村　251, 307, 307, 307, 329, 355, 443, 458, 468, 583
平村　815
坪村里　169, 202, 365
坪村洑　170, 472
平村酒幕　412
坪村坪　169
平峴　290
陛內嶺　756
浦磵洞　612
浦谷　378
浦谷坪　747
浦谷峴　402
浦溝　364
浦南里　369, 553
浦南坪　552
浦內坪　387, 393
浦潭　330
浦洞里　181
浦里　819, 821
浦洑　143
飽腹山　338
浦沙伊洑　130
浦沙伊坪　128
浦野　592
浦外津里　398
浦月里　365, 830
蒲田洑　280
圃田坪　70
浦津　313
浦村里　530
浦村洑　798
浦村市場　59
褒忠祠宇　810
浦側坪　770
浦峙谷　728
浦下里酒幕　140
浦項渡　585
浦項里　169, 388, 729, 736
浦項洑　171
浦項山　734
布項村　243

浦項坪 722
瀑布山 259
瀑沛川 641
表洞 663
飄累坮山 517
表山里 689
表犨峴 149
表訓寺 550
品谷川 198
楓溪店 736
豊谷里 374
風岐領 103
風大嶺 527
豊德山 513
楓洞嶺 490
豊洞里 495
楓林里 92
豊美 538
豊美谷 741
豊美洞 519
豊美里 537
豊樹谷 462
豊水院 185
風阿峙 644
豊岩酒幕 263
豊陽里 730
風載嶺 514
豊田里 87
風田山 418
豊田驛 813
豊田站 815
楓川 250
楓川里 203
楓川酒幕 252
豊村 469, 653
風村 603
豊村洑 473
風吹谷 419, 758
風吹酒幕 663
風吹峙 759
風吹坪 436, 845
風吹峴 555
豊沛里 725
風坪 428
楓下酒幕 638
楓湖池 575
皮谷 835
彼來谷 575
彼來山 574
辟歷山 760
皮木谷 461, 477
皮木洞 538
彼木亭谷 539
皮木峴 194
被防谷 728
辟暑亭 95
辟暑亭街 104
辟暑亭峴 102
避陽洞 425
避陽山 425
避鶴谷峴 511
皮峴里 126
筆谷里 278
必禮洞溪 411
必禮嶺 412
弼如岺 840

하…

下加德洞 309
下佳山里 825
下佳佐谷 178
下間坪 722
下葛麻谷 183
下㗇云里 825
下甲里 122
下江淸里 825
河古介里 801
下高飛院 546
下高山 289
霞谷 128
下谷堰 641
下觀佛 449
下光丁里 833
下光丁里酒幕 848
下橋谷 770
下橋洞里 512
下九里 126
下九萬里 532
下九井 492
下九峴 318
下弓宗 179
下琴垈 180
下岐城里 803
下岐城酒幕 802
下吉里 825
下吉星里 816
下吉峙嶺 726
下南山里 681
下內山里 818
下多屯里 317
下多田里 750
下茶川里 689
下丹邱 349
下丹邱酒幕 351
下達里 677
下畓 430
下畓酒幕 432
下垈 635
下大美院 178
下德洞 307
下德寺 502
下德田 614

下德田谷　721
河圖洛書　237
下道門里　829
下洞　649
下洞里　422
下東面　136
下洞庭　706
下杜陵　625
下頭里　109
下斗玉　313
下斗村　506
下屯之　322
下羅里　122
下羅山坪　616
下芦谷　468
下魯日里　667
下龍谷　185
下龍水坪　723
下流川里　819
下柳浦里　230
下柳浦堤　229
下栗洞　308
下栗里　683
下里　129, 360, 799, 811
下梨木里　725
下里洑　745
下里酒幕　594
下臨溪　664
下臨溪洑　665
下臨溪場　665
下馬碑　651
下馬碑坪　188
下馬山里　824
下幕峴　842
下萬山　468
下望宗坪　295
下孟芳　769
下於里　659
下鳴岩里　201
下沒雲　653
下茂谷　294, 317
霞霧垈谷　128
下舞龍洞　144
下舞龍洞洑　145
下茂周采谷　721
下文殊　496
下嵋山　734
下芳谷上里　211
下芳谷下里　211
下芳洞　214, 469
下芳洞里　740
下芳林洑　165
下洑　116, 472, 502, 806
下洑里　121
下普門　344
下洑湯洑　703
下洑湯坪　702
下福洞　829
下蓬洞　548
下北洞　653
下北占里　545
下芬芝谷峴　350
下沙谷里　495
下泗東里　532
下沙里　691
下絲里　815
下絲瑟峴　764
下沙川洞　292
下山北里　371
下山田里　179
下山岾洞　72
河山地　610
下三陽里　124
下石項　652
下石項洑　655
下蟾江　318
下城南　299
下城底里　679
下細足里　823
下小坤里　548
下所里　491
河沼津　607
下松館里　526
下松里　392, 593
下松里川　391
下松林里　564
下水南里　177
下水內里　139
下水內浦口　139
下水洞　126
荷水里　717
下水白里　183
何首烏　804
何須遠坪　844
下水汗　506
下水回里　59
下詩洞里　578
下食岾里　66
下食岾坪　64
下新順里　818
下新院里　541
下新正里　516
下鞍谷　712
下安味里　163
下安心峴　459
下鞍坪　712
下安興　178
下安興酒幕　178
下安興川　178
河岩里　687
下野坪　70
荷藥洞　213
下陽洞　58
下陽洞前野　55

下陽里　532, 826
下陽穴里　833
下於城里　823
下葦洞　331
下五嶺　490
下瓮洞　126
下瓦要山里　812
下瓦村　73
下旺道里　832
下旺道里酒幕　848
下外先里　811
下牛望里　129
夏牛峴　234
下牛峴　290, 318
夏禹峴　497
下院　624
下院谷　700
下願通坪　723
下元浦里　125
下月川　847
下月川里　834
下越坪　133
下越坪洑　852
何爲峴　238
下楡谷里　798
荷仁谷　440
河一里　161
下場街里　189
下長津里　714
下長津酒幕　714
下長浦酒幕　319
下楮田里　59
下田灘里　519
下汀月里　395
下鳥谷　464, 586
下操琴里　686
河趙坮　853
河鳥峴　329
下宗坪　722
下注里　121
下竹川　430
下中里　816
下中村　631
下支石里　532
下支石洑　534
下地位里　87
下珍里　119
下珎富里　167
下珎富洑　168
下珎富站　168
下珎富坪　166
下津坪里　518, 521
下榛峴里　801
下榛峴洑　795
下集室　470
下倉內溪　205
下川　407
下泉洑　749
下泉田里　230
下草邱　327
下草里　395
下初北面　515
下草院　183
下村　321, 458, 760, 783
下村里　235
下村酒幕　217
下村津　606
下楸谷川　411
下楸洞　412
下楸洞江　411
下楸洞於口酒幕　412
下楸洞於口津　411
下鄒儀里　797
下鄒儀酒幕　797
河峙谷　837
下漆田里　192
下炭里　396
下炭酒幕　397
下塔里　800
下土器店里　512
下土洞　182
下吐洞　694
下土里　823
下土城里　814
下退溪里　191
下板橋坪　724
下板里　807
下沛川里　725
下坪　147, 156, 405, 441
下坪洞　618
荷坪洞里　562
下坪澤　446
下浦里　90
下浦村洞　57
下品谷里　198
下楓洞里　796
下海三垈　306
荷香沼　356
下虛川洞　584
下峴　455
下縣里　548
下玄岩里　216
下花里　725
下禾岩里　72
下回山里　820
下檜耳里　547
鶴巨里坪　295
鶴皐里　713
鶴谷里　183, 198
鶴谷酒幕　325
鶴谷坪　198, 405
鶴堂谷　590
學堂谷　590
學堂谷酒幕　594

鶴堂里 824
鶴洞里 574
鶴嶺 149
鶴嶺於口酒幕 148
鶴林洞 584
鶴尾峰 633
鶴屛山 655
鶴洑 821
鶴峰里 84
鶴峰山 82
鶴舍堂洑 108
鶴舍洞 106
鶴山里 380, 579, 681
鶴山坪 680
鶴三面 713
鶴松亭峴 511
鶴首屯地洑 550
鶴膝尾 633
鶴岩坪 342
鶴岩浦 207
鶴也洞 373
鶴二面 717
鶴翼洞 273
鶴一面 725
鶴田 609
鶴鳥洞 142
鶴浦 485
學浦里 832
鶴浦洑 486
鶴峴 375
鶴湖 525
汗哥垈 344
韓哥坪 518
漢江坪 420
寒溪 224, 255
寒溪洞 422
寒溪岺 840
寒溪里 224
漢雞山 779
寒溪酒幕 256
汗谷 208
寒谷 591
汗谷酒幕 208
寒谷峴 235
漢橋津 242
漢基 782
漢基洑 788
漢基驛 781
漢基坪 786
漢南 634
漢淡谷 435
寒大洞 661
寒大洞酒幕 663
漢垈里 232
漢垈酒幕 234
寒垈川 407
汗德山 639
汗洞谷山 98
汗里所 654
桿木嶺 445
寒沙隅 479
寒沙村 705
寒山峙 168
寒松里 685
寒松寺 573
寒水垈 407
閑野 592
閑余洑 352
韓永祿恤民碑 480
寒雨山 245
韓魏垈 746
寒乙洞 643
翰義 741
汗衣德谷 116
閒底洞 631
閒底酒幕 629
閒田 634
閑田里 129
閑田里酒幕 130
閒田津 638
閒田坪 637
汗井谷 55
汗井洞 93
汗井屯 103
鷴鳥谷 150
鷳鳥谷 716
汗蒸岩 98
漢支幕 92
寒泉 549
漢川 817, 847
寒泉谷 395
漢川橋川 729
寒泉山 835
寒泉源 610
寒泉酒幕 161
寒泉村 568
寒泉坪 723
漢川坪 729
汗村 307
汗村洑 312
漢塚 223
汗峙 208, 653, 767
寒峙 279, 354, 544
寒峙谷 210, 275
寒峙洞 158
漢峙嶺 701
寒峙洑 277
汗峙底 768
寒峙峴 210
寒灘里 158
汗太谷 760
汗泰谷 760
寒坪 703
漢浦 501

漢浦坪　501, 722
咸谷溪　261
咸谷里　263
咸谷坪　260
函洞　237
咸東山　118
咸박골　199
咸朴洞　367
咸田　313
陷井洑　91
咸井池　74
陷穽坪　844
咸井峴　75
陷穽峴　375
咸池德嶺　397
含春里　129
含春洑　130
含春驛　130
含春酒幕　130
含春坪　128
合江　406
合江里　407
合江里中里酒幕　408
合江津　407
蛤谷　53
合串江　450
蛤塘　491
蛤洞坪　735
合門峰　420
合水江　450
合水川　684
蛤津里　714
合浦院　307
合浦院溪　311
合浦院酒幕　311
巷街　611
項谷　219, 291
恒谷里　210
項谷里　689
恒谷酒幕　210
項谷峴　290
項內洞　71
項洞　661
亢羅　151, 154
項嶺　459, 539
缸里谷　838
項鳥峰堤　738
巷村　86, 252
項坪里　725
項抱坪　628
蟹谷　695
海金剛　386
海南堰　573
海南坪　572
海浪洞　111
海嶺　701
海望山　718, 787
海山亭　386
海鼠　568
解臣峴　102
亥安面　150
亥安場　150
蟹岩浦　843
海塩池　671
海牛寺峰　286
海衣　561, 563, 566, 585, 588
海日村　458
海溢坪　64
海草　561, 563, 566, 568, 568, 585, 588
海蟄山　375
醢坪　138
蟹峴　731
蟹峴店　730
杏皐　344
行羣坪　605
杏桃源　373
杏洞　161
行路洑　140
行路坪　138
行邁洞　658
行邁院　660
行兵谷　413
杏山　245
行岩峰　320
行人橋　249
行人橋川　249
杏田村　568
杏亭　183, 492
杏亭里　559
杏亭村　564
杏村酒幕　318
行雉嶺　264
行峙峴　432
杏坪　648
香加山　580
鄕校谷　438, 632
鄕校谷峴　445
鄕校洞　243
鄕校里　80
鄕校洑　563, 742
鄕校坪　562, 775
鄕洞　327
香洞　567
香爐峰　367, 419
香爐峰山　245
香爐山　191, 203
香木谷　345, 381
香木里　362
香山　184
香山隅洑　454
香積坪　334
香川里　219

香泉里　742
香泉店　743
香峴　145
香湖　568
香湖里　567
向花垈　273
許哥谷　382
許哥谷嶺　383
虛谷　108
虛空橋　631
虛空橋谷　50
虛空橋洑　640
虛空峴　404
虛橋谷　395
許李台　578
許文里　188
許水院里　144
許水院里洑　145
許水院里酒幕　145
許項里　125
許項酒幕　118
獻垈洞　274
憲兵分遣所　234, 236, 757
歇駕峴　743
歇流洞　71
險谷　345
險石谷　417
險石里　502
縣監姜湇淸白善政碑　62
縣監鮮于濬淸白善政碑　61
縣監成雲翰淸白善政碑　61
縣監申學休善政碑　75
縣監申學休淸白善政碑　62
縣監吳致箕淸白善政碑　62
縣監尹致泰淸白善政碑　62
縣監李義植淸白善政碑　62
縣監李章德淸白善政碑　62
縣監李周弼淸白善政碑　62
縣監李憲昭善政碑　67, 75
縣監李憲昭淸白善政碑　62, 62
縣監鄭有恂善政碑　67, 75
縣監鄭希先淸白善政碑　62
縣監鄭羲淳淸白善政碑　61
縣監蔡時謙淸白善政碑　61
縣監許梅淸白善政碑　62
縣監洪處深淸白善政碑　61
縣監洪羲人淸白善政碑　62
玄鷄山　332
峴谷　131, 347
玄口尾洑　479
縣南面　828
縣內洞　694
縣內里　582
縣內市場　584
峴內坪　788
懸蘿幕嶺　510
縣里　147, 150, 526, 527, 805
縣里洑　804
縣北面　828
峴山　744, 839
玄樹谷　838
絃岩山　49
縣崖谷　581
縣崖峙　582
縣於口酒幕　148
懸鍾　706
懸鍾山　690, 695
縣倉　549
縣倉洑　550
縣倉坪　540
玄川里　179
玄川里酒幕　179
峴村　289, 818
縣坪　236
玄坪　334
縣坪洑　236
懸坪場　718
穴內村　756
穴洞里　208
穴洞酒幕　208
穴川里　665
挾谷　52
峽峙溪　141
峽峙谷　141
峽峙洑　143
兄弟橋里　122
兄弟橋酒幕　116
兄弟峰　89, 227
兄弟峰山　517
兄弟岩谷　320
兄弟岩沼　704
兄弟川　421
兄弟峙　840
兄弟峴　397
荊川洑　306
蕙齋洞　559
虎見谷　345
虎谷　460, 517, 523, 554
狐谷　716
虎內谷　51
好達幕　708
虎洞　282
虎狼谷　634
虎狼峰　198
狐狸洞　219
虎笠谷　535
虎鳴　653
虎鳴洞　583
虎鳴里　670
虎鳴峴　577
虎尾山　695
湖邊洞　561
湖邊村　553

狐山峴　225
好善驛　650
護聖碑　368
虎岩谷　131, 319, 756
虎巖谷　382
虎巖里　107
虎岩洑　254
虎岩峰　500
虎岩山　114, 287, 835
帍巖沼　763
虎巖坪　376
虎踰峴　60, 304
好音　288
好音洞　443
好音峴　446
戶籍洞　340
虎田里　691
虎衆谷　571
狐川　250
狐川谷　222
狐川洞　251
狐峙　165
虎峙　539
虎灘　638
浩通谷　201
狐通谷　449
壺項谷　712
虎墟　613
狐峴　230, 270, 279, 350, 594
虎峴　536, 797
或別里　122
昏侍彼嶺　733
笏谷　590
笏幕谷　53
洪哥谷　534
紅谷　617
虹橋　368
虹橋碑　393
紅桃山　174
弘洞　110
虹岺　746
紅路山　275
紅龍谷　220
洪陵洑　499
紅門街里　443
紅門街里酒幕　445
弘門谷　836
紅門里　78
紅峰里　217
紅峰沼　421
紅峰峴　200
鴻山洞　559
紅樹皮嶺　522
紅矢洞　694
紅陽洑　851
洪元洞　819
紅月坪　765
紅月坪洑　761
弘磧嶺　222
洪濟里　554
紅塵浦坪　405
洪川江　210
洪村　478
鴻峙酒幕　560
洪浦坪　735
紅蛤　737, 751
紅峴　333, 474
鴻湖洑　134
鴻湖坪　132
花開山　82
花盖山洑　821
花谷　199
禾谷里　380
花谷村　268
花邱里　679
花邱川　679
花南谷　54
禾達洑　384
禾達坪　382
花帶巨里洑　794
花洞　699
禾洞里　180
花豆峯　678
和登里　714
和登驛　714
禾羅峙　604
花浪溪　205, 774
花浪洞洑　804
花浪浦　324
花嶺　636
花柳谷　456
花柳嶺　459
火望嶺　397
花夢洑　176
花坊洞　697
花方里　267
花房峴　363
花屛里　619
花峰　460, 504, 633
花峰洑　471
花飛嶺店　577
化泗川里　805
化泗川里洑　804
華山　89, 500, 595, 622
火山　494
花山　503, 633, 715
花山谷　534
花山里　537
花山峰　719
華山土城　600
和尙谷　367
和尙洑　852
化尙岩坪　846

花松峴　841
華岳山　237
花岩　495
禾岩里　81, 656
化岩里　122
禾巖寺　379
花岩坪　56
花岩峴　61, 67
華若谷　633
花藥谷　664
華陽江　243
華陽亭洑　312
華陽亭坪　310
花雨里　392
花雨里峴　392
花越谷　427
花踰嶺　59
和義洞　166
和義嶺　118
和意峴　403
禾日里　831
華藏谷　728
花田　783
花田溪　603
花田岐野　55
花田洞里　805
花田里　87, 181, 619, 811
花田里峴　89
花田山　320, 622, 638
花田隅　342
花田酒幕　812
花田峙　644, 780
花田坪　626, 637
花折嶺　604
花折峙里　602
花井里　365
畵柱谷　581
花柱谷　766
花池洞　72
花津浦　372, 384
畵彩峰　199
畵彩巖　363
花川　327
化川里　537
花川里　664
化川場　538
花川峴　536
火鐵　762
禾呑里　414
貨通里　717
花浦里　371
華表洞　653
化鶴嶺　426
花峴　663
花峴里　119
花峴酒幕　663
還德山　287
環才谷　464
活里峴　459
黃康谷坪　335
黃崗里　139
黃崗里舊洑　140
黃崗里新洑　140
黃崗里酒幕　140
黃江津　215
荒江村　444
荒江村津　446
黃古所坪　488
黃谷　327, 352, 410, 438, 627
黃谷野　413
黃谷川　329
黃耇洑　850
黃耇坪　844
黃金　118
黃金山　779
黃金坪　810
黃金坪洑　810
黃達坔里　797
黃畓坪　199
黃洞溪　411
黃屯　300
黃屯坪　297
黃蘿谷　52
黃蘿洞　58
黃龍谷　575
黃龍洞　506
黃龍山　719, 720, 720
黃龍坪　320
黃庬村書院遺墟碑　789
黃庬村善政碑　789
黃屛嶺　256
黃柄洑　134
黃屛山　253
黃柄山　523, 669
黃柄坪　132
黃堡里　689
黃沙谷峴　375
黃山洞　354
黃山坪　637
黃石谷　720
黃石里　730
黃水洞坪　335
黃魚坮　566
黃牛山　720
黃仁垈谷　138
黃腸谷　260
黃腸洞　262
黃腸洞　547
黃場山　97
黃腸山　181, 395, 538
黃腸峙　264
黃亭谷　635
黃汀浦　430

黃鐵谷 419
黃哲洞 258
黃鐵幕谷 427
皇峙 621
荒峙 644
皇峙底酒幕 621
黃土器 666
黃土垈坪 64
黃土洞 65
黃土峙 842
黃土峴 363
黃坪 364
黃浦里 365
黃浦坪 723
黃鶴洞 298
黃鶴山 332
荒峴 297
黃峴 363, 692
隍峴 739
黃孝子碑 398
會稽山 594
會溪川 476
灰古介里 801
灰谷 54, 69, 141, 204, 233, 439, 487
檜谷 138, 353, 441, 601
回谷 299
檜谷坪 729
檜德伊 542
檜洞 158, 658
灰洞 233
淮東里 532, 534
檜洞洑 660
檜洞上洑 159
檜洞坪 157
灰洞峴 235
回龍洞 821, 829
回龍峰 435
檜木谷 448
檜木洞 95
檜木坪 405
回峰山 297, 300
灰釜谷 721
灰釜洞 602
灰山 49
回山里 79, 742
淮山里 570
回山洑 742
回鴈峰 287
淮陽江 531
檜耳 549
回才谷 614
檜田谷 151
檜田洞 404, 520
灰田嶝 781
檜田嶺 539
檜田里 112
檜田里酒幕 408
回村 66
檜村 307, 321
檜峙 177
檜浦洞 111
回浦坪 101
晦峴 75
檜峴 141
灰峴 510, 521, 527, 558, 626
灰峴里酒幕 802
灰峴店 559
回花洞 57
橫溪里 670
橫溪驛 671
橫指巖洞 642
橫川 469
橫浦洞 65
橫浦洞洑 67
橫浦洞酒幕 66
孝經谷 348
孝慶谷 466
孝幕峰 135
孝母谷 678
孝婦金氏之碑 789
曉星里 820
曉星山 78, 819
孝子金宗燮碑 789
孝子門街里 190
孝子碑 80, 369, 552, 573, 637
孝子李尙虎碑 789
孝悌谷里 261
孝悌谷酒幕 263
孝竹垈 468
孝竹垈洑 473
孝竹垈酒幕 471
孝竹里 267
孝竹村酒幕 180
後伽山 420
後葛谷 639
后巨里 467
後溪 457, 724, 766
後谷 53, 133, 204, 293, 300, 310, 316, 363, 378, 402, 403, 456, 463, 503, 728
朽谷 585
後谷店 559
後谷酒幕 134
后谷酒幕 398
後谷坪 773
朽橋 706, 707
朽根乃 169
後塘洞 697
後堂坪 627
後垈洞 602
后德谷 440

後德山　63
後洞　150, 164, 219, 227, 286, 319, 340, 343, 425, 495, 576
后洞　453, 520, 834
后洞溪　452
后洞口酒幕　455
後洞里　562, 796, 800
後洞堤　254
后洞池　453
後洞坪　287
后洞峴　455
後屯地洑　266
後屯坪　265
後梁坪　501
後龍谷　781
後龍山　504
厚里　682
厚里酒幕　707
厚里浦　683
後芳洞　571
後番地谷　166
後峰峴　75
後山　221, 404, 719
後山坪　336
後上里　196
後野坪　70
後囦　423
厚用里　314
後踰谷　55
後堤　104
後主山　48
後中里　196
後川　293, 558, 704
後川溪　296
後川里　799
後川洑　371
後川津　174
後川坪　295, 335, 370
後草坪　723
后村　453
後峙　586, 594
后坪　117, 442
後坪　237, 277, 326, 364, 413, 428, 466, 484, 501, 628, 688, 722, 723
後坪溪　377
後坪洞　65
后坪里　124
後坪里　161, 278, 431, 619
後坪洑　161, 238, 352, 415, 628, 690
后坪石回隅酒幕　117
後坪野　161
後坪酒幕　161
後坪津　276
後坪川　315
后坪川　442
後坪峴　206
後浦里　620
後浦梅里　834
後浦堤　680
後浦坪　679
後下里　196
後項谷　131
後巷酒幕　243
後巷村　243
後峴　60, 328, 329, 423, 492, 545
後峴嶺　493
後峴前川　541
揮罹　706
揮水披嶺　736
休垈坪　628
鵂飛谷　721
鵂岩　485
鵂岩谷　348
鵂岩里　802
鵂岩里洑　797
鵂岩里酒幕　797
鵂巖洑　180
鵂巖山　287
鵂巖坪　376
鵂岩峴　350
鵂虎谷　721
黑干里　206
黑門洞　342
黑礬　116, 534
黑寺谷　143
黑山　761
黑山垈　339
黑山里　800
黑石屯洑　105
黑石里　105
黑石里酒幕　104
黑石市　105
黑石津　100
黑沼　662, 765
黑沼洑　788
黑水洞　583
黑鉛　585
黑淵里　396
黑淵堤堰　391
黑適山　531
黑地洞　444
黑川　298
黑川谷　760
黑川坪　739
黑治江　511
黑治浦　524
黑浦　703, 706, 706
迄駕峴　746
屹里　360
屹里谷　477

屹里洞　93
屹里嶺　361
屹伊谷　132, 138
屹耳嶺　424
欽陽洑　277
興谷江　724
興谷里　726
興垈　307
興垈洑　312
興龍菴　794
興法　303
興福寺　216
興富洞　698
興富市　700
興富驛　699
興富酒幕　700
興水沼　99
興仰里　81
興陽　327
興雲里　733
興仁洞里　537
興亭山　259
興鶴嶺　149
興學碑　651
興湖　331
希谷　787
戯浪山　118
喜曆峴　486
戯靈山　117
希易嶺　111
希易里　112
希亦里　469
希亦里酒幕　471
希亦坪　467

언문색인

가…

가근골 307
가나쏠 737
가난쑤루 716
가난쑤루보 718
가넌ᄀᆡ 329
가느골 174
가는고ᄀᆡ 154
가는골 265, 347, 514, 698
가는ᄀᆡ 703, 706
가는ᄀᆡ들 703
가는다리 343
가는ᄃᆡ 444
가늘편 415
가능골 611
가ᄂᆞᆫ골 464
가ᄂᆡ 413
가ᄂᆡ고ᄀᆡ 402, 415
가ᄂᆡ쥬막 415
가ᄂᆡ진 413
가두둘보 703
가두들 702, 708
가두루 662
가둑벌 716, 745
가둑벌쥬막 718
가둔지 163
가둔지고ᄀᆡ 455
가둔지버덩 845
가둔지벌 467
가둔지보 472
가둔지뜰 297
가뒤골 488
가득별 640
가ᄃᆡ골 367
가라치 513
가락고ᄀᆡ 455
가람 775
가람말 610
가람물 608
가랍ᄌᆡ 461
가랑동 564
가랑울나들이 607
가레골뜰 310
가력이버덩 421
가로ᄀᆡ 258
가론뜰 303
가루고ᄀᆡ 612
가루ᄀᆡ 493
가루ᄀᆡ버덩 248
가리골 310
가리ᄂᆡ 178
가리ᄂᆡ보 178
가리막골 494
가리봉 403, 418
가리산 230, 408
가리산영 423
가리여울 498
가리파ᄶᆡ 300
가리파ᄌᆡ 344
가리파치 298
가ᄅᆡ고ᄀᆡ 199, 200
가ᄅᆡ골 353, 393, 438, 452, 519, 525, 537, 547, 595, 610
가ᄅᆡ골ᄀᆡ울 453
가ᄅᆡ골못 454
가ᄅᆡ돌골시ᄂᆡ 598
가ᄅᆡ무기 226
가ᄅᆡ쏠 315
가ᄅᆡ양지ᄂᆡ 232
가ᄅᆡ양지쥬막 234
가ᄅᆡ양지포구 231
가ᄅᆡ올나드리 411
가ᄅᆡ울 87, 182, 293, 412
가ᄅᆡ울고ᄀᆡ 176, 211
가ᄅᆡ울골 245
가ᄅᆡ울물 411
가ᄅᆡ울보 176
가ᄅᆡ울뜰 175
가ᄅᆡ울어구쥬막 412
가ᄅᆡ울쥬막 176
가마골 197, 236, 316, 610, 631
가마니 440
가마리등 842
가마바위쥬막 196
가마소들 288
가마쇼 207, 436
가마울뜰 348
가막골 355
가만보 696
가모ᄀᆡ 461
가목정이 846
가무ᄂᆡ 179
가무ᄂᆡ쥬막 179
가무원 696
가미기 328
가ᄆᆡ골 181, 378, 560
가ᄆᆡ덕이뜰 248
가ᄆᆡ봉 412, 731
가ᄆᆡ산 435
가ᄆᆡ소 556
가ᄆᆡ쇼 422, 425, 476
가ᄆᆡ쇼나드리 425
가ᄆᆡ실 615, 650
가ᄆᆡ실골 676
가ᄆᆡ쏠 556, 564
가ᄆᆡ월 643
가ᄆᆡ탯거 577
가산 197
가산말 725
가섭ᄌᆡ 345

가셥ᄌᆡ골　346
가시ᄂᆡ보　306
가시ᄂᆡᄯᅳᆯ　303
가시락골　464
가ᄉᆡ거리쥬막　258
가연리　189
가오리고ᄀᆡ　682
가온ᄃᆡ고ᄀᆡ　154
가와리　216
가우작고ᄀᆡ　130
가운ᄃᆡ보　454, 472
가운ᄃᆡ쥬막　408
가운ᄐᆡ골　639
가월리　220
가이봉　419
가일고ᄀᆡ　228
가일리　228
가작다리　552
가작ᄌᆡ　842
가잠이　736
가젼니ᄯᅳᆯ　182
가족고ᄀᆡ　259
가좌곡ᄀᆡ울　178
가줄언리　214
가쥭나무고ᄀᆡ　194
가직지산　397
가진ᄀᆡ　657, 659
가ᄌᆡ골　621
가ᄌᆡ동　190
가치락ᄭᅩᆯ　355
가치람ᄯᅳᆯ　294
가치람이　291
가ᄐᆡ울　175
각고ᄀᆡ　626
각길리　207
각ᄀᆡ울　106
각달고ᄀᆡ　345
각담쥬막　432
각시고ᄀᆡ주막　148
각씨바위　486
각허나드리쥬막　655
각ᄒᆞᆫ치　626
간는드루　662
간ᄂᆡ울　213
간ᄂᆡ울강　213
간ᄂᆡ울쥬막　213
간다문이골　427
간마리　366
간모봉　342, 416
간산골　431
간으골　633, 658
간을편　453
간을평　413
간ᄌᆡ　303
갈강바위ᄭᅩᄀᆡ　85
갈거리　308
갈곡들　334
갈곡산　332
갈골　128, 232, 389, 416, 492, 526, 529, 537, 562, 614, 621, 828
갈골고ᄀᆡ　533
갈골ᄂᆡ　846
갈골령　530
갈골버덩　420
갈골보　795
갈공니　298
갈궁이　440
갈금이　656
갈기리　195
갈노고ᄀᆡ　842
갈ᄂᆡ졀　655
갈둔리　214
갈리봉　342
갈ᄅᆡ골　453
갈ᄅᆡ쇼날루　422
갈머리　292
갈모이　470
갈목고ᄀᆡ　474
갈미봉　839
갈ᄆᆡ　689
갈ᄆᆡ울　455, 469
갈ᄆᆡ울보　459
갈바우골　299
갈밧골　131, 464, 734
갈밧골고ᄀᆡ　432
갈밧구미쥬막　426
갈밧묵이　405
갈밧ᄭᅩᆯ　534
갈방니　529
갈방물　529
갈버덩　377, 393
갈버둥이　607
갈벌　713, 729, 832
갈벌두루　744
갈별　628
갈션골　628
갈ᄭᅩᆯ　208, 670
갈오ᄀᆡ　332
갈월　81
갈이무지　544
갈ᄋᆡ골　642
갈ᄋᆡ나무골　462
갈ᄋᆡ버덩　150
갈ᄋᆡᄭᅩᆯ　131
갈ᄋᆡ울고ᄀᆡ　475
갈ᄋᆡ피리　831
갈자보　852
갈ᄌᆡ　700
갈터　431
갈터쥬막　432
갈현ᄭᅩᆯ　80
갈홍지　644
감나무골　698

감나무ᄌᆡ 841
감남골 836
감ᄂᆡ산 517
감ᄂᆡ영 522
감돌니 82
감돌ᄅᆡ 87
감동골 830
감동ᄀᆡ 504
감둔이영 196
감박산 294
감박ᄌᆡ 296, 351, 360
감북들 232
감셩고ᄀᆡ 106
감우ᄅᆡ 444
감ᄋᆡ골 836
감ᄋᆡ쇼 476
감접니 544
감정이골 197
감ᄌᆡ 653
감ᄌᆡ골 608
감투봉 523
감호ᄀᆡ 398
갑둔니 414
갑둔이고ᄀᆡ 199
갓골 447
갓모봉 89, 461, 463
갓모산 353
갓못봉 632
갓무바우들 467
갓무봉 135
갓바우 321, 525, 834
갓바우보 852
갓바우산 374
갓바위뜰 302
갓ᄇᆡ 684
갓장골 460
갓ᄌᆡ 460
갓치둥이보 479
강건네신포보 726
강것네쌜 722
강경이더 220
강골 725
강골고ᄀᆡ 727
강구ᄌᆡ 683
강남고ᄀᆡ 645
강동날우 596
강들 449
강션ᄅᆡ 829, 843
강션면 828
강셩ᄌᆡ 227
강신ᄌᆡ 333
강졍 568
강창고ᄀᆡ 205
강창골 192
강창터 189
강촌말 468
강한니 298
객고지 623
거넌들 208
거넌들보 312
거니야고ᄀᆡ 415
거들 195
거론 330
거리ᄯᆡ 328
거리ᄯᆡ들 326
거린다ᄅᆡ 642
거마ᄅᆡ 831
거머ᄅᆡ 685
거머쇼 406, 524
거머숏물 511
거멍터 321
거무나무골 838
거무ᄂᆡ 298
거무소 396, 662
거무정쏠 143
거문가니 281
거문간ᄅᆡ 206
거문골 246, 342, 669
거문구미보 479
거문굼미 574
거문ᄀᆡ 703, 706
거문들 334
거문지기 89
거미ᄃᆡ 652
거북골 575
거북둔지 468
거북산 332
거셕들 442
거수문ᄅᆡ 216
거수앗 163
거시고ᄀᆡ 739
거시라치ᄌᆡ 160
거실치 185
거ᄉᆡ쏠 150
거운나들이 607
거치ᄂᆡ 204
거치텀이나루 446
거칠고ᄀᆡ 297
거칠기ᄌᆡ 644
거칠봉 419
거커ᄅᆡ 168
거커ᄅᆡ쥬막 168
격지ᄀᆡ울 82
건ᄀᆡ나들ᄅᆡ 655
건나루 373
건남이동 576
건너ᄂᆞᆫ나루 91
건너뜰 640
건너뜰보 305
건넌골 212, 410
건넌들 199, 310
건넌들보 86, 208
건넌보 852
건넌산 374

건넘이ᄀᆡ 585
건네들 477
건넷들말 478
건느골 217
건는골 217
건니쥬막 414
건드ᄅᆡ 381
건드ᄅᆡ영 383
건들에 197
건ᄇᆡ 147
건예강 478
건지봉 739
건쳔골 418
결은고ᄀᆡ 200
결은리 203
검거울 440
검귀들 680
검귀리 681
검금 534
검단니 331
검두ᄌᆡ 645
검ᄃᆡ 185
검ᄃᆡᄌᆡ 290
검운산 451
검은ᄂᆡ평 739
것치럼이 444
경어리 648, 650
게골 448, 695
게목 364
계셩니 478
계셩산 477
계야 300
게임들 315
게조굴 853
격갈리 431
견불리 834
견헌산 314
결둔이지 758
겸심무덤이 286
경기평써리 104
경장이뜰 302
경정산 333
경징이 303
계관산 218
계명산 230
계방산 433
계시울 640
계야뜰 298
계희년묵이 644
고ᄀᆡ쏠 131
고네미고ᄀᆡ 176
고ᄂᆡ 664
고단골 466
고덕이 111
고덕치 615
고도토미 216
고동골 128
고동골고ᄀᆡ 130
고동어 737
고둔골 166, 463, 615
고둔골ᄀᆡ울 223
고드ᄂᆡ 684
고든골 222, 417, 418, 514, 544, 547, 585
고든골령 154
고든골영 539
고든드르메 558
고든치 644
고든치쥬막 645
고들고ᄀᆡ 178
고등골 393, 428
고등보 699
고랑들 336
고러터 317
고론고ᄀᆡ 455
고른 226, 226
고리골 322
고리ᄯᅩᄀᆡ 84
고림정 742
고ᄅᆡ골 838
고ᄅᆡ숲 360
고마루 158
고만치고ᄀᆡ 726
고목골 348, 435, 656
고무날우 714
고바우 111, 377
고바위쥬막 111
고방이지 581, 582
고복골 214
고부랑지 630
고분골보 795
고분다리 175
고분다리쥬막 176
고비덕 643
고비야골 346
고비운니 444
고ᄇᆡᆨ산 838
고사골 408
고사리골 307, 515, 543
고사리골ᄂᆡ 311
고사리골쥬막 311
고사창뜰우 405
고산 289
고산골 615
고산들 215
고삽둔지 238
고삿쥬막 445
고샹늡 694
고셩강 80
고송고ᄀᆡ 832, 841
고숨골 601
고습리 227
고시랑이 457
고시ᄅᆡ고ᄀᆡ 222

고실ᄋᆡ골 418
고심ᄂᆡ 478
고심ᄂᆡ쥬막 459
고심이들 702
고ᄉᆞ리고ᄀᆡ 645
고샹골 662
고약골 198
고얌밧ᄌᆡ 582
고양골 444
고양산 315
고역촌 217
고운고ᄀᆡ 225
고월산 838
고일 232
고일ᄌᆡ 644
고자모통 453
고장ᄇᆡ골 440
고제 736
고젹ᄌᆡ 835
고졍이들 615
고졔바우 363
고쥬목골 439
고쥬바우 363
고지고ᄀᆡ 600
고직이영 372
고질기 387
고ᄌᆡ 701
고쳥이 355
고쳥모류 203
고쳥보 850
고총엣골 720
고츔골 286
고탄상리 226
고탄ᄒᆞ리 226
고토실 628
곡갈봉 210
곡굴목이고ᄀᆡ 235
곡슈 356
곤되불 845
곤말 213
곤메일평 845
곤사리골 396
곤의동 289
곤이며리지 572
곤지람 743
골고지 184
골기리 697
골기리골 581
골ᄀᆡ 142, 665
골ᄀᆡ울 450
골ᄀᆡᆺ못 143
골논 363
골마차 610
골막 691
골막골 378
골말 330, 458
골말쥬막 459
골문약이 339
골미 164
골미강 218
골미나루 218
골미봉 362, 715
골미상리 218
골미즁리 218
골미ᄌᆡ 644
골ᄆᆡ남이 307
골방쳔 449
골ᄉᆡ터 339
골어구 658
골어구쥬막 599
골이안쏠 55
곰골 108, 465
곰너미ᄌᆡ 290
곰넘니산 477
곰돗치 456
곰동쏠 150
곰등ᄂᆡ 192
곰메덕골 510
곰바리 663
곰밧 831
곰ᄇᆡ골 410, 410
곰ᄇᆡ골물 411
곰ᄇᆡ골쥬막 412
곰ᄇᆡᆫ영 412
곰실 193, 691
곰에눈셥니 538
곰에산 590
곰지기 301
곰진ᄂᆡ 190
곰테ᄌᆡ 582
곱돌고ᄀᆡ 253, 493
곱돌ᄌᆡ 600
곱돌영 433
곱빗영 433
곱쌀골 439
곱장골 409
곳네미고ᄀᆡ 264
곳둔치 345
곳운골 198
곳집말 321, 620
공골 142, 148, 199, 215, 233, 526
공골고ᄀᆡ 235
공골주막 143
공듕바우 363
공산 322
공셕이 694
공수ᄀᆡ평 393
공수왓치 832
공신산 319
공쏠 309
공이ᄌᆡ 636
공졔 554
공지ᄂᆡ 190, 190, 195

공탄 81
과부쏠 427
곽격쥬막 291
관고ᄀᆡ 423, 486, 842
관골 201, 462
관덕당 189
관덕산 838
관덕이 330
관데벌 628
관두루 467
관두루보 474
관듸 413
관ᄃᆡ벌 413
관불 449
관불빗나루 450
관쏠 191
관암두 649
관암보 305
관약ᄌᆡ 484
관역고ᄀᆡ 193
관음사 86, 446
관음작골 128
관읍치 824, 826
관장골 471
광게골 417
광격 289
광골 684
광나루 834
광나루쥬막 848
광덕고ᄀᆡ 237
광덕리 237
광ᄃᆡ거리 84, 85
광ᄃᆡ골 382, 585
광ᄃᆡ바우 368
광ᄃᆡ바우산 719
광ᄃᆡ버덩 434
광ᄃᆡ봉 451
광명터 332
광무ᄌᆡ 840
광바우쇼 476
광악산 222
광원 434
광이산 534
광정리압물 847
광정평 845
광쥬앗고ᄀᆡ 433
광쥬젼 431
광치고ᄀᆡ 404
광탄리 209
광터 304, 340
광터고ᄀᆡ 296
광터쥬막 305
광테벌 632
광판골 410
괘나루 365
괘나루뒨ᄂᆡ물 366
괘ᄂᆡ다리쥬막 740
괘ᄂᆞᆫ물 739
괘목기 831
괘자골말 274
괸산진 223
괴골 302, 618
괴냄이 567
괴마자쑤리 402
괴목정들 335
괴ᄆᆡᆯ 567
괴비고ᄀᆡ 383
괴산 226
괴안니들 338
괴일 555
괴일ᄌᆡ 577
괴피나들리 411
굄돌 133, 167
굄돌장 90
교곡게 422
교궁보 200
교위형국산 48
괴나리골영 372
구구리 212
구나무골 52
구남무골 575
구냥동 411
구녕ᄯᅳᆯ 242
구녕ᄯᅳᆯ보 242
구도미보 165
구두독 365
구두미 163
구ᄃᆡ울 343
구라우ᄯᅳᆯ 302
구럭골 720
구럭쏠평 722
구럭이ᄌᆡ 669
구렁가ᄅᆡ들 611
구렁말 243
구렁말못 415
구렁자리 405
구레골쥬막 471
구레등이평 713
구례골 471
구룡영 841
구룬 156
구룬고ᄀᆡ 474
구룬니 468
구룸ᄌᆡ산 666
구름다리들 336
구름우리ᄌᆡ 609
구름ᄌᆡ 668
구름쵸버덩 452
구리고ᄀᆡ 174, 224
구리ᄀᆡ 224
구리ᄀᆡ고ᄀᆡ골 224
구리ᄀᆡ고ᄀᆡ못 224
구리ᄀᆡ보 655
구리목 526

구리목령 514
구리목영 527
구리ᄯᅳᆯ쥬막 180
구리안 754
구리여울 458
구릿직 701
구릿직숄막 704
구마니 413, 453
구마니보 454
구마니포구 450
구마리 431
구만니 349
구만니들 227, 612
구만니쥬막 450
구만리 227, 331, 457
구만리버덩 209
구만리장 209
구만리장터쥬막 210
구만이 192, 211
구만이쥬막 192
구말들 336
구무쇼쥬막 756
구미 317, 689
구미고기 318
구미들우 467
구미등산 727
구미쏠 298
구미슷 649
구미ᄯᅳᆯ 302, 303
구보 221
구봉산 447
구부기골 228
구분골 463
구사리 355
구사목거리쥬막 566
구산골 418
구석말 603
구셕리 232
구셕말 84
구셕이보 231
구셩암ᄯᅳᆯ 295
구숙골 653
구숭골보 795
구슈골 524
구슈봉산 191
구시골 698
구시울 79, 342
구신니고기 424
구실고기 78
구실골 204
구실미 288
구실영 688
구실쥬막 79
구식달이 262
구양들 320
구억들 335
구억찌 300
구억평 336
구왁쏠 132
구용담 460
구용샤 323
구용탄 226
구운기 221
구운발이 696
구운에구쥬막 471
구웅쇼 329
구일노리터 403, 405
구장거리 717
구장써리숄막 718
구적바우뻘 734
구절산 200
구정 327
구정별류 544
구졔바우 363
구졔바위쏠 309
구졔비 181
구진쏠 310
구진에지골 465
구직 303, 525
구직ᄯᅳᆨ이 732
구포동 313
구포직 314
구학산 297
구화골 456
국고기 701
국길 210
국사봉 203
국사산 338
국수당이거리 85
국수반쏠 83
국술당이 83
국술당이못 86
국슈봉 89, 463
국슈봉산 375
국터 444
군기 552
군너미영 528
군니직 609
군늬면 828
군늬보 174
군두리 308
군두리보 312
군두산 286
군둔산 293
군들고기 208
군랑두루 442
군슈골 427
군슈터 431
군양골 348
군양터 235
군웅골 301
군읏들 338
군지골 486
군징이주막 92

굴결이 281
굴곡들 334
굴골 347, 420
굴기지 705
굴깃들 702
굴ᄀᆡ 832
굴ᄂᆡ 613
굴ᄂᆡ들 612
굴뒷골 378
굴량쏠 87
굴렁말 413
굴머실ᄯᅳᆯ 295
굴미실 292
굴바우 206, 403
굴바우골 439
굴바우못통이 403
굴바우ᄯᅳᆯ 181
굴봉산 212
굴쏠 189
굴쑥고ᄀᆡ 297
굴아 749
굴아우 340, 670
굴아우ᄌᆡ 671
굴암 615
굴억이 666
굴운다리 189
굴음ᄌᆡ 604
굼방골 233
굼벙쇼 411
굼병골 456
굽정산 418
굿쑬 84
궁골 148, 430
궁군통이 568
궁굴버덩 428
궁ᄀᆡ 364
궁들 617
궁말 313
궁방말 322
궁벙이 197
궁소 99
궁ᄲᅳ 617
권금셩 843
권김산 838
권농골 238
귀골 538
귀ᄂᆡ골 316
귀둔버덩 411
귀리ᄲᅦᆯ 658
귀실고ᄀᆡ 205
귀ᄉᆡ둔지ᄯᅳᆯ 248
귀쏠 86
귀앙여을 406
귀웅이보 306
귀융쇼 422
귀잉소 209
귀임이들 334
귀평 339
귄골 732
궐곳 659
귓둔리 412
궝골 223
규신달기주막 577
그테골 516
그풍말 738
극ᄀᆡ 191
근골 586
근너들 614
근네골 836
근ᄑᆡ골 741
금 223, 234
금강리 832
금강이 304
금광 480
금단리 238
금두ᄌᆡ 345
금등골 439, 440
금ᄃᆡ울보 352
금ᄃᆡ월 197
금무ᄉᆡ들 442
금바우 293
금바우산 595
금발리 404
금병산 228
금불고ᄀᆡ 297
금산리 216
금셕쏠 106
금정골 194
금츙골 627
금파정이보 202
긔푼ᄀᆡ 110
기럭고ᄀᆡ 727
기룡봉 420
기룡산 402
기름ᄆᆡ산 417
기린산 338
기림바우쥬막 655
기바우긔 843
기사문리 833
기사문리쥬막 848
기셩둘 691
기ᄉᆡ울 83
기와골 586
기와둔지 195
기와집말 631
기우룬 158
기우룬보 159
기일평보 853
긴고ᄀᆡ 85, 304
긴골 490
긴골들 337
긴골묵 327
긴나무들 338
긴둥 345

긴ᄌᆡ 193
길거너멋영 533
길고지ᄌᆡ 594
길골 199, 316
길기미ᄌᆡ 582
길눈나들이 607
길마ᄌᆡᄭᅩᄀᆡ 84
길ᄭᅩᆯ 662
길아치 343
길영고ᄀᆡ 746
길ᄋᆡ뤼 321
길ᄌᆡ고ᄀᆡ 459
길ᄌᆡ령 111
김넝골 567
김베루버덩 428
김시랑골 640
김싱에골 247
김양쇼버덩 420
깁푼골 427
깁헌ᄌᆞ리뜰 201
깃골 242
깃ᄃᆡ박이영 726
ᄀᆡ가말 561
ᄀᆡ간이 612
ᄀᆡ고ᄀᆡ 370
ᄀᆡ골 181, 407
ᄀᆡ골고ᄀᆡ 402
ᄀᆡ굴쇼 199
ᄀᆡ금박골 378
ᄀᆡ나루 313
ᄀᆡ나리 182
ᄀᆡ납니 175
ᄀᆡ납뜰 175
ᄀᆡ두둑뜰 132
ᄀᆡᄃᆡ봉 388
ᄀᆡ라골 388
ᄀᆡ런이골 576
ᄀᆡ론고ᄀᆡ 328
ᄀᆡ룬 414
ᄀᆡ말 530
ᄀᆡ말보 798
ᄀᆡ면리 408
ᄀᆡ모시 189
ᄀᆡ목 388, 736
ᄀᆡ목산 734
ᄀᆡ목뻘 722
ᄀᆡ목이 169
ᄀᆡ목이보 171
ᄀᆡ무더미쥬막 373
ᄀᆡ미ᄌᆡ 351
ᄀᆡ방우 681
ᄀᆡ보 687
ᄀᆡ사리보 352
ᄀᆡ사리뜰 128
ᄀᆡ산평 844
ᄀᆡ쇠 330
ᄀᆡᄉᆞ리보 130
ᄀᆡᄭᅩᆯ 745
ᄀᆡᄭᅩᆯ고ᄀᆡ 137
ᄀᆡᄭᅩᆯ평 747
ᄀᆡᄯᅩᆼ둘 336
ᄀᆡᄯᆡ박니 190
ᄀᆡ안골 435
ᄀᆡ안버덩 393
ᄀᆡ암골 463
ᄀᆡ여울 505
ᄀᆡ오ᄀᆡ쥬막 319
ᄀᆡ왓 174
ᄀᆡ왓쥬막 174
ᄀᆡ운골 325
ᄀᆡ운다리 349
ᄀᆡ임보 703
ᄀᆡ임평 702
ᄀᆡ자리 557
ᄀᆡ자리구미 460
ᄀᆡ잔이 671
ᄀᆡ젼니 289
ᄀᆡ젼니쥬막 291
ᄀᆡᄌᆡ골 393
ᄀᆡᄌᆡᄭᅩᆯ 150
ᄀᆡᄌᆡᆫ영 394
ᄀᆡ치 330
ᄀᆡ치골 728
ᄀᆡ치ᄀᆡ울 197
ᄀᆡ치나루 337
ᄀᆡ터골 207
ᄀᆡ통골 457
김발고ᄀᆡ 296
김벌 457
김ᄌᆡ고ᄀᆡ 432
깃골 378
깃들 592
깃보 143

나...

나근ᄂᆡ골 698
나기지고ᄀᆡ 210
나날ᄌᆡ 586
나라실 679
나라실ᄂᆡ 679
나라실들 679
나루모ᄅᆡ기 374
나루심 380
나르쇠 243
나리두둑 598
나며일 659
나무고ᄀᆡ 839
나무ᄀᆡᄭᅩᆯ 82
나부모루 500
나분돌 830
나분둘 513
나분들 513

나비혈 349
나실 698
나실쥬막 700
나팔산 388
낙슈봉보 362
낙아지고ᄀᆡ 208
난숄들 315
날골 593
날근역쥬막 217
날근절쏠 82
날근집터골 191
날근터 307, 313, 405
날근터들 338
날밀 559
날앙이 634
날오실 634
남가골 465
남강 442
남경지나루 446
남교 422
남교역 422
남녀산 348
남두루벌 518
남ᄃᆡ골 712
남ᄃᆡ쳔 846, 847
남ᄃᆡ쳔버덩 844
남리 407
남리다리목 406
남리장 408
남면 828
남문거리 326
남문박 830
남문압보 377
남밧골 413
남밧골버덩 413
남밧골쥬막 415
남밧치 146, 148
남벌어니고ᄀᆡ 475
남산 325
남산들 338
남산말 322
남산ᄊᆡ 156
남산이ᄌᆡ 423
남숑고ᄀᆡ 350
남악이ᄌᆡ 318
남여산쥬막 351
남오리 292
남오리쥬막 296
남오리뜰 295
남오리ᄌᆡ 351
남이셤 213
남ᄋᆡ리 834
남ᄋᆡ쥬막 848
남ᄋᆡ지 525
남경골 408
남정지쥬막 445
남정지표구 445
남쳔물 361
남쳔뭍 364
남쳔보 362
납덕골 649
납돌모기 701
납돌앗 667
납실리 222
납운돌벌 735
낫바우 404
낭골 720
낭밧골말 278
너근ᄂᆡ 340
너다리 562
너다리골 611, 701
너다리버덩 393
너다리평 376
너더리 92, 824
너더리ᄂᆡ 822
너더리방축 850
너더리보 143
너더리쥬막 356
너들언 111
너렷골 538
너렁바우 349
너렁바우쥬막 351
너레골 408
너레바우 628
너려골 391
너례골 533
너례비봉 420
너르ᄂᆡ 344
너른ᄀᆡ 379
너름골 586
너리골 676
너ᄅᆡ골 382
너머말 213
너문골고ᄀᆡ 219
너문구렁말 642
너벙바위쥬막 259
너병이 656
너부ᄂᆡ써리 85
너부렁이 193
너분ᄀᆡ 511
너분나들리 236
너분둥 129
너분바우 461
너분바우쏠 640
너분여울 110, 518, 619, 656
너분터고ᄀᆡ 290
너분터골 316
너삼평 376
너우ᄂᆡ보 703
너테나무정 512
너푼법골 353
넌넌골 556
널ᄂᆡ 670

널ᄂᆡ방우 708
널막골 110
널목고ᄀᆡ 198
널미 235
널분ᄀᆡ벌 735
널안 453
널에골 744
넙덕산 719, 719
넙ᄌᆡ 708
넙ᄑᆞᆸ리 684
넛밧골보 200
네다리보 474
네목이고ᄀᆡ 189
넷날창터 108
녀ᄂᆡ골 245
녁골 430
년엽산 200
노고셩 287
노고쇼보 305
노ᄀᆡ 314
노ᄀᆡ들 315
노나무 664
노나무골 581
노늬실 684
노ᄂᆡ골 265
노동 217
노ᄃᆡ골 456
노ᄃᆡ골보 460
노라우ᄯᅳᆯ 348
노랑이턱골 185
노로목 555, 567
노루고ᄀᆡ 600
노루고ᄀᆡ들 612, 625
노루골 611
노루ᄀᆡ 319
노루되미 103
노루목 538, 661
노루목고ᄀᆡ 85, 403, 731
노루목골 537
노루목ᄀᆡ 536
노루목이고ᄀᆡ 171
노루목이ᄌᆡ 435
노루소 377
노루치ᄌᆡ 312
노르목 372
노른가리 654
노리골 596
노리ᄀᆡ 291
노리ᄯᅳᆯ 302
노상두루 732
노습 332
노ᄉᆡ벌쥬막 668
노ᄉᆡᄲᅥᆯ 666
노양골쥬막 434
노일 211
노장골 319, 387, 410, 448, 659
노젹봉 342, 461
노젹산 203
노픈두들 696
노픈들보 696
노푼터 129, 524, 527
노ᄑᆡᆼ이 364
녹슈골 435
녹시ᄅᆡ들 612
논골 196, 208, 238, 382, 416, 542
논골벌 450
논골보 451
논골평 721
논들 609
논ᄡᆞᆯ 191
논ᄡᆞᆯ평 747
논장니압나드리 425
논지구미 407
놀기봉산 381
놀리평 102
놀머리 478
놀뫼 587
놀미골 510
놀미둔지 221
놀미령 510, 536
놀밋영 521
놀악말 225
놀우목ᄌᆡ 644
놀우뫼 340
놉푼덕골 439
놉풀ᄌᆡ 707
놉흔절산 320
놋들ᄌᆡ 645
놋ᄯᅳᆯ 640
놋장ᄡᆞᆯ 547
놋졈영 749
놋졈이영 743
놋푼터 513
농거리쥬막 792
농거리ᄌᆡ 842
농막골 287
농바우골 628
뇨ᄡᆞᆯ 310
뇽늡썩 145
뇽에머리 145
누낙골 466
누른고ᄀᆡ 363, 842
누른골 556
누른ᄀᆡ 365
누리ᄃᆡ 649
누문 292
누문ᄯᅳᆯ 295
누에머리 744
누웅가리 298
누치소 421
눅골 403
눈고ᄀᆡ 840

눈고ᄀᆡ방축 851
눈늡 215
눕말 717
눗치쇼 484, 498
뉘룬 608
뉘릴골 575
뉘문나들이 607
뉴달리산 477
뉴ᄉᆡ 328
뉴ᄉᆡ쏠 325
뉵판바우쏠 325
느나지 631
느넘골 537
느다리 609
느더리고ᄀᆡ 350
느들앙이 457
느랏 664
느랏ᄌᆡ 197
느럽ᄌᆡ 621
느렁골 716
느롭ᄌᆡ 586
느르ᄀᆡ 185
느르ᄀᆡ쥬막 184
느름나무골 219
느름ᄂᆡ 559
느름정장 136
느름졍이쥬막 275
느름졍주막 136
느릅골 543
느릅졍리 687
느릅졍이 670
느릅ᄌᆡ 355, 609
느릅ᄌᆡ고ᄀᆡ 412
느리을이 557
느ᄅᆡ뜰 180
느ᄉᆡ울 272
느정이골 131
느지목이 723
느지목이고ᄀᆡ 727
느진ᄀᆡ평 488
느진목이 108
느진목이고ᄀᆡ 479
느진복이 83
늑덕골 525
는다리두루 728
늘근산 381
늘다리쥬막 802
늘덕이 98
늘데덜 204
늘름ᄌᆡ골 410
늘릅졍이 414
늘막ᄀᆡ울 747
늘막령 536
늘막영 749
늘막이 748
늘목영 424, 839
늘목이 342
늘목이ᄌᆡ 345
늘미ᄂᆡ 797
늘아우골 215
늘앗ᄌᆡ고ᄀᆡ 199
늘업실고ᄀᆡ 201
늘운모기 637
늘운쥬막 434
늘읍고ᄀᆡ 106
늘읍나무구미 457
늘읍니 524
늘읍삼니 453
늘읍졍이 466, 468
늘읍졍이보 471
늘읍졍이쥬막 471
늘터벙덩 356
늠말 306, 307
늡걸리강 724
늡고ᄀᆡ 220
늡골 714
늡골고지 715
늡셰버덩 452
늡셰보 454
늡평 368
늣곳평 488
늣달쏠 325
늣목 670
늣목ᄌᆡ 758
늣박골 440
능고ᄀᆡ 323
능골 156, 298, 316, 327, 466
능근네 520
능ᄂᆡ 353
능ᄃᆡ동 350
능말 303, 593
능모루 79
능모루말 322
능모루쥬막거리 324
능목ᄌᆡ 645
능몰우ᄀᆡ울 180
능산이쏠 639
능산ᄌᆡ 644
능쏠 78, 166, 302, 554
능지골 632
니평리 408
니홍말 323
닌제강 229
닐남고ᄀᆡ 228
ᄂᆡ골 219
ᄂᆡ셔들 676
ᄂᆡ실말 643
ᄂᆡ실ᄌᆡ 644
ᄂᆡ압 705
ᄂᆡ원 342
ᄂᆞᆯ골 245
ᄂᆞᆼ지골 439

다…

다둔니 355
다라고ᄀᆡ술막 745
다라막이고ᄀᆡ 510
다라목이고ᄀᆡ 235
다라치고ᄀᆡ 238
다락골 180, 456
다락무 317
다란이 371
다랏 613
다랑베루 406
다름고ᄀᆡ 475, 486
다름다리 233
다름ᄌᆡ 433
다리고ᄀᆡ 746
다리골 213, 308, 381, 427, 695
다리골버덩 393
다리목 174, 322
다리목들 612
다리몰 288
다리바우 373
다리바우장 379
다리복쥬막 371
다리ᄭᅩᆯ 301, 354
다리울여울 458
다리질 298
다ᄅᆡ 649
다ᄅᆡ골 581
다ᄅᆡ막영 521
다ᄅᆡ산 611, 627
다ᄅᆡ뜰 658
다림목니 108
다방고ᄀᆡ 840
다분이ᄌᆡ 709
다소니 106
다쇼막이 404
다슈비보 351
다오랑이 317
다우니고ᄀᆡ 731
다진고ᄀᆡ 87
다텃ᄌᆡ 574
닥나무ᄭᅩᆯ 196
닥바우보 794
닥바우쥬막 794
닥바위나루 242
닥밧골 347, 416
닥밧구미보 471
닥밧말 713
닥밧보 198
닥산ᄌᆡ 555
닥ᄌᆡ 575
단고둥이 616
단구 343
단구역 351
단무실 286
단여울 619
단젼들 337
단지목고ᄀᆡ 213
단풍울이 600
달강이 636
달거리고ᄀᆡ 479
달거리산 477
달골 395
달골고ᄀᆡ 394, 397
달구리등 843
달구미 616
달기리 705
달기병이 655
달ᄀᆡ 449
달ᄀᆡ빙 657
달ᄀᆡ지고ᄀᆡ 218
달리골 420, 431
달리미산 719
달리울 457
달ᄅᆡ 317
달ᄅᆡ나루 318
달마산 835
달마지봉 463
달밤이 691
달산령 151
달산ᄭᅩᆯ 150
달수역 679
달쓰기산 638
달아고ᄀᆡ 745
달아치 842
달악골 627
달오ᄀᆡ 168
달오ᄂᆡ골 106
달운이 133
달음바우ᄭᅩᆯ 641
달읍밧 636
달이골 469
달이골쥬막 471
달이ᄭᅩᆯ 639, 642
달ᄋᆡᆺ치 492
달증ᄀᆡ 705
달탄 665
달판이ᄌᆡ 671
달펑이ᄀᆡᆫ 547
담바우 293
담밧들 676
담ᄇᆡ 154, 159, 160, 162
담산이 570
담안 330
담인말 443
담터 525
담터골 623
답ᄇᆡ 657
닷등골 660
닷등ᄭᅩᆯ 662
당경산 388

당고ᄀᆡ 181, 205, 304, 370, 423, 474, 637
당골 232, 320, 447, 462, 616, 635
당골ᄀᆡ울 450
당구미산 477
당당이들 334
당뒤 298, 705
당들 348
당모루 105, 353
당모루쥬막 104
당모루평 728
당묘벌 518
당봉 425
당부리 243
당상구미 846
당소ᄀᆡ 663
당솔 143, 308, 669
당아지고ᄀᆡ 510
당압말 443
당압말ᄀᆡ울 442
당우들 335
당이골 309
당장봉 419
당졍고ᄀᆡ 375
당ᄌᆡ 193, 525, 630
당ᄌᆡ포구 192
당ᄌᆡᆺ말 519
당ᄌᆡᆺ영 522
당ᄐᆡ죵비 329
더거리뜰 348
더덕골 347
더뒤미고ᄀᆡ 412
더듬이고ᄀᆡ 432
더렁말 544
더벅산 191
더벙터 478
더수령이고ᄀᆡ 141
더운골 837
더운쉼 233
덕가동 308
덕가산 301, 309
덕가여울 83
덕거리 195, 211, 685
덕거리들 311
덕거리보 312, 352
덕고ᄀᆡ 287, 312, 319, 323, 333, 333, 350, 475, 476, 612, 630, 738
덕고ᄀᆡ산 333
덕고산 179
덕골 362, 417, 466
덕난니 340
덕난니시ᄂᆡ 341
덕논들 334
덕니 530
덕달리 429
덕두리 227
덕두원리 215
덕둔지 460, 461
덕둔지보 472
덕마리 208
덕무 396
덕무골 408, 627
덕밧골 602, 746
덕벌 531
덕비기ᄂᆡ 469
덕산 407
덕산터 650
덕안니 340
덕외들 335
덕울산 835
덕젼쇼 444
덕젼이골 614
덕ᄌᆡ 731
덕ᄌᆡ봉 712
덕ᄌᆡ산 310, 531
덕ᄌᆡ쳔 724
덕포 362
덤바위골 315
덧건네골 461
덧고ᄀᆡ 206, 224, 236, 282
덧골 237, 465
덧골고ᄀᆡ 475
덧목산 535
덧버덩이 197
덧ᄌᆡ목이 350
데겡이버덩 844
데ㅣ기ᄀᆡ 450
도고목솔 294
도구머리 292
도굴골 462
도ᄀᆡ용 346
도기바우 755
도ᄂᆡ강 638
도덕모루ᄌᆡ 184
도덕산 477
도도리ᄌᆡ 323
도동막ᄌᆡ 317
도두ᄀᆡ골 247
도락골 328
도랑소 428
도룡골 300
도룡소보 312
도룬들보 655
도룽골 829
도리돌 484
도리돌보 474
도리들두루 467
도마둔지들 311
도마둔지보 312
도마치 238
도마치ᄌᆡ 616
도목골 461

도뫼 579
도문면 828
도ᄆᆡᆺᄂᆡ 704
도ᄆᆡ안 632
도사울 144
도산ᄌᆡ 695
도삼밧골 456
도숑골못 454
도숑골어귀쥬막 455
도숑동ᄀᆡ울 453
도숑동이 453
도슈골 427
도슈암쳔 413
도ᄉᆡ골 648, 650, 654
도악기ᄌᆡ 690
도암션ᄉᆡᆼ유허비 408
도얏주막 577
도여울 80
도오ᄀᆡ 317
도오ᄀᆡᄂᆡ 305
도오ᄀᆡ쥬막 319
도ᄋᆡᆯ 288
도ᄋᆡᆯ쥬막 290
도장골 204, 226, 347, 448
도장ᄭᅩᆯ 581
도장ᄌᆡ 188
도졍지 223
도지거리쥬막 230
도지들 315
도쳥말 185
도촌셔원 305
도치고동리 230
도치골 210, 212, 314
도ᄎᆡ울 430
도테눈이고ᄀᆡ 78, 106
도토리봉 301
도톨ᄌᆡ 552
도투골 746
도화리골 188
독가마ᄭᅩᆯ 216
독감ᄋᆡᄭᅩᆯ 534
독고ᄀᆡ 423
독고리 532, 695
독골 320, 576, 712
독골ᄌᆡ 577
독됴봉 196
독바우 377
독별우 751
독보거리ᄯᅳᆯ 295
독송정이쥬막 848
독ᄉᆡ 843
독은골 416
독장골 500, 520
독장골고ᄀᆡ 533
독점골 52
독젼ᄭᅩᆯ 196
독졈 197, 323
독졈고ᄀᆡ 199
독졈골 837
독진이고ᄀᆡ 609
독진이나들이 607
독탑우다리평 713
독토골 462
돈너미고ᄀᆡ 749
돈네미 238
돈네미영 736
돈두루 146
돈두루ᄂᆡ 249
돈두루ᄯᅳᆯ 248
돈ᄃᆡ날우 617
돈ᄭᅩᆯ 619
돈정졔 225
돌거리 438
돌게지 152
돌경이 344
돌고ᄀᆡ 146, 205, 290, 604, 626, 669
돌고ᄀᆡ쥬막 184
돌고지방츅 361
돌ᄀᆡ산 839
돌다리 562, 635
돌다리쥬막 650
돌답을들 338
돌룡봉 435
돌리골 470
돌모루 321, 328
돌모루ᄀᆡ울 324, 329
돌모루두루 744
돌모루보 852
돌모루쥬막 324
돌목ᄂᆡ 704
돌목보 677
돌목이 128, 170
돌물우들 326
돌미다리벌 741
돌바우보 178
돌바우ᄯᅳᆯ 177
돌방곳치 724
돌별ᄐᆡ버덩 421
돌보 563, 735
돌봉 500
돌비야고ᄀᆡ 510
돌ᄇᆡ나무졍이 467
돌ᄇᆡ나무졍이보 472
돌산 131, 734, 736
돌산령 151
돌산영 134
돌션골 696
돌셤 381
돌수보 749
돌슈베리 699
돌ᄭᅩ지 354
돌ᄯᅡ리 649
돌ᄯᅥ거리쥬막 177

돌아지 460
돌움격 97
돌ᄋᆡ골 832
돌잠ᄌᆡ보 460
돌좌슈두루 729
돌ᄌᆡ 698
돌탑 219, 221
돌터거리쥬막 296
돌터골 439
돌톱고ᄀᆡ 318
돌톱말 458
돌튭안쥬막 459
돌틉이 614
돌평이ᄌᆡ 577
돔드루 846
돗고리영 533
돗골 477
돗넘이고ᄀᆡ 726
돗네미영 733
돗장이 681
돗텃골 439
돗테목이 459
돗티쏠 658
동가나무 314
동강나루 591
동거리나드리 428
동거리보 86
동건두루 501
동경이 313
동경이절 344
동고골 363
동고ᄀᆡ 194
동골 348
동ᄀᆡ골 425
동ᄀᆡ울 469
동녹골 373
동님 453
동님ᄀᆡ울 452
동님뒷못 454
동돌뫼 306
동둔말 745
동듸 142
동ᄃᆡ 286
동리 407
동막 289, 353, 650, 684
동막골 234, 309
동막동 150
동막산 332
동막쏠 355
동막쥬막 685
동면 828
동메보 794
동모지 665
동무들 612
동문거리 326
동문박 360
동ᄆᆡ기ᄀᆡ울 442
동ᄆᆡ실 413
동발여울고ᄀᆡ 61
동봉두리 345
동ᄇᆡᆨ골 347
동산 438
동산리 834
동산장 843
동산쥬막 848
동산지 351
동삿골 457
동양골 439
동역골 440, 457
동옥골 836
동용봉 419
동우골 320
동좌고ᄀᆡ 474
동지 443
동지둔니 354
동진골 294
동진골뜰 295
동진동 340
동지들 215
동치ᄀᆡ버덩 141
동화동 340
동화모룽이 349
동화산 338
동회소쏠 734
되고ᄀᆡ 423
되골들 625
되골보 626
되롱골 372
되룡소골말 281
되안니고ᄀᆡ 341
되안니쥬막 311
되야니 306
되야니지 312
되양골고ᄀᆡ 445
되음벌 147
되찬이들 338
된ᄀᆡ 717
된덕고ᄀᆡ 252
된ᄆᆡ봉 398
된봉 552, 558
된셤버덩 405
된ᄌᆡ 423
될에지 139
될에지고ᄀᆡ 140
됫둔지 532
됴롱고ᄀᆡ 429
됴리보 237
됴산 332
둉장골 420
둉정ᄀᆡ 288
둉ᄌᆞ리 210
둉ᄌᆞ리고ᄀᆡ 210
두덕골 636
두독 322

두둑 332
두둑바우 750
두득평 713
두들갈ᄋᆡ 707
두ᄃᆡ 431
두루미쥬막 560
두루산 237, 719
두루솔밧평 723
두룽산 719
두르미 559
두리봉 209, 211
두리봉골 448
두만이주막 638
두명쇼 305
두뫼강 704
두무골 209, 427, 465
두무동 414
두무쇼 422
두무ᄶᅩᆯ 106, 301
두묵골 389
두묵ᄀᆡ 152
두물나드리 249, 566
두물ᄉᆡ 511, 515
두미기 750
두미평 846
두밀ᄌᆡ 290
두부덕ᄶᅩᆯ 345
두소물 434
두우산 438
두음실 194
두지골묵 326
두ᄌᆡᄶᅩᆯ보 738
두ᄌᆞᆺ골 737
두터바위ᄂᆡ 311
두터ᄊᆡ 343
두ᄐᆡ소 148
둑실 177
둑ᄉᆡ골 195
둑ᄉᆡ골고ᄀᆡ 196
둑지모루주막 148
둔덕말 430
둔뎐밧 631
둔디골 194
둔방ᄂᆡ압물 179
둔일 211
둔젼골 829, 835
둔젼보 352, 473, 738
둔젼뜰 349
둔지가ᄂᆡ보 454
둔지들 288
둔지못퉁 272
둔창 298
둔ᄎᆞᆼ말 179
둘원니 179
둘이봉 325
둥덜리 212
둥덜리강 212
둥덜리포구 212
둥둥바우 363
뒤갈골 639
뒤고ᄀᆡ 328, 329, 423, 545
뒤골 204, 214, 219, 227, 286, 300, 316, 319, 340, 402, 403, 453, 576, 602, 611, 834
뒤골고ᄀᆡ 455
뒤골ᄀᆡ울 452
뒤골못 453
뒤골뜰 287
뒤골쥬막 398
뒤ᄀᆡ들 679
뒤ᄀᆡᄆᆡ 834
뒤ᄀᆡ川防 680
뒤늡 423
뒤ᄂᆡ물 361
뒤당볃 627
뒤덕골 440
뒤덜고ᄀᆡ 206
뒤두렁 404
뒤두루 442
뒤두무ᄀᆡ울 442
뒤두터ᄂᆡ 315
뒤들 237, 628, 688
뒤들보 238, 628
뒤들우 466
뒤들장 754
뒤말 453
뒤버덩 428, 431
뒤버루쥬막 848
뒤번지골 166
뒤빙이 203
뒤빙이고ᄀᆡ 193
뒤산들 336
뒤ᄶᅩᆯ 133, 150, 164, 196, 293, 310, 343
뒤ᄶᅩᆯ주막 134
뒤ᄊᆡ 620
뒤ᄯᅳ루 161
뒤ᄯᅳ루보 663
뒤뜰 191
뒤뜰버덩 161
뒤뜰보 161, 352, 352
뒤뜰우 484, 501
뒤뜰쥬막 161
뒤일 654
뒤지 492, 594
뒤ᄌᆡ고ᄀᆡ 493
뒤퉁봉 89
뒨ᄂᆡ 174, 293
뒨ᄂᆡᄀᆡ울 296
뒨ᄂᆡ들 335
뒨ᄂᆡ뜰 295
뒨메 221
뒨목골 131

뒷거리 467
뒷골 363, 378, 456, 463, 520, 728
뒷굼쥬막 559
뒷ᄀᆡ 724
뒷ᄀᆡ울 457
뒷ᄂᆡ 558, 655, 704
뒷ᄂᆡ쥬막 657
뒷동산 719
뒷두루 516
뒷두리 705
뒷둔지ᄯᅳᆯ 247
뒷들 326, 702
뒷버덩 364
뒷버루 834
뒷벌 722, 723, 723
뒷산 156, 362
뒷ᄯᅡᆼ 697
뒷ᄯᅳ루 661
뒷ᄯᅳᆯ신ᄋᆡ 377
뒷ᄯᆡ벌 659
뒷ᄌᆡ 586
듀원들 287
듀포 354
듕동 326
듕바이 288
듕츙이평 333
드렁골 494
드레골 441
드르ᄂᆡ바우산 563
드른덕이 427
드릉산 275
드말들 342
득병골 238
들격ᄭᅩᆯ 55
들고지보 356
들ᄀᆡ평 335
들돌거리쥬막 848
들둔 160
들렝ᄭᅩᆯ 218
들말 329, 355
들무골주막 148
들무ᄀᆡ 525
들무ᄭᅩᆯ 148
들미 293
들에골물 133
들에ᄭᅩᆯ 131
듬ᄂᆡ보 597
듬운영 715
등골 627
등골고ᄀᆡ 351
등뒤고ᄀᆡ 455
등뒤골 451
등뒤골ᄀᆡ울 452
등뒤골쥬막 455
등듸울 463
등듸울고ᄀᆡ 474
등안니 339
등용에터 467
디둔지 194
딘고ᄀᆡ 671
딧골 204
ᄃᆡ각ᄭᅩᆯ 111
ᄃᆡ골 160, 346, 834
ᄃᆡ골령 555
ᄃᆡ구산 838
ᄃᆡ궐터 418
ᄃᆡ근네 642
ᄃᆡ근네보 641
ᄃᆡ나루 694
ᄃᆡ남산 836
ᄃᆡᄂᆡ골 593
ᄃᆡᄂᆡᄌᆡ 599
ᄃᆡ동거리 291
ᄃᆡᄃᆡ터 725
ᄃᆡ롱산 193
ᄃᆡ룰보 460
ᄃᆡ리골 512
ᄃᆡ리목 195
ᄃᆡᄅᆡᄌᆡ 582
ᄃᆡ문터 829
ᄃᆡ문터ᄀᆡ울 846
ᄃᆡ미ᄯᅳᆯ 336
ᄃᆡ밋ᄌᆡ 840
ᄃᆡ바우 424
ᄃᆡ바우평 376
ᄃᆡ바지 190
ᄃᆡ별우ᄯᅳᆯ 640
ᄃᆡ사졔 341
ᄃᆡ산 184
ᄃᆡ삽골 214
ᄃᆡ삽이ᄀᆡ울 216
ᄃᆡ셩산 464, 465
ᄃᆡ슈리 306
ᄃᆡ슈리쥬막 311
ᄃᆡ슨산 418
ᄃᆡ승영 423
ᄃᆡ시ᄅᆡ골 606
ᄃᆡᄶᅩᆨ갈 365
ᄃᆡᄭᅩᆯ 189
ᄃᆡ아욱골 346
ᄃᆡ악골 512
ᄃᆡ야들 597
ᄃᆡ야보 597
ᄃᆡ왕ᄌᆡ 329
ᄃᆡ용산 199, 200
ᄃᆡ월 139
ᄃᆡ인말 458
ᄃᆡ장산 337
ᄃᆡ장이고ᄀᆡ 85
ᄃᆡ장이ᄭᅩᆯ 83
ᄃᆡ젹골 410
ᄃᆡ졍에집골 382
ᄃᆡᄌᆡ 110

ᄃᆡ청골 382
ᄃᆡ청보 851
ᄃᆡ쵸나무거리쥬막 192
ᄃᆡ쵸나무골 448, 452
ᄃᆡ추골 623
ᄃᆡ츄골 617
ᄃᆡ츄나무골 195
ᄃᆡ치고ᄀᆡ 645
ᄃᆡ치ᄊᆡ 300
ᄃᆡ터버덩 421
ᄃᆡ평다리 343
ᄃᆡ평다리보 352
ᄃᆡ포셩 844
ᄃᆡ호산 836
ᄃᆡ호터 543
ᄃᆡ황당 190
ᄃᆡ훙니 414
ᄃᆡᆨ말 829
ᄃᆞᆷ드루 366
ᄃᆞᆺ골압도랑 847
ᄃᆞᆺ밋 705
ᄃᆞᆼ당이 402
ᄃᆞᆼᄃᆞᆼ이골 326

라…

라가지 210
락산사 843
람ᄋᆡ긔 843
량지울고ᄀᆡ 87
러름터 344
령쳔 337
로루골 833
로루골보 851
로루목이 828
로루목이ᄌᆡ 594
론골 355
론미 828
론보 851
론쏠 830
론ᄋᆡ골 831
롤미쥬막 480
롯졈 223
롱거리ᄌᆡ 841
류무뜰 192
류무평보 193
르럭골 389
르읍뎡이 631
릇목영 842
릉금ᄌᆡ 599
리광벌 110
리이실 323

마…

마거리고ᄀᆡ 329
마곳 593
마구구미 572
마구ᄂᆡ미ᄀᆡ울 442
마근거리 289
마근골 347
마근다미고ᄀᆡ 356
마기들 336
마논들 336
마눕둘우 722
마ᄂᆡ고ᄀᆡ 205
마ᄂᆡ물 442
마당목이 654
마당바우 206
마당바우쇼 429
마당소 421
마당오리 150
마라우 740
마람니 180
마람니ᄌᆡ 180
마람터 654
마람터보 565
마랑골보 852
마련이 108
마로리 413
마로역 414
마로쥬막 415
마로진 413
마룡이고ᄀᆡ 511
마름쏠 138
마름쏠고ᄀᆡ 141
마리고ᄀᆡ 533
마리드류 775
마ᄅᆡ들 625
마ᄅᆡ미 637
마ᄅᆡ미주막 637
마명ᄌᆡ 558
마물니 181
마산 214, 319, 419, 463
마산드루 844
마산들보 850
마수고ᄀᆡ 634
마아우 340
마악골 667
마어 715, 731, 736, 741, 751
마여울 443
마위쏠보 738
마일ᄌᆡ 836
마장영 475
마장이 349, 365
마젹리 225
마젹산 229
마젼동 344
마죽골 456
마쥬골고ᄀᆡ 459
마지골 716

마지골뜰　297
마지라　619
마지라ᄂᆡ　618
마지라들　617
마지리보　617
마지쏠　298
마중이　641
마ᄌᆡ　349
마ᄌᆡ고ᄀᆡ　350
마차진고ᄀᆡ　731
마ᄎᆞ금　380
마평리　221
마핫　158
마호ᄃᆡ　403
막골　215, 288, 462, 614
막골도랑　324
막골드루　428
막근가ᄅᆡ들　337
막쏠　139, 294
막장골주막　140
막졍지들　342
막터산　605
막ᄐᆡ골　455
만낭ᄀᆡ　340
만낭ᄀᆡᄀᆡ울　305
만낭ᄀᆡ보　305
만다쏠고ᄀᆡ　296
만듸　314
만ᄃᆡ들　336
만ᄃᆡ월　150
만말　512
만슈암　304
만우쏠　642
만ᄋᆡ　192
만ᄋᆡ아쥬막　192
말걸리　198
말고ᄀᆡ　222, 235, 475
말고ᄀᆡ쥬막　222
말골　208, 452
말골고ᄀᆡ　208
말곱비골　728
말구리　145, 183, 368, 636, 735
말구리고ᄀᆡ　412
말구리ᄌᆡ　555, 637
말구터보　369
말근담이　364
말기도랑　847
말ᄀᆡ골　517
말누　694
말니고ᄀᆡ　432, 433
말ᄂᆡ　698
말ᄂᆡ쥬막　699
말뒤역보　202
말등바우　406
말등바위　526
말머리골　419
말목　658
말목쥬막　660
말무ᄀᆡ　695
말무덤이　190
말무듬　699
말무치　387
말무치버덩　386
말미　175, 292, 631
말미골　606
말미뜰　295
말바드리　756
말산　571
말산골　417
말아쇼　406
말암동　643
말암쏠　131
말압　704
말우들　215, 587
말음　706
말음ᄋᆡᄌᆡ　438
말쥬근나드리　429
말치　637
말터골　517
말피　391
말피고ᄀᆡ　390
맛고ᄀᆡ　436
맛밧ᄀᆡ　597
맛밧쥬막　599
맛치곳치　725
맛치ᄌᆡ　651
망근나드리　429
망ᄀᆡ　365
망ᄀᆡ골　837
망ᄀᆡ드루　366
망녕ᄌᆡ　568
망답벌　79
망덕리　215
망막바위강　443
망셕골ᄌᆡ　319
망슈원　613
망앙골　452
망양ᄌᆡ　842, 842
망영고ᄀᆡ　841
망영골　712
망잇골　360
망죵이　292
망죵이쥬막　296
망진강　235
망ᄌᆡ　586
머골　416
머구너미　525
머구짓ᄀᆡᆫ　515
머ᄂᆡ골　451
머드렁골　741
머드렁이　667
머들덩골　417
머들ᄋᆡᄌᆡ　264

머리골 755
머리즤 657
머엇골 536
머위바위골 601
머일 834
머주긔 834
머지니 174
머페령 533
머픠 539
먹골나들이 606
먹덕이산 531
먹방골 393
먹사릐쥬막 804
먹쏠 106
먹우넘이 430
먹우즤 839
먹으너미 432
먹즘 629
먹진 582
먹진긔 584
먹호진 587
먼골 409
먼골긔울 411
먼의실 634
멀구미 513
멀며 656
멋다리 164
멋다리주막 165
멋둔고긔 475
멋질 677, 831
멍덕봉 579
멍덩바티 93
멍먹이 84
멍무늬골 367
멍의울 470
멍졍골 82
멍지늬 224
멍지늬들 224
멍지목고긔 238
메게 175
메골고긔 423
메늬쏠 669
메리치 718
메치 731, 740
멘나무골 346
멧멧친령 151
멧쓱기임망영 368
멩이골산 531
며누리 560
며ㅣ늬 447
며늬긔울 315
며늿둔지 307
며치골 224
면두바우보 415
면듸리 237
면박 699
면븨고긔 282
면옥치리 833
면즤보 473
면화즤 178
멸륜 399
멸말울 641
멸학이즤 650
몃둔즤 159
몃등이골 601
몃치 727, 751
명당골 418
명막동쏠 309
명막바우보 184
명못 635
명봉산 308, 314, 314
명승동 443
명우긔 139
명월리 215
명쥬사 843
명쥬산 835
명지골 833
명지늬 661
명지늬보 663
명지목고긔 479
명지여울 407
명즤 469
명즤고긔 475
명즤들우 467
명파고긔 383
몌겻 592
몌낫골보 459
몌누리고긔 274
몌리치 715, 736
몌릿골 456
몌치골 224
모게 579
모늬골 560
모락이 327
모란봉 207, 210
모로골드루 845
모로박쥬막 415
모릉이쥬막 431
모리고긔 205
모리산 220
모릐고긔 534, 571
모릐기쥬막 379
모릐늬 631
모릐늬긔울 296
모릐늬긔울늬칙이 296
모릐두둑 735
모릐들 315
모릐버덩 428
모릐소 529
모릐쑤루 528
모릐즤 350, 355, 356, 558, 840
모릐즤고긔 459
모릐즤골 451

모마루 659
모산 332
모숄방축 559
모수물고ᄀᆡ 188
모수울 559
모시골 676
모시울 823
모ᄉᆡ골 560
모오리 207
모ᄋᆡ 233
모자당고ᄀᆡ 188
모진강 221
모치골 381
모칫골 519
모토미 519
모하자리 288
모헌들 335
목기 154
목단산 203
목벌 725
목욕골 237
목잉이들 628
몰ᄀᆡ울 191
몰ᄂᆡᄌᆡ 636
몰ᄅᆡᄌᆡᄀᆡ울 202
몰밋 323
몰ᄋᆡᄌᆡ고ᄀᆡ 202
못골 157, 327, 611
못골산 613
못두둑 178
못막운이 321
못지 636
못축게 193
못톨골 538
몽동이뜰 302
묘논골 378
묘ᄊᆞᆯ 84
묘약골 418
무게ᄊᆞᆯ 150
무남골 441
무남니 177
무네미 354
무ᄂᆡ일 653, 653
무당골 346, 347, 491
무당ᄀᆡ울 478
무당못 479
무당소 207
무더리 152
무덤실평 500
무도리 625
무동골 620
무동실 615
무두골 462
무두둑 735
무랑골 434, 448
무랑ᄌᆡ 167
무른ᄃᆡ미 449
무릉계 192
무릉못 597
무릉치 630
무리ᄀᆡ 526
무리실쥬막 351
무산시ᄂᆡ 341
무산에골 539
무상골 292
무상골뜰 295
무상동들 337
무션봉 420
무쇠 578, 651
무쇠골 243
무쇠말 235
무쇠점 136
무쇠졈 323
무쇄 534, 797
무쇄말봉 517
무슈막 308
무슈막골 320
무실 628
무악골 234
무안고ᄀᆡ 259
무암산 197
무어골보 793
무왕골 349
무ᄋᆡ버덩 386
무장골 410
무장아지골 744
무졍리 230
무죽ᄌᆡ 746
무쥬ᄎᆡ골 462
무지ᄀᆡ다리 368
무지암 81
무진고ᄀᆡ 328
무ᄌᆡ 324
무ᄌᆡ산 203
무칠에기고ᄀᆡ 490
무터골 294
무틈지기ᄌᆡ 773
무푸러고ᄀᆡ 224
무푸ᄅᆡ 158
무푸ᄅᆡᄌᆡ 688
무푸에졍이보 200
무풀에ᄊᆞᆯ 152
무학골 617
무힐ᄌᆡ 562
묵게 847
묵굿비 536
묵논ᄊᆞᆯ 308
묵들 315
묵밧고ᄀᆡ 558
묵밧고ᄀᆡ쥬막 559
문고ᄀᆡ 318, 350, 361
문근네 830
문너미 832
문니산 419

문더러니 343
문뎐나루 304
문들 281
문리골 213
문막 314, 339
문망골 435
문바우 207, 440
문바우보 366
문바우영 733
문바웃영 731
문밧ᄌᆡ 669
문ᄇᆡ고ᄀᆡ 212
문ᄇᆡ리 212
문셔골 347
문수보 852
문숭골 575
문슈쏠 325
문신ᄋᆡ뜰 498
문ᄶᅵ방고ᄀᆡ 375
문ᄶᆡ 165
문ᄌᆡ 178
문안 831
문안골 659
문어 737
문여울 624
문홍이골 606
물가막 708
물갈먹이 660
물갑리 829
물건ᄂᆡ 694
물고ᄀᆡ 224
물골 360, 417, 721
물골압ᄂᆡ 847
물괴울나루 231
물구리 184
물구비 314, 520
물구비나루 315, 341
물굼 661
물근네쥬막 848
물랑ᄋᆡ골 449
물량ᄋᆡ쏠 146
물머 632
물미 139
물미나루 139
물미포구 139
물방골 393
물방ᄀᆡ벌 518
물방ᄂᆡ 724
물방아보 130
물방아쏠 131
물방애들 625
물방에골 720
물방의골 678
물방ᄋᆡ골 165, 387, 392, 395, 513, 542
물방ᄋᆡ들 846
물방ᄋᆡ보 851
물방ᄋᆡ쏠ᄂᆡ 541
물방ᄋᆡ뜰 128
물부리골 591
물비리산 648
물비산 664
물쏠 164, 831
물ᄶᅮ비 110
물안니 184, 300
물안니고ᄀᆡ 455
물암골 465
물앙골 403, 409, 410, 452, 463, 534, 593
물앙산 516
물앙ᄋᆞ골 640
물앙ᄋᆡ간ᄶᅮᆫ지 405
물앙ᄋᆡ골 462
물앙ᄋᆡ나들리 406
물어구쥬막 234
물에골 525
물외쏠 642
물운담벌 531
물웃말 148
물은담리 224
물이울ᄂᆡ 232
물이울포구 231
물임터 170
물잉이골 426, 427
물춘니 667
물춤덕이 447
물치구미 407
물치ᄂᆡ 846
물치리 829
물치장 843
물치쥬막 847
물푸레ᄌᆡ 630
물히 183
물히보 182
뭄푸레골 514
뭄푸ᄅᆡᄌᆡ 616
뭇나무골 403
뭉ᄋᆡ 387
뭐ㅣᄃᆡ 449
뭐일 449
므ᄂᆡ 340
믈골고ᄀᆡ 235
믈앙골 403
믕등이ᄀᆡ울 305
믕등이보 305
미가리 188
미가리고ᄀᆡ 188
미교 430
미나리쏠 152
미낙골 466
미너미고ᄀᆡ 613
미늠이ᄌᆡ 594
미다리 631
미덕고ᄀᆡ 476

미덕평보 473
미동 448
미량이쏠 325
미럭골 378
미럭당니 548
미럭당이 484, 537, 538
미럭당쥬막 445
미럭봉 387
미력당골 325
미력들보 472
미룻산 68
미르목 161
미륵고ᄀᆡ 475
미륵들 467
미륵산 352
미륵알ᄋᆡ보 472
미륵양지말 468
미를고ᄀᆡ 474
미리ᄌᆡ 555
미ᄆᆡᆨ이 840
미사리보 352
미산 734
미산뒤벌 735
미산쌜 734
미실영 424
미역 751
미역골 189
미음밧버덩 411
미자골 609
미ᄌᆡ 184
미ᄌᆡ들 183
민미 560
민보터 835
밀골들 597
밀버덩 233
밀버덩보 231
밀아절골 131
밀양리 833
밀양이 342
ᄆᆡᆺ엿봉 638
ᄆᆡ기덩골 53
ᄆᆡ나미 185
ᄆᆡ남니 307
ᄆᆡ남쏠 308
ᄆᆡ남이고ᄀᆡ 78
ᄆᆡ눈니 697
ᄆᆡ덕이 727
ᄆᆡ돌소보 852
ᄆᆡ더리 236
ᄆᆡ룡산 528
ᄆᆡ미골 649
ᄆᆡ미쇼 686
ᄆᆡ미쏠 95
ᄆᆡᄆᆡᆨ이 568
ᄆᆡ바우골 389
ᄆᆡ바우산 837
ᄆᆡ방이 624
ᄆᆡ봉 135, 416, 425, 435, 560, 628, 632, 633, 638, 639
ᄆᆡ봉령 561
ᄆᆡ봉산 293, 297, 315, 345, 460, 580
ᄆᆡ봉ᄊᆡ 141, 296, 719
ᄆᆡ봉ᄊᆡ골 287
ᄆᆡ봉영 394, 433, 671, 842
ᄆᆡ봉ᄌᆡ 214, 318, 438, 439, 440, 461, 463, 599, 698
ᄆᆡ봉ᄌᆡ산 203, 727
ᄆᆡ부리산 657
ᄆᆡ산쏠 301
ᄆᆡ살리 340
ᄆᆡ쏠 330
ᄆᆡ쏠들 335
ᄆᆡ씨고ᄀᆡ 446
ᄆᆡ암들 612
ᄆᆡ양골 328
ᄆᆡ지 323
ᄆᆡ지산 176, 639
ᄆᆡ지허리고ᄀᆡ 510
ᄆᆡ치 415
ᄆᆡ칠골 477
ᄆᆡ하 330
ᄆᆡ화 160
ᄆᆡ화골 431
ᄆᆡ화리쥬막 432
ᄆᆡ화산 320
ᄆᆡᆨ국터 226, 230
ᄆᆡᆷ쓰 554
ᄆᆡᆺ지 456
ᄆᆡᆼ리산 197
ᄆᆡᆼ가십골 447

바…

바남불이 603
바다리별 607
바두골 635
바두골강 638
바드라니 661
바람밧치산 418
바람부니골 419
바람부리 428, 555, 845
바람부리주막 663
바람치영 527
바랑골 319, 382, 464, 747
바랑골도랑 324
바랑산 669
바르ᄆᆡ 366
바름이 313
바리산 731
바럿 653
바문리 233

바ᄉᆡ 668
바아쏠 153
바아쓸 336
바우골 402, 402
바우셜산 433
바우소보 853
바우쏠 292
바우쏠들 295
바우쏠ᄊᆡ 297
바위물 188
바일고ᄀᆡ 208
바튼골 347
박갓집푼ᄀᆡ 142
박곡평 846
박골보 852
박금이ᄊᆡ 297
박ᄀᆡ평 376
박다라미 570
박달고ᄀᆡ 134
박달골 441, 606, 640
박달곳치 402, 721
박달니 426
박달리 236
박달봉 301
박달산 292
박달영 433, 840
박달항보 471
박ᄃᆡ골 237
박만리 457
박셕고ᄀᆡ 225, 351
박실 697
박씨나드리 524
박씨터써리 85
박우에고ᄀᆡ 841
박울들 754
박ᄋᆡ미 213
박장골 409
박졍셩골 652
반두덕영 433
반두둑 176
반바우 369
반부둑영 841
반부둑쥬막 847
반숑고ᄀᆡ 220
반숑상리 219
반월니쥬막 733
반장니 414
반장이 406
반장이들 310
반장이보 312
반절이 339
반정이 654
발근밧 624
발근밧ᄂᆡ 626
발근밧들 625
발근장골 517
발ᄀᆡ미드루 845
발ᄀᆡ쓸 294
발길동 576
발담보 249
발람ᄋᆞ치 644
발뢰리 212
발리ᄆᆡ 228
발림미 230
발미 207
발미쥬막 207
발암부리 436
발앙골 133
발으야기 458
발은고ᄀᆡ 209
발은치 87, 89
발이ᄌᆡ 701
발컬주막 577
발한리 587
밤고ᄀᆡ 577, 645
밤골 182, 308, 404, 409
밤골쥬막 181
밤나무고ᄀᆡ 394
밤나무골 181, 402, 409, 462, 590
밤나무소 394
밤나무정이 323, 349
밤나무터 470
밤나무터보 473
밤나무평 376
밤넝기 506
밤뒤 631
밤바무졍이쥬막 324
밤밧골 196
밤상골 601
밤성골 143
밤셩산 463
밤시골 700
밤쌋 717
밤쎄 332
밤쎄ᄀᆡ울 337
밤작골 191
밤ᄌᆡ 577, 582
밤치 157, 609
밤치ᄌᆡ 159
밧갓마산골 469
밧갓퇴골 469
밧건달리 414
밧것잘미 705
밧고든골 521
밧군중 713
밧남산 484
밧달골 624
밧두루 371
밧두만 635
밧모롱 415
밧무ᄌᆡ 394, 540
밧박우에 841
밧셔우지 236

밧셥ᄑᆡ 83
밧솟ᄃᆡ쏠 547
밧슛ᄀᆡ 379
밧ᄉᆡ들리 634
밧여울물 518
밧장 515
밧져울 411
밧치밧 709
밧치밧들 708
밧치울 201
밧타리골 219
방가시 461
방갓골 456
방강골 328
방고ᄀᆡ 224, 609
방고지 196
방골 293, 348, 431, 444
방골ᄀᆡ물 488
방골ᄀᆡ울 452
방구ᄆᆡ 449
방구ᄆᆡ들 450
방구엽산 727
방긔골 462
방기리들 343
방ᄀᆡ 444
방단리 237
방동고ᄀᆡ 219
방두둑 652
방만니 458
방무ᄀᆡ골 448
방송하리 219
방쏠 560, 659, 740
방쑤덩이 404
방아고ᄀᆡ 323
방아골 196
방아숩 635
방아실 331
방아쏠 196
방아울 213
방아ᄌᆡ 356
방아터골 211
방어 715, 731, 736, 741, 751
방어골 451
방어골ᄀᆡ울 452
방우ᄌᆡ 563
방울고ᄀᆡ 200
방울ᄌᆡ 219
방이두둑 343
방일고ᄀᆡ 213
방임버덩 162
방ᄋᆡ다리 829
방ᄋᆡ달리 430
방ᄋᆡ달리쥬막 432
방ᄋᆡ실고ᄀᆡ 394
방천 449
방축골 403
방축막이주막 668
방축계 205
방축고ᄀᆡ 318
방축골 381, 415, 556, 581, 586, 830
방축ᄀᆡ 379
방축말 834
방하다리주막 730
방학골 567
방학쏠 299
방화다리들 227
방화들 336
방회졔 238
버덜말보 472
버덤말쥬막 412
버덩 56
버덩골 106
버덩말 169, 458, 468
버덩말보 170
버드ᄂᆡ 380, 656
버드라치고ᄀᆡ 511
버드렁골 280
버드리 564
버드ᄅᆡ골 50
버들고ᄀᆡ 321, 479, 666
버들고ᄀᆡ쥬막 324
버들골 159, 181, 227, 448, 517, 535, 543, 653
버들골압물 181
버들ᄀᆡ 170
버들밧드루 370
버들앗보 605
버들앗치 520
버들치 636
버렁ᄀᆡ 722
버루숫치 717
버리골 364
버시리쏠 664
버텅골 54
벽구통골 721
벽셔경써리 104
번거무산 306
번ᄀᆡ 379
번ᄀᆡ버덩 428
번둔평 405
번들 668
번질들 702
번ᄌᆡ 327
벌논들 335
벌둔리골 218
벌ᄃᆡ골 420
벌마차 610
벌말 307, 740
벌문약이 339
벌바우산 531
벌박암리 213
벌방천 449

벌ᄉᆡ터 339
벌염셩 748
벌통ᄀᆡ 525
범갓장에골 535
범고ᄀᆡ 539, 797
범골 460, 517, 554
범골물 745
범너미ᄌᆡ 304
범든바우골 319
범머리여울 638
범바우 654
범바우골 131, 382
범바우산 835
범바우뚱 402
범바우평 376
범밧 691
범벅골 345
범부 831
범암리 237
범에덧거리 613
범우리 670
범우리쏠 583
범울리고ᄀᆡ 577
범자븐골 746
법당뒤골 392
법동 354
법두 177
법빗영 726
법셩산 441
법진니川 696
법프실 602
벗밧 662
벗빗영 522
벗충이 407
벙바우평 376
벙즁골 571
베 848, 849, 850
베락바우쇼 407
베루보 851
베리골 598
베실은니ᄂᆡ 341
베쥽움골 652
벨알 81
벳ᄂᆡ 682
벳ᄂᆡ골 682
벳바우평 376
벼리실 656
벽낙니고ᄀᆡ 609
별가일 228
별감고ᄀᆡ 333
별강고ᄀᆡ 333
별ᄀᆡ울골 440
별ᄋᆡ골 415
볍홍졀 629
볍홍졀사젹비 629
볏바우ᄌᆡ 162
병감고ᄀᆡ 314
병골 286
병목 649
병목안 712
병오지 233
병풍골 447
병풍바우골 465
병풍바위골 286
병풍산 447, 451
볘리ᄂᆡ 619
볘리실보 657
볘삽들 706
보가터 221
보거리 349
보고ᄀᆡ 479
보근네 642
보람이 553
보리뫼 585
보리산 652
보리악골 234
보리평 406
보ᄅᆡ골 443
보림이평 552
보막골 456
보막이 425
보ᄆᆡ기 211
보ᄆᆡ기골 409
보사ᄌᆡ 86
보셥ᄌᆡ 424
보슈골 328
보시암골 418
보안나들이 606
보안리 190
보월쳔 216
보통곡들 335
보통니슐막 733
보통베루 223
보통이 304
보통이ᄀᆡ울 341
보통이뜰 302
복거리 308
복고ᄀᆡ울 227
복골 748
복골ᄂᆡ 846
복금이 304
복금이뜰 303
복두군니ᄌᆡ 609
복두군이 603
복두근이 695
복두산 236
복사골 201
복상나무졍쥬막 848
복쏠 309
복죠골 185
복쥬산 465
복지ᄀᆡ영 841
복희골 441
본궁고ᄀᆡ 202

본다밧골 293
본목 729
본복고ᄀᆡ 476
볼구 398
볼ᄅᆡ지 435
볼미동산 363
볼ᄋᆡ골 96
봇둔지보 312
봉골 438
봉ᄀᆡ들 315
봉ᄀᆡ집골 455
봉남ᄃᆡ 431
봉님들 336
봉덕이 430
봉두ᄀᆡ 315
봉두ᄉᆞᆯ 325
봉ᄃᆡ들 342, 343
봉미 340
봉미들 338
봉바우골 462
봉살미 325
봉상ᄀᆡ벌 524
봉슈령 111
봉ᄊᆡ버덩 376
봉오골고ᄀᆡ 445
봉오골산 477
봉오리ᄌᆡ 214
봉오ᄌᆡ 465, 712
봉오ᄌᆡ산 333
봉우 139
봉우고ᄀᆡ 600
봉우ᄀᆡ 697, 697
봉우산 137
봉우ᄯᅮᆨ 402, 145, 209
봉우ᄌᆡ 79, 176, 348, 387, 517, 661, 663, 694, 726
봉우ᄌᆡ나루 386
봉우터 394
봉위지영 510
봉의산 188
봉의현보 352
봉자산 131
봉장이 291
봉장이보 291
봉장이ᄯᅳᆯ 294
봉장이쥬막 290
봉쳔ᄂᆡ 290, 295, 295, 329, 345
봉터 344
봉통이쥬막 305
봉현 341
봉현ᄂᆡ 341
봉화ᄉᆞᆯ 524
봉화ᄯᅮᆨ 91, 836
봉화ᄌᆡ 638, 715
봉화터 384
봉황고ᄀᆡ 423
봉황ᄃᆡ 137
봉황ᄃᆡ산 203
봉황ᄃᆡ포구 192
봉황소 421
부검영 433
부귀터골 232
부남면 828
부달리 687
부ᄃᆡ골 734
부ᄃᆡ독 447
부ᄃᆡᄉᆞᆯ보 86
부람드루 844
부론동 329
부루기고ᄀᆡ 446
부목ᄌᆡ 264
부사원리 200
부소치 842
부소치리 833
부슈고ᄀᆡ 432
부실골 416
부엄우골 721
부엉바우고ᄀᆡ 350
부엉바우골 348
부엉바위보 797
부엉바위쥬막 797
부연니 440
부용산 451
부이역 422
부ᄌᆡ터골 425
부차골 555
부차나루 198
부창고ᄀᆡ 234
부창나루 231
부창역 231
부창이들 334
부창쥬막 234
부쳐등이보 305
부쳐터 616
부ᄎᆞᆼ니ᄀᆡ울 182
부ᄎᆡ고ᄀᆡ 350
부ᄎᆡ골 439
부ᄎᆡ바우산 528
부ᄎᆡ안지골 347
부터골 299
부평각골묵 327
부평장 414
부홍더미 712
부홍바우보 180
부홍ᄊᆡ 325
부홍ᄌᆡ 318
북다리니고ᄀᆡ 297
북덕골 331
북동ᄌᆡ 839
북문거리 326
북바우골 212
북바우ᄉᆞᆯ 643
북방우산 707

북슈골 457, 524
북엄니 831
북엄영 841
분덕ᄌᆡ 594
분지물 152
분지울 308
분지울고ᄀᆡ 350
분터골 346
분토골 224
분토동 316
분토ᄭᅩᆯ 355
불건봉이고ᄀᆡ 200
불고ᄀᆡ 709
불골 617
불근덕이 293, 333, 617
불근봉리 217
불근산니 470
불당고ᄀᆡ 445, 455
불당골 204, 214, 231, 353, 381, 426, 441, 464, 466, 721, 746
불당산 332
불도곡들 334
불목이 87
불미골 838
불미산 744
불짱골 191
불탄마 699
불화ᄶᆡ 571
붐베 725
붑안 340
붓도문 829
붓복골 829
붕어바위 485
붙당ᄭᅩᆯ 190
붙바ᄐᆡ기영 368
블통골 417
븜파졍 306
븜파졍둘 339
비거린산 627
비기ᄂᆡ 469
비ᄂᆡ샌진소 429
비두너미 313
비두목ᄌᆡ 644
비ᄃᆡ들 336
비둘고ᄀᆡ 134
비들압슐막 704
비루골 410
비봉산 286
비셕 853, 854
비셕거리 726
비셕거리슐막 718
비셕둔지 235
비션거리쥬막 104
비션ᄃᆡ 853
비셩거리 567
비수구미 444
비아목 314
빈미ᄌᆡ 610
빈지ᄂᆡ 652
빈지두럭 233
빈지보 852
빌들압 705
빗돌거리 405
빗돌거리주막 151
빗장골 836
빗졉골 517
빙고고ᄀᆡ 446
빙고ᄶᆡ 297
빙ᄀᆡ들 613
빙막골 465
빙밋방쳔 291
빙어바우골 465
빙어쇼 476
빙에산 211
빙ᄌᆡ 356
ᄇᆡ거리산 615, 617
ᄇᆡ고ᄀᆡ 228, 718
ᄇᆡ골산 622
ᄇᆡ나드리 161, 484, 628, 631
ᄇᆡ나무골 204, 212, 228, 286, 347, 382, 409, 417, 419, 560, 648
ᄇᆡ나무골고ᄀᆡ 328
ᄇᆡ나무들 238, 311, 689
ᄇᆡ나무보 605
ᄇᆡ나무ᄭᅩᆯ 83, 138
ᄇᆡ나무정 148
ᄇᆡ나무정주막 148
ᄇᆡ나무졍니 185, 543
ᄇᆡ나무졍이 106, 167
ᄇᆡ나무졍이보 168
ᄇᆡ나무졍이쥬막 184
ᄇᆡ나무즐리 411
ᄇᆡᄂᆡ골 616
ᄇᆡᄂᆡ기골 747
ᄇᆡᄂᆡᄀᆡ울 305
ᄇᆡ다리 559
ᄇᆡ다리두루 744
ᄇᆡ다리드루 371, 846
ᄇᆡ다리평 712
ᄇᆡ달리 828
ᄇᆡ두둑 164
ᄇᆡ둑ᄌᆡ 214
ᄇᆡ말 327, 833
ᄇᆡ말들 326
ᄇᆡ머리 443
ᄇᆡ머리고ᄀᆡ 445
ᄇᆡ무소 429
ᄇᆡ미 661
ᄇᆡ바우골 744
ᄇᆡ부른산 338, 348
ᄇᆡ산 632
ᄇᆡᄭᅩᆯ 354

ᄇᆡᄭᅮ미 478
ᄇᆡᄭᅮ미쥬막 479
ᄇᆡᄯᅮᆫ지쥬막 217
ᄇᆡ암고ᄀᆡ 182
ᄇᆡ암골 556
ᄇᆡ암나루쥬막 296
ᄇᆡ암베루보 306
ᄇᆡ앙골 635
ᄇᆡ오ᄀᆡ 170, 484, 486
ᄇᆡ오ᄀᆡ보 171
ᄇᆡ옷 158
ᄇᆡ울 344
ᄇᆡ일쏠 553
ᄇᆡ졍이물 729
ᄇᆡ졍이주막 730
ᄇᆡ지고ᄀᆡ 188
ᄇᆡᄌᆡ 356, 635, 669
ᄇᆡᄌᆡ비 611
ᄇᆡᄌᆡ쥬막 434
ᄇᆡ치고ᄀᆡ 455
ᄇᆡ향골주막 638
ᄇᆡᆨ간니 292
ᄇᆡᆨ간니뜰 295
ᄇᆡᆨ골 695
ᄇᆡᆨ돌울이산 487
ᄇᆡᆨ산골 201
ᄇᆡᆨ셕뜰 192
ᄇᆡᆨ연너메 353
ᄇᆡᆨ연암골 716
ᄇᆡᆨ운동산 418
ᄇᆡᆨ운산 297, 345, 347, 353
ᄇᆡᆨ운졀 613
ᄇᆡᆨ운졍보 352
ᄇᆡᆨ일언니고ᄀᆡ 200
ᄇᆡᆨ일언니쥬막 252
ᄇᆡᆨ자졍쥬막 558
ᄇᆡᆨ장골 439
ᄇᆡᆨ장산 294
ᄇᆡᆨ증게 476
ᄇᆡᆨᄌᆞ골 427
ᄇᆡᆨᄌᆞ동 414
ᄇᆡᆷ골 506
ᄇᆡᆷᄂᆡ평 382
ᄇᆡᆷ머리봉 381
ᄇᆡᆷᄋᆡ 192
ᄇᆡᆷᄌᆡ 562
ᄇᆡᆺ고ᄀᆡ 152, 153
ᄇᆡᆺ골 163
ᄇᆡᆺ두루 151
ᄇᆡᆺ들 702
ᄇᆡᆺ말강 618
ᄇᆡᆺ말날우 617
ᄇᆡᆺ머리뜰 139
ᄇᆡᆺᄌᆡ 162
ᄇᆡᆼ가리보 351
ᄇᆡᆼ골 395
ᄇᆡᆼ골포구 213
ᄇᆡᆼ기리 218
ᄇᆡᆼ기리ᄀᆡ울 218
ᄇᆡᆼ어장주막 726
ᄇᆡᆼ어장평 723

사…

사갑들 316
사겸이들 311
사그막 698
사근ᄂᆡ 164
사근다리 369, 829
사금아기 147
사기 149
사기막 329, 355
사기막ᄀᆡ울 377
사기말 355
사기말골 216
사기졈고ᄀᆡ 356
사기졈골 837
사나골 265
사나물 619
사나물고ᄀᆡ 621
사나물쥬막 621
사다리집골 456
사당골 462, 838
사덕산 441
사두 355
사ᄃᆡ평 569
사랍이 737
사랑말버덩 229
사려울 194
사령이 324
사리들 220
사리말 220
사림 299
사림뜰 297
사ᄅᆡ들 617
사ᄅᆡ뜰말 619
사면평 571
사명산 447
사모골 586
사문ᄌᆡ 586
사바터 306
사방거리 442, 469
사방거리쥬막 258, 408, 426, 471
사방모루ᄀᆡ울 202
사방모루보 202
사방모루쥬막 202
사방산 332
사보랑산 320
사부랑산 320
사상ᄀᆡ 635
사슬아치 549
사시란 649

사실고ᄀᆡ 475, 502
사실골 417, 470
사실골보 473
사실기 634
사실나무골 448
사실앗치 142
사실앗치보 143
사심목이뜰 181
사심바외 286
사양ᄌᆡ평 376
사엄 396
사여고ᄀᆡ 226
사여령 751
사여울 443
사올진 562
사운들 338
사이ᄌᆡ 637
사일 184
사자ᄂᆡ 629
사자목이 555
사쟈골 221
사쟈동ᄀᆡ울 222
사제곡산 337
사지막나들이 606
사지목이 836
사직당 292
사진니 750
사ᄐᆡ골 225
사ᄐᆡ구미 403
사ᄐᆡ목이 142
사ᄐᆡ목이주막 143
사ᄐᆡ울 471
사창동 443
사창리 188
사천이압나드리 425
사쵸거리 163
사쵸거리쥬막 165
사평리 431
사허현 226
사현면 828
사호랑 733
사호랑물 732
사홍 313
삭갓봉 222, 590, 590, 604, 639
삭갓봉이 222
삭갓ᄌᆡ 570, 579
산고ᄀᆡ 145
산골고ᄀᆡ 296
산노골 836
산당골 221, 347
산두 298
산뒤 579
산드ᄅᆡ 532
산드ᄅᆡ영 536
산드ᄅᆡᆺ영 533
산롱골 444
산마루고ᄀᆡ 108
산막골 232, 315, 409, 451, 466, 618, 636, 639
산만이골 614
산말우고ᄀᆡ 105
산ᄆᆡᆨ이 567
산셩골 639
산셩ᄌᆡ 463
산슈골 347
산슈쏠 330, 353
산야골 319
산야골보 853
산약골 190
산양평 225
산의실 634
산졔골봉우리 415
산졔당보 852
산졔당산 191
산졔당쏠 310
산졔바위쏠 309
산졔터골 486, 498
산지ᄀᆡ 163
산지바우쏠 640
산지터ᄀᆡ울 457
산ᄐᆡ동고ᄀᆡ 731
산턱골 627
산황이 553
살감뜰 287
살갑 288
살괫말 568
살구두둑 344
살구미 402
살구실 161
살ᄀᆡ벌 648
살낙쏠 294
살논두루 723
살ᄂᆡ 524, 526, 527, 735
살ᄂᆡ골 758
살ᄂᆡ물 735
살담고ᄀᆡ 61
살ᄃᆡ울 327
살려울 328
살목ᄀᆡ물 511
살문이골 775
살ᄆᆡ기들 676
살우봉 595
살ᄋᆡ 830
살ᄋᆡ골 832
살ᄋᆡ비보 149
살ᄋᆡ비평 146
살쳥니쥬막 707
삼 154, 160, 162, 165, 171
삼거리 233
삼거리쥬막 432
삼골 316
삼광들 326
삼ᄂᆡ 203

삼다리고ᄀᆡ 234
삼달고ᄀᆡ 474
삼동거리 170
삼바리보 852
삼박게 726
삼발리ᄌᆡ 840
삼발평보 852
삼밧골 533, 542, 734
삼밧골물 745
삼밧산 595
삼밧치고ᄀᆡ 423
삼방골고ᄀᆡ 333
삼방골산 332
삼베 135, 151, 154, 657
삼보쏠 343
삼부골고ᄀᆡ 328
삼비골 837
삼셤 733
삼셩이 340
삼셩평 343
삼셍이드루 844
삼승암골 837
삼악산 215
삼연골 198
삼젼쏠 325
삼정ᄌᆡ 558
삼정터보 479
삼쥰이고ᄀᆡ 842
삼치거리쥬막 426
삼치영 426
삼틔봉 301
삼포말 206
삼형졔고ᄀᆡ 312
삽둔보 618
삽작모릉리쥬막 599
삽직 388, 412
삽쵸 460
삿갓봉 227, 534, 746
삿둑ᄀᆡ 515
삿져리 184
상갑버덩 428
상갓쏠 98
상건천리 230
상교골 441
상굿소 99
상나무골 381
상나무말 362
상니 81
상달면 677
상답 430
상답나드리 411
상도리 407
상도장 408
상동 326
상동골 191
상동리 422
상랑터 108
상명암리 201
상밤틔 683
상방곡리 211
상보 190
상봉 293, 294
상사목골 449
상산고ᄀᆡ 475, 476
상산ᄂᆡ 846
상산보 850
상산여울 443
상산이 83
상산ᄌᆡ 446, 553
상셩남 299
상운리 833, 843
상운버덩 845
상운압ᄂᆡ 847
상운쥬막 848
상원 344
상원골 299, 639
상원사 216
상지경 399
상촌나들이 606
상쵼 184, 320
상터 635, 636, 643
상토봉 418
상하등쏠 341
새암장 722
샘뜰못 657
샛고ᄀᆡ 727
샛ᄀᆡ 722
샤실골ᄀᆡ울 227
샵밧들 676
샹토일 694
서거론리 194
서거론이고ᄀᆡ 194
서낭당이 139
서낭당이주막 151
서낭당이포구 139
서실ᄋᆡ보 145
서실ᄋᆡ포구 144
서욱ᄀᆡ 190
선달고ᄀᆡ 131
선바우보 140
선바우뜰 138
선안 147
선ᄋᆡ골 427
설운골 604
섬더리령 533
섬돌 570
섬안이 636
성고ᄀᆡ 151
성금바위 588
세고ᄀᆡ 726
세덕산 707
세역골 456
셔강나루 591
셔낭고ᄀᆡ 219, 436

셔낭골 420
셔낭당골 382
셔낭당이쥬막 459
셔낭당평 393
셔낭들보 231
셔낭버덩 421
셔녀골 416
셔ᄂᆡ 170
셔ᄂᆡ고ᄀᆡ 171
셔당골 712
셔들 313
셔들골 456
셔랑골 410
셔러미보 454
셔리골 402
셔리골ᄀᆡ울 406
셔리방우 685
셔리실 343
셔말 196
셔면 828
셔문거리 327
셔문리 831
셔뭇뒤 364
셔바쇼 429
셔사쳔ᄒᆞ리 212
셔산아ᄅᆡ두루 441
셔시ᄅᆡ 158
셔시ᄅᆡ보 158
셔시ᄅᆡ뜰 157
셔실ᄋᆡ 144
셔ᄉᆞ쳔상리 212
셔안이강 638
셔역골 440
셔옥골말 453
셔왕골평 722
셔우지ᄂᆡ 235
셔우지아ᄅᆡ말 235
셔원말 330
셔원말ᄀᆡ울 337
셔월리고ᄀᆡ 80
셔응골 470
셔작골 330
셔져울날루 422
셔져울쥬막 422
셔졔골 363
셔졔여울 443
셔지 559
셔지고ᄀᆡ 333
셔지골 223
셔지둔 354
셔지산 332
셔지ᄌᆡ 356
셔파영 217
셔항ᄃᆡ산 727
셔호버덩 428
셔화장 426
셕거들 334
셕거리보 454
셕고ᄀᆡ 611
셕교골 448
셕금 715
셕다리 319
셕동거리 204, 233, 299, 307
셕동거리보 134, 201, 479
셕동거리뜰 132, 201
셕동거리쥬막 311
셕두루벌 518
셕뒤 661
셕ᄃᆡ골 725
셕문ᄀᆡ골 510
셕벽ᄌᆡ 839
셕봉암 226
셕셩산 839
셕써리 84
셕으셕동 299
셕이우밧골 518
셕장골 201, 409, 420, 427, 435, 447, 839
셕지 339
셕지고ᄀᆡ 341
션계 642
션낭당이쐴 310
션돌 175, 387, 593
션돌뜰 175
션들 192, 313
션바우 299, 516, 631
션바우골 177, 606
션바우버덩 428
션바위고ᄀᆡ 205
션바위골 286
션바위ᄀᆡ울 220
션바위말 322
션암날우 617
션앙고ᄀᆡ 206
션유ᄌᆡ 701
션을들 336
션을ᄌᆡ 840
션ᄌᆡ일 555
셜골고ᄀᆡ 210
셜ᄂᆡ 665
셜들고ᄀᆡ 193
셜먹이골 517
셜악산 838
셜피밧 431
셤강 183, 290, 304, 315, 324, 337, 341
셤비 313
셤ᄇᆡ고ᄀᆡ 323
셤ᄇᆡᄀᆡ울 324
셤ᄇᆡ쥬막 324
셤안 742
셥ᄀᆡ 221
셥다리쐴 160

셥실　698
셥ᄉᆡ별　607
셥ᄉᆡ울　446
셥ᄌᆡ　343
셥ᄌᆡᄀᆡ울　141
셥ᄌᆡ들　342
셥ᄌᆡ보　143
셥ᄌᆡᄭᅩᆯ　141
셥ᄑᆡ　84
셧돌골　462
셩골　214, 417
셩골들　686
셩낭거리나드리　407
셩낭고ᄀᆡ　383
셩ᄂᆡ　341
셩뒤　108, 775
셩뒤들　552
셩모루보　739
셩문안산　223
셩미　191
셩밋고ᄀᆡ　226
셩밋보　738
셩불고ᄀᆡ　455, 459
셩산　223
셩셩이고ᄀᆡ　840
셩ᄭᅩᄀᆡ　78, 84, 103
셩ᄭᅩᆯ　146
셩ᄶᆡ　128
셩ᄶᆡ보　550
셩안　632, 641, 697, 721, 746
셩안골　390
셩안말　830
셩안보　741
셩안시ᄂᆡ　725
셩ᄋᆡ말　561
셩쥬고ᄀᆡ　486
셩쥬골등　504
셩쥬봉　215
셩쥬봉이　220
셩직고ᄀᆡ　390
셩ᄌᆡ　392, 446, 463, 616, 695, 840, 842
셩평장　718
셩황골　419, 837
셩황당고ᄀᆡ　297, 749
셩황당리　213
셩황당이　610
셩황당이산　727
셩황압들　612
셩황ᄌᆡ　840
셩황평　199
셩ᄌᆡ　438
셰거러니쥬막　423
셰거런니ᄌᆡ　424
셰거리　111, 182, 620, 741
셰거리ᄂᆡ　341
셰거리들　338
셰거리산　320
셰거리쥬막　181, 621
셰고ᄀᆡ　718
셰곡ᄂᆡ　311
셰골　339
셰단들　335
셰림　832
셰솟발산　595
셰솟발이　617
셰숏바리　159
셰실고ᄀᆡ　351
셰원고ᄀᆡ　215
셰존ᄃᆡ　341
셴바우ᄭᅩᆯ　151
소경골　746, 837
소골　668
소골고ᄀᆡ　239
소곰　727, 731, 737, 751, 849, 850
소금ᄌᆡ　840
소ᄀᆡ　356
소나무터　299
소놋골　758
소니골　265
소ᄂᆡ기ᄌᆡ　594
소동ᄂᆡ　598
소두둑　648
소둑ᄇᆡ나드리주막　663
소득이ᄌᆡ　318
소란　664
소루골　193
소리ᄀᆡ말　391
소목ᄇᆡ나무드리　660
소발아기물　129
소발아기뜰　129
소발아기쥬막　130
소번ᄀᆡ　717
소시랑골　395
소ᄭᅩᆯ나루　666
소ᄲᅡᆯ리　203
소알치봉ᄌᆡ　375
소야골　300
소야미들　338
소양강　189
소용골　202
소용골고ᄀᆡ　201
소일　654
소쥬고ᄀᆡ　211
소ᄌᆡ　147, 414, 530
소ᄌᆡ고ᄀᆡ　530, 533
소ᄌᆡ들보　200
소ᄌᆡ벌　529
소천면　828
소축골　836
소통골　111
소하리골　206

소흔리 434
속골 592
속ᄀᆡ 738
속ᄀᆡ주막 637
속실평 845
속ᄉᆡ 828, 843
속ᄉᆡ고ᄀᆡ 651
속ᄉᆡ골 418
속ᄉᆡᄀᆡ목 843
속ᄉᆡ둔지쥬막 252
속ᄉᆡ목고ᄀᆡ 404
속ᄉᆡ쏠 110
속운골 435
속ᄌᆡ산 477
손골 839
손뫼 330
손미나루 337
손미쏠들 337
손발ᄋᆡ기ᄌᆡ 707
손쑤루 722
손오고치영 736
손오골 146
손위실 331
손의고ᄀᆡ 200
손이골 640
솔거리 152
솔거리주막 153, 714
솔경지나루 446
솔경이 624
솔경이쥬막 626
솔경지 317
솔경지쥬막 258
솔고ᄀᆡ 375, 605, 626, 636, 645, 692, 717
솔고ᄀᆡ주막 638
솔ᄂᆡ골 837
솔둔디 80
솔둔디쥬막 80
솔리ᄀᆡ 203, 317
솔마직이 369
솔만이ᄀᆡ울 209
솔문이골 325
솔미고ᄀᆡ 383
솔미보 739
솔밧말 561, 832
솔밧벌 734
솔밧쥬막 371
솔봉 199
솔슴 399
솔안동 303
솔압 174
솔압산 580
솔욜 554
솔우무골 676
솔이고ᄀᆡ 131, 135
솔이고ᄀᆡ주막 134
솔ᄋᆡ 832
솔정지 142
솔정지주막 143
솔졍지 406
솔졍지보 176
솔졍지쥬막 848
솔치 300, 304, 636, 637
솔치ᄊᆡ 300
솔터 237
솔평지 708
솜ᄌᆡ 330
숯못골 556
숯바우 299
숯ᄊᆡ빅이골 245
숯점도리 334
숯즘 629
송골 289, 381, 628, 643
송ᄀᆡ골 389
송ᄀᆡ울 446
송북쏠 554
송실 642
송암니 831
송암ᄂᆡ 846
송암리쥬막 848
송암산 835
송어 737
송에 831
송오직 396
송장고ᄀᆡ 189
송졍이 331
송학산 416
송화벌 449
쇄리쏠 661
쇄지골 490
쇄직쏠 447
쇠고ᄀᆡ 297
쇠골 434, 465, 516
쇠곳ᄌᆡ 582
쇠공다리 742
쇠공다리술막 743
쇠나리 684
쇠나리쥬막 685
쇠낙이ᄌᆡ 432
쇠돌 637
쇠롱골 360
쇠목여울 304
쇠무랑골 410
쇠무랑골고ᄀᆡ 412
쇠물추리쥬막 655
쇠ᄆᆡᆨ리 216
쇠바오주막 577
쇠바우골 627
쇠발골ᄂᆡ 421
쇠실 621
쇠실ᄂᆡ 618
쇠쏠 80, 298, 656
쇠이쏠 658
쇠져리 289

쇠쥬고ᄀᆡ 209
쇠터울 434
쇠판이드루 844
쇠풀골 448
쇠풍골 829
쇠학골산 797
쇳골 683
쇳돌 157
쇳ᄯᅩᆼ영 368
쇼겨골 348
쇼금시리ᄌᆡ 599
쇼금터ᄀᆡ울 452
쇼ᄀᆡ보 454
쇼넌골 477
쇼누고칫영 522
쇼돌 568
쇼둔디 196
쇼리ᄀᆡ 356, 536
쇼리ᄀᆡ고ᄀᆡ 351
쇼리ᄌᆡ 354
쇼삼고ᄀᆡ 351
쇼ᄯᅥ비기쥬막 180
쇼아욱골 346
쇼용고ᄀᆡ못 454
쇼용ᄀᆡᄀᆡ 455
쇼일 328
쇼일버덩 405
쇼지기들 183
쇼ᄌᆡ들 200
쇼푸리 512
쇽사리골 616
숀위실ᄀᆡ울 337
숄거리 610
숄경지 444
숄경지 458
숄골 526, 546
숄ᄀᆡ장 518
숄ᄃᆡ빅이쥬막 471
숄모루 526
숄밋 617
숄봉 451
숄봉산 438
숄빈 163
숄산봉 487
숄ᄯᅥ빅이 468
숄청이 542
숄치 610
숄ᄒᆞᆫ말 178
숏김 179
숏ᄃᆡ빅이보 473
숏발리고ᄀᆡ 205
송골 220
송나무터골 757
송낙산 465
송무뜰 194
송암골 228
송암ᄀᆡ울 227
송암상리 227
송암ᄒᆞ리 227
송이 460
송이동 289
송이들 334
송이산 310
송이ᄌᆡ골 410
송장산 367
송정들우 468
송정뜰 302, 348, 348
송학동쥬막 422
송현리 224
쇠골 439
쇠너미 520
쇠너밋영 536
쇠덕골 517
쇠둔지벌 524
쇠섬밧골 438
쇠실 614
쇠ᄭᅩ리 458
쇠ᄭᅩ리여울 478
쇠씹고ᄀᆡ 350
쇠일 525
쇠치ᄌᆡ 698
쇠학골령 798
수구ᄯᅩᆺ 561
수기ᄃᆡ 659
수념 740
수레골 837
수롱골 737
수뢰간 193
수루너미 217, 408
수룬이보 306
수리말 834
수리말보 852
수리봉 201, 209, 402
수멀우 142
수멀우ᄀᆡ울 142
수멀우보 143
수문여울쥬막 104
수미 832, 843
수바위 81
수벌보 733
수부터 726
수아우 656
수여울 219
수원ᄯᅩᆯ 84
수졍 220
수졍ᄀᆡ울 216
수쳥골 199
수ᄎᆡ골 712, 721
수ᄎᆡ보 143
수통골 84
숙당니 133
숙당이주막 134
숙못ᄌᆡ 842
순ᄀᆡ 405, 561

술구렴이고ᄀᆡ 390
술구레미 387
술랄이ᄌᆡ 604
술리봉 198, 633
술원이 146
술원이고ᄀᆡ 209
술이봉 464, 632
술이봉보 149
술이봉평 146
술쳥거리 830
술풀안들 587
숨밧골 676
숨밧버덩 411
숩가마리 210
숩실이 578
숩심ᄂᆡ 576
숩페 161
숫 849, 850
숫가마골 210
숫가미리 210
숫감ᄋᆡ보 460
숫돌고ᄀᆡ 220
숫둔 396
숫무지 737
숫무지방축 738
숫통목이 661
숭쎄 560
쉬난터거리 628
쉬우목 620
쉬일 831
쉰동골 202
쉰두골 601
쉰ᄇᆡ미 695
쉰짐버덩 420
슈겜이쥬막 797
슈돌고ᄀᆡ 238
슈동리 189
슈두들 708, 709
슈록ᄌᆡ 460
슈리너머고ᄀᆡ 324
슈리네미고ᄀᆡ 446
슈리네밋ᄌᆡ 644
슈리동골 308
슈리봉 413, 416, 440, 451
슈리봉산 244
슈리ᄌᆡ 158, 669
슈리ᄌᆡ골 466
슈리ᄌᆡᆺ영 522
슈밀리 239
슈박ᄌᆡ 461
슈산물 701
슈살막이쥬막 455
슈살막이평 404
슈양현 333
슈영들 209
슈유고ᄀᆡ 318
슈입ᄀᆡ 524
슈자리보 312
슈자리뜰 310
슈자바우골 389
슈자벌 374
슈졍고ᄀᆡ 219
슈졍골 389
슈직골쥬막 259
슈쳥골 233
슈쳥동 289
슈쳥쏠 303
슈쳥영 228
슈쳥ᄌᆡ 375
슈풀무 451
슈피고ᄀᆡ 475
슈피골 465
슉고ᄀᆡ 510, 513
슉골 321
슌방골 363
슐기너미고ᄀᆡ 749
슐구너미령 539
슐눈 624
슐미 306
슐미쥬막 311
슐미ᄌᆡ 312
슐아리 382
슐원리고ᄀᆡ 213
슐이봉 486, 487
슐쳥거리쥬막 848
슘마골 627
슙당니보 454
슙령말 349
슙안들 611
슙압보 351
슛가마쏠 330
슛골 382
슛골시ᄂᆡ 383
슛돌봉 436
슛방이쏠 309
슛탕소 724
슝ᄀᆡ산 836
ᄉᆔ골 320
ᄉᆔ양봉산 332
ᄉᆔᆫ짐골 353
스무나무졍이 232
스무나무졍이쥬막 234
슥식울 323
슨네보 130
슨네뜰 128
슬경지 238
슴강 337
슴드루 844
슴버덩 845, 845
슴벌 320
승골 83
승근슐쥬막 324
승당들 236
승당보 236

승더골 367
승도암 330
승등이 331
승막골 415
승방골 228
승방산 419
승션 216
승승골 417
승아울벌 56
승아울산 48
승ᄋᆡ곡 438
승지골 205, 214, 302, 316, 342, 464
승ᄒᆞ신 463
싀거리 546, 549
싀거리압ᄂᆡ 541
시거리ᄀᆡ울 324
시국버당 348
시ᄂᆡ 737
시ᄂᆡ물 738
시ᄂᆡ보 738
시동직 616
시로리보 605
시루메 319
시루며 656
시루목고ᄀᆡ 157
시루목고ᄀᆡ쥬막 157
시루뫼 310
시루뫼들 311
시루봉 534, 715
시루산 590, 612
시르뫼 559
시르봉 560
시ᄅᆡ고ᄀᆡ 474
시ᄅᆡ골 466
시뫼ᄭᅩᆯ 310
시무골 663
시무나리 184
시무니 313
시무니들 314, 592
시무습 195
시무십 299
시밀 196
시술막 202
시실고ᄀᆡ 253
시우ᄂᆡ보 181
시우쇠 657
식삼이물 725
식새미 726
식혜버덩 138
신나무밋주막 638
신나무정이 300
신나무정이뜰 298
신ᄂᆡ 203, 250, 449
신ᄂᆡ쥬막 252
신다랑이 344
신바위ᄭᅩᆯ 486
신보 221
신ᄇᆡ골 640
신ᄇᆡ나무골 416, 513, 623
신ᄇᆡᄭᅩᆯ 81, 198
신수리벌 237
신슈골 237
신양이 321
신연강날우 206
신연평 204
신읍 717
신치원구휼비 408
신털엉리 204
신통골 601
신트잉리고ᄀᆡ 205
신틀랑 206
신학이골 747
신홍사 843
실네 206
실님 298
실님ᄂᆡ 301
실ᄅᆡ고ᄀᆡ 237
실ᄇᆡ 682
실악고ᄀᆡ 143
실우고ᄀᆡ 206, 234
실우봉 835
실ᄋᆡ고ᄀᆡ 476
심근솔 321
심금솔 225
심문터보 850
심병 286
심ᄶᅵ령 111
심우산 286
심의산골 701
심젹고ᄀᆡ 426
십니소ㅣ 450
싱양ᄭᅩᆯ들 336
ᄉᆞ긔막골 195
ᄉᆞ랑말 229
ᄉᆞ랑쇼 207
ᄉᆞ실긔고ᄀᆡ 207
ᄉᆞ지산 177
ᄉᆞ툰뜰 175
ᄉᆞᆷ논들 335
ᄉᆞᆷ밧치고ᄀᆡ 403
ᄉᆞᆷᄇᆡ치 404
ᄉᆞᆷ셕당이 195
ᄉᆞᆷᄒᆞᆫ골ᄀᆡ울 229
ᄉᆞᆸ다리고ᄀᆡ 209
ᄉᆞᆸ달리 179
ᄉᆡ거말 829
ᄉᆡ고ᄀᆡ 206
ᄉᆡ골 156, 175, 205, 212, 416, 533, 667, 833
ᄉᆡ골고ᄀᆡ 423
ᄉᆡ나ᄀᆡᄭᅩᆯ 138
ᄉᆡ나루 668
ᄉᆡ남골 226

ᄉᆡ남샨 226
ᄉᆡᄂᆡ강 618
ᄉᆡᄂᆡ날우 617
ᄉᆡᄂᆡ리 619
ᄉᆡᄂᆡ쥬막 621
ᄉᆡ덕니 153
ᄉᆡ덕영 533
ᄉᆡ덕이고ᄀᆡ 235
ᄉᆡ덕이골 409
ᄉᆡ덕이산 417
ᄉᆡ둑 745
ᄉᆡ둘우보 751
ᄉᆡ드리보 352
ᄉᆡ들 468, 612, 702
ᄉᆡ들리 697
ᄉᆡ리별 627
ᄉᆡ림 696
ᄉᆡ막골 316
ᄉᆡ막ᄭᅩᆯ 331
ᄉᆡ만영 522
ᄉᆡ말 190, 216, 217, 291, 292, 306, 307, 317, 327, 331, 331, 343, 349, 353, 354, 367, 373, 406, 414, 443, 469, 478, 512, 516, 542, 549, 614, 698, 735
ᄉᆡ말나드리 407
ᄉᆡ말보 352, 473, 550
ᄉᆡ말어구 198
ᄉᆡ말쥬막 408
ᄉᆡ목고ᄀᆡ 137
ᄉᆡ목골 636
ᄉᆡ목니 179, 184
ᄉᆡ목니쥬막 179
ᄉᆡ목이 643
ᄉᆡ목이고ᄀᆡ 333
ᄉᆡ목이골 576
ᄉᆡ밋 230
ᄉᆡ벌 603, 744
ᄉᆡ벌강 724
ᄉᆡ벌두루 723
ᄉᆡ베루 664
ᄉᆡ별우보 751
ᄉᆡ보 134, 472, 473, 563, 641, 694, 804, 851
ᄉᆡ비ᄌᆡ 604
ᄉᆡ쇼 407
ᄉᆡ술막 529, 625, 626, 742, 743
ᄉᆡ슈날우 215
ᄉᆡ슌갑 546
ᄉᆡ슐막 485, 530, 725, 765
ᄉᆡ슐막강 724
ᄉᆡ심미 695
ᄉᆡᄉᆡ울곡 55
ᄉᆡᄭᅩᆯ 83, 486
ᄉᆡᄯᅳᆯ 166
ᄉᆡᄯᅳᆯ루 167
ᄉᆡ아간니 745
ᄉᆡ아간니벌 744
ᄉᆡ아간니주막 745
ᄉᆡ암골평 723
ᄉᆡ양동 292
ᄉᆡ오고ᄀᆡ 78
ᄉᆡ오ᄀᆡ 182
ᄉᆡ오ᄀᆡᆺ영 539
ᄉᆡ오장써리 83, 85
ᄉᆡ우 84
ᄉᆡ우고ᄀᆡ 106, 131
ᄉᆡ우둑 398
ᄉᆡ울 470
ᄉᆡ울골 449, 466
ᄉᆡ원 183
ᄉᆡ원쥬막 182
ᄉᆡ월리 595
ᄉᆡ음보ᄯᅳᆯ 132
ᄉᆡ이말 340, 593
ᄉᆡ이버덩 376
ᄉᆡ이보 377
ᄉᆡ이복골 829
ᄉᆡ이ᄉᆡᆺ골 464
ᄉᆡ이ᄲᅧᆯ 640
ᄉᆡ이양아치 841
ᄉᆡ인영 379
ᄉᆡ일견 742
ᄉᆡ잇말 468
ᄉᆡ작골 360
ᄉᆡ작골고ᄀᆡ 361
ᄉᆡ장거리 717
ᄉᆡ장써리슐막 718
ᄉᆡ졀골 417, 567, 706
ᄉᆡ질너미고ᄀᆡ 207
ᄉᆡᄌᆡ 323, 324, 329, 414, 688, 709
ᄉᆡᄌᆡ고ᄀᆡ 487, 490
ᄉᆡᄌᆡ골 639
ᄉᆡᄌᆡ라 708
ᄉᆡ창 84
ᄉᆡ총이골 676
ᄉᆡ치고ᄀᆡ 490
ᄉᆡ치골 418
ᄉᆡ치술막 743
ᄉᆡ터 179, 298, 354, 506, 583, 603, 615, 624, 632, 635, 650, 745
ᄉᆡ ㅣ ㅅ터 243
ᄉᆡ터골 287
ᄉᆡ터말 167
ᄉᆡ터보 168, 179, 473
ᄉᆡ터ᄯᅳᆯ 179
ᄉᆡ터이 440
ᄉᆡ터쥬막 756
ᄉᆡ틀 735
ᄉᆡ파른 365

신말 429
신무짓울 317
신영 424
심골 289, 300, 428, 457, 525, 596
심기 735
심니 157
심니보 159
심니쥬막 158
심두럭 230
심막골 636
심말 212
심물둔지 404
심바위쥬막 104
심밧버덩 229
심밧장 229
심밧치 396
심보 739
심비미ᄯᅳᆯ 505
심슴 384
심시 705
심시들 702
심ᄭᅩᆯ 132, 203, 330, 528
심ᄲᅩᆫ 737
심지울 218
심ᄌᆡ 255, 842
심치 457, 742
심치보 459
심통골 242
ᄉᆡᆺ드리 756
ᄉᆡᆺ말 130
ᄉᆡᆺ벌 144
ᄉᆡᆺ불 705
ᄉᆡᆺ셤븨 322
ᄉᆡᆺᄭᅩᆯ 141
ᄉᆡᆺᄯᅳᆼ 658
ᄉᆡᆺ터 373, 620, 717
싱고기 351
싱골 160
싱골ᄯᅳᆯ 159
싱담들 316
싱담이 317
싱산 353
싱양골 302
싱오잘리 572
싱장이들 311
싱장이보 312
싱ᄭᆡ 653
ᄭᅡ치봉산 381
ᄭᅡ치ᄌᆡ 333
ᄭᅡᆨ근동이 223
ᄭᅡᆨ길고기 212
ᄭᅩᄶᅥᆨ기 602
ᄭᅩᆨ금들 702
ᄭᅩᆯ두바우 603
ᄭᅩᆸ방 697
ᄭᅩᆺ골 199
ᄭᅩᆺ넘이 636
ᄭᅩᆺ네미골 427
ᄭᅩᆺ뫼산 719
ᄭᅩᆺ밧들 626, 637
ᄭᅩᆺ밧산 622, 638
ᄭᅩᆺ밧ᄌᆡ 644
ᄭᅩᆺ베루 663
ᄭᅩᆺ베루주막 663
ᄭᅩᆺ봉 633
ᄭᅩᆺ봉ᄌᆡ 460
ᄭᅩᆺ봉ᄌᆡ보 471
ᄭᅩᆺ빙 619
ᄭᅩᆺᄶᅥ기 654
ᄭᅩᆺᄭᅮᆷ보 176
ᄭᅩᆼ밧모릉이 342
ᄭᅩᆼ밧 431
ᄭᅮᆯ 135, 154, 198
ᄭᅮᆯ고기 424
ᄭᅯᆼ밧영 412
ᄭᅳ보 851
ᄭᅳᆫ지울 216
ᄭᅳᆺ고기 474, 479
ᄭᅳᆺ정자 329
ᄭᆞ치고기 775
ᄭᆡ다리 830
ᄭᆡᄯᅳᆯ 257
ᄭᆡ치봉 392
ᄭᆞᆷ물 393
ᄯᅡᆫ메산 590
ᄯᅡᆫ봉 286
ᄯᅡᆫ봉산 367
ᄯᅡᆫ산 719
ᄯᅡᆫ연니산 756
ᄯᅡᆺ산 720
ᄯᅡᆼ거리쥬막 699
ᄯᅡᆼ걸이 698
ᄯᅡᆼ고기 571
ᄯᅡᆼᄌᆡ 552, 558
ᄯᅥᆨ갈목리 233
ᄯᅥᆨ갈목이 600
ᄯᅥᆨ갈무기 215
ᄯᅥᆨ갈묵이고기 201
ᄯᅥᆨ갈버덩 411
ᄯᅥᆨ고기 839
ᄯᅥᆨ골 382
ᄯᅥᆨ봉 403
ᄯᅦ둔지 405
ᄯᅦ소 436
ᄯᅦᄌᆡ산 606
ᄯᅨ둔지 228
ᄯᅬ릉골 618
ᄯᅬ벌 543, 549
ᄯᅬ잇 578
ᄯᅱ고기니 541
ᄯᅱ둘우버덩 421
ᄯᅱ봉 719
ᄯᅳ야ᄯᅳᆯ 176

ᄯᅳᆫ니버덩 844
ᄲᅡ독ᄌᆡ 828
ᄲᅡᆯᄂᆡ나드리 732
ᄲᅡᆯ월 289
ᄲᅩᆼ나무골 418
ᄲᅩᆼᄉᆞᆯ 547
ᄲᅬ리ᄃᆡ봉 388
ᄲᅵᆯ골 417
ᄲᅵᆯ덕이영 533
ᄲᅵᆼ소 365
싸ᄂᆡ 648, 649, 652
싸리ᄌᆡ 671, 839
싸리ᄌᆡ고ᄀᆡ 217
싸리ᄌᆡ골 410
싸리ᄌᆡ령 153
싸리치 299
싸리치찍 300
쌀골 668
쌀리골 596
쌀리모기골 409
쌀리목영 412
쌀면 670
쌍게골 381
쌍고ᄀᆡ 840
쌍바우골 382
쌍쳔 846
쌍학이 734
쌍학이ᄲᅵᆯ 734
쌰거리 353
쎠근골 585
쎠근ᄂᆡ 169
쎠근다리 706
쏘다지기 301
쏘봉이ᄌᆡ 695
쑥고ᄀᆡ 363, 474, 475, 555
쑥고ᄀᆡ쥬막 384
쑥골 438
쑥덩이평 747
쑷기ᄆᆡᄌᆡ 609
쑥고ᄀᆡ 383, 507
쑥골 309, 382, 548
쑥밧ᄌᆡ 436
쑥밧치 544
쑥밧치ᄂᆡ 541
쓥뒤들 326
쓸에ᄉᆞᆯ 150
씨니ᄌᆡ 757
ᄊᆞᆼ달리골 199
ᄊᆡ골 623
ᄲᅨ굴골 623
ᄲᅨ바우 624
ᄲᅨ터골 623
짝골 378
짝ᄀᆡ울 846
짝바우들 180
쪽다리보 377
쪽박ᄉᆞᆯ 83
쪽숨 339
찍반치보 473
찍반치음달보 473
찍밧치 470
찍방되들우 467
ᄯᆞᆫ골 309, 486
ᄯᆞᆫ드렁이ᄉᆞᆯ 310

아…

아과나무정주막 136
아람치골 669
아레말쥬막 217
아롱가지드루 428
아롱리 210
아룽밧치 396
아뤼다둔니 317
아뤼밤골 308
아릇돌목 652
아ᄅᆡ가ᄌᆡ울 178
아ᄅᆡ갈골 468
아ᄅᆡ갈벌 362
아ᄅᆡ고ᄀᆡ 455
아ᄅᆡ고비원 546
아ᄅᆡ골언 641
아ᄅᆡ괴인돌 532
아ᄅᆡ괴인돌보 534
아ᄅᆡ구ᄌᆡ 318
아ᄅᆡᄀᆡᆷᄌᆡ보 795
아ᄅᆡ나드리 407
아ᄅᆡ너루니 313
아ᄅᆡ느다리평 724
아ᄅᆡ달ᄂᆡ 834
아ᄅᆡ더덕골 307
아ᄅᆡ더덕ᄉᆞᆯ 309
아ᄅᆡ덕박골 721
아ᄅᆡ덕젼이 614
아ᄅᆡ두루 441
아ᄅᆡ두루못 446
아ᄅᆡ둔둔 322
아ᄅᆡ드릉이 625
아ᄅᆡ들골 618
아ᄅᆡᄃᆡᄂᆡ 430
아ᄅᆡ마리 532
아ᄅᆡ망종ᄯᅳᆯ 295
아ᄅᆡ모골 294
아ᄅᆡ모ᄅᆡᄂᆡ 292
아ᄅᆡ뭇지울 317
아ᄅᆡ방동 214
아ᄅᆡ방ᄉᆞᆯ 740
아ᄅᆡ버들ᄀᆡ 230
아ᄅᆡ보문 344
아ᄅᆡ분지고ᄀᆡ 350
아ᄅᆡ산두 371
아ᄅᆡ셤강 318
아ᄅᆡ소발아기 129

아ᄅᆡᄉᆡ두둑 327
아ᄅᆡᄉᆡ우ᄀᆡ 395
아ᄅᆡ쑥골 548
아ᄅᆡ안심이고ᄀᆡ 459
아ᄅᆡ옹기졈말 512
아ᄅᆡ용골 185
아ᄅᆡ장거리 189
아ᄅᆡ장ᄀᆡ쥬막 319
아ᄅᆡ졍니 547
아ᄅᆡ지슈울 216
아ᄅᆡ진불 714
아ᄅᆡ집실 470
아ᄅᆡ쳥어둘 395
아ᄅᆡ토셩 365
아ᄅᆡ품실 198
아ᄅᆡ함밧치 750
아ᄅᆡ희삼터 306
아미산 402
아미쟝이 221
아시ᄂᆡ 592
아시라지 512, 513
아시라지고ᄀᆡ 510
아쏠말 188
아양산 838
아우라지ᄂᆡ 476
아우라지주막 663
아우실 321
아울리고ᄀᆡ 577
아창골 661
아칠 729
아침갈리 431
아침실들 701
아침치 630, 631
아ᄎᆞ티 627
아홉사리고ᄀᆡ 259
아홉사리ᄌᆡ 290
아홉살리 413
아홉ᄉᆞ리골 417
아ᄒᆞᆫ아홉골 346
악ᄃᆡ바우산 531
악휘봉 83
안가일리 228
안가지골 378, 464
안갈ᄋᆡ 707
안건달리 414
안고ᄀᆡ 561, 831
안고ᄅᆡ 281
안골 152, 184, 205, 322, 382
안골두루 744
안골버덩 229
안골안 721
안공기 615
안군중 713
안ᄀᆡ골 732
안ᄀᆡ평 376
안남ᄌᆡ 630
안늘읍니 524
안늡ᄑᆡ 106
안능월평 747
안달골 624
안댕골 746
안도리 742
안두루 528
안두만 635
안마산골 469
안말 218, 469, 542, 546, 549
안말들 442
안말보 550
안말쥬막 471
안목ᄀᆡ 573
안무논 364
안무리 540
안무지 394
안물치 829
안바ᄃᆡ들 221
안박암리 213
안보 217
안보나루 217
안봉으골 470
안산 191, 460
안산드루 845
안산보 473
안셔우지 236
안솟ᄃᆡ쏠 547
안숑관 527
안숯ᄀᆡ 379
안시ᄂᆡ 642
안심나드리 394
안습ᄌᆡ쥬막 412
안ᄉᆡᄂᆡ 620
안ᄉᆡ들리 634
안쏠 82, 194, 293, 309, 548
안쏠두루 744
안쏠보 229
안ᄊᆡ울 80
안뜰 676
안쎨 570
안아산 203
안양드루 845
안염셩 748
안으믈거리 189
안일원골 419
안잘미 705
안장 515
안장바회산 497
안장평 712
안져울 411
안졍골 339
안지목고ᄀᆡ 219
안진뽕나무쏠 301
안중고ᄀᆡ 394

안창나루 304
안창역 305
안터 142, 741
안터골 523
안터산 712
안툇골 469
안툇골고ᄀᆡ 475
안틀 735
안회산 195
안홍ᄌᆡ 630
알ᄅᆡ말 458
알미보 86
알미봉 746
알미봉보 749
알산골 331
알에곰밧 831
알에광젱 833
알에달ᄂᆡ 847
알에복골 829
알에양혈 833
알에왕도 832
알에왕도쥬막 848
알ᄋᆡ근네뜰 133
알ᄋᆡ마늡둘우 722
알ᄋᆡ만산니 468
알ᄋᆡ무주치 721
알ᄋᆡ방골 469
알ᄋᆡ보리골 725
알ᄋᆡ셧골 464
알ᄋᆡᄉᆡᆺᄀᆡ 722
알ᄋᆡ절구 144
알ᄋᆡ절구보 145
알ᄋᆡ질ᄌᆡ영 726
알ᄋᆡ창ᄂᆡ지울 205
암나루 830
암ᄂᆡ 398
암ᄂᆡ골 398
암실 194
암팡골 438
압강보 641
압거리주막 140
압골 396
압골못 454
압ᄀᆡ 190, 575
압ᄀᆡ들 678
압ᄀᆡᄆᆡ 835
압ᄀᆡ보 680
압ᄀᆡ울 450, 452, 457
압ᄀᆡ川浦 680
압ᄀᆡᆫ물 713
압ᄀᆡᆺ물 713
압나드리 156
압남산 484
압늡들 702
압ᄂᆡ 139, 141, 175, 478, 558, 724
압두루 540
압두루보 415
압둔지평 747
압들 190, 236, 326, 678
압들보 202, 222, 352
압물 488, 724
압바우슴 364
압버덩 396, 457
압벌 723, 744
압벌보 538
압보 853
압시ᄂᆡ 724
압실 185, 219, 662
압뜰 138, 174, 349
압뜰우 484
압읍늡 287
압자리보 454
압작고ᄀᆡ 361
압주막 726
앗치못언막이 229
앗ᄎᆡ 331
앙금밧치 406
앒ᄂᆡ 704
야지말 291
약물골 466
약물ᄀᆡ 515, 516
약물ᄂᆡ기 661
약사봉 712
약사원리 190
약슈버덩 159
약슈쏠 86
약슈정 484
약젹니 177
양게모루주막 730
양경산 353
양골 685
양단리 211
양쇼왓 331
양쇼왓나루 337
양앗치 356
양양고ᄀᆡ 376
양원리 426
양의터 444
양장말 367
양졍구미 197
양졍이 197
양지갓치락이 413
양지골 420
양지드루 845
양지들보 231
양지들우 467
양지말 203, 236, 314, 321, 322, 350, 426, 430, 453, 468, 532, 547, 583, 774
양지말버덩 428
양지보 851
양지아ᄅᆡ시보 472
양지알ᄋᆡ보 472

양지울 226
양지울들 227
양지읏보 472
양지위식보 472
양지윗보 472
양지켠보 739
양지평 405
양진말 458
양짓말 717
양통계 226
양통리 226
양통이고기 459
양화직 636
어넘니고기 455
어농골 225
어두어니 469
어두언니 463
어두운골 615
어두운리 422
어둔이골 212
어랑이뜰 302
어량이보 305
어룡골 640
어름넝골 402
어름이 570
어리고기 432
어리골 612
어리당들 334
어리쑤지 444
어림직 630
어셩전리 833
어셩전보 851
어셩전압물 847
어수미산 732
어신나드리 429
어양골 837
어언골 194
어영골 222, 452, 628
어용골 409
어우실 426
어은골 425
어은골나드리 425
어은늬 421
어은평 335
어의실 153
억실 652
언믜기보 216
얼론 303
얼밀고기 282
얼읍늬골 463, 465
엄고기 59
엄나무골 716
엄나무소보 852
엄나무정이쥬막 324
엄달골 430
엄달산 739
엄둔직 644
엄박쏠 78
엄셩골 200
엄슈울 430
엄슈울버덩 428
엄슈울쥬막 432
엄진이 696
엇늬 649
엇둔 469
엇직 651
엇트 689
엉덩바위 98
에게바우골 418
에룬 414
에미늬골 381
에믜보 793
에부른 366
여계바위쏠 301
여고기 521
여금이 743
여늬골 581
여늬기울 216
여름산 156
여바우골 721
여상골 197
여수의보 352
여슈의골 346
여심이 683
여오늬쥬막 234
여오쳔기울 232
여우고기 225, 230, 350, 594
여우골 716
여우늬 80, 92, 209, 235
여우늬골 222
여우직 165
여운터 304
여제당 189
여찬니 298, 342
여터쏠 92
역고기 731, 840
역골 223, 298, 637, 664
역두루 722
역들골 287
역말 80, 190, 485
역말기울 484
역뜰 295
역젹고기 207
연갈리 431
연기 833
연낭골 294
연늬골 403
연늬나드리 425
연늬쥬막 848
연달골 409
연듸봉 739
연목이쇼 407
연무실들 288

연봉산 463
연봉졍 299
연봉졍이들 320
연산골 191, 316
연쇠 686
연슈골 836
연슈파 379
연어 727
연엽봉 198
연엽산 201, 202
연ᄋᆡ쏠 136
연자골 464, 419
연장골 420
연창 830
연창뒤드루 844
연창리 843
연천강 421
열ᄀᆡ미 235
열여바우보 184
염구쥬막 699
염불암 315
염셩술막 748
염우쟝 695
염촌 699
염탕이 425
염터쑬고ᄀᆡ 87
엽귀셤 190
엿둔 650
엿틔 690
영거리말 322
영골 720
영골쥬막 657
영낭이 344
영당리 238
영바우골 440
영산 289
영영ᄀᆡ 174
영운ᄂᆡ 734
영원 344
영원골 341
영원동 453
영월지 193
영ᄋᆡ지 341
영젼골 326
영지목 235
영쳐들 334
영철골 409
영춘ᄀᆡ 636
영턱 832
영혈사 843
예계방축 851
예륜이고ᄀᆡ 751
예문이버덩 845
예문이보 853
예상골 470
옛고사리골 309
옛셔랑ᄌᆡ 398
오가탕게 413
오공골 457
오공골고ᄀᆡ 459
오금졍쏠 308
오기ᄇᆡ미골 611
오두봉 435
오두ᄌᆡ 313, 645
오ᄃᆡ산 434
오랑에터 466
오려울 331
오령골 293
오류동 429
오류올쥬막 432
오른골 839
오릉갈 705
오리골 195, 633, 670
오리ᄀᆡ 142, 194
오리ᄀᆡ벌 518
오리나루 365, 391
오리나르 568
오리목골 636
오리물 442
오리벌 415, 528, 748
오리벌주막 153
오리소고ᄀᆡ 206
오리숩골 634
오리숩 501
오리쏠 82, 106, 150, 344, 576
오린말 735
오릿마 705
오만이골 614
오목골 630
오목이나드리 428
오미 832, 838
오ᄆᆡ강 220
오ᄆᆡ고ᄀᆡ 221
오ᄆᆡ나루 220
오ᄆᆡ들 220
오ᄆᆡ상리 221
오ᄆᆡ진 224
오ᄆᆡᄒᆞ리 220
오바우 364
오봉산 208, 835
오상골 185
오상쏠 301
오션게 476
오셤들 348
오송졍들 200
오쇼리보 454
오쇼치보 238
오수골 395
오슈물언막이 229
오슈쏠 189
오습들 349
오ᄉᆡᆨ리 831
오ᄉᆡᆨ이ᄂᆡ 421

오ᄉᆡᆨ이영 423
오약골 372
오얏쏠 139
오얏쏠주막 140
오양골 212
오양쏠 643
오유울막ᄋᆡ 426
오음사ᄀᆡ울 452
오음사니 453
오음이 706
오자귀고ᄀᆡ 219
오작골 410
오장동 411
옥거른 369
옥거ᄅᆡ 189, 327, 441, 553
옥거리들 452
옥계ᄌᆡ 620
옥고ᄀᆡ 162
옥골 174, 370
옥골들 597
옥골보 597
옥골장 597
옥골쥬막 174
옥ᄀᆡ동 341
옥너무 694
옥녀봉 286, 301
옥들 326
옥ᄃᆡ산 301
옥봉 574
옥산 288
옥산쥬막 291
옥산포구 225
옥셔득 611
옥슈골 420, 425
옥여ᄂᆡ 421
옥이ᄌᆡ 631
옥지기 184
옥천고ᄀᆡ 333
옥터뜰 132
옥토랑 404
온섬직니보 538
온슈들 206
온슈ᄌᆡ 461
온우골 664
온의쏠 192
온의쏠쥬막 192
올누ᄌᆡ 666
올미 225
올미못 225
올미졔 225
올음실구미 206
올이골고ᄀᆡ 391
올이골평 391
올이두루 572
올충바우 649
옷거ᄅᆡ버덩 411
옷고ᄀᆡ 333
옷나무골 462
옷나무ᄇᆡᆨ이 282
옷바우 207
옷밧골 416, 435
옷밧골령 149
옷밧쏠 147
옷밧영 412
옷빠우 659
옷질 679
옷ᄌᆡ 582
옹긔졈 193
옹긔졈말 194
옹기 145
옹기졈골 378
옹기졈말 512, 543
옹장골 83, 231, 389, 416
옹장쏠 669
옹지고ᄀᆡ 333
와룡담 446
와션ᄃᆡ 853
와야골 431
와야골버덩 229
와야골평 729
와인들 597
와인보 597
왕당골영 533
왕덕ᄀᆡ 189
왕도압물 847
왕ᄃᆡ벌 612
왕ᄃᆡ촌 322
왕바우골 606
왕비각 329
왕상봉 345
왕셩영 841
왕ᄌᆡ산 617
왜가ᄆᆡ골 363
왜고ᄀᆡ 412, 474
왜골 427
왜골벌 491
왜광들 336
왜두지 348
왜둔지보 795
왜둔평 335
왜미산 50
왜미뜰 505
왜ᄶᅩᄀᆡ 696
왯골 490
왯들우 844
왯ᄌᆡ 840
외남숑쥬막 351
외다릿목 110
외라지고ᄀᆡ 432
외로이 281
외로이뜰 280
외로이쥬막 282
외벌우 748
외벌우술막 748

외솔빅이ᄲᅦᆯ 734
외야몰우 745
외얏모루 748
외직들 597
외직보 597
외창 236
외촌 355
요션당리 188
요오골 448
요통골 838
요포 429
욕바위쏠 301
용강이직 318
용강탄 421
용골 348, 461, 665
용넙 206
용네미고기 329, 383
용네미골 325
용누평 316
용눕 140
용동골 620
용두들 708
용두산 438
용두포나드리 425
용ᄃᆡ 422
용ᄃᆡ쥬막 423
용못 597
용바우 354
용바우골 462, 596
용방우 696
용방우보 696
용부터 403
용소 238, 429, 436, 436
용소골 661, 741, 832
용소둔지 733
용소목이기울 232
용소목이나루 231
용소목이쥬막 234
용소목이포구 231
용쇼 476
용쇼골 378, 614, 635, 837
용쇼기울 478
용쇼막 299
용쇼막뜰 297
용쇼목이 406
용쇼뜰 177
용쇼뜰보 178
용수뜰 713
용슈골 406, 465
용슈기 488
용신기울 442
용슈터 314
용슈포 421
용신산 439
용ᄭᆞ산 611
용쏘 708
용악구미 232
용알보 137
용에머리 106, 513
용에머리산 137
용에멍덜 505
용연골 440
용우골 712
용우쏠평 722
용의머리 712
용인들 597
용장원 354
용졍리 681
용포나루 429
용호동 830
용화산 228, 451, 456
용화샨 226
우게보 852
우금터버덩 452
우동골 741
우두강 223
우두나루 223
우두들 225
우두산 223, 291
우두상리 223
우두ᄒᆞ리 225
우ᄃᆡ골 236
우라실 620
우러리고기 350
우렵ᄂᆡ 311
우렵쥬막 311
우령셔득 544
우릿덕 427
우목골 461
우목들 442
우무골 54, 410
우무더골 546
우물골 316, 347
우미나리 191
우밀리 208
우사리 191
우앙리 833
우업고기 350
우이쇼 429
우장동 443
우지쇼 330
우통골 755
우포평 845
우풍ᄂᆡ 407
욱골고기 60
욱묵골 214
운니덕 430
운두직 434
운무주치 721
운봉골 449
운봉골기울 450
운붕골 409
운수골 449
운슈직 460

울길 552, 553
울령골 378
울모릐 364
울바우골 177
울업 308
움골 291, 355
움네미 355
움바위 110
웃가직울 178
웃간듸 453
웃갈골 468
웃갈벌 362
웃고기 205
웃고비원 546
웃골 585
웃광젱 833
웃괴인돌 532
웃구지 318
웃근네뜰 132
웃김지보 795
웃너루니 313
웃너부늬 163
웃놀미니 478
웃느다리 723
웃다둔이 317
웃달늬 834, 847
웃더덕골 307
웃더덕쏠 309
웃덕박골 721
웃돌목 652
웃두루 388, 457
웃드루 831
웃드루늬 847
웃드루시보 853
웃드룽이 625
웃들 156
웃들골 618
웃들보 222, 473
웃듸늬 430
웃듸늬쥬막 432
웃듸리나루 446
웃롤미보 479
웃마눕둘우 722
웃마리 532
웃만산니 468
웃말 307, 458
웃모릐늬 292
웃무림계쥬막 192
웃뭇지울 317
웃바르믜 367
웃바우날리 208
웃방골 469
웃방동 214
웃버덩 200, 232
웃버덩이 547
웃버들기 230
웃버등이 543
웃벌보 538
웃보 454, 471, 472, 479, 730, 851
웃보리골 725
웃보문 344
웃부충니 182
웃분지울 308
웃산두 371
웃셤강 318
웃셤븨 322
웃셧골 537
웃소릐보 852
웃소발아기 130
웃싀두둑 327
웃싀우기 394
웃심골 197
웃심밧 230
웃쉿터 745
웃뜰우 659
웃쑥골 548
웃안장골거리주막 714
웃안장평 713
웃양혈 833
웃오만이 613
웃옷바우 207
웃왕도 832
웃용골 185
웃위밀 179
웃장 733
웃장기쥬막 319
웃절구 144
웃졍니 547
웃지슈울 215
웃진불 714
웃질지영 726
웃집실 470
웃청어둘 395
웃치직골 464
웃터뜰 498
웃토셩 373
웃품실 197
웃함밧치 750
웃희삼터 306
웃희삼터쥬막 311
원거리들 338
원골 224, 343, 402
원골쥬막 660
원날리 229
원남이쇼 476
원네미고기 264
원당리 221, 434
원당리쥬막 434
원동날우 596
원두루 511
원말 620
원모루 825, 826
원셤쎌 722

원슈들 335, 335
원슈쇨 484
원슈ᄌᆡᆨ산 439
원ᄉᆞ골 110
원쇨 139, 658
원쇨주막 140
원일젼리 834
원ᄋᆞᆸ소 218
원장골 698
원장들역보 202
원장뜰 202
원젼들 682
원증거리 321
원창고ᄀᆡ 194
원창리 202
원창뜰 202
원창역 203
원창쥬막 202
원쳔니 478
원쳔역 479
원쳔쥬막 480
원터 373, 653, 732
원터골 128, 321
원터골ᄀᆡ울 324
원통골 639
원통산 218
원통이 559
원통장 422
원통쥬막 422
원퉁 422
원평쇨 191
원평이 339
월게동 190
월구ᄂᆡ 476
월구ᄂᆡ들우 467
월구리 219
월구리고ᄀᆡ 219
월굴니ᄀᆡ울 216
월굴리고ᄀᆡ 220
월긔ᄂᆡ보 472
월날리포구 229
월도산 218
월령산 435
월봉 331
월악바위산 332
월암들 337
월ᄌᆡᆨ이보 366
월촌 321
월평장 322
위나리 197
위나리뜰 197
위산면 828
윈느룬 631
윗독골 321
윗들우 467
유긔졈 193
유다리 737
유다리벌 716
유다리보 718
유독골 382
유목정보 454
유목정쥬막 455
유문거리 443
유물ᄌᆡᆨ비 853
유별루ᄂᆡ 429
유암 344
유어산 836
유원 292
유원뜰 295
유원역 296
유침이골 591
율ᄃᆡ상보 229
율ᄃᆡᄒᆞ보 229
율목졍들 287
율ᄯᅩᆼ 717
으능정고ᄀᆡ 282
으무ᄀᆡ 292
으쇼ᄂᆡ 453
은고ᄀᆡ 223, 225
은골 310, 416, 426, 456, 461, 470, 740
은골고ᄀᆡ 474
은골보 459
은능졍이 306
은더ᄂᆡ 313
은동 221
은졈소보 369
은졈ᄊᆡᆨ 138
은ᄌᆞ동 734
은힝나무비기 213
은힝암 446
을목령 111
음고ᄀᆡ 318
음골 287
음골드루 364
음달ᄀᆡ간이 612
음달말 185, 236, 546
음달말버덩 428
음달보 472
음당두우 467
음들 587
음무ᄀᆡ쥬막 296
음슈골 435
음양니 414
음우ᄀᆡ 289, 290
음지골 419
음지말 322
음지버덩 436
음지평 405
음터쇨 294
ᄋᆞᆸᄂᆡ보ᄀᆡ울 442
ᄋᆞᆸᄂᆡ장 591
ᄋᆞᆸᄂᆡ쟝 694
ᄋᆞᆸᄂᆡ중 174

읍압물 79
읍압큰물 129
읍장 361, 843
읍장쩌리 80
응고ᄀᆡ 605
응고ᄀᆡ쥬막 621
응골 286, 314
응골영 370, 390
응달말 430
응달보 472
응쏠 293
응어터 632
응치산 441
의상ᄃᆡ 853
이다리기 632
이릉글별 607
이릉ᄀᆡ보 377
이만골 82
이문안 183
이상슈 233
이앗벌 607
이운이쥬막 305
이윤니 303
이ᄌᆡ 320
이터골 287
이현 205
익군잇골 596
인구드루 846
인구리 834, 843
인남리 228
인남역 228
인버동 354
인쥭작골 183
인ᄐᆡ박골 54
일골 620
일곱마ᄃᆡ둥 368
일곱뜰 302
일눈 343
일당산 338
일산봉 294
일앨 554
일오실골 452
임금산 68
임쳔 831
임호정리 834
임호정압ᄂᆡ 847
입셕ᄃᆡ절 328
입셕봉 420
입츈ᄂᆡ 344
ᄋᆞᄅᆡ심밧 230
ᄋᆞᆫ보역 217
ᄋᆡ금이 373
ᄋᆡ기고ᄀᆡ 436
ᄋᆡ기미포구 379
ᄋᆡ막골 444
ᄋᆡ미드루 845
ᄋᆡᄆᆡ골 659
ᄋᆡᄆᆡᆨ골 195
ᄋᆡ쏠 128
ᄋᆡ안이 340
ᄋᆡ연니쏠 669
ᄋᆡᆼ도쏠 218

자…

자근가로ᄀᆡ 486
자근계족골 595
자근골 346, 591, 746
자근괴나무골평 724
자근ᄀᆡ골 744
자근논쏠 546
자근다리골 215
자근달이골 464
자근당메산 487
자근도ᄉᆡ울 346
자근돌고ᄀᆡ 605
자근되야니ᄌᆡ 312
자근뒤골 836
자근드렁이쏠 310
자근말들우 466
자근말보 471
자근모아치 599
자근무레골 643
자근무지ᄀᆡ 426
자근보리골 720
자근사ᄐᆡ골 466
자근숫둔 341
자근ᄉᆡ지믈 460
자근싸리골 441
자근안칙이 363
자근양아치 841
자근양아치듀막 356
자근ᄋᆡ미포구 379
자근집흔골 528
자근쳔셕골 838
자근탑골 217
자근터골 404
자근토고미 468
자근팔계 625
자근하오ᄀᆡ 84
자ᄂᆡᆯ 166
자리목이 841
자리ᄆᆡ 667
자ᄅᆡ목영 522
자모바위 587
자무리 444
자무쏠 656
자산 332, 691
자산쏠 734
자쏠 288
자안말 196
자양산 435
자오고ᄀᆡ 412

자우고ᄀᆡ골　410
자운리　434
자울　146
자자벼루골　448
자작고ᄀᆡ　177, 217
자작골　316
자작이　308, 330
자작촌　304
자장이들　333
자지ᄀᆡ　290
자지바치　775
자지봉　302, 309, 325, 590
자ᄎᆡᆨ이　81
자초앗치　572
자치앗차　572
자큰보졍골　837
자포ᄃᆡ　430
자픠골　627
자하골　110
작골　606, 716
작달막이　339
작달ᄆᆡ기　301
작두쏠　303
작실　330
잔고ᄀᆡ　193, 525
잔고ᄀᆡ쏠　83
잔고지보　794
잔골　288
잔괴동　833
잔나무골　199
잔나무쏠　292, 331
잔나무졍이들　356
잔다리　526, 593
잔담이　740
잔미강　724
잔양이산　293
잔양이뜰　294
잘ᄀᆡ미　307
잘ᄀᆡ미보　312
잘ᄃᆡ　737
잘ᄅᆡ목이　520
잘이우ᄀᆡ울　205
잘피울　179
잘ᄑᆡ영　743
잠방이들　334
잣고ᄀᆡ　188
잣나무골　196, 410, 439
잣나무박이　405
잣나무ᄇᆡᆨ이　268
잣덕니　545
잣뒤　81, 537
잣뒤보　597
잣미　725
잣바우　158, 661
잣밧　510, 511, 652
잣밧고ᄀᆡ　510
잣밧산　484
잣산　523
잣송이골　528
장거리　195, 478
장巨里보　479
장거리쥬막　408
장고ᄀᆡ　613
장골　185, 730
장골쥬막　290
장구목　555, 610
장구목령　540
장구목이　605
장구별　713
장구산　69
장군봉　214, 226
장군산　477
장군터　216
장ᄀᆡ　317
장ᄀᆡ나루　318
장남이　332
장ᄂᆡ　564
장덕골　567
장두골　837
장드루　372
장들　330, 702
장들여울　78
장ᄃᆡ산　477
장ᄃᆡ울　128
장마우보　377
장막골　320
장막산　477
장막ᄌᆡ　362, 840
장명고ᄀᆡ　839
장미드루　376
장바우　544
장밧치　367, 387
장밧치고ᄀᆡ　511
장병버덩　436
장본　230
장사ᄅᆡ　564
장살미들　337
장삼젼보　415
장성거리　552
장셔지고ᄀᆡ　269
장셕박이고ᄀᆡ　731
장셤　388
장셩거리　567
장셩거리평　722
장셩ᄇᆡᆨ이　612
장수바우물　741
장슈물버덩　229
장슈안영　521
장슈터쥬막　412
장승　831
장승거리보　351
장승고ᄀᆡ　403, 636
장승박이압ᄂᆡ　541
장승버덩이　405, 408

장승뜰 194
장솜에골 247
장ᄉᆡ미 373
장아터 458
장악들 336
장앗터보 459
장양강 224
장용ᄀᆡ 750
장ᄋᆡ벌 196
장자곡 345
장작골영 511
장지 303
장지고ᄀᆡ 304
장지ᄀᆡ 287
장지보 305
장지쏠고ᄀᆡ 296
장ᄌᆡ골 233, 368, 417, 537, 712
장ᄌᆡ구미 413
장ᄌᆡ기산 581
장ᄌᆡ동 468, 470
장ᄌᆡ울 86, 200
장ᄌᆡ울골 246
장ᄌᆡᆷ 396
장탄막골 732
장탈막물 732
장터 242
장터거리 325
장터거리들 611
장터골 716
장터들 625
장평고ᄀᆡ 621
장평골 470
장학골 353
쟈양강 220
쟉골 314
쟝산 220, 221
쟝쑤들 694
저치ᄌᆡ 637
전달안이 144
전달안이주막 145
전벙산 202
절골 591, 642
절쏠 136, 555
절쏠평 747
점ㅣ말 512
점ᄌᆡ 668
젓밧쏠 151
정방보 569
정자말 195
제장ᄀᆡ 567
젠조 569
져고무지산 293
져고무지ᄌᆡ 317
져근고ᄀᆡ 85, 87, 89, 111
져근골 586
져근메쏠 110
져근셜밀 207
져근숨물버덩 393
져마루 655
져문골 349
져번니 106
져부녀울 249
져어 731
져울쏠 447
젹골 321
젹근동보 473
젹근동쥬막 471
젹두리 227
젹둔리고ᄀᆡ 228
젹은골 829
젼군슈션정비 477
젼근산 464
젼나무박이 405
젼말 289
젼목골 426
젼바위 289
젼방보 850
젼병산 194, 206
젼연골쥬막 445
젼연동 443
젼장골 438
젼징골 595
젼평리 190
젼ᄑᆡ골 462
졀고ᄀᆡ 493
졀고지 620
졀고지ᄌᆡ 621
졀골 201, 204, 234, 238, 286, 300, 316, 342, 345, 381, 386, 409, 417, 426, 429, 438, 439, 441, 448, 461, 464, 465, 470, 512, 514, 520, 581, 596, 610, 624, 627, 837
졀골등 504
졀골신ᄋᆡ 377
졀말 632
졀무리골 591
졀ᄆᆡ나들이 607
졀보ᄌᆡ 424
졀쏠 95, 106, 110, 189, 298, 299, 309, 346, 446, 532, 658, 660, 662
졀쏠평 334
졀운ᄌᆡ 609
졀터 354, 447
졀터골 308, 319, 346, 614
졈골 238, 624
졈나들리 411
졈말 174, 468
졈심뜰우 491
졋골 441
졋나무거리 87

졋둔　321
졋말　733
졋밧치　404
졋밧치쥬막　408
졍감ᄯᅳᆯ　302
졍강골　839
졍게미들　336
졍고리　828
졍니　549
졍방평　844
졍셩골　654
졍손리　830
졍슈골　409
졍슈리들　288
졍승골　322
졍쏠　92
졍양날우　596
졍예쇼　476
졍자다리ᄂᆡ　729
졍자동　834
졍자드루　844
졍자들보　851
졍자막　414
졍자말　212
졍자쇼　226
졍자평보　850
졍족산　838
졍지거리　520
졍지골　223, 234, 419, 837, 838
졍지ᄂᆡ보　738
졍지들　326
졍지몰붓보　201
졍지몰웃들　201
졍지써리　88
졍ᄌᆞ각모통이　405
졍ᄌᆞ문니버덩　421
졍즁니　182
졍현　436
졔거리ᄯᅳᆯ　295
졔당골　204, 451, 464
졔동　653
졔비바우보　597
졔사털골　204
졔쥬말ᄯᅳᆯ　196
졔진덕이　611
조강계　209
조강골　839
조고못　844
조골골　720
조귀퉁이　329
조ᄀᆡ골　735
조ᄀᆡ날우　714
조ᄃᆡ신비　853
조락동　315
조룬ᄀᆡ울　232
조리ᄌᆡ　626
조뮈　559
조산리　830
조산ᄯᅳᆯ　302
조수고ᄀᆡ　141
조수고ᄀᆡ주막　140
조시　685
조왕터　527
조우ᄀᆡᄭᅩᄀᆡ　111
조침영　433
족지고ᄀᆡ　375
족지평방축　393
졸방물　847
졸운　258
좀ᄇᆡᆼ이　571
좀ᄉᆡ나루　337
종ᄀᆡ여을　406
종누산　230
종실리고ᄀᆡ　383
종우　849, 850
종자동　391
종주메　725
좌모ᄅᆡ　652
좌방산　209
죠계골　222
죠고린골　466
죠ᄀᆡ쇼구미　406
죠룡쇼　476
죠산　228
죠산들　334
죠션낭당쏠　309
죠침영　841
죠히ᄯᅳ는데　325
죡박산　49
좀ᄂᆡ　648
죵나무지골　51
죵누산　451
죵부버덩　156
죵셔이들　334
죵장니　696
죵지말　180
죵ᄌᆞ리봉　615
주달리목골　720
주산　215
죽ᄇᆡ고ᄀᆡ　475
죽젹골　439
줄병　715
줄솔거리방축　738
줄앗터　130
줏덕이　542
중답쥬막　432
중ᄃᆡ술막　743
중말　635
중보쏠　447
중섬보　748
중심　638
중ᄌᆡ　637
중촌나들이　606

중터 634, 635
쥐치 736
쥐치리거랑 755
쥬격봉 418
쥬고지골 346
쥬라ᄯᅳᆯ 294
쥬라위봉 320
쥬라치고ᄀᆡ 493
쥬련골 299
쥬문들 597
쥬역들 195
쥬원보 291
쥬을길리 218
쥬을길리쥬막 218
쥬을길이포구 218
쥬험ᄂᆡ 750
쥭미들 688
쥭바위골 231
쥭법산 451
쥭식골 695
쥭엽산 231
쥭터 470, 740
쥭터보 473
쥰욱ᄀᆡᄯᅳᆯ 297
쥴ᄀᆡ들 684
쥴솔거리 721
쥴실이보 597
즁간말 458
즁고ᄀᆡ 313, 350
즁골 300
즁광젱 833
즁답 430
즁도문 829
즁들 615
즁들우 180
즁말 211
즁미 545
즁밤틔 683
즁밧 233
즁버덩 845
즁보 851
즁보거리 716
즁부 292
즁부ᄀᆡ울 296, 341
즁부ᄯᅳᆯ 295
즁산이벌 389
즁셤 709
즁셤들 708
즁쇼보 473
즁숑골 461
즁실니 277
즁쑤루 382
즁ᄯᅳᆯ보 180
즁어거리 196
즁옥골 486
즁왕산 835
즁요여울 458
즁의골 466
즁쳔장터 629
즁촌 313
즁츄고ᄀᆡ 493
즁ᄒᆡ삼터 306
즮산 226
즈근말고ᄀᆡ 474
즉고ᄀᆡ 681
즉동 444
즉소 149
즌나무덩이평 729
즌넛 307
즌불 299
즌어 737
즘골 289, 612
즘말 185, 374
즛밧골 520
즛밧령 539
즛ᄌᆡ 177
증ᄀᆡ골 746
증말 306
증밋버덩 248
증바우 830
증바우들 343
증바우보 641
증바위쏠 642
증병쇼 227
증슈골 360
증터 387
지가암리 222
지거치 273
지겁말 547
지겁말압ᄂᆡ 541
지경말 835
지경모루 235
지경이 735
지경쥬막 848
지경터쥬막 480
지계사비각 188
지ᄀᆡ터고ᄀᆡ 290
지남쳘산 434
지ᄂᆡ상리 223
지ᄂᆡ즁리 225
지ᄂᆡᄒᆞ리 225
지당게 447
지당터 405
지동골 648
지두루 442
지둔들 315
지둔지 444, 742
지둔지술막 743
지둥골 302
지루마ᄌᆡ 198
지루마ᄌᆡ고ᄀᆡ 198
지르너미고ᄀᆡ 217
지르넘미 649
지르ᄆᆡ지 160

지르ᄆᆡᆨ이 738
지리골시ᄂᆡ 598
지리너미고ᄀᆡ 222
지리실골 419
지ᄅᆡ울 304
지밋보 140
지밋뜰 138
지방쇼 446
지벙바위소 91
지병산 204
지비골 378
지비바우산 374
지상두들 336
지ㅣ쇼 406
지시ᄂᆡ 847
지시ᄂᆡ드루 845
지ᄉᆞᆷ 245
지야골 291
지역골 245
지장골고ᄀᆡ 282
지주리들 708
지지봉 218
지ᄌᆡ 561
지ᄌᆡ우물 339
지차골 353
지차니 289
지찬니보 291
지찬니쥬막 291
지ᄎᆞᆫ 353
지탈 530, 530
지탈고ᄀᆡ 530
지탈물 529
지푸리 709
지푼골 576
지품리 204
지혜골 464, 469
직ᄀᆡ 526
직당모기산 773
진고ᄀᆡ 134, 150, 168, 206, 290, 543, 549, 727, 841
진골 342, 363, 370, 462, 575, 625
진골아니 142
진ᄀᆡ 525
진달리 429
진더리 404, 532
진두루 147, 467, 662
진두루보 474
진두루쥬막 252
진두우쥬막 471
진둘우 406
진둘우보 473
진드루 844
진드리 167
진등 555, 715, 718, 720
진등고ᄀᆡ 375
진등산 622
진등ᄌᆡ 375
진ᄃᆡ동들 334
진ᄃᆡ울 343
진말 458
진모ᄅᆡ들 695
진모ᄅᆡ보 697
진몰우보 472
진무루 467
진미 388, 830
진밧 339
진밧골 321
진밧골보 454
진밧둔지 732
진밧둔지슖막 733
진밧들 625, 625
진보 850
진소 422, 436
진소어쥬막 848
진손이지 842
진시터 526
진쏠 293
진암 328
진여울 608
진여울나들이 607
진자리 623
진장산 737
진장쌜 734
진장이 733
진ᄌᆡ 214, 571
진터ᄌᆡ 842
진테ᄌᆡ 685
진흑둔지 405
진천평 370
질골 833, 836
질골보 851
질골평 845
질그릇 352, 849
질리넘이고ᄀᆡ 135
질마ᄌᆡ 304, 842
질쏠고ᄀᆡ 140
질에쏠 133
질우넘이고ᄀᆡ 141
질우물ᄒᆞ리 225
질으너미 215
짐남니말 478
짐ᄃᆡ빅기들 702
짐부왕 414
짐분영 424
짐장골 360
집밧지 613
집신거리 424
집실보 473
집압들 676
집젹이마을 561
집푼ᄀᆡ고ᄀᆡ 141
집푼ᄀᆡ주막 142
징커리 570

언문색인

ᄌᆞ각부리 303
ᄌᆞ갑내보 306
ᄌᆞ근ᄌᆡ 615
ᄌᆞᄀᆡ울 193
ᄌᆞ라위고ᄀᆡ 193
ᄌᆞᄅᆡ위 203
ᄌᆞᄉᆡ골 639
ᄌᆞ오고ᄀᆡ 423
ᄌᆞ인솔이 602
ᄌᆞ작고ᄀᆡ 181
ᄌᆞ작쏠 302
ᄌᆞ쥬봉 301
ᄌᆞᆼ가뜰 640
ᄌᆞᆼ가뜰보 640
ᄌᆞᆼ걸리쥬막 230
ᄌᆞᆼ걸리포구 229
ᄌᆞᆼ군봉 208
ᄌᆞᆼ본쥬막 230
ᄌᆞᆼ슈물보 229
ᄌᆞᆼ지고ᄀᆡ 182
ᄌᆞᆼᄌᆞ터 615
ᄌᆡ갈골 416
ᄌᆡ강골 746
ᄌᆡ고ᄀᆡ 510, 521, 527, 626, 656
ᄌᆡ골 204, 227, 487, 606, 832
ᄌᆡ골산 362
ᄌᆡ궁고ᄀᆡ 130
ᄌᆡ궁골 440, 463
ᄌᆡ궁들 567
ᄌᆡ궁보 852
ᄌᆡᄂᆡ쥬막 423
ᄌᆡ론 664
ᄌᆡ말 603
ᄌᆡ비암골 716
ᄌᆡ사논니 300
ᄌᆡ사산 632
ᄌᆡ상넘이 200
ᄌᆡ상둔지들 326
ᄌᆡ쏠 347
ᄌᆡ안지 441
ᄌᆡ양골 561
ᄌᆡ오ᄀᆡ쥬막 802
ᄌᆡᄌᆡ 165
ᄌᆡ취 209
ᄌᆡ치골 294, 462
ᄌᆡ치골고ᄀᆡ 296
ᄌᆡᆫ말고ᄀᆡ 361, 361

차…

차ㅣ골 448
차들봉 319
차리 526, 527
차면이 317
차면이쥬막 319
차산 717
차빡골 393
차오산것너보 798
착골 204, 372, 748
찬물ᄂᆡ기슐막 704
찬ᄉᆡ암벌 723
찬심나기쥬막 161
찬심ᄌᆡ 835
찰방목이 342
참나무고ᄀᆡ들 625
참나무정이 142
참나무정이보 143
참나무정이주막 142
참나무정이포구 142
참나무ᄌᆡ 709
참물ᄂᆡ기 708
참ᄉᆡ암나드리 407
참ᄉᆡᄌᆡ 170
참심 568
참심골 395
참심나기 407
참심물ᄂᆡ기 610
찻들 436
창골 211, 300
창남이 447
창니압나루 429
창ᄂᆡ 203
창ᄂᆡ고ᄀᆡ 193, 205
창당이ᄌᆡ 318
창동 717
창뒤산 611
창들우 467, 468
창들우보 472
창들우ᄉᆡ보 472
창말 87, 185, 211, 236, 303, 331, 429, 434, 532, 534, 593, 630, 834
창말ᄂᆡ 434
창말라우 628
창말방축 852
창말안산 435
창말장 431, 434
창말쥬막 211, 305, 434
창무골 164
창바우 470
창바우고ᄀᆡ 475
창밧치 107
창버덩 428
창봉 420
창슈골 419
창쒸골 535
창안산 236
창압골 716
창압벌 716
창ᄋᆡ골보 718
창ᄋᆡ쏠물 717
창터 391

창터골 316
처사버덩 436
첨방령 514
청동소 421
청송ᄀᆡ벌 716
쳔ᄂᆡ 234
쳔덕산 204
쳔리터 233
쳔ᄆᆡ봉 345
쳔산뜰 295
쳔양들 335
쳔연더골 409
쳔연이들 338
쳔하졍고ᄀᆡ 361
쳘리막골 720
쳘마산 314
쳘통골 380
쳠암아르ᄂᆡ 756
쳣ᄌᆡ 637
쳥고ᄀᆡ 423
쳥ᄀᆡ울 427
쳥다리쥬막 379
쳥ᄃᆡ산 835
쳥동막ᄭᅩᆯ 308
쳥두막골 195
쳥목뜰 297
쳥바우쑈 704
쳥산 294
쳥승무 392
쳥ᄯᅩᄀᆡ 696
쳥양골 410
쳥양ᄭᅩᆯ 141
쳥양이고ᄀᆡ 143
쳥용 300
쳥용거리쥬막 558
쳥용둔지 461
쳥용무루평 723
쳥용ᄶᅵ 458
쳥용안 614
쳥용ᄌᆡ 188, 375
쳥졀이 288
쳥평골 232
쳥평골ᄀᆡ 232
쳥평골포구 231
쳥평사졀 232
쳥평산 230
쳥풍부원군츙익공국구신도비 217
초구리 587
초남우터 662
초ᄂᆡ 549
초ᄂᆡ보 550
초당구미 404
초막골 417
초막ᄭᅩᆯ 89, 110
촉ᄃᆡ봉 435
촉사봉 488
촌모릐기 374
촌심 380
총룡산 622
쵸ᄂᆡ 541
쵸당니 183
쵸당들 199
쵸ᄃᆡ봉 227, 463
쵸오ᄀᆡ 107
취병산 338
츅골 747
츅골ᄀᆡ울 747
츈기계심순졀비 188
츈셔골 416
츙렬비 329
츙양ᄀᆡᄂᆡ 311
츙양ᄀᆡ보 312
츙양ᄀᆡ뜰 310
츙츙골 228
ᄎᆔ병산 301
ᄎᆔ실골 346
ᄎᆏᆫ경 694
치강 531
치골 438
치구미 413
치낙골 199
치마베루뜰 303
치ᄆᆡ바우산 374
치밧모거 756
치숑졍이버덩 287
치악산 325
ᄎᆡᆨᄂᆡ 626
ᄎᆡᆨ밋ᄌᆡ 644
칠보곳치 725
칠봉 184
칠봉산 183
칠션동 237
칠셩골 418
칠숑 323
칠숑졍쥬막 291
칠아치 84
칠ᄋᆡ 832
칠통골 355
침나무졍들 356
ᄎᆡ다리골 535
ᄎᆡ양벌 477
ᄎᆡ양벌말 478
ᄎᆡ쳔보 739
ᄎᆡᆨ상봉 416
ᄎᆡᆼ양벌보 479

카…

칼바우ᄂᆡ 541
칼봉 211
컨가리골 534
컨골 319

컨질골 721
코바우 386
쾌길이뜰 640
큰가마니산 477
큰갈ᄆᆡ울골 191
큰게족골 595
큰고ᄀᆡ 350, 731
큰골 138, 146, 183, 192, 201, 237, 345, 346, 353, 377, 416, 440, 470, 517, 523, 591, 624, 634, 676, 734, 741, 746, 747, 839
큰골산 362
큰골짜구 364
큰구시울 78
큰ᄀᆡ울 442
큰ᄀᆡᆫ물 713
큰논ᄉᆞᆯ 546
큰다리ᄂᆡ 476
큰다리보 352
큰독ᄌᆡ 829
큰둘우 415
큰들 176, 706, 707
큰말 632
큰말둔우 466
큰모아치 599
큰무지ᄀᆡ 426
큰물나드리 716
큰보 703
큰보골 837
큰사제들 338
큰설밀 207
큰성황ᄌᆡ 841
큰쇼야지골 409
큰숫둔 342
큰숫둔ᄌᆡ 344
큰ᄉᆡ밧골 378
큰ᄉᆡ지물 460
큰싸리골 441
큰양아치 356, 841
큰양아치ᄌᆡ 313
큰연ᄂᆡ 456
큰영 379
큰장골 837
큰적골산 337
큰절골 427
큰쥬막거리 562
큰집흔골 528
큰ᄌᆡ 586, 615
큰쳔셕골 838
큰터 147, 662, 670
큰터골 404
큰터앗보 198
큰토고미 468
큰팔계 625
큰하오ᄀᆡ 84
키소ᄀᆡ 85
키ᄉᆞᆯ 82, 83

타...

타리ᄉᆞᆯ 78
탁골 427
탄막들 335
탄산 314
탑거리 545, 613
탑거리들 348
탑거리뜰 349
탑고ᄀᆡ 135, 323, 367
탑골 355, 381
탑골고ᄀᆡ 208
탑골셩 383
탑동 217
탑두둑 349
탑둔지 459
탑들 702
탑산거리쥬막 188
탑ᄉᆞᆯ 571
탑젼니 340
탑젼이 339
탕골 838
터골 316, 322, 585, 658
터골듀막 356
터골보 479
터골산 836
터밧골 367
터ᄉᆞᆯ 294, 354, 664, 667
터ᄉᆞᆯ말 478
터일 667
터일나루 231
터잘이 132
턱고ᄀᆡ 514
턱골 830
턴말쥬막 408
텃골ᄀᆡ울 457
토고ᄀᆡ 455
토골 347, 360, 838, 839
토기졈 480
토기ᄌᆡ 345
토동보 853
토둔리 235
토역골 346
토역골보 352
토옥골 835
토왕셩 843
토웡셩리 828
톱골 456
통거리 287
통고ᄀᆡ 329
통골 231, 233, 309
통골목 146
통ᄀᆡ골 534
통동 323

통두둑 619
통랑골 419
통물 452, 453
통수쏠 194
통숫골 734
통진목이 662
통평 339
퇴골 222
퇴골고ᄀᆡ 222
퇴골ᄀᆡ울 221
퇴ᄂᆡ 699
퇴ᄂᆡ쥬막 699
퇴숑골 195
퇴일 563
툇골쥬막 471
투구봉 98
통졈 268, 331
통졈고ᄀᆡ 333
통졈영 87
통졈이 87
ᄐᆡ봉 325, 328
ᄐᆡ봉산 309
ᄐᆡ비 441
ᄐᆡᄇᆡᆨ당리 194
ᄐᆡ산골 195
ᄐᆡ손이고ᄀᆡ 89
ᄐᆡ장 291, 328
ᄐᆡ장들 326
ᄐᆡ장봉 558
ᄐᆡ장쥬막 296
ᄐᆡ초못 450
ᄐᆡᆨ말쥬막 847

파…

파망영 424
파산지산 438
파소 232
파쇼동 443
파슈골고ᄀᆡ 474
파일 830
파일방축 851
파포고ᄀᆡ 474
판관터 303
판교 354
판터 355
팔니봉 417
팔만구이 467
팔만구이보 473
팔봉산 402
팔포뜰 303
팟밧골 513, 732
팟ᄇᆡᆨ골 347
펴ᄂᆡ 288
펴ᄂᆡ강 290
펴ᄂᆡ골 286
펴ᄂᆡ나루 290
평구들 442
평나무ᄌᆡ 290
평동 354
평박골 747
평밧거리 708
평장골 302, 304
평장ᄀᆡ 293
평장ᄀᆡ들 334
평장뜰 192
평장앗 322
평장앗고ᄀᆡ 323
평장앗쥬막 324
평장평보 193
평젼드루 846
평촌 443
푀쏠 663
푹묵골 214
풀무골 204, 211, 247, 346, 448, 464, 490
풀무골보 207
풀무터 444
풀미골 586, 611, 741
풀미쏠 131
풀밧ᄌᆡ 835
품실ᄀᆡ울 198
풍슈골 462
풍슈원 185
풍촌보 473
풍촌 469
피골 317, 596, 669
피나무골 461, 477
피나무소 99
피나무쏠 538
피목골 616
피미 327
피썩골 670
피야시 404
피약골고ᄀᆡ 511
피양이골 425
피원 665
필례동 411
필례령 412
필여영 840
핏골 835
핑고ᄌᆡ 404
핑나무덩이보 305
핑나무뜰 349

하…

하고산 289
하광졍쥬막 848
하닌골 440
하님질 705
하단구 349

하단구쥬막 351
하답쥬막 432
하도낙셔 237
하도문 829
하동 326
하리 81
하마비들 188
하막ᄌᆡ 842
하묵영 445
하뭇터골 128
하밤틔 683
하사평 844
하수원드루 844
하심보 749
하약동 213
하오고ᄀᆡ 490
하우고ᄀᆡ 234, 238, 290, 318, 329
하위고ᄀᆡ 270
하임질들 701
하조ᄃᆡ 853
하촌 321
하터 635
하향쇼 356
학거리뜰 295
학골 426
학바우구미 207
학바우들 342
학사당이 106
학포리 832
한가고등이ᄌᆡ 755
한가터 344
한게영 840
한계리 224
한골 208, 591
한골고ᄀᆡ 208, 235
한골나루 231
한골쥬막 208
한골포구 231
한ᄀᆡ울 224
한느리 307
한느리보 312
한다리ᄂᆡᆺ물 729
한다리평 729
한달니 177
한담골 435
한둔 158
한들 206, 703
한들보 207
한ᄃᆡᆺ쏠 661
한밋 631
한바미 328
한바미평 364
한밤평 747
한밧 559, 634
한밧나루 638
한밧들 637
한셜ᄆᆡ등 402
한ᄉᆡ골 142, 716
한ᄉᆡ울 823
한ᄉᆡ직쏠 150
한엿ᄌᆡ 350
한우물 188
한울터 746
한으름덕 465
한의무덤 223
한진 587
한ᄌᆡ 833
한쳔 847
한치 354
한치고ᄀᆡ 210
한치골 210
한터 232, 289
한터쥬막 234
할무산셩 688
할미고ᄀᆡ 209
할미바위 588
할미봉 209
할미셩 107, 396
할미소 846
할미ᄌᆡ 826, 841
할미ᄌᆡᆺ영 522
할ᄋᆡ비셩 107
함경나무골 52
함동 237
함바우방축 386
함바지 213
함박고ᄀᆡ 239
함박골 199
함밧 313
함밧들 129
함밧들보 454
함밧치벌 749
함쏠 291
함졍드루 844
합강리ᄇᆡ나드리 407
합강양쇼 406
합강졍리 407
합곳강 450
합수강 450
합슈나들 684
합자 737, 751
합헌ᄂᆡ 311
합헌쥬막 311
합현 307
핫치골 837
항강골 214
항골 661
항골고ᄀᆡ 290
항공 219
항아리골 838
햐토일 694
향골 567
향교골 438

향교골고ᄀᆡ 445
향교말 632
향교터 164
향기골 553
향나모골 345
향노봉 419
향노산 191, 203
향미 184
향산모우보 454
향젹들 334
향쳥거리 327
향쵼쥬막 318
허골 108
허공다리 631
허공다리골 395
허공다리보 640
허공지 404
허ᄀᆡ골 382
허ᄀᆡ골영 383
허문리 188
헐멍고ᄀᆡ 743
헐명이고ᄀᆡ 746
현게산 332
현남면 828
현둘보 236
현들 236
현북면 828
현산 839
현엿보 352
현창 526, 527, 548
혈골 208
혈골쥬막 208
형졔고ᄀᆡ 840
형졔나드리 421
형졔바우골 320
형졔방우쑈 704
형졔봉 227
혠덕이고ᄀᆡ 205
호랑골 634
호랑봉 198
호리골 219
호모실 678
호밀 288
호암산 287
호음동 443
호읍노니 288
호젹골 340
호통골 201, 449
혼슈피영 733
홀고지골 590
홈수피영 736
홍고ᄀᆡ 474
홍골 110
홍문거리 443
홍문골 836
홍문동쥬막 445
홍사우 485
홍양보 851
홍용골 220
홍젹이고ᄀᆡ 222
홍쳔강 210
홑사리고ᄀᆡ 446
화낭게 205
화덕산 287
화랏니 619
화랑ᄀᆡ 324
화리골 456
화리골고ᄀᆡ 459, 459
화리지 174
화사릐보 804
화상골보 852
화상바우드루 846
화숑이등 841
화실ᄋᆡ 392
화악산 237
화양졍이보 312
화양졍이뜰 310
화의고ᄀᆡ 403
화ᄎᆡ바우 363
화ᄎᆡ봉 199
화탐리 414
환젼산 320
환ᄌᆞ골 464, 614
활골 182, 518
활구비산 613
활말우 179
활미강 192
활쌀골 293
활터거리 189, 310
황강골들 335
황강진 215
황고쇼평 488
황골 129, 210, 327, 352, 410, 438, 627
황골ᄀᆡ울 329
황골물 411
황골보 130
황골쥬막 130, 210
황구드루 844
황구들보 850
황금 380
황ᄀᆡ 81
황논들 199
황닌ᄂᆡ터 138
황ᄂᆡ지 558
황둔 300
황둔뜰 297
황ᄆᆡ골고ᄀᆡ 252
황산별 637
황산쏠 354
황슈쏠들 335
황ᄉᆡ고ᄀᆡ 264
황ᄉᆡ골고ᄀᆡ 375
황ᄉᆡ둔지뜰 288

황ᄊᆡ 739
황어곳치 720
황용이들 320
황졍포 430
황ᄌᆡ 692
황쳘골 419
황쳘막이골 427
황쳘ᄇᆡᄀᆡ 758
황쵸쇼 421
황치ᄌᆡ밋쥬막 621
황토고ᄀᆡ 363
황평 364
황학산 332
회 197, 849, 850
회가마골 602
회가ᄆᆡ골 721
회골 233, 299, 353
회골고ᄀᆡ 235
회골뜰 157
회ᄀᆡ 111
회독골 448
회봉산 297, 300
회시ᄅᆡ 327
회ᄊᆞᆯ 447
회안봉 287
회ᄌᆡ골 614
횟고ᄀᆡ 558
횟고ᄀᆡ쥬막 559
횟골 439
횟ᄊᆞᆯ 138, 141
횟ᄊᆞᆯ고ᄀᆡ 141
횡ᄊᆡ 567, 568
효자비각 637
효지문거리 190
회회경골 466
후가산 420
후동 327
후리곳ᄀᆡ 59
후리ᄀᆡ 697
후리표 682
후웅이 314
후원니 653
후평리 191
휴암산 287
흐리골 214
흐리모기 692
흐리ᄊᆞᆯ 106
흐목이고ᄀᆡ 61
흑고ᄀᆡ 727
흑다리 374, 643
흑다리쥬막 379
흑달리골 758
흑벼루 553
흑별루쥬막 426
흑산터 339
흑지골 444
흔드ᄅᆡ골 210
흔병분견소 234
흔병분견쇼 236
흔병산 707
흔젹이 461
흔터 307
흔터보 312
흘기둔지벌 511
흘리골 477
흘리영 424
흘우모기 685
흠젹골 345
홍법 303
홍복사 216
홍봉소 421
홍양이 327
홍예다리비 393
홍원창 331
홍터 662
홍흔말 478
희역니 469
희역이들우 467
희역이쥬막 471
흰달이 559
흰덕산 627
흰젹ᄂᆡ 478
히역이고ᄀᆡ 486
히역이ᄭᅩᄀᆡ 85
히역이ᄊᆞᆯ 83
히혁영 527
힌고ᄀᆡ 141, 376, 376
힌단이골 177
힌바우골 836
힌젹골 542
힌젹산 535
힌ᄌᆡ 594
힌ᄌᆡ쥬막 594
ᄒᆞ달면 677
ᄒᆞ답 430
ᄒᆞ동리 422
ᄒᆞ련골 331
ᄒᆞ명암니 201
ᄒᆞ물ᄌᆡ 839
ᄒᆞ방곡상리 211
ᄒᆞ방곡ᄒᆞ리 211
ᄒᆞ사들보 850
ᄒᆞ셩남 299
ᄒᆞ소나들이 607
ᄒᆞ안장골 712
ᄒᆞ안홍ᄂᆡ 178
ᄒᆞ안홍쥬막 178
ᄒᆞ유포언막이 229
ᄒᆞ일 198
ᄒᆞ일뜰 198
ᄒᆞ촌나들이 606
ᄒᆞᆫ강버덩 420
ᄒᆞᆫ게동 422
ᄒᆞᆫᄀᆞᄊᆡᆯ 722

ᄒᆞᆫᄀᆡ 501
ᄒᆞᆫᄀᆡ벌 501
ᄒᆞᆫ다리 323
ᄒᆞᆫ다리나루 242
ᄒᆞᆫ두리들 592
ᄒᆞᆫ뒨ᄂᆡ 174
ᄒᆞᆫᄃᆡ쏠보 663
ᄒᆞᆫᄃᆡ쏠주막 663
ᄒᆞᆫ바루 695
ᄒᆞᆫ밧골 601
ᄒᆞᆫᄇᆡ미뜰 132
ᄒᆞᆫ삿테 685
ᄒᆞᆫ실 685
ᄒᆞᆫᄉᆡ모루 479
ᄒᆞᆫ영녹의휼민비 480
ᄒᆞᆫ우ᄌᆡ 835
ᄒᆞᆫᄌᆡ 754
ᄒᆞᆫ터 369
ᄒᆞᆯ미고ᄀᆡ 370
ᄒᆞᆷ바우 653
ᄒᆞᆷ밧둘주막 130
ᄒᆞᆸ문봉 420
ᄒᆡ고지주막 730
ᄒᆡ베골 441
ᄒᆡ산 439, 446, 447
ᄒᆡ우절봉 286
ᄒᆡ일말 458
ᄒᆡᆨ골 373
ᄒᆡᆨ골고ᄀᆡ 375
ᄒᆡᆼ군별 605
ᄒᆡᆼ병골 413
ᄒᆡᆼ셜 84
ᄒᆡᆼ질셥보 140
ᄒᆡᆼ질셥뜰 138
ᄒᆡᆼ치고ᄀᆡ 432
ᄒᆡᆼ리골 830

김 흥 삼

강원도 동해시 출생
강원대학교 사학과 졸업
강원대학교 대학원 석사·박사 졸업
강원대·한림성심대 등 강사 역임
현재 한국학중앙연구원 동아시아역사문화연구소 연구원

〈논저〉

『조선지지자료 - 경기도편 -』의 불교 관련 자료 검토
경기 땅이름의 참모습 -『朝鮮地誌資料』 京畿道篇 -
강원권 일본식 지명의 조사 및 정비 방안 연구
강원도 땅이름의 참모습 -『朝鮮地誌資料』 江原道篇 -
신라말 崛山門 梵日과 金周元系 관련설의 비판적 검토
여말선초 원천석의 『운곡시사』와 불교
고려중기 춘천의 청평사 - 청평거사 이자현과 귀족사회망을 중심으로 -
청평사 선원의 고문헌적 고증 연구
羅末麗初 崛山門 硏究
등 다수

강원도 땅이름의 참모습 색인집
- ≪朝鮮地誌資料≫ 江原道篇 -

정가 : 35,000원

2009년 11월 01일 초판 인쇄
2009년 11월 10일 초판 발행

편 자 : 김 홍 삼
발 행 인 : 한 정 희
발 행 처 : 경인문화사
서울특별시 마포구 마포동 324 - 3
전화 : 718 - 4831～2, 팩스 : 703 - 9711
http://www.kyunginp.co.kr 한국학서적.kr
E-mail : kyunginp@chol.com
등록번호 : 제10 - 18호(1973.11.8)

ISBN 978-89-499-0473-3 93900 (세트)
978-89-499-0665-2 93900